国家出版基金项目
NATIONAL PUBLICATION FOUNDATION

"十四五"国家重点出版物出版规划重大工程
量子科学出版工程（第三辑）

Estimation and Filtering of

Quantum States and

Their Optimization Algorithms

丛 爽 李克之 著

量子状态的估计和滤波及其优化算法

中国科学技术大学出版社

内 容 简 介

本书借助于近十年来发展的压缩传感理论,在考虑量子状态自身的物理约束条件下,从量子测量的基本概念和量子层析及其优化方法出发,分别对压缩传感理论及其量子态估计中的测量矩阵构造和最优测量集构造、含有稀疏干扰的量子状态估计、含有高斯噪声的高维量子状态估计,以及同时含有状态干扰和测量噪声的量子状态滤波等问题进行深入系统的研究与讨论,在此基础上,对解决量子状态估计和滤波问题的各种优化与改进算法,包括交替方向乘子法(ADMM)、基于不动点方程的交替方向乘子法(FP-ADMM)、非精确 ADMM 算法、基于 proximal Jacobian 的 ADMM 算法、基于卡尔曼滤波的在线量子态估计优化算法、带有自适应学习速率的矩阵指数梯度在线量子态估计算法等进行了具体严谨的推导、证明与应用,并给出数值实例,对不同优化方法的应用效果进行性能对比,包括计算复杂度、测量次数、计算时间、所占内存等,使读者能够从中了解目前所提出的一系列优化算法在量子态估计和滤波方面的具体应用情况,为不同情况下的量子态离线与在线估计和滤波应用提供可靠的理论基础.

本书是作者近十年研究成果的集成,可以作为量子物理化学、量子信息与通信等课程的教材,以及对量子系统控制感兴趣的电子、力学工程、应用数学、计算科学、控制工程等领域的高年级本科生或研究生的参考书.

图书在版编目(CIP)数据

量子状态的估计和滤波及其优化算法/丛爽,李克之著. —合肥:中国科学技术大学出版社,2022.3

(量子科学出版工程)

国家出版基金项目

"十四五"国家重点出版物出版规划重大工程

安徽省文化强省建设专项资金项目

ISBN 978-7-312-05415-0

Ⅰ. 量… Ⅱ. ① 丛… ② 李… Ⅲ. 量子论 Ⅳ. O413

中国版本图书馆 CIP 数据核字(2022)第 038103 号

量子状态的估计和滤波及其优化算法

LIANGZI ZHUANGTAI DE GUJI HE LÜBO JI QI YOUHUA SUANFA

出版	中国科学技术大学出版社 安徽省合肥市金寨路 96 号,230026 http://press.ustc.edu.cn https://zgkxjsdxcbs.tmall.com
印刷	合肥华苑印刷包装有限公司
发行	中国科学技术大学出版社
开本	787 mm×1092 mm 1/16
印张	25.75
字数	532 千
版次	2022 年 3 月第 1 版
印次	2022 年 3 月第 1 次印刷
定价	99.00 元

前言

在宏观控制系统中,系统参数辨识与状态估计是一个极其重要的研究方向,因为系统的输出信号中最少包含一个被控制的状态或变量,直接体现出控制的性能与目标.一般情况下,一个输出就是一个控制变量,对于多变量的控制,一般需要多个传感器对多个变量进行测量与监测.当只采用一个传感器对系统的输出进行测量时,系统中的其他变量往往是通过唯一的系统的直接测量值来间接估计出的.另外,对于高精度的反馈控制,往往也需要系统的全部状态来设计一个全状态反馈控制器,所以状态估计在宏观系统的高精度控制中起着重要的作用.微观量子系统中的状态与宏观量子系统中的状态的不同之处在于:任何一个状态都是一个多参数的矩阵,不是一个值,并且所包含的参数数量随着量子位数的增加指数增长;采用任何宏观仪器测量的系统输出值都不是量子系统的状态值,只能包含量子状态的部分信息.以具有明确物理意义的密度矩阵为例,其中每一个元素代表的是量子系统所处状态的概率值,对一个量子系统状态的调控,实际上是对其所处状态的概率值进行控制,而不是直接对量子状态进行控制.

在宏观系统控制中,无论是输出反馈和状态反馈,还是带有状态观测器或滤波器的反馈控制,都是利用系统的输出值进行的针对不同情况下的相应反馈控制策略的设计,其中输出反馈应当是直接测量信息的反馈,其他都属于基于直接测量到的系统输出值,通过信息处理而获得期望的观测器、滤波器或系统状态的间接控制.在微观量子系统控制中,由于系统输出是作用在系统状态上测量的平均值,仅包含比如密度矩阵的部分信息,所以任何量子系统的闭环控制无论是输出反馈,还是状态反馈、马尔可夫反馈、贝叶斯反馈,都是利用仅有的量子系统的输出值,通过信息处理方法,间接地获取相关信息,完成相应的反馈控制系统策略的设计,所起的术语名称只不过反映出信息处理的重点所在之处.尽管量子系统反馈控制的策略有不少,相应的名称也不同,但实质上都是利用量子系统的输出值通过不同的处理得到不同的结果而已,当然,所获得的控制效果与性能也会相应有所不同.

无论如何,对量子系统状态的投影测量必将引起被估计的量子态塌缩到所对应的某个本征态上,而且任何一个量子状态密度矩阵都是由多个参数组成的矩阵组成的,哪怕最简单的一个量子位的密度矩阵也是一个 $2×2$ 的具有 4 个参数的矩阵,即使系统输出值与密度矩阵有关系,通过联立方程也需要 4 次不同的测量值才能够求解出 4 个参数值,这 4 次就是求解密度矩阵参数的完备测量次数,是基于求解量子密度矩阵参数所需要的完备测量次数来实现的.最早用来进行密度矩阵参数求解的方法叫做量子层析,相当于 X 射线通过多次拍照获得完整图像的方法.加上量子系统测量值中带有测量噪声,想要高精度求解出密度矩阵的参数,必须通过优化算法的计算才能够获得.量子层析中多次测量实际上是对同一个量子状态进行的不同测量矩阵下的投影测量,这就涉及需要大量相同状态副本的制备,这一系列的实验操作,使得量子层析的实现非常困难,直到 21 世纪初,有关量子层析的理论研究也都是停留在低量子位上.

正是因为状态估计在高精度系统反馈中的重要性,本书第一作者丛爽在 2003年就申请并获得一项有关"量子系统状态估计与反馈控制的初步研究"的基金项目,随着研究的深入,本书第一作者越发感觉到,量子态的估计与宏观系统中的情况完全不同,所涉及的测量直接与量子物理的实验相关,与不同的测量方式有关,并且选择不同的测量正交基会有不同的测量结果.所有这些对于希望在理论上给出一个统一量子态估计方法的目标来说,难度实在是太大,因为需要面对和解决的问题太多.这一问题一直到 2006 年在压缩传感理论被提出后才有了解决的可能,并且本书第一作者很幸运地与第二作者李克之为高精度高量子位的层析和估计的应用进行了通力而互补的合作.

　　本书第二作者本科期间进入第一作者的实验室从事"大学生研究计划",与第一作者开启了最早的合作.他自 2008 年开始从事压缩传感理论的研究,并以此为课题获得中国科学技术大学学士学位以及英国伦敦帝国理工学院博士学位.在进行压缩传感理论研究的几年里,本书两位作者就经常进行相关讨论,并且双方都觉得应当将压缩传感理论应用到量子状态密度矩阵的估计中,由此出现了在 2014 年国际自动控制联合会(IFAC)召开的世界大会上发表的本书两位作者合作的第一篇采用交替方向乘子法(ADMM)的量子态层析的研究论文.之后在两位作者的合作与努力下,申请到了 3 项国家自然科学基金项目,带领和指导研究生不断进行深入系统的研究,不仅解决了离线的固定量子态的高精度估计问题,提出了一系列快速高效的量子态重构优化算法,还解决了在线实时的量子态估计的优化问题,同时开发出一系列的在线优化算法,为量子系统的高精度状态反馈控制打下了坚实的理论基础.至 2021 年上半年为止,在基于压缩传感理论进行的有关量子态估计的研究中,共发表了包括刊登在 *IEEE Transactions on Automatic Control*, *IEEE Transactions on Cybernetics*, *Physical Review A*, *Signal Processing*, *Quantum Information Processing* 等顶尖杂志上的研究论文 40 余篇.相关研究成果在 2020 年获得了安徽省自然科学奖二等奖.

　　我们所做的研究是一个跨学科的交叉研究,所发表的研究论文涵盖系统控制、信息处理和物理、数学等不同学科.在我们所发表的论文中,经常可以看到诸如"量子态层析""量子态估计""量子态重构"等专业术语.实际上这三个不同的专业术语都指向同一类研究:量子态密度矩阵参数的辨识,是分别在物理、系统控制和信息处理三个不同领域中对量子态参数辨识所采用的不同术语.之所以我们论文中选用不同的术语表述,除了对不同特点的强调之外,还取决于发表在哪个领域的刊物上.量子态层析的最大特点是需要完备的测量次数,量子态估计中可以采用完备的测量次数,此时的量子态估计与量子态层析没有什么差别.不过,若在量子态估计中应用压缩传感理论,则表明所需要的测量次数将小于完备的测量次数.因为压缩传感理论是在信息处理领域提出的,所以在信息处理领域常用的术语是量子态重构,一般都是基于压缩传感理论的研究.

　　从系统控制的角度来看,在对系统状态的控制过程中,可能涉及状态估计、预测、观测和逼近等术语,这些术语在一定程度的概念和定义上是相似的,因为都是先通过推导出一个迭代算式,再通过迭代来获得所期望的估计值、预测值、观测值和逼近值. 它们的不同主要表现在三点上:第一点是不同概念的物理意义. ① 状态估计一般是指采用现在的 k 时刻获取的系统其他参数值,来计算出 k 时刻的状态值;② 状态预测一般是指采用现在的 k 时刻获取的系统其他参数值,来计算出 $k+1$ 时刻的状态值,因为是下一个将来时刻的值,所以才称之为预测;③ 状态观测一般是指采用系统其他参数来构造一个系统的状态观测器,如果系统的其他状态是通过随时间变化的动态模型获得的,那么其所构造出的状态观测器也是随时间变化的动力学方程,也是一个预测状态.第二点是估计或预测的精度.这里涉及两个概念:逼近值与最优值.状态逼近是指一个状态在给定的一个算法计算中,最终所能够收敛到的值.既然是逼近,就说明这个逼近过程是渐进地、通过一次次迭代趋近的.迭代过程就是逼近过程.现在的问题是,迭代算法的应用可以逼近到什么值? 从理论上讲,每一种优化算法最终都能够通过反复迭代逼近到一个最优值,其含义是不会比最优值再好了,那么进一步的问题是:这个最优值是真值吗? 因为我们进行状态的估计或重构是希望获得真值.答案是:不是所有的优化算法的最优值都是真值,换句话说,一般情况下,最优值与真值是有差别的.所以在进行有关状态估计的优化算法的研究中,人们十分关心两个关键问题:一个是所提出的算法是否能够逼近真值或最优值与真值差别有多大,另一个是逼近或收敛的速度有多快.这就引出第三点——效率问题.优化算法效率问题主要体现在两方面:计算所用时间和计算复杂度.这两方面实际上是统一的,如果计算复杂度高,那么一定费时.对优化算法我们一般要求快速和高精度.

通过对以上不同概念的物理意义的解释不难看出,所有有关状态估计与优化的研究都是通过求出一个迭代公式来实现的,并且由于是迭代过程,所以大家都具有相似的公式:$x(k) = x(k-1) + \Delta x$,即通过对上一时刻数值 $x(k-1)$,加上一个对变量的修正值 Δx,来获得 k 时刻的估计值 $x(k)$.类似的公式同样适合于预测:$x(k+1) = x(k) + \Delta x$,它被解释为:采用当前 k 时刻获得的数值,通过加上修正量,来预测 $k+1$ 时刻的数值.各种算法的不同以及效率上的差别主要表现在所研究出的不同的修正值 Δx 上.只要抓住这一个关键问题,就可以借助于已经被提出的一些高效快速算法,将其应用到所要解决的问题中.实际上,正是因为在所要解决的问题中应用不同算法时,会遇到一些比较棘手的问题,比如,不存在解析解、无法求解等,所以在实际应用中,良好的数学基础以及灵活运用一些数学技巧,就成为解决问题的关键.

本书是在大量的研究成果的基础上纂写而成的,主要集中于研究量子状态的估

量子状态的估计和滤波及其优化算法

计和滤波及其优化算法.全书内容共分为三部分:① 量子测量和量子层析以及压缩传感基本理论;② 离线量子状态估计重构和滤波优化算法;③ 在线量子状态估计和滤波优化算法.第一部分(第2~4章)内容包括:量子测量理论和量子层析及其优化方法、压缩传感理论及量子态估计与求解以及基于压缩传感理论的测量矩阵研究;第二部分(第5~7章)内容包括:改进的优化算法及其在量子态估计中的应用、量子态估计与滤波研究以及核磁共振实验中基于压缩传感的量子态重构;第三部分(第8~10章)内容包括:在线量子态估计算法、随机开放量子系统的在线量子态估计以及在线量子态估计优化算法的深入研究.

本书可以作为量子物理化学、量子信息与通信等课程的教材,以及对量子系统控制感兴趣的电子、力学工程、应用数学、计算科学、控制工程等领域的高年级本科生或研究生的参考书.

在此对本书研究内容的所有合作者表示感谢,他们分别是已经毕业的博士研究生杨靖北,已经毕业的硕士研究生张慧、郑凯、张娇娇、唐雅茹、胡志林、丁娇和张坤,在读硕士研究生汪涛.

丛　爽　李克之

2021 年 6 月 30 日

目录

第 1 章

概　　述

　　"量子"(quantum)一词最早由德国物理学家普朗克(Planck)在 1900 年提出,它是指一个物理量不可分割的最小基本单位.在微观物理世界,量子是能量的最小单位,它是由微观物理世界中的原子、电子和质子等这些最小物质组成的系统所体现出来的特性.相对于我们熟悉的宏观世界,量子化是微观物理世界的现象,量子系统是指微观世界中的物理系统,而描述微观物理世界的物理理论是量子力学,它与以牛顿力学为代表的宏观世界中的经典物理有根本的区别.量子力学提出 100 多年以来,逐渐得到了实际应用.目前有关量子的最热门应用主要体现在量子计算机、量子通信和量子信息方面.所有的应用都离不开对量子态的制备、传输、保持和读取,而所有这些都属于对量子态的操纵和控制,是所有量子系统应用的关键.

　　微观世界中的量子态具有与宏观世界中的量子态完全不同的特性,主要表现在叠加性、不确定性、塌缩性、相干性以及纠缠性上.量子计算机和量子通信的应用都能够突出地表现出量子态的这些特性.任何一个量子态操纵的实现都是很困难的,它也是一步一步发展起来的.2001 年,科学家在具有 15 个量子位的核磁共振量子计算机上成功地利用肖尔(Shor)算法,对 15 进行了因式分解.2007 年,加拿大 D-Wave 系统公司研制成功全球首台量子处理器"Orion"(猎户座),它利用量子退火效应来实现16量子位金属铌,在零下273摄氏度(绝对零度)下,解决一些最优化问题;该公司2011年推出128个量子位的D-Wave One型量子处理器,2017年1月D-Wave的量子位的处理能力提升到2000位,能处理经过优化的特定任务.D-Wave的工作温度需保持在绝对零度附近(20 mK).2009年,在美国诞生世界首台4个量子位的通用量子可编程器.2010年,德国超级计算机JUGENE成功模拟了42位的量子计算机.2012年,一个多国合作的科研团队研发出基于金刚石的具有2个量子位的量子计算机,可运行格罗弗(Grover)算法,在95%的数据库搜索测试中,一次搜索即得到正确答案,该研究成果为小体积、室温下可正常工作的量子计算机的实现提供了可能.同年9月,一个澳大利亚的科研团队实现基于单个硅原子的量子位,为量子存储器的制造提供了基础.2013年5月,德国瑞普研究组首次成功地实现了用单原子存储量子信息:将单个光子的量子状态写入一个铷原子中,经过180微秒后将其读出.2013年6月,中国潘建伟研究组采用量子线路首次成功实现了用量子计算机求解一个2×2线性方程组.2015年,谷歌、美国航天航空局和加州大学圣芭芭拉分校宣布实现了9个超导量子比特的高精度操纵.2017年5月,潘建伟研究组首次实现10位超导量子比特1024个变量的纠缠及其完整的测量,并在超导量子处理器上实现了快速求解线性方程组的量子算法.2020年12月,潘建伟团队在《科学》(Science)期刊发表题为《利用光子实现量子计算优越性》的研究论文,构建出具有76个可观测光子的"九章"光量子计算原型机,它通过"玻色取样"的光学模拟实验结果,获得的等效速度比2019年谷歌发布的53个超导量子比特计算原型机"悬铃木"快100亿倍.

迄今为止,世界上还没有真正意义上的量子计算机.但是,世界各地的许多实验室正在以巨大的热情追寻着这个梦.如何实现量子计算,方案并不少,问题是在实验上实现对微观量子态的操纵确实太困难了.已经提出的方案主要利用原子和光腔相互作用、冷阱束缚离子、电子或核自旋共振、量子点操纵、超导量子干涉等来实现量子系统.还很难说哪一种方案更有前景.将来也许现有的方案都派不上用场,最后脱颖而出的是一种全新的设计,而这种新设计又是以某种新材料为基础的,就像半导体材料对于电子计算机一样.研究量子计算机的目的不是要用它来取代现有的计算机,量子计算机的作用也远不止是解决一些经典计算机无法解决的问题.

量子通信是指利用量子纠缠效应进行信息传递的一种新型的通信方式,它是经典信息论和量子力学相结合的一门新兴交叉学科.量子纠缠指的是两个或多个量子系统之间的非定域非经典的关联.与经典通信技术相比,量子通信具有保密性强、容量大、传输距离远等特点.量子通信不仅在军事、国防等领域具有重要的作用,而且会极大地促进国民经济的发展.自1993年美国IBM的研究人员提出量子通信理论以来,美国国家科学基金会、国防高级研究计划局都对此项目进行了深入的研究.欧盟在1999年集中国际力量致

量子状态的估计和滤波及其优化算法

力于量子通信的研究,研究项目多达 12 个.日本邮政省把量子通信作为 21 世纪的战略项目.在量子通信的应用方面,中国走在国际前列.1997 年,中国潘建伟与荷兰波密斯特等人合作,在国际上首次实现了将一个量子态从甲地的光子传送到乙地的光子上的远程传输.多光子纠缠态的制备和操控一直是量子信息领域的研究重点.世界上普遍利用晶体中的非线性过程来产生多光子纠缠态,其难度会随着光子数目的增加而指数增大.2000 年,美国国家标准局在离子阱系统上实现了四离子的纠缠态.2004 年,合肥微尺度物质科学国家实验室量子物理与量子信息研究部的研究人员打破了这一纪录,在国际上首次成功实现五光子纠缠的操纵.2005 年底,美国国家标准局和奥地利因斯布鲁克小组分别宣布实现了六个和八个离子的纠缠态.2011 年,中国科学院量子信息重点实验室郭光灿研究组成功制备出八光子纠缠态,并进一步利用产生出的纠缠态完成了八端口量子通信复杂性实验.实验结果展示了量子通信抗干扰能力强、传播速度快的优越性.由于存在各种不可避免的环境噪声,量子纠缠态的品质会随着传送距离的增加而变得越来越差.因此,如何提纯高品质的量子纠缠态是量子通信研究中的重要课题.2008 年,潘建伟研究组利用冷原子量子存储技术,在世界上首次实现了具有存储和读出功能的纠缠交换,建立了由 300 米光纤连接的两个冷原子系统之间的量子纠缠.这种量子纠缠可以被读出并转化为光子纠缠,以进一步传输和操作,从而实现了首个“量子中继器”.2009 年,潘建伟团队在合肥建成了世界上第一个可自由扩充的多节点光量子电话网,这是国际上第一个可升级的全通型量子通信网络和首个城际量子通信网络.这项突破,预示着绝对安全的量子通信会在不久的将来由实验室研究走进人们的日常生活.2012 年,潘建伟团队在国际上首次成功实现在高损耗的地面成功传输 100 千米,这意味着在低损耗的太空传输距离将可以达到 1000 千米以上,基本上解决了量子通信卫星的远距离信息传输的问题,也表明未来构建全球量子通信网络具备技术可行性.2012 年 3 月合肥量子通信网的建成使用,标志着我国继量子信息基础研究跻身全球一流水平后,在量子信息先期产业化竞争中也迈出了重要一步.我国北京、济南、乌鲁木齐等城市的量子通信网也在建设之中,未来这些城市将通过量子卫星等方式连接,形成我国的广域量子通信体系.2016 年8 月,我国发射了首颗量子通信卫星“墨子号”.中国预计在 2030 年率先建成全球化量子通信卫星网络.量子通信主要涉及:量子密码通信、量子远程传态、量子密集编码和量子导航定位等,这门学科已逐步从理论走向实验,并向实用化发展.高效安全的信息传输日益受到人们的关注.基于量子力学的基本原理,量子通信具有高效率和绝对安全等特点,因此成为国际上量子物理和信息科学的研究热点.量子通信系统的基本部件包括量子态发生器、量子通道和量子测量装置.按其所传输的信息是经典还是量子而分为两类,前者主要用于量子密钥的传输,后者则可用于量子隐形传态和量子纠缠的分发.

量子信息技术包括量子通信、量子计算、量子模拟和量子精密测量等研究方向,它们主要是利用量子的奇特性质,采用独特的方式对信息进行编码、存储、传输和操纵,实现经典手段无法完成的量子保密通信、量子并行计算和模拟,为密码分析、气象预报、资源勘探、药物设计等提供解决方案;量子精密测量通过实现对重力、时间、位置等物理量的超高灵敏度测量,可以大幅度提升卫星导航、潜艇定位、医学检测、引力波探测等的准确性和精度.所有的应用都离不开对量子态的操纵,而对量子态的操纵就是对量子态的控制.从系统控制的角度来看,对量子系统的控制也就是对量子态的控制.所以对量子系统的控制必须从了解量子态的特性入手.

1.1 量子系统应用中量子状态的特性

量子计算机是一类遵循量子力学规律进行并行数学和逻辑运算、存储及处理量子信息的物理装置.人们目前使用的计算机为经典计算机,又称冯·诺依曼计算机,信息单元用二进制的位来表示,称为"比特"(bit),每一个位不是处于"0"态就是处于"1"态,计算机在 0 和 1 的二进制的位上运行,比如输入一个 7 位的二进制数 0110110,计算机内部所进行的每一步操作都是对此数的 0 或 1 的正交变换.量子计算机也是一个具有一定位数的量子系统,每一个量子位又称为量子比特(qubit),量子计算机对量子比特进行操作.一个 7 位量子态也可以采用二进制序列表示为 $|0110110\rangle$,其中符号 $|\cdot\rangle$ 表示量子态,$|0110110\rangle$ 所表示的内容与经典计算机中 0110110 所表示的内容相同.与经典计算机不同的是:经典计算机中的任何一个变量(状态),在任何时刻都只能是由一定位数组成的一个二进制数,而量子计算机中的任何一个(状)态则可能是由一定位数组成的所有二进制数的叠加态.以一个位($n=1$)为例,经典计算机只有 0 和 1 两种状态,量子态除了处于 $|0\rangle$ 态或 $|1\rangle$ 态外,还可处于 $|0\rangle$ 和 $|1\rangle$ 态的任意线性叠加:$|\psi\rangle = c_1|1\rangle + c_2|0\rangle$.现实物理世界中存在的单量子系统的例子有:氢原子中的电子的基态和激发态、质子自旋在任意方向的 $+1/2$ 分量和 $-1/2$ 分量、圆偏振光的左旋和右旋等.

量子系统不论是在量子计算还是在量子通信中,量子状态的特性主要表现在叠加性、概率的不确定性、观测的塌缩性、纠缠性以及并行操作上.这些特性是经典系统状态所不具有的.一个量子系统包含若干粒子,这些粒子按照量子力学的规律运动,量子态空间由多个本征态(eigenstate)构成,态空间可用复希尔伯特(Hilbert)线性复向量空间中单位矢量来描述.为了便于表示和运算,狄拉克(Dirac)提出用符号 $|x\rangle$ 来表示一个列向量量子态,称为右矢(ket);它的共轭转置是一个行向量,用 $\langle x|$ 表示,称为左矢(bra).一

个量子位的叠加态可用二维希尔伯特空间,也就是一个二维复向量空间的单位列向量 $|0\rangle = [1 \quad 0]^T$ 和 $|1\rangle = [0 \quad 1]^T$ 来描述.

(1) 量子态的叠加性:对于由 n 位数组成的量子系统,其量子状态由该系统本征态的叠加组合而成.以 $n = 2$ 为例,系统具有的本征态个数为 $2^n = 2^2 = 4$,分别为 $|00\rangle$,$|01\rangle$,$|10\rangle$ 和 $|11\rangle$,该系统中任意一个量子态的表达式可以写为

$$|\psi\rangle = c_1 |00\rangle + c_2 |01\rangle + c_3 |10\rangle + c_4 |11\rangle \tag{1.1}$$

其中,$c_i (i = 1,2,3,4)$ 为本征态的复系数,满足 $\sum_i |c_i|^2 = 1$.

由式(1.1)可以看出:$c_i (i = 1,2,3,4)$ 的取值不同,量子状态也不同.那么现在的问题是:$c_i (i = 1,2,\cdots,2^n)$ 有物理意义吗?答案是肯定的.这些系数模的平方具有明确的物理意义:它们分别是系统各本征态在一个量子态中所具有的概率.根据量子力学的概率幅假设,$|\psi\rangle$ 处于 $|00\rangle$,$|01\rangle$,$|10\rangle$ 和 $|11\rangle$ 的概率分别为 $|c_1|^2$,$|c_2|^2$,$|c_3|^2$ 和 $|c_4|^2$.

量子状态的这种叠加性显示出量子系统状态与经典系统状态的本质不同.实际上,由二进制表示的量子本征态就是经典态.任意一个量子态表示的都是各本征态的叠加,任何对量子态的调控问题,不是对量子态本身的控制,而是对组成量子态的本征态的系数,也就是对本征态概率的控制问题,所以量子系统的控制为概率控制.

(2) 量子态的概率不确定性:对量子态的操纵是通过控制组成量子叠加态的本征态概率来实现的,对量子态的操控是一种概率控制.宏观世界中也有类似的控制,比如天气预报.人们希望知道明天是晴天还是下雨,如果直接预报明天是晴天或是下雨,其结果导致经常性的预报错误,人们能够进行准确预报的应当是明天是否下雨的概率:明天晴天的概率为 70%,下雨的概率为 30%.量子系统的概率控制带来了极大的不确定性.由于对量子系统直接可控的是组成量子叠加态各本征态的概率,而人们一般都是对量子态本身感兴趣,比如对量子态进行观测,这就成为一个间接控制任务,换句话说,人们不能直接观测到量子态,必须先观测到量子态的概率,通过概率计算出量子态.概率是具有统计特性的,可以通过大量数据的统计计算获得.如果人们非要通过一次性的观测就获得量子态,由于量子态所具有的概率不确定性,必然导致所观测到的结果不是量子态本身.那么,一次性观测的结果是什么?一次性观测量子态的结果是组成这个量子态所有本征态中的一个本征态.

(3) 量子态观测的塌缩性:本征态是量子态的一种特殊状态,实际上是宏观状态.在宏观情况下对一个量子态进行观测,可控的只能是量子态各个本征态的概率,当人们希望观测到的量子态本身时,虽然量子态本身与本征态的概率之间有关系,但不是同一件事情.正是只能对量子态概率进行控制的特性,导致对量子态确定性的一次宏观观测结果塌缩到量子态的某个本征态.举一个简单的例子:将一枚硬币旋转起来,让你猜硬币停

止旋转后结果是正面还是反面.旋转中的硬币是处于正、反面的叠加态.人们观测到的结果是硬币停止旋转后的结果,此时的结果应当是:出现正面和反面的概率各占50%,但这个结果讲的是概率,并不是问题要的正、反面的答案.不过,由于我们知道出现正、反面的概率是各占50%的这个间接信息,所以我们知道硬币旋转时永远处在正、反面以50%的概率叠加的状态,不过观测一次看到硬币确定的结果不是正面就是反面,也就是说,观测使处在正、反面叠加态的硬币塌缩成基本正、反面的某个状况.量子态就是这样,一旦观测,状态就塌缩到组成叠加态的某个本征态上.著名的薛定谔猫就是这个道理."薛定谔猫"是由奥地利物理学家薛定谔于1935年提出的有关猫生死叠加的著名思想实验,是把微观领域的量子行为扩展到宏观世界的推演,这其中又涉及对量子态的观测.实验是这样的:在一个盒子里有一只猫和少量放射性物质,放射性物质有50%的概率会衰变,并释放出毒素杀死这只猫,同时有50%的概率不会衰变而使猫活下来.若用$|0\rangle$代表猫为活的状态,用$|1\rangle$代表猫为死的状态,那么采用量子波函数$|\psi\rangle$来描述的猫在任何时候的状态为$|\psi\rangle = c_1|0\rangle + c_2|1\rangle$.换句话说,在量子的世界里,当盒子处于关闭状态时,整个系统一直保持不确定性的波函数状态$|\psi\rangle$,即猫生死叠加.猫到底是死是活必须在盒子打开后,外部观测者观测时才能确定,并且观测结果只能是两种状态:要么是活$|0\rangle$,要么就是死$|1\rangle$.宏观观测到的只能是微观状态的本征态.

那么,如何通过对量子态的观测来重构或估计出量子态呢? 还是以旋转硬币为例,通过观测来估计硬币旋转中所处的状态的做法是:重复多次地进行观测,比如说100次,记录每一次观测到的正面或反面的结果,然后,统计一下,可以得出:100次观测中,有51次为正面,49次为反面,通过计算51/100和49/100,分别得出正面和反面的概率分别为51%和49%.这个结果随着观测次数的增加,会越来越接近50%:50%,最终得到旋转硬币的状态为$|旋转硬币的状态\rangle = 1/\sqrt{2}|正面\rangle + 1/\sqrt{2}|反面\rangle$.

(4) 量子纠缠态及其隐形传态:量子纠缠(quantum entanglement)态是由两个或两个以上粒子组成的复合系统中,不可分离的粒子组成的一类特殊的量子叠加态.从数学表达式上来看,量子纠缠态无法分解为各个粒子的张量积或直积形式.对于两个量子位系统,对于叠加态$|\psi_3\rangle = c_1|00\rangle \pm c_4|01\rangle$,第1个量子位和第2个量子位是可以分离开的,$|\psi_3\rangle$可以拆分开来写成$|\psi_3\rangle = |0\rangle \otimes (c_1|0\rangle \pm c_4|1\rangle)$;当量子态为$|\psi_1\rangle = c_1|00\rangle \pm c_4|11\rangle$或$|\psi_2\rangle = c_2|01\rangle \pm c_3|10\rangle$时,这四组量子态就成为纠缠态,而当$c_i = 1/\sqrt{2}(i = 1, 2, 3, 4)$时,就是著名的贝尔(Bell)态.量子纠缠态总是成对出现的,所以一旦人们得知纠缠态中的一个状态,立刻就可以在不需要进行观测的情况下,知道另一个状态.举一个生活中的例子:一个人在合肥买了一副手套,一只寄到北京,另一只寄到上海,上海收到后一看是一只左手套,就立刻知道北京收到的一定是右手套.当然,若上海将自己看到的结

果告知北京,北京在没有对所收到的手套进行观测的情况下,也能得知自己收到的一定是一只右手套.人们主要利用量子纠缠态的这种不可分离的关联性来进行保密通信,其中一种就是所谓的隐形传态,简言之就是不需要直接传送信息本身,就能使对方获得所要传递的信息.这主要就是利用量子纠缠态完成的.以甲地希望把状态信息 C 传送到乙地为例,隐形传送信息 C 的具体做法是:在甲地制备出一对纠缠态 AB,将其中的 B 传送给乙地,在甲地对 A 与 C 进行测量,将 A 与 C 相互作用后的测量结果传送给乙地,乙地将所接收的结果与 B 进行适当的操作,就能够得到信息 C 的内容.整个过程中,乙地是在 C 一直留在甲地的情况下得到 C 的信息内容的,所传递的测量结果即使被截获,截获者也无法得知所要传送的信息 C,这就是量子的保密特性.

(5) 量子态的并行操作:量子的叠加态是经典计算机以及宏观系统中所不存在的,量子态的这种叠加特性使得量子计算从经典计算的角度来看具有并行计算的效应.换句话说,对于一个具有 n 个二进制位数的经典计算机,要求解一个多元线性方程,多元变量的个数为 $d = 2^n$.经典计算机需要联立求解 2^n 个方程才能得到结果,这个求解过程的复杂性随着 n 的增加呈指数增长,而量子计算机只需要在一个具有 n 位的量子系统上,实现一个由 2^n 个本征态构成的叠加态的制备,也就是一个单次周期的操控过程,所获得的叠加态的每个系数就组成一个具有 2^n 个变量的线性方程组的解.因为任意一个量子态都是 n 个量子位中 2^n 个本征态的叠加,这个量子态中的系数就是 2^n 元方程组中所要求解的全部变量,每一组系数值就是线性联立方程组的一组解.量子计算机如果有 500 个量子位,那么对此量子态的每一次操作,就进行了 2^{500} 次运算,这是真正的并行处理,2^{500} 是一个极大的数,它比地球上已知的原子数还要多,而当今的经典计算机,所谓的并行处理器仍然是一次只做一个运算.量子计算的并行性可以带来指数级的加速.根据理论预计,求解一个亿亿亿变量的线性方程组,利用目前最快的超级计算机需要 100 年,利用吉赫兹时钟频率的量子计算机将只需要 10 秒;利用万亿次量子计算机,则只需要 0.01 秒.如果利用万亿次经典计算机分解一个 300 位的大数,需要 150000 年;而利用万亿次量子计算机,则只需 1 秒.

1.2　量子态控制的奥秘

量子态控制(control),又称量子态操作(steering)、操纵(manipulation)或调控(regulation),在量子计算机中所体现的量子态控制有:基本量子门的制备,量子态-态转移,消相干的抑制,状态的存储、保持、传输,测量读取,状态重构,反馈控制;在量子通信的应用中主要是纠缠态的制备、获取和容错等.

量子态的更一般的表示为 $|\psi\rangle = \sum_k c_k |k\rangle$,其中 $\sum_k |c_k|^2 = 1$,$|k\rangle$ 表示态矢空间中任意一组完备正交基.这种能够表示为任意一组完备正交基的叠加形式的系统称为纯态系统.我们已经知道,对一个量子态的控制,就是对一个量子系统中所有本征态概率的控制,对量子叠加态的控制在宏观系统控制中是不存在的,具有极大的挑战性,其表现主要体现在以下 4 个方面(丛爽,2014):

(1) 量子态本身的复杂性:一个量子态的数学表达是一个矢量或一个矩阵.量子系统的复杂性是由量子态的位数 n 的多少来划分的.最简单的量子系统是一个单量子位($n=1$)系统,其量子态是由两个本征态 $|0\rangle$ 和 $|1\rangle$ 叠加构成的一个矢量:$|\psi\rangle = c_1|0\rangle + c_2|1\rangle$.一个多位量子态是由希尔伯特空间中多个正交矢量叠加构成的矩阵.随着量子位 n 的增加,量子态矢量的维数 $d=2^n$ 以指数增长.例如,$n=3$ 时,量子态自身矢量的维数为 $d=2^n=2^3=8$;$n=8$ 时,量子态自身矢量的维数为 $d=2^n=2^8=256$.所以,量子态自身矢量维数的复杂度随着量子位数的增加而指数增长.这种以指数增长的矢量和矩阵出现的量子系统状态的计算复杂性,对高位量子态的调控带来巨大的难度和挑战,目前相关量子系统应用的操控都是以成功实现了多少位数而论的,大部分研究都没有深入到提高调控性能上.每一个量子态不仅是时间的函数,在每一个时刻,量子态还是其他变量的函数,它的变化是多维度的,必须从多角度去研究量子态的特性及其调控.相对于基于系统模型本身来进行调控方案的设计,系统控制理论能够从系统的角度去研究控制手段与方法,并且具有一些不需要求解的复杂系统动力学数学模型就能够获得达到期望收敛目标的控制方案,这对解决复杂的高维量子系统的操控显然具有明显的优势.这种优势随着量子系统维数的增加而越发突出.

(2) 量子态相干性的保持:量子比特不是一个孤立的系统,它会与外部环境发生相互作用,导致量子相干性的衰减,即消相干(也称"退相干"),使得量子相干性很难保持.因此,要使量子计算成为现实,一个核心问题就是克服量子态的消相干,保持住量子态的相干性.量子波函数 $|\psi\rangle$ 本身不可观测,但 $||\psi\rangle|^2$ 是可观测的.所以人们采用密度矩阵 ρ 来表示量子状态,通过密度矩阵,可以清楚地观测到一个量子态的相干性及其他特性.密度矩阵与波函数之间的关系是 $\rho = |\psi\rangle\langle\psi|$.对于一个量子位的波函数 $|\psi\rangle = c_1|0\rangle + c_2|1\rangle$,由定义 $|0\rangle = \begin{bmatrix} 1 \\ 0 \end{bmatrix}$ 和 $|1\rangle = \begin{bmatrix} 0 \\ 1 \end{bmatrix}$ 可得 $\langle 0| = (1 \quad 0)$ 和 $\langle 1| = (0 \quad 1)$,计算 $\rho = |\psi\rangle\langle\psi|$ 可得

量子状态的估计和滤波及其优化算法

$$\rho = |\psi\rangle\langle\psi| = |c_1|^2 |0\rangle\langle0| + c_1 c_2^* |0\rangle\langle1| + c_1^* c_2 |1\rangle\langle0| + |c_2|^2 |1\rangle\langle1|$$

$$= \begin{vmatrix} |c_1|^2 & c_1 c_2^* \\ c_1^* c_2 & |c_2|^2 \end{vmatrix} \tag{1.2}$$

由式(1.2)可以看出：密度矩阵的对角线元素的值从左上角到右下角,分别代表本征态 $|0\rangle$ 和 $|1\rangle$ 的概率,而非对角元素的值为两个本征态相干叠加的概率,表征出一个量子态的相干性.当一个量子系统受到环境的影响而出现能量流失,一个最显著的表现就是密度矩阵状态非对角元素的值逐渐减少,最终为 0 而导致量子态的相干性消失,出现消相干或退相干,此时的状态可能成为混合态.当对一个量子态进行测量时,也会导致量子态不但非对角元素衰减为 0,而且对角元素中只有一个为 1,其余元素全部为 0,我们说此时的量子态塌缩到一个本征态上.

对量子态相干性保持的控制就是通过外加作用来维持密度矩阵各元素值保持不变；如果仅考虑对角线元素值的控制,则称为布居(population)控制,因为任何时刻,密度矩阵对角线元素值总和,也就是各本征值概率之和,为 1；如果仅对状态相干性进行操控,可以仅保持密度矩阵非对角元素的值不变.这些都是经典系统控制中所没有的.

(3) 量子态的制备、产生与转移:量子态的制备、产生与转移都属于操纵一个量子态到达另一个期望目标态的任务范畴.量子态的制备是为其他目标所需要的特定状态做准备的,比如,量子通信需要纠缠态,所以纠缠态的制备是一个很重要的工作.量子态的产生是量子化学反应中的输出生成物；而量子态的转移是最一般的量子态的调控任务,又称态-态转移,是从一个量子初始状态转移到另一个期望的终态,实际上量子的态-态转移包含了量子态的制备和产生,只是因为它们有其特殊的实际应用背景而被单独采用了一个术语,作为系统控制理论的研究,它们都可以归结为量子的态-态转移任务.量子计算机中门的制备要比量子态的制备复杂些,因为制备门调控的是矩阵.

两个及其以上粒子之间就有可能产生相互作用,所以对量子系统所施加的外部控制作用对量子系统本身也可能产生影响.为了尽可能小地对量子系统产生扰动,对量子系统所施加的控制幅值应当尽可能小,所以称为微扰控制.大部分量子控制属于微扰控制.由于量子系统状态中的相位主导着相干性,所以改变或保持相位就意味着对系统相干性的调控,有一大类量子控制叫做相干控制,尤其在实验中具体实现的控制方案往往都是通过直接调整相位的大小来完成的.相位的操作还包括角度,光学实验中的操作大部分都是通过对光的折射、反射等角度的调整来达到期望的目标的.借助于数学上的各种不同函数分解方法,可以将设计好的能够达到目标的控制函数分解成实验上可以通过改变相位角度的操作步骤来实际实现.比如,实现一个设计好的控制函数的有效方法,是将其分解成以 e 为底的各种幂的指数型函数的乘积形式,每一个指数函数中的幂都代表一个旋转操作的角度.这种控制方法的设计叫做李群分解法.几何控制法中既包含幅值又考虑相位,也是一种可以用于量子控制的方法,只是在高维系统中很难应用.棒棒控制相当于开关控制,也相当于量子系统中的脉冲调制或脉冲裁剪控制,也是目前量子系统控制中经常使用的控制方案,只是它们是开环控制.实际上,目前大部分的实际物理装置实现的量子控制都是开环控制.量子最优控制理论在量子系统控制中已经提出了 30 多年,也获得了上千个成功实现的实验案例.由于最优控制只能获得数值解而不是解析解,它需要通过反复不断地迭代才能获得最优解,所以量子最优控制理论比较适合量子化学反应等量子系综的控制.另一个有效的量子系统控制方法就是量子李雅普诺夫控制方法,它是一个求解更加简单的真正的闭环反馈控制,能够获得更高的控制精度.量子李雅普诺夫控制方法的困难有两个方面:由于量子系统的控制是概率控制,要想达到控制目标,必须以概率 1 为控制目标,这使得量子李雅普诺夫控制只能是渐近稳定控制,也就是误差为零的控制,不能只是稳定控制,因为哪怕是 99% 的控制精度概率,一旦 1% 误差概率出现,就会导致目标的完全背离,这实际上为量子李雅普诺夫控制的设计带来很大的困难和挑战.另一个困难来自反馈控制所需要的反馈变量,也就是量子系统状态(或参数)的辨识和估计,这也是量子系统控制中的难题.

(4) 量子态的估计与重构:量子态的估计涉及对量子态的测量和读取.由于量子测量的塌缩性,量子状态无法通过测量直接确定,必须通过对量子态的多次反复的投影测量,对量子态进行重构来估计出量子态的密度矩阵.量子层析是确定未知量子系统状态的常用方法,是通过对量子系统输出值与量子态关系的逆求解来获得密度矩阵的过程,它需要使用 $d^2 = (2^n)^2 = 4^n$ 次测量结果.所以采用量子层析进行量子态估计的一个基本困难是测量次数随量子位数的增加而指数增长.例如,一个 6 比特量子态的层析,需要 $2^6 \times 2^6 = 4096$ 次测量;一个 7 比特量子态的测量次数是 $4^7 = 16384$.测量次数 4^n 随着比特数 n 的增加呈指数增加.另外,为了获得高精度的估计结果,每一个测量都需要重复很多次.2010 年后人们将信号处理中的压缩传感理论引入量子态估计的应用中,将高维空间中的输入信号变换成维数较小空间中的信号,并在获取信号的同时对数据进行适当的压缩,再利用合适的重构算法,对压缩的数据进行信号恢复(丛爽,2017a).压缩传感理论在量子态估计中减少测量次数和提高估计效率上获得极大的成功(Zheng et al.,2016a).投影测量使量子态塌缩,破坏了量子态本身,所以利用这种强测量方式需要用到大量粒子的全同副本,此时的量子态的估计只能是离线的批处理.要想能够估计出真正用于反馈控制的量子态,就必须能够进行量子态在线的实时估计,这可以通过基于弱测量和压缩传感理论的在线估计来实现.

量子状态的估计和滤波及其优化算法

1.3 量子系统状态估计发展

在量子力学中,由于量子系统的海森伯测不准原理(Heisenberg,1927),人们无法通过测量来直接得到系统的真实状态,只能测量得到量子系统的状态在某个投影方向上塌缩的概率,这与宏观系统的特性存在本质区别,因此在量子系统中只能通过测量对量子系统的真实状态进行参数估计.为了估计出量子系统的状态,一般需要对全同量子复本进行多次测量来获得足够的信息(D'Ariano et al.,2004).量子状态估计又叫量子状态重构,自1933年泡利(Pauli)提出一个粒子的位置和动量的概率分布能否确定出该粒子的波函数的问题后,量子状态估计才逐渐引起人们兴趣.2010年前,量子状态估计主要分为三个方面:① 对有限维量子系统初始状态的估计(D'Alessandro,2003);② 控制一个系综的演化并根据一个可观察量的信息实现状态估计(Silberfarb et al.,2005);③ 基于对单个量子系统连续测量的历史记录进行的状态估计(Gambetta,Wiseman,2001).第三方面又被称做量子过程估计.

量子层析术是目前最常用的量子状态估计技术,层析一词来源于医学中的 X 射线断层摄影术 CT(Computer-assisted Tomography),它是 X 射线断层摄影术在量子系统中含义的延伸.因此,量子层析的主要思想是将通常医疗成像的算法应用于量子领域,通过多个方向上的投影来重构量子态的二维或多维分布.量子层析理论最早出现于1957年,法诺(Fano)首先系统地论述了根据相同制备的复本系统上的重复测量来决定量子状态的问题(Fano,1957),但由于没能找到除了位置、动量和能量以外更好的可观测量,该思想最初只停留于理论层面上.直到1969年,Cahill 和 Glauber 在物理评论杂志上发表了题为《密度算符与准概率分布》(Density operators and quasiprobability distributions)(Cahill,Glauber,1969)的论文,此论文开创性地提出通过重构量子态的密度矩阵来获取量子状态信息的方法,给量子层析技术的发展奠定了坚实的理论基础.通过几十年的研究,量子层析实验在许多量子实验中取得了成功.1989年 Vogel 和 Risken 首次设计出了利用光学零差探测法确定量子态密度矩阵的实验,将零差探测得到的边缘概率分布进行逆氡(Radon)元素变换来得到维格纳(Wigner)函数,从而得到密度算符的矩阵元素,这就是量子光学中非常通用的"零差层析术".1993年 Smithy 等人成功地对量子压缩态和真空态实施了量子零差探测层析(Smithy et al.,1993).1994年 D'Ariano 等人开发出通过实验测定光子数表象中辐射场密度矩阵的第一个准确技术(D'Ariano et al.,1994),通过简单平均零差数据的一个函数来实现,简化了逆氡变换环节.之后,D'Ariano把系统的密度算符表示为零差输出的边缘分布与一个核函数的卷积,进一步简化了这一技术.1995年Leonhardt成功地实现了分子振动态的层析实验(Leonhardt,1995),Leonhardt还根据实验数据提出有限维量子系统的层析实验方案,并推导出了维格纳方程的离散形式.几年中,有关离子和原子的量子系统(Leibfried et al.,1996)、利用核磁共振(NMR)技术测定1/2自旋电子态的层析实验以及含有四基态的铯原子内部角动量系统(Klose et al.,2001)都获得了成功.利用自发参数下转换产生纠缠光子态的层析实验在1999年也获得了实现(White et al.,1999).随着量子层析理论研究的深入和一系列实验的成功,量子层析技术开始在量子信息学的研究中广泛应用.目前最常用的Stern-Gerlach测量实验(D'Ariano et al.,2004)中,通过测量电子自旋来估计电子状态,便是所谓的量子比特层析.量子比特层析相比一般量子系统层析具有明显优势,除去了繁杂的数学计算与函数积分,避免了传统层析技术中,维格纳函数以及逆氡变换,仅需要对可观测力学量的测量统计结果进行简单线性变换,就能够得到较为准确的量子状态估计,这是一种完全观测水平上的统计测量方法.

本质上,量子层析是通过重复测量全同量子复本构成一组量子系综来重构出系统的状态.在每个量子复本中,需要测量相同的可观测力学量.被测系综上的可观察力学量的集合称为观测层次(Fick,Sauermann,2012).按照观测层次和测量次数的不同,量子测量可分为三种情况:① 完全观测层次上的重构:系统的所有可观察力学量可被精确测量,这种情况下量子层析能够完全重构出量子的状态;② 不完全观测层次上的重构:只有系统的部分可观察量可被精确测量;③ 测量不能提供充分的信息来准确确定出被测可观察量的平均值或概率分布,只能提供被测可观察量的本征态的出现频率.上述三种情况,只有在第一种情况下使用量子层析能够得到精确结果,后两种情况下采用量子层析进行的参数估计会产生较大误差,此时需要利用优化算法对测量所获得的数据进行优化,来得到尽量"逼近"真实参数的估计结果.

目前最常用的优化方法有如下四种:最小二乘(LS)法、最大熵(Max-Ent)法、极大似然(ML)法和贝叶斯(Bayesian)法.其中,最小二乘法是在完全观测层次但测量次数有限的情况下,对量子层析估计结果的最小二乘逼近;最大熵法是一种无偏估计方法,在不完全观测层次下,适用于第二种测量情况;极大似然法是根据已有信息得到理论上"最有可能"结果的方法,同时适用于第二、三两种测量情况;贝叶斯法则是考虑到了人们对系统原本的认知,适合第三种情况下的状态重构.最小二乘法是最常见的优化算法.随着人们的研究,最小二乘法在量子状态估计问题中已有广泛应用,如借助量子态内窥镜检查对腔场量子态的重构(Bardroff et al.,1996)、俘获离子的振动量子态的重构、借助平衡和不平衡同差检测对光场量子态的重构(Opatrny et al.,1997)等.最大熵原理基于Jaynes

在 1957 年提出的一种无偏的估计思想,它是利用最大熵原理对随机事件的概率分布进行推断的方法.在量子状态重构问题上,最早是在 1997 年由 Buzek 等人利用 Jaynes 最大熵原理实现了自旋量子系统状态的重构(Buzek et al.,1997),并逐渐应用到单色光场的量子态的重构、不完全层析数据上维格纳函数的重构、速核磁共振光谱的重构等方面,均得到了较好结果.极大似然思想于 19 世纪 20 年代由 R. Fisher 提出,随后获得广泛应用,是量子领域中应用最多也是最广的优化算法.1996 年 Hradil 等人提出了一个利用极大似然原理重构量子密度矩阵技术(Hradil,1997),不过仅限于纯态,后来 Banaszek 等人提出了一个利用最大似然方法重构密度矩阵的通用技术(Banaszek et al.,2000).2004 年 Lvovsky 提出了根据一组平衡同差测量来构造光学系综的密度矩阵的一个迭代期望最大化算法(Lvovsky,2004),它避开了计算边缘概率分布的中间步骤,可直接用于测得的数据.目前,极大似然法已应用于量子相位的估计、光子数分布的估计、光学纠缠态的重构等问题(D'Ariano et al.,2001;Hradil et al.,2004).贝叶斯原理是概率推断问题中极为重要的一种推断思想,最早由英国数学家托马斯·贝叶斯(Thomas Bayes)于 1763 年提出,它在量子状态估计中具有较好效果,最早由 Helstrom 于 1976 年将贝叶斯思想引入量子态估计过程中(Helstrom,1976).1991 年 Jones 将贝叶斯思想应用于纯态量子密度矩阵的估计(Jones,1991),2001 年 Schack 等人在广义测量的框架内推导了一个对纯态和混合态均适用的量子贝叶斯规则,并把他们的方法成功用于 N 个量子位的状态重构上(Schack et al.,2001).到目前为止,在 Schack 等人的努力下,已经形成一套较为成熟的量子贝叶斯规则.

1.4 基于压缩传感理论的量子状态估计研究现状

在现代数字信息革命中,人们开始越来越多地感受到各种信号处理技术和新传感技术对电子产品以及生活产生的重大影响,切身地感受到信息化革命对生活带来的改变.传统的基于信号采样的视频、图片,或者其他的数据信息都是基于香农(Shannon)采样定理,需要人们至少以两倍于信号的频率对信号进行采样来保证信号的质量.然而这种采样需要消耗大量的存储空间并受到频率的限制,因此人们希望能够有一种新的技术,在减少采样频率的同时,可以减少数据量的存储,希望通过提高软件层面来降低对硬件性能的要求.

在人们对新理论的迫切需求下,具有跨时代意义的压缩传感理论,在 2006 年被

Donoho提出,自此之后引发了学者们强烈的反响(Donoho,2006). Candès 等人分别在 2006 和 2007 年对压缩传感理论进行了进一步的理论应用研究(Candès,Tao,2006; Candès et al.,2006)和推导证明(Baraniuk,2007).压缩传感理论使得人们可以直接获得压缩的测量结果,即使在测量频率小于两倍频率下也能恢复出原始的稀疏信号.如果一个信号只有少量的非零元素,那么这个信号就可以简单地被认为是稀疏信号.可压缩的信号意味着,可以通过另一个稀疏的信号近似趋近于原始稀疏信号,达到恢复原始稀疏信号的效果.压缩传感由于可以直接获得压缩后的信号,所以需要的存储量小,恢复信号时的运算量相应变小.

在信号处理领域,香农采样定理一直是非常重要的理论,香农定理与压缩传感理论根本上的不同,使得它在被提出后就引起学者们广泛关注并影响延伸到其他的应用领域. Banaszek 等人将该方法开创性地应用到量子系统状态的估计(Banaszek et al., 2013),对比传统实验方法收到了显著的效果.量子系统状态通常用 N 维的密度矩阵来描述,它包含量子系统的统计信息,未知量子系统状态在实验中经常使用测量数据来估计.由于研究中大部分以纯态为主,纯态下密度矩阵为厄米矩阵,因此理论上只需要测量一半的值,这个先验信息使我们可以减少估计参数的个数.压缩传感理论使人们有可能将高维矩阵投影到低维矩阵,通过最优化使需要估计的量子系统状态元素的个数大幅度减少,因此能够通过测量部分矩阵来获得纯态的量子状态重构,其中,系统的测量矩阵可以由泡利矩阵来构建.因此采用压缩传感方法,人们可以通过少量测量来获得纯态量子密度矩阵的估计值.系统量子位的数目越多,系统密度矩阵维数越高,相应的测量矩阵也越大,矩阵恢复重建的难度也越高.实验证明采用压缩传感能够有效地进行量子状态估计,在足够测量后可以重构唯一的密度矩阵,并通过优化算法提高密度矩阵的估计精度.在量子状态估计优化算法研究中,Smith 等人总结了最小二乘法问题的估计,并通过现有的 Matlab 优化工具箱解决了量子层析问题(Smith et al.,2013);Liu 采用了 Dantzig 算法并运用压缩传感方法对密度矩阵进行估计(Liu,2011);之后交替方向乘子算法(Alternating Direction Method of Multipliers,ADMM)得到了学者的关注,该优化算法通过最小化密度矩阵核函数获得量子状态估计(Candès,Plan,2011),Li 将 ADMM 算法运用到压缩传感的量子层析中,给出算法迭代优化形式,并在 5 个量子位的密度矩阵估计中,获得了较高的估计精度(Li,Cong,2014).本书中有关基于压缩传感理论的量子态估计与滤波研究,正是本书的两位作者首次将 ADMM 算法运用到压缩传感的量子层析的应用中,在 2014 年于南非开普敦召开的第 19 届国际自动控制联合学会世界大会上发表的论文《一种采用 ADMM 的鲁棒压缩量子态层析算法》(A robust compressive quantum state tomography algorithm using ADMM)(Li,Cong,2014)后,开始进入系统深入探究的层次.本书中系统性地集成了此后的所有相关研究成果.

1.5 测量理论与技术

对一个量子系统的测量,不可避免地导致被测状态塌缩到系统的本征态,并且对塌缩状态的测量也是概率性的,这使得对量子系统测量的实现一直以来是量子反馈控制系统设计以及实验实现中的难题.量子力学中有 4 个基本公设,其中第三条是关于量子测量公设,也叫投影假设,它是由冯·诺依曼(von Neumann)首先严格阐述的:"对归一化波函数 $\psi(x)$ 进行力学量 A 的测量,总是将 $\psi(x)$ 按 A 所对应算符的正交归一本征函数族 $\{\varphi_i(x), \forall i\}$ 展开:$\psi(x) = \sum_i c_i \varphi_i(x), \langle \varphi_i(x) \mid A\varphi_i(x) = a_i\varphi_i(x), \forall i\rangle$,单次测量后所得 A 的数值将随机属于本征值 a_i 的某一个;测量之后,$\psi(x)$ 即相应塌缩为该本征值 a_i 的本征函数 $\varphi_i(x)$.对大量全同状态构成的量子系综进行多次重复实验时,任一本征值出现的概率为此展开式中相应项系数的模平方 $\mid c_k \mid^2$."测量公设展示了两点:测量的结果与测量之后量子系统的状态.测量公设为量子测量提供了理论依据,它是量子测量理论的思想和前提.在实际实验中,量子测量就是让测量仪器和被测系统间产生某种相互作用,以便从测量仪器的状态去"读出"被测系统的状态.这里"某种相互作用"一般是指仪器本身与被测系统产生量子纠缠,而在"读出"被测状态过程中,被测系统本身会产生退相干,即由某种叠加态向本征态塌缩,塌缩后的状态作为初态在新环境哈密顿量下开始新一轮演化.因此可以说,量子测量的本质是纠缠与退相干.

从测量的方式上,可以将量子测量分为直接测量与间接测量.所谓直接测量是指被测系统与宏观测量仪器直接产生关联,得到对量子系统的观测结果;间接测量是通过两步来完成的:第一步是测量仪器探测部分与量子系统在微观上产生纠缠,使量子系统的状态反应到仪器本身;第二步令探测部分的关联与仪器其他部分产生宏观的关联得到测量结果.量子直接测量应用的例子有云雾室电子轨迹观察;量子间接测量则包括现在大部分量子研究实验,例如 Stern-Gerlach 电子自旋实验、光子零差计数等.在量子系统控制的实验中大多数都是量子间接测量.从测量的时间上,可以将测量分为瞬时测量和连续测量.量子瞬时测量是将测量看做一个瞬时过程而忽略其操作所需的时间.量子连续测量是对量子系统进行连续不断的观测,测量被视为一个连续过程.直接运用"投影假设"的量子测量,可以分为正交投影测量(projective measurements)、广义测量(general measurements)和正算符值测量(Positive Operator Valued Measurements,简称 POVM).这三种测量都是瞬时测量,因为量子测量公设(投影假设)是瞬时测量理论,不能描述连续量子测量过程.正交投影测量、广义测量和 POVM 是量子测量的理论依据,也是实际进行量子反馈控制中量子测量的基础操作.在实际测量中,人们通过令探测系统状态与被测系统状态间产生耦合或纠缠,使探测系统状态发生改变来得到符合投影假设的测量结果,此过程就是一次正交投影测量或广义量子测量.然而,探测系统对被测系统状态同时具有"反作用",这种反作用也会引起系统状态的塌缩,表现为波函数约化,此过程会破坏被测系统本身的状态.在实际测量实验中,人们往往希望避免测量的反作用,尽量保持系统状态不受破坏.为实现此目标,人们提出几种特殊测量技术:根据实际情况选择特殊的测量算符来实现一系列特殊的投影测量或广义测量,最常用的几种测量为量子非破坏性测量、弱测量、量子连续测量.量子非破坏性测量(Quantum Nondemolition Measurement,简称 QND)首先由苏联的 Braginsky 等人提出(Braginsky et al.,1975),QND 提供了一种克服噪声达到经典测量方法所无法达到的超高精度的测量方法.到目前为止,人们利用 QND 测量实现了诸如光子数的 QND 测量(Brue et al.,1990)、超导磁通量子比特的 QND 测量(Picot et al.,2010)、原子自旋的 QND 测量(Kuzmich et al.,1999)等.量子力学中的弱测量(weak measurement)有两种概念:一种弱测量是指连续测量中的弱测量(weak measurement in continuous measurement),另一种弱测量是指能够测得"弱值"(weak value)的测量.连续测量中的弱测量属于间接测量,是一种在探测仪器和被测系统之间耦合强度很弱的情况下,获得系统少量均值信息的量子测量方法.弱测量也被称做钝(dull)测量、模糊(fuzzy)测量、近似(approximate)测量、温和(gentle)测量等.理论上说,连续测量中的弱测量可以看做一种测量算符接近被测力学量的广义测量(Oreshkov,Brun,2005),目前已有研究表明,任何广义测量都可以通过一系列的弱测量实现;弱值测量(weak value measurement)是 Aharonov 等人为了介绍弱值这一概念而定义的测量(Aharonov et al.,1988),也属于间接测量,它强调测量对所需信号的放大作用,其最大的特点是被测系统除了与探测系统之间的相互作用外,还需经过两次筛选作用的投影测量,这两次投影测量过程也叫做先、后选择.弱值测量利用先、后选择过滤掉无用信号的干扰,能够得到有效放大的测量结果,此结果经过读数后可以输出探测系统观测量的均值信息,人们可以根据此信息推断被测系统的状态.由一系列连续不断的弱测量实现对系统的连续实时观测.对两体及多体量子系统的测量还可分为局域测量、关联测量、联合测量等;按照测量程度,还可分为完全测量与不完全测量.从量子系统所处环境情况看,可将测量分为封闭系统量子测量与开放系统量子测量.要想实现基于测量的量子系统反馈控制,必须弄清楚各种量子测量及其之间的关系和区别、实现的技术方法.

上述所涉及的有关量子测量的术语、类型和定义在量子态估计的数据获取中占有重要地位,我们将在第 2 章中逐一地进行阐述.

1.6 基于测量的状态估计的难点

在某些情况下,破坏性的强测量难以直接获取状态信息,为了获取状态信息,人们必须通过间接测量方式,通过引入探测系统与被测系统发生关联,然后通过对探测系统进行强测量,根据测量结果来推断被测系统的信息.如果探测系统和被测系统间相互作用强度较弱,那么这种测量方法被称为弱测量.不同于强测量会彻底破坏系统的状态,弱测量对系统造成的影响较弱,仅仅会令系统状态发生一定变化.利用弱测量方法,人们可以测量特定的量子系综,直接获得状态在某个观测量上的均值信息并将其作为测量值.

由于弱测量的非完全破坏性,人们能够实现对系统的连续弱测量.在连续弱测量中,由于观测量往往并非正交的,不同观测量之间对应信息有所重叠,因此保证信息完备所需观测量数目往往大于 ψ_a.量子态实时估计是指基于对量子态的连续弱测量结果来实时估计系统的状态.利用连续弱测量中非正交观测量往往无法直接计算出系统的状态,必须利用合适的算法根据测量值来计算出满足条件的最优结果,以作为状态估计结果.量子态实时估计是基于测量的量子反馈控制的前提.西尔伯法布(Silberfarb)等人最早给出一个基于连续弱测量的量子态估计方案(Silberfarb et al.,2005),采用连续弱测量方案在铯原子系综上对 7 维 $F=3$ 原子超精细自旋状态进行了估计.多伊奇(Deutsch)等人由此实现对状态到状态的量子映射的性能估计,以及最优控制技术设计和实现.人们基于连续弱测量来测量处于非线性顶端的混沌自旋量子态随时间演化的状态.

压缩传感理论为降低量子状态估计中的测量次数问题提供了新的思路和新的解决手段,该理论指出,如果一个量子系统密度矩阵的秩 ψ_β 远小于其维度 $|\psi_a\rangle(|\psi_\beta\rangle)$,那么只需要根据少量随机观测量的测量值,就可重构出系统状态的密度矩阵.格罗斯(Gross)等人证明了在以泡利测量算符进行观测时,仅需 $O(rd)$ 个观测量上的测量值,就可以保证重构出的密度矩阵 n(Gross et al.,2010).压缩传感理论可以应用于量子态实时估计并提高状态估计的效率.Deutsch 等人首次将压缩传感应用于处于连续弱测量下受控量子系统状态的估计,并实现了 16 维铯原子自旋系综状态的快速重构.

1.7　本书内容

在量子态估计中需要用到测量理论及其实现技术进行分析与研究,同时需要借助于多目标优化理论来推导迭代优化算法,根据系统输出值与量子状态之间的关系式,来高精度地重构出带有输出测量噪声和状态干扰,或含有其中之一扰动下的量子态.本书是近年来,丛爽研究组在各种相关情况下研究成果的集成,是按照研究的时间顺序,从单一情况到多情况下的考虑,由固定量子态的离线估计,到实时在线地对随时间变化的动态量子态的估计,逐步由浅入深地、系统深入地进行量子态的估计与滤波及其优化算法的研究.本书包括以下具体内容:量子测量理论和量子层析及其优化方法、压缩传感理论及量子态估计与求解、基于压缩传感理论的测量矩阵研究、改进的优化算法及其在量子态估计的应用、量子态估计与滤波研究、核磁共振实验中基于压缩传感的量子态重构、在线量子态估计算法、随机开放量子系统的在线量子态估计和在线量子态估计优化算法的深入研究.

第2章是量子测量理论和量子层析及其优化方法.该章在对量子系统状态、力学量、算符与算符均值,以及量子测量概念进行分析与对比的基础上,归纳总结不同测量之间的关系与各自的使用条件,并对由基础测量理论发展出的测量技术,包括量子非破坏测量、量子连续测量和弱值测量进行特性对比;分析非破坏测量在量子反馈控制中具体应用条件、实现方式以及对控制的作用;分析弱测量、连续测量和弱值测量在反馈控制中的实现方式、数学表示方法与测量特性.最后综合各个方面内容,从测量方式、测量时间以及量子系统所处环境上对量子测量的理论与技术进行总结归纳,同时对量子层析中的单量子比特层析、多量子比特层析和量子过程层析进行阐述.该章还对量子层析中的常用优化方法进行介绍,其中包括:最小二乘法、量子状态的最大熵估计方法、量子状态的极大似然估计法和量子状态的贝叶斯估计方法.整个第2章是本书的基础,本书其余章节中的内容,都是在第2章的基础上,开发和研究出来的新的研究成果.一般读者都需要先阅读第2章中的内容,然后再去阅读其他章节.

第3章是压缩传感理论及量子态估计与求解.该章中有与压缩传感理论相关的研究成果的介绍,包括信号的稀疏表示、编码测量、信号重构和矩阵恢复必须满足的假设及其结论.本书将压缩传感理论应用到量子态估计中,是压缩传感理论的应用,不对压缩传感理论本身进行研究,不过要想能够应用好压缩传感理论,必须了解清楚什么是压缩传感理论以及如何去应用它.明白压缩传感理论是提供能够高精度重构量子态所需要的最少的测量数据,就有可能高精度地重构出原始信号的条件,这个条件就是压缩传感理论的贡献.实际上,量子态估计问题是由两方面构成的:一定数量的测量数据和求解优化问题的算法,压缩传感理论解决的是第一个有关减少测量次数的问题,求解优化问题的算法,需要通过专门去研究非完备测量下的量子态估计问题的优化算法来获得,这是一个具有挑战性的难题,因为当测量次数少于完备数据时,待求解的未知参数的数目大于方程数,具有无穷多个解,加上所求出的优化解必须同时满足量子态的迹 1、共轭和大于 0 的条件.所以在第 2 章中,在介绍压缩传感理论后,专门对量子状态估计的优化问题进行了定义,然后根据对偶上升法和扩展拉格朗日乘子法,引出基本的交替方向乘子法,在其基础之上,还进行了于不动点方程的 ADMM 算法和自适应 ADMM 算法.

第 4 章是基于压缩传感理论的测量矩阵研究.要想利用压缩传感理论来减少所需要的测量数据,用来进行测量的测量矩阵必须满足一定的条件,这是设计者必须做的一件事.所以第 4 章专门进行了基于压缩传感理论的测量矩阵研究,我们首先研究了五种不同测量矩阵的构造,并通过仿真实验,研究了不同测量矩阵的最优测量比率与重构误差的性能对比.由于在实际实验中,经常采用的是基于泡利矩阵构成的测量矩阵,我们专门研究了基于泡利测量的量子本征态估计最优测量集的构造方法,对于具有低秩和稀疏结构的密度矩阵,提出了一种分布式的重构方法,并采用核磁共振装置所测量到的数据进行量子态估计.

第 5 章是改进的优化算法及其在量子态估计的应用.该章是在第 3 章中基本优化算法的基础上,进一步进行深入系统的优化算法的改进,以便在量子态估计中能够获得速度更快和效率更高的量子态估计结果,使得所提出的改进算法能够应用到更高量子位的估计中,克服测量数据随量子位数增加呈指数增长的困难.该章中的改进算法包括:结合不动点方程的量子态的快速重构算法、迭代收缩阈值算法以及在高维量子状态重构中应用和改进的迭代收缩阈值算法及其应用.每一种算法都进行了数值仿真实验以及不同算法的性能对比实验,包括重构误差对比、单次迭代时间对比、不同量子位情况下的测量比率下界、不同量子位下迭代次数对重构误差的影响以及有和无干扰情况下的性能对比实验.

第 6 章是量子态估计与滤波研究.该研究中系统地解决了三个问题:① 设计出一种非精确 ADMM 算法解决了含有稀疏干扰的量子状态估计问题;② 提出一种改进的 ADMM 算法解决了含有高斯噪声的高维量子状态估计问题;③ 开发出同时考虑噪声和干扰影响下的估计算法,在估计出量子态的同时,还估计出噪声和干扰,并将其消除.本章中给出了严格的算法收敛的数学证明,并给出了不同算法下的性能对比.

第 7 章是核磁共振实验中基于压缩传感的量子态重构.本书中所提出的很多算法都

利用从核磁共振仪(Nuclear Magnetic Resonance,简称 NMR)中获取实际实验数据,进行性能验证.在第 7 章中,结合实际的 NMR,专门对 NMR 实验中的测量、NMR 的量子逻辑门操作、NMR 测量算符组与泡利算符变换,以及基于 NMR 实际测量数据和 CS 的量子态重构进行了研究,着重对实验数据获取中的 NMR 量子状态重构方案进行了分析,并结合第 6 章中所提出的量子状态估计的最优测量算符集的构造方法,在 NMR 中,详细地进行了稀疏密度矩阵的最优测量算符集、任意纯态的最优测量算符集,以及基于最优测量算符集的量子态重构,最后进行了基于 NMR 实际测量数据的量子态重构,使人们对如何将所提出的优化算法应用于实际物理的装置中,以及对量子态估计的实际应用的性能,具有一个比较全面的了解.

第 8 章是在线量子态估计算法.在第 8 章之前的量子态估计都是离线地对一个固定量子态的估计,或量子态层析,固定量子态的估计主要应用于量子态制备中.当希望利用所估计的量子态进行高精度的闭环反馈控制系统的设计时,就必须能够获得对随时间变化的动态量子状态的估计,这就需要进行实时在线的量子态估计.第 8 章中,我们通过开放的马尔可夫量子系统模型,基于连续弱测量,实现了实时的动态量子态的估计.我们分别对封闭量子系统和开放量子系统中的单比特量子状态进行了数值仿真实验,进行了特性研究.同时基于在线邻近梯度的 ADMM 算法,提出了基于交替方向乘子法的在线量子态估计算法,还实现了 2 量子比特系统状态的在线估计.

第 9 章是随机开放量子系统的在线量子态估计.该章进一步考虑带有测量反向效应的随机开放量子系统,进行了单比特量子系统的状态在线估计算法的设计与实验;推导了 n- 比特开放量子系统离散演化模型;提出了一种带有自适应学习速率的矩阵指数梯度在线量子态估计算法,并重点进行了滑动窗口的大小对于算法影响的实验、固定窗口长度下的估计性能对比实验,以及耗时性能对比实验.本章中我们还提出了一种基于卡尔曼滤波的在线量子态估计优化算法,并给出了不同滑动窗口长度下三种算法的行能对比和固定滑动窗口长度下三种算法的性能对比实验结果及其分析.

第 10 章是在线量子态估计优化算法的深入研究.该章主要内容包括:针对连续弱测量过程中存在测量噪声的情况,提出一种基于在线交替方向乘子法(OADM)在线量子态层析(QST)优化算法 QST-OADM;在 8.2 节的基础上,提出一种改进的基于在线近似梯度方法的交替方向乘子法(OPG-ADMM)算法;另外还提出一种 QSE-OADM 算法,该算法将密度矩阵恢复子问题和测量噪声最小化子问题在不迭代运行的情况下分开进行求解,获得了比其他的工作更高的效率.最后开发出一种稀疏干扰与高斯噪声下的在线量子态滤波器,解决了同时存在稀疏干扰和输出噪声的关键性的在线量子态的滤波问题,为基于量子态反馈的高精度量子闭环控制器的设计与应用打下了坚实的理论基础.

第 2 章

量子测量理论和量子层析及其优化方法

量子力学为微观领域的研究提供了一个数学框架,通过数学描述的方式展现微观粒子的物理性质与规律.本章我们重点介绍一些量子基本概念、量子测量理论和量子层析及其优化方法,主要包括:针对目前基于量子层析的量子比特系统状态估计,对其原理、步骤与使用条件进行归纳总结,在实际测量次数有限的情况下,详细给出如何采用最小二乘法优化层析结果来得到误差均方差最小结果;当不完全测量时,如何使用最大熵法、极大似然法来得到令系统熵值最大,或最可能的估计;在考虑所测量系统的先验知识的情况下,如何采用贝叶斯方法得到先验知识与后验测量结合的估计结果.分析这些方法的各自特点,对比重构结果的优劣并讨论适用条件.

2.1 量子系统状态的描述

在量子力学中,量子态就是量子的状态,即一个微观粒子在某个时刻所可能具有的能量状态.微观粒子的能量、自旋、角动量等属性是量子化的,其状态通常可由一个矢量来描述,这个矢量被称为态矢量.对一个孤立量子系统,其所有可能状态对应的矢量,构成一个完备的复内积矢量空间 $\mathcal{H}$.定义任意矢量 $x, y, z \in \mathcal{H}$,内积运算 $(\cdot, \cdot): \mathcal{H} \times \mathcal{H} \rightarrow \mathbf{C}$ 满足:

(1) 正定性:$(x, x) \geqslant 0$,当且仅当 x 为零向量时等号成立;

(2) 共轭对称性:$(x, y) = (x, y)^{\dagger}$,其中 $(\cdot)^{\dagger}$ 为 $(\cdot)$ 的共轭转置;

(3) 线性性质:对 $\forall \alpha, \beta \in \mathbf{C}$,有 $(\alpha x + \beta y, z) = \alpha(x, z) + \beta(y, z)$.

满足上述 3 条性质的矢量空间被称为希尔伯特(Hilbert)空间 $\mathcal{H}$.量子态由希尔伯特空间 $\mathcal{H}$ 中的矢量表征,称为态矢量.

为了便于书写,量子态矢量通常用一个狄拉克(Dirac)右矢符号"$|\cdot\rangle$"来描述,例如,一个量子系统的两种不同状态 ψ_α 和 ψ_β,其态矢量分别记为 $|\psi_\alpha\rangle$ 和 $|\psi_\beta\rangle$.相对应的符号"$\langle\cdot|$"称为狄拉克左矢,用来表示转置的矢量.

数学上,任意矢量可以展开为矢量空间中正交基的组合,假设 n 维希尔伯特空间 $\mathcal{H}$ 中的一组正交基为 $\{|e_i\rangle, i = 1, 2, \cdots, n\}$,则任意态矢量 $|\psi_\alpha\rangle$ 可以展开为 $|\psi_\alpha\rangle = \sum_{i=1}^{n} a_i |e_i\rangle$,其中 a_i 为基矢量 $|e_i\rangle$ 对应 $|\psi_\alpha\rangle$ 的系数.类似地,量子力学中有叠加态原理:假设 n 维量子系统具有一组线性无关的态矢量 $\{|\psi_i\rangle, i = 1, 2, \cdots, n\}$,它们的线性叠加为

$$|\psi\rangle = \sum_{i=1}^{n} c_i |\psi_i\rangle \tag{2.1}$$

$c_i \in \mathbf{C}$,当 $\sum |c_i|^2 = 1$ 时,$|\psi\rangle$ 也是该系统的一个可能状态,此时 $|c_i|^2$ 为 $|\psi\rangle$ 对应 $|\psi_i\rangle$ 的概率系数.叠加态原理是量子力学中的一个基本原理.

能用态矢量来表示的量子状态被称为纯态.纯态包括本征态和叠加态,其中叠加态为多个本征态之间物理上的相干叠加.除了纯态之外,还有一类状态无法用态矢量来描述,被称为混合态.混合态是指由多种纯态混合构成的状态,不同于叠加态,混合态中存

在非相干的本征态.混合态描述的系统必然包含多个微观粒子,当微观粒子数目极大时,此系统被称为量子系综.单独微观粒子一定是纯态,而当系综中全部粒子都具有相同态矢量时,此系综也可用纯态描述.

混合态必须使用密度矩阵的方式来表示,通常用 ρ 表示量子密度矩阵.纯态也可以采用密度矩阵形式,例如 $\rho = |\psi\rangle\langle\psi|$ 表示纯态 $|\psi\rangle$ 的密度矩阵,而 $\rho' = \alpha|\psi_\alpha\rangle\langle\psi_\alpha| + \beta|\psi_\beta\rangle\langle\psi_\beta|$ 则表示由 $|\psi_\alpha\rangle$ 和 $|\psi_\beta\rangle$ 两种纯态以概率系数 α 和 β 构成的混合态,其中 $\alpha, \beta \in \mathbf{R}$ 且 $\alpha + \beta = 1$.显然,密度矩阵 ρ 满足厄米性 $\rho = \rho^\dagger$,正定性 $\rho \geqslant 1$ 以及 $\mathrm{tr}(\rho) = 1$.

一个判断纯态与混合态较为简单的办法是,对密度矩阵求平方后计算其迹的值,当 $\mathrm{tr}(\rho^2) = 1$ 时,ρ 为纯态;当 $\mathrm{tr}(\rho^2) < 1$ 时,ρ 为混合态.

我们考察一个 $1/2$ 自旋体的纯态和混合态.

例 2.1 设 S_z 的正交基为 $|0\rangle$ 和 $|1\rangle$,我们利用此本征矢分别构造一个纯态和一个混合态,它们分别为:

纯态:$|x\rangle = \dfrac{1}{2}|0\rangle + \dfrac{\sqrt{3}}{2}|1\rangle$;

混合态:$\rho' = \dfrac{1}{4}|0\rangle\langle 0| + \dfrac{3}{4}|1\rangle\langle 1|$.

根据式(2.1)可以计算出纯态所对应的密度算符为

$$\rho = |x\rangle\langle x| = \left(\frac{1}{2}|0\rangle + \frac{\sqrt{3}}{2}|1\rangle\right)\left(\langle 0|\frac{1}{2} + \langle 1|\frac{\sqrt{3}}{2}\right)$$

$$= \frac{1}{4}|0\rangle\langle 0| + \frac{\sqrt{3}}{4}|0\rangle\langle 1| + \frac{\sqrt{3}}{4}|1\rangle\langle 0| + \frac{3}{4}|1\rangle\langle 1|$$

在 S_z 正交基为 $\{|0\rangle, |1\rangle\}$ 下,纯态相应的密度矩阵为

$$\rho = \frac{1}{4}\begin{bmatrix} 1 & \sqrt{3} \\ \sqrt{3} & 3 \end{bmatrix} \tag{2.2}$$

根据式(2.1)可以计算出混合态所对应的密度矩阵为

$$\rho' = \frac{1}{4}\begin{bmatrix} 1 & 0 \\ 0 & 3 \end{bmatrix} \tag{2.3}$$

于是对于纯态,通过计算可得

$$\rho^2 = \frac{1}{16}\begin{bmatrix} 1 & \sqrt{3} \\ \sqrt{3} & 3 \end{bmatrix}\begin{bmatrix} 1 & \sqrt{3} \\ \sqrt{3} & 3 \end{bmatrix} = \frac{1}{4}\begin{bmatrix} 1 & \sqrt{3} \\ \sqrt{3} & 3 \end{bmatrix} = \rho$$

$$\mathrm{tr}(\rho^2) = \mathrm{tr}(\rho) = \frac{4}{4} = 1$$

对于混合态,通过计算可得

$$\rho'^2 = \frac{1}{16}\begin{bmatrix} 1 & 0 \\ 0 & 3 \end{bmatrix}\begin{bmatrix} 1 & 0 \\ 0 & 3 \end{bmatrix} = \frac{1}{16}\begin{bmatrix} 1 & 0 \\ 0 & 9 \end{bmatrix} \neq \rho'$$

$$\mathrm{tr}(\rho'^2) = \frac{10}{16} = \frac{5}{8} < 1$$

由式(2.2)可以看出,纯态(此例中是叠加态)也可以是对角线与非对角线中都具有元素的密度矩阵,而不一定只有对角线中多于一个值(本征态是对角线上只有一个元素为1,其他元素全都为0).从式(2.3)中可以看出,混合态不一定全部元素都有值,只对角线上有值的密度矩阵,不一定是叠加态,有可能是混合态.从例2.1中可以看出,给定一个密度矩阵,不能仅从矩阵的构造上来判断它是叠加态还是混合态,而一定要通过对其计算3个关系式:所有密度矩阵 ρ 满足厄米性 $\rho = \rho^\dagger$,正定性 $\rho \geqslant 1$ 以及 $\mathrm{tr}(\rho^2) = 1$. 当 $\mathrm{tr}(\rho^2) = 1$ 时,ρ 为纯态;当 $\mathrm{tr}(\rho^2) < 1$ 时,ρ 为混合态.

另外在量子态的观测上,纯态和混合态是不同的:纯态是各本征态间的相干叠加态,其相对相位有可观测效应;而力学量算符在混合态中平均值不存在这样的干涉项,混合态中的各相位没有可观测效应.在混合态中求力学量算符的平均值实际上分两个步骤:首先求出在各子系统中力学量算符的平均值,然后再按各子系统在总系统中出现的概率求平均.

2.2 力学量、算符与算符均值

在量子力学中,量子系统的状态中任何可以被测量或观测的量,被称为力学量.力学量是量子态的一个属性,表示力学量的算符必须是对态矢量进行有物理意义运算的符号,如能量、角动量、位置等.当系统所处的状态确定时,力学量具有确定的值.量子力学的算符公设指出,任何可观测的力学量,都可以用一个对应的线性厄米算符来表示,孤立系统的一组力学量的算符具有正交性、归一性和完备性.

算符实际上是力学量在态空间中被抽象成的对象,除此之外,算符还可以表示对态矢量进行的数学运算,例如对系统的观测及系统演化均可以用算符进行描述,通常用大写字母来定义算符,如算符 A、算符 H 等.

下面介绍两种特殊算符的定义:

(1) 厄米算符:定义算符 A,如果满足

$$A = A^{\dagger} \tag{2.4}$$

那么 A 为厄米算符.厄米算符具有如下特性:① 本征值均为实数;② 在任何态中平均值均为实数;③ 厄米算符属于不同本征值的本征函数相互正交.在量子力学中,如果算符 A 作用在 $|\varphi_i\rangle$ 上等于某个常数 a_i 与 $|\varphi_i\rangle$ 的积,即 $A|\varphi_i\rangle = a_i|\varphi_i\rangle$,则称 $|\varphi_i\rangle$ 为算符 A 的一个本征矢量,a_i 为算符 A 的一个本征值.厄米算符的本征矢量常被作为状态空间的矢量基.

(2) 幺正算符:定义算符 A,如果满足

$$AA^{\dagger} = I \quad \text{或} \quad A^{\dagger} = A^{-1} \tag{2.5}$$

那么 A 为幺正算符.量子系统的演化算符必然是幺正算符.

算符运算通常满足如下规律(设 A,B 和 C 为相同维度的算符):

(1) 交换律:$A + B = B + A$;

(2) 结合律:$(A + B)C = AC + BC$;

(3) 算符之幂:$A^n A^m = A^{n+m}$;

(4) 逆算符:若 $AB = C$,那么 $B = A^{-1}C$;

(5) 算符共轭转置:$(A + B)^{\dagger} = A^{\dagger} + B^{\dagger}$,$(AB)^{\dagger} = B^{\dagger}A^{\dagger}$.

需要注意的是,一般情况下 $AB \neq BA$,由此引出符号:

$$[A, B] \equiv AB - BA \tag{2.6}$$

称为算符 A 和 B 的对易关系,如果 $[A, B] = 0$,则称 A 和 B 是对易的,否则称 A 和 B 是不对易的.

算符均值即系统状态在力学量算符上对应的期望值(平均值).在量子系统中,能够被测量的只有状态在此力学量上所表现出的概率分布,例如设 A 为态矢量 $|\psi\rangle$ 对应状态空间中的一个力学量,用 $\langle A_{\psi}\rangle$ 表示 A 的算符均值(也可直接写作 $\langle A\rangle$),那么

$$\langle A_{\psi}\rangle = \langle\psi|A|\psi\rangle \tag{2.7}$$

$\langle A_{\psi}\rangle$ 即状态 $|\psi\rangle$ 对力学量 A 的算符均值.

2.3 量子系统测量理论

在量子力学中,测量是一个基本问题,其目的在于借助于仪器获得被测对象的某种物理特性对应的量化数值,测量结果一般用被测系统中力学量的算符均值表示,代表了系统中某个力学量出现的概率.

量子测量理论包括正交投影测量、广义测量和 POVM.正交投影测量是广义测量的特殊情况,仅适用于封闭系统;广义测量则适用于测量开放系统的子系统;POVM 则是广义测量的数学简化形式.测量技术包括量子非破坏测量、弱测量、连续测量和弱值测量,其中非破坏测量是对被测系统状态有特殊要求的正交投影测量或广义测量;弱测量则可看做一种测量算符接近被测力学量的广义测量;连续测量则是建立在弱测量的基础上的一种连续不断实时测量技术,运用连续测量要求对测量状态进行实时估计,可以实现真正的实时量子状态的参数观测、状态估计以及反馈控制.

本节中我们详细介绍量子测量的原理、几种传统测量方法与测量技术.

2.3.1 量子测量的原理与方法

量子力学中有 5 个基本公设,分别为量子状态公设、算符公设、测量公设、运动方程公设以及全同性公设,其中第三条是关于量子测量的公设,也叫投影假设,它是由冯·诺依曼(von Neumann)首先严格阐述的,也是量子测量的原理.

2.3.1.1 测量公设

对某个量子状态 $|\psi\rangle$ 上的力学量 A 进行测量时,总是将 $|\psi\rangle$ 按算符 A 的正交归一本征矢量 $|\varphi_i\rangle$ 展开:

$$|\psi\rangle = \sum_i c_i |\varphi_i\rangle \tag{2.8}$$

其中,$\{\langle\varphi_i|A|\varphi_i\rangle = a_i|\varphi_i\rangle, \forall i\}$,$a_i$ 为力学量 A 的本征矢量 $|\varphi_i\rangle$ 对应的本征值.单次的测量读数将随机属于本征值 a_i 的某一个;测量之后,$|\psi\rangle$ 即相应塌缩为该本征值 a_i 对应的本征函数 $|\varphi_i\rangle$.对大量全同副本构成的量子系综进行多次重复实验时,任一本征值

量子状态的估计和滤波及其优化算法

出现的概率为此展开式中相应项系数 c_i 的模平方 $|c_i|^2$.

测量公设展示了两点:测量的结果与测量之后量子系统的状态,它为量子测量提供了理论依据,是量子测量理论的思想和前提.直接运用测量公设描述量子系统在受到测量时的状态变化,得到测量结果和量子系统间的关系,并以此来推断实际被测量子系统状态,这就是最常用的量子测量.

2.3.1.2 测量读数和测量值

量子测量公设中需要重点区分的是测量读数和测量值,两个概念往往容易混淆,为了区分这两个概念,必须清楚理解被测系统的构成.

对于单个微观粒子构成的系统,测量时必然造成系统状态随机塌缩为一个本征态 $|\varphi_i\rangle$,此时人们测得的信号仅为 $|\varphi_i\rangle$ 对应的本征值 a_i,这个信号被称为测量读数;而对于量子系综而言,测量造成大量微观粒子的塌缩,此时输出的测量读数为所有可能的本征值 $\{a_i \mid i=1,\cdots,n\}$,在实际测量中仪器会对大量测量读数进行统计求平均,由于系统 $|\psi\rangle$ 塌缩到 $|\varphi_i\rangle$ 的概率为 $|c_i|^2$,因此测得统计均值为

$$p_A = \sum_i |c_i|^2 a_i \tag{2.9}$$

此均值被称为测量值.也就是说,测量值为大量测量读数的统计平均值.对力学量 A 的测量值 p_A 进行变换可得

$$p_A = \sum_i (|c_i|^2 \langle \varphi_i \mid a_i \mid \varphi_i \rangle) = \sum_i (|c_i|^2 \langle \varphi_i \mid A \mid \varphi_i \rangle) \tag{2.10}$$

根据式(2.8)和式(2.9)容易得到

$$p_A = \sum_i |c_i|^2 a_i = \langle \psi \mid A \mid \psi \rangle \tag{2.11}$$

可见,理论上力学量 A 的测量值即为算符均值 $\langle A \rangle$,此结论也常被用于理论研究中测量值的计算.但需要注意的是,在实际实验中,读数中 a_i 的实际频率不一定严格等于理论概率 $|c_i|^2$,因此实际测量值应为

$$\widetilde{p}_A = \sum_{j=1}^{N} x_j / N \tag{2.12}$$

其中,$x_j \in \{a_i \mid i=1,\cdots,n\}, \forall j, N$ 为输出总读数的数量.

2.3.2 投影测量、广义量子测量和正算符值测量

按照被测系统所处环境,量子测量可以分为投影测量、广义量子测量和正算符值测

量（POVM）三种.当被测系统受外界大环境的影响可以忽略,将本身视作孤立系统时,此时的投影测量为正交投影测量;而当被测系统与外界大环境无法隔离成为开放量子系统时,运用的投影测量叫广义量子测量.正交投影测量是一种特殊的广义测量,而POVM则是广义测量的一种数学简化形式.

2.3.2.1　投影测量

以一组完备的投影算符$\{P_m\}$为测量算符的测量,称为投影测量.投影测量又叫冯·诺依曼测量,它是以本征态作为投影结果,测量结果为对应本征值的投影测量.通过把与所考虑系统有相互作用的外部系统都计算进来,构成足够大的复合系统,可将复合系统看做孤立的封闭系统,这是投影系统的前提条件,因此,投影测量可以视为封闭系统上的量子测量.

假设被观测系统的状态$|\psi\rangle$是状态空间上波函数$\psi(x)$的归一化态矢量,其密度矩阵算符为$\rho=|\psi\rangle\langle\psi|$,对其进行测量时首先需要选定一个可观测力学量$A$,$A$是能够反映系统状态的部分性质,并且可由一组完备测量算符进行观测的厄米算符,给定A状态空间上的一组正交基$\{|m\rangle\}$,那么A与$\{|m\rangle\}$满足关系:$A|m\rangle=a_m|m\rangle$,a_m为对应的本征值,$|m\rangle$是A的本征态.A按照a_m有一个谱分解:$A=\sum a_m P_m$,其中,$P_m=|m\rangle\langle m|$是A的本征值a_m对应本征空间的投影算符(projective operator),P_m为厄米算符.A本征态集$\{|m\rangle\}$可构成一组完备的投影算符$\{P_m\}$,由于A的任意两个不同本征态相互正交,所以投影算符P_m满足幂等性和正交性:$P_m P_{m'}=\delta_{mm'}P_m$.

投影测量的可能结果为可观测量A的某个本征值a_m,测到结果为a_m的概率$p(a_m)$为$\langle\psi|P_m|\psi\rangle$.若系统在某次测量中得到结果为$a_m$,则测量后系统的状态会塌缩突变为$a_m$所对应的本征态$|m\rangle$上,测量后状态为$|\psi'\rangle=|m\rangle$.对某个状态为$|\psi\rangle$的系统,在可观测量$A$上进行测量算符为$\{P_m\}$的投影测量,测量后状态$|\psi'\rangle$与测量前状态$|\psi\rangle$的关系为

$$|\psi'\rangle=\frac{P_m|\psi\rangle}{\sqrt{p(a_m)}} \tag{2.13}$$

或用密度算符ρ'表示为

$$\rho'=\frac{P_m\rho P_m}{\mathrm{tr}(P_m\rho)} \tag{2.14}$$

可观测力学量A在测量算符$\{P_m\}$下对量子态进行投影测量时,通过仪器获得的测量值一般为所有可能测量结果$\{a_m\}$的统计平均值$\sum\limits_m a_m \cdot p(a_m)$,令$\langle A\rangle=\sum\limits_m a_m \cdot$

$p(a_m)$,根据关系式 $A = \sum a_m P_m$ 和 $p(a_m) = \langle \psi | P_m | \psi \rangle$,可得投影测量的平均值为

$$\langle A \rangle = \sum_m a_m \cdot p(a_m) = \langle \psi | A | \psi \rangle \qquad (2.15)$$

或用密度算符 ρ 表示为

$$\langle A \rangle = \mathrm{tr}(A\rho) \qquad (2.16)$$

其中,符号 tr 表示求迹运算.

符合投影假设且测量算符 P_m 满足 $P_m P_{m'} = \delta_{mm'} P_m$ 条件的测量,就是通常所说的正交投影测量.正交投影测量的优点是平均值 $\langle A \rangle$ 容易计算:$\langle A \rangle = \langle \psi | A | \psi \rangle$,并具有可重复性.

2.3.2.2 广义量子测量

广义量子测量(Generalized Quantum Measurement,简称 GQM)是指在一个由若干子系统组成的大系统上进行正交测量时,在局部的子系统上所实现的局限性测量,广义测量又称局域测量.假设状态空间 H_c 是更大的直和空间 H 的一部分,$H = H_c \oplus H_c^{\perp}$,且状态空间 H_c 本身不孤立,而是与外界环境 $H_c^{\perp}$ 相互作用.如果在空间 H_c 中进行量子测量,得到关于 H 相互正交的投影态,但其在 H_c 中的投影子空间却并不一定正交,这时就需要用到广义量子测量.从大系统的角度来看,H_c 中的子系统是个开放系统,对其进行的观测是片面、局部的观测,因此,广义测量也可以说成是对开放系统的量子测量.

假设一个量子测量由一族线性的测量算符 $\{M_m\}$ 来描述.这些算符作用在要测量系统的状态空间上,且满足完备性条件 $\sum_m M_m^{\dagger} M_m = 1$,其中 m 为测量可能得到的本征值 $|\psi\rangle$.假设测量前系统处于状态 a_m,则测量得到结果 a_m 的概率为

$$p(a_m) = \langle \psi | M_m^{\dagger} M_m | \psi \rangle = \mathrm{tr}(M_m^{\dagger} M_m \rho)$$

测量后系统的状态 $|\psi'\rangle$ 为

$$| \psi' \rangle = M_m | \psi \rangle / \sqrt{\langle \psi | M_m^{\dagger} M_m | \psi \rangle} \qquad (2.17)$$

或者用密度算符表示为

$$\rho' = \frac{M_m \rho M_m^{\dagger}}{\mathrm{tr}(M_m^{\dagger} M_m \rho)} \qquad (2.18)$$

总而言之,满足完备性条件 $\sum_m M_m^{\dagger} M_m = 1$ 的线性测量算符 $\{M_m\}$ 描述的量子测量称为广义量子测量,也称为一般量子测量.

物理上能够直接实现的量子测量一般都是正交投影测量,例如测量光子的偏振(Chiu et at.,1996)、测量原子所处的能级(Robson et al.,2000)等.纽马克(Neumark)等人最先给出了实现 GQM 的系统理论,归纳为著名的 Neumark 定理:总能采取将所考虑的空间拓展到一个较大空间,并在这个较大空间上执行适当正交投影测量的办法,实现所考虑空间上任意给定的 GQM.正交投影测量是广义量子测量的一个特例.当广义量子测量所考虑的空间 H_c 等同于大环境空间 H,即测量算符 $\{M_m\}$ 除满足完备性条件外,还满足幂等性以及正交性条件 $M_m M_{m'} = \delta_{mm'} M_m$ 时,广义量子测量退化为正交投影测量.同时满足正交性条件的广义测量算符 $\{M_m\}$ 就是正交投影测量的测量算符 $\{P_m\}$,又叫正交投影算符.当量子系统与环境相互作用时,环境的跳变对量子系统的影响可以表示成一组作用在量子系统上的算符 $\{M_k\}$,这组算符被称做 Kraus 算符,这里的环境包括热库、噪声、扩散、退相干、测量等.Kraus 算符 $\{M_k\}$ 也是一族线性算符,并且满足完备性条件 $\sum_k M_k^\dagger M_k = 1$.当取 $\{M_k\} = \{M_m\}$ 时,Kraus 算符就变成测量算符 $\{M_m\}$.

2.3.2.3 正算符值测量

正算符值测量(Positive-Valued Operator Measurement,简称 POVM)是量子广义测量的数学简化形式.在实际的量子信息处理中,许多情况下往往只对测量的结果感兴趣,而对测量后系统状态并不关心.设广义测量算符 $\{M_m\}$ 在状态为 $|\psi\rangle$ 的量子系统上进行测量,此时可以重新定义一个半正定算符 E_m:

$$E_m = M_m^\dagger M_m \tag{2.19}$$

其中,E_m 称为一个 POVM 元,完整的集合 $\{E_m\}$ 称为一个 POVM 测量算符,且满足完备性条件(completeness condition)$\sum_m E_m = 1$.假设系统状态密度算符为 $\rho = |\psi\rangle\langle\psi|$,测量得到结果 a_m 的概率为 $p(m) = \langle\psi|E_m|\psi\rangle = \mathrm{tr}(E_m\rho)$.测量之后系统状态为

$$|\psi'\rangle = E_m|\psi\rangle / \sqrt{\langle\psi|E_m|\psi\rangle} \tag{2.20}$$

或引入密度算符 ρ,定义 $\sqrt{E_m} = M_m$,测量后状态可以表示为

$$\rho' = \frac{\sqrt{E_m}\rho\sqrt{E_m}}{\mathrm{tr}(E_m\rho)} \tag{2.21}$$

由式(2.19)定义的半正定算符 $\{E_m\}$ 描述的测量被称为 POVM.

需要注意的是,POVM 应被视为研究广义测量的统计特性时的一种方便的数学工具,而非一种特定的测量模式.从这个意义上来说,物理上实现一个广义测量和实现其对应的 POVM 测量是等价的,POVM 是一种特殊的广义测量.在测量大系统的子系统时,

量子状态的估计和滤波及其优化算法

其测量算符 E_m 为一组能对单位算符作分解的非负厄米算符,此时的广义测量为 POVM 测量.当满足 $M_m M_{m'} = \delta_{mm'} M_m$ 时,POVM 测量算符 $\{E_m\}$ 等价于正交投影测量的测量算符 $\{P_m\}$.

对大系统进行测量时,在子系统上实现的测量是广义测量;在子系统中实现的投影测量是一组正算子值测量(POVM);对孤立系统进行的测量是正交投影测量.单位矩阵和三个泡利矩阵都是厄米矩阵,但不满足幂等性和正交性,所以泡利矩阵作为测量算符不是正交投影测量,由于泡利算符不满足半正定性,所以泡利矩阵也不是 POVM,但是它们满足完备性,故以泡利矩阵作为测量算符的量子测量属于广义量子测量.

2.3.3　弱测量、弱值测量与非破坏测量

2.3.3.1　弱测量

在实际实验中,量子测量就是让测量仪器和被测系统间产生某种相互作用,以便能够从测量仪器的状态去"读出"被测系统的状态.这里"某种相互作用"一般是指仪器本身与被测系统产生量子纠缠,而在"读出"被测状态过程中,被测系统本身会产生退相干,即由某种叠加态向着本征态塌缩,塌缩后态作为初态在新环境哈密顿量下开始新一轮演化.因此可以说,量子测量的本质就是纠缠与退相干,这种情况下的测量被称为"间接测量".

弱测量本质上是一种特殊的间接测量,其目的是尽量减小测量对系统 S 状态的影响.

间接量子测量最大特点是引入了辅助系统,辅助系统通常指微观概念上的探测系统,例如光子束、电磁场等.间接测量时引入一个探测系统(probe),探测系统通过和被测系统的相互作用而与之产生纠缠.在被测系统测后的可能状态与指针系统的可能状态直积后叠加,每个纠缠分支中的指针状态里的一个读数对应于该分支中被测系统的测后状态.当再对指针系统进行一次直接测量时,整个复合系统的纠缠态发生塌缩,概率分布可以计算,这次直接测量得到的读数即为先前辅助探测系统的结果.所以间接测量包含探测和测量读数两个部分,探测部分是指探测系统与被测系统在微观上的相互作用和联合演化,经过一定时间的演化后,被测系统的部分信息会反映到探测系统上;测量读数部分是探测系统与测量仪器的宏观关联,这是一个对探测系统的直接测量,利用得到的测量结果可以推断被测系统的状态信息.

间接测量的过程如图 2.1 所示,其中包含探测和测量读数两个部分,左边虚框为探

测部分,右边虚框为测量读数部分.

联合系统的初态为 $|\Psi\rangle = |\phi\rangle\otimes|\psi\rangle$,其中 $|\psi\rangle$ 为待测系统 S 的初态,$|\phi\rangle$ 为探测系统 P 的初态,S 和 P 所组成的联合系统 $S\otimes P$,H_S 和 H_P 为 S 和 P 哈密顿量,联合系统哈密顿 $H = H_P\otimes H_S$.

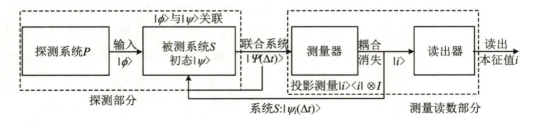

图 2.1 间接测量过程结构框图

假设演化时间为 Δt,演化后的联合系统的状态为

$$|\Psi(\Delta t)\rangle = U(\Delta t)|\Psi\rangle = U(\Delta t)(|\phi\rangle\otimes|\psi\rangle) \tag{2.22}$$

其中,$U(\Delta t)$ 为联合系统 $S\otimes P$ 的联合演化算符:

$$U(\Delta t)\rangle = \exp(-\mathrm{i}\xi\Delta tH/\hbar) \tag{2.23}$$

ξ 表示相互作用强度(单位为 $1/\mathrm{s}$).

经过联合演化后,S 和 P 的状态耦合在一起,此时无法单独描述其中一个系统的状态.$|\Psi(\Delta t)\rangle$ 作为探测部分的输出进入测量读数部分进行读数,读数过程为作用在 P 上的投影测量,设投影算符为 $\pi_i = |i\rangle\langle i|$,$i$ 为探测系统 P 在希尔伯特空间上对应于本征态 $|i\rangle$ 的本征值.这个投影测量等价于在联合系统 $S\otimes P$ 进行的投影算符为 $\Pi_i = |i\rangle\langle i|\otimes I$ 的投影测量,若某次测量得到 P 的本征态为 $|i\rangle$,根据投影测量式(2.10)和式(2.19),联合系统 $S\otimes P$ 在测量后,联合系统第 i 个本征值所对应的状态 $|\Psi_i(\Delta t)\rangle$ 为

$$|\Psi_i(\Delta t)\rangle = (|i\rangle\langle i|\otimes I\cdot U(\Delta t)\cdot|\phi\rangle\otimes|\psi\rangle)/\Theta \tag{2.24}$$

其中,Θ 为标准化参数,$\Theta = \sqrt{\overline{\langle\Psi(\Delta t)|\Pi_i|\Psi(\Delta t)\rangle}}$,代表了测得结果为 $|i\rangle$ 的概率.

读数使得探测系统 P 与被测系统 S 之间的耦合消失,此时 P 塌缩到本征态 $|i\rangle$,S 的状态为 $|\psi_i(\Delta t)\rangle$,因此联合系统的状态 $|\Psi_i(\Delta t)\rangle$ 还可以表示为

$$|\Psi_i(\Delta t)\rangle = |i\rangle\otimes|\psi_i(\Delta t)\rangle \tag{2.25}$$

通过比较式(2.24)和式(2.25),可得

$$|\Psi_i(\Delta t)\rangle = (\langle i|\otimes I\cdot U(\Delta t)\cdot|\phi\rangle\otimes|\psi\rangle)/\Theta \tag{2.26}$$

量子状态的估计和滤波及其优化算法

式(2.24)描述了整个测量过程前后待测系统 S 的状态 $|\psi\rangle$ 和 $|\Psi_i(\Delta t)\rangle$ 之间的关系. 为了表示简便,定义 Kraus 算符 M_i 为

$$M_i = \langle i \mid \otimes I \cdot U(\Delta t) \cdot \mid \phi\rangle \otimes I \tag{2.27}$$

根据式(2.26),标准化参数 Θ 可以写为

$$\Theta = \sqrt{\langle \Psi(\Delta t) \mid \Pi_i \mid \Psi(\Delta t)\rangle} = \sqrt{\langle \psi \mid M_i^\dagger M_i \mid \psi\rangle} \tag{2.28}$$

将式(2.25)和式(2.26)代入式(2.24),可得

$$\mid \Psi_i(\Delta t)\rangle = \frac{M_i}{\sqrt{\langle \psi \mid M_i^\dagger M_i \mid \psi\rangle}} \mid \psi\rangle \tag{2.29}$$

由式(2.29)可看出,如果将整个间接测量过程看做对待测系统 S 的一次测量操作,那么 Kraus 算符 M_i 就是此测量操作对系统 S 的测量算符,它是由探测系统 P 的初态 $|\phi\rangle$、读出的投影算符 $\pi_i = |i\rangle\langle i|$,以及联合系统的演化算符 $U(\Delta t)$ 构成的广义测量算符.

在间接测量中,当探测系统 P 与被测系统 S 间的相互作用强度 ξ 和作用时间 Δt 足够小时,测量对待测系统 S 状态的影响会明显减弱,即满足 $\xi\Delta t \to 0$ 的间接测量,就是弱测量.

假设式(2.23)中 $\hbar = 1$,并把 $\xi\Delta t \to 0$ 代入,将 $U(\Delta t)$ 对 $\xi\Delta t$ 展开并舍去三阶以上小量,可得

$$U(\Delta t) \approx I \otimes I - \mathrm{i}\xi\Delta t H - (\xi\Delta t)^2 H^2/2 \tag{2.30}$$

将式(2.30)代入式(2.27),可得到弱测量算符 M_i 的表达式为

$$M_i \approx I\langle i \mid \phi\rangle - \mathrm{i}\xi\Delta t H_S\langle i \mid H_p \mid \phi\rangle - (\xi\Delta t)^2 H_S^2\langle i \mid H_P^2 \mid \phi\rangle/2 \tag{2.31}$$

令 $q_i = \langle i \mid \phi\rangle$,$q_i\varepsilon_i = -\left(\mathrm{i}\xi\Delta t H_S\langle i \mid H_P \mid \phi\rangle + \frac{1}{2}(\xi\Delta t)^2 H_S^2\langle i \mid H_P^2 \mid \phi\rangle\right)$,显然 q_i 为区间 $[0,1]$ 内的实数. 又因为 H_S 和 H_P 都是厄米算符且 $\xi\Delta t \to 0$,所以 ε_i 为厄米算符且满足 $\|\varepsilon_i\| \ll 1$. 将 q_i 和 ε_i 代入式(2.31),可得弱测量算符 M_i 的一般形式为

$$M_i = q_i(I + \varepsilon_j) \tag{2.32}$$

式(2.32)描述了以对应探测系统 P 的本征值 i 的一组弱测量算符 $\{M_i\}$,它满足完备条件 $\sum_i M_i^\dagger M_i = 1$. $\{M_i\}$ 中仅仅包含 q_i 和 ε_i 两个参数,这说明只要给定合适的参数 q_i 和 ε_i,就能构建一组对应的弱测量算符 $\{M_i\}$. 这个结论在理论研究中非常实用,意味着不需要考虑探测系统和联合演化等复杂过程,仅靠 q_i 和 ε_i 以及完备性条件就可以设计出弱测

量算符$\{M_i\}$.

假定测量结果为弱测量中M_i所对应测量输出的期望值$\langle M_i \rangle$,通过期望值$\langle M_i \rangle$与弱测量算符M_i及测前状态$|\psi\rangle$之间的关系式:

$$\langle M_i \rangle = \langle \psi \mid M_i^\dagger M_i \mid \psi \rangle \tag{2.33}$$

人们可以根据已知的$\{M_i\}$和测得所对应的输出序列$\{\langle M_i \rangle\}$,重构出被测系统S的测前状态$|\psi\rangle$的估计值$|\hat{\psi}\rangle$.

量子连续测量是指连续不断的弱测量,也叫弱连续测量,这是一个动态的过程.人们通过弱测量的输出结果与量子系统状态之间的关系,获得被测系统的实时信息,重构出量子状态;该状态随时间演化又成为新的状态,再对系统此时的新状态重新进行弱测量.重复此过程,人们可获得系统状态的连续运动轨迹.借助于量子连续测量获得的系统状态,可以构建出带有重构状态的系统主方程,求解主方程得到系统演化状态,还可以进一步设计合适的控制律,实现量子系统的反馈控制.

量子连续测量的循环步骤为:

(1) 弱测量:得到系统的输出结果为$\langle M_i \rangle$;

(2) 测前状态重构:将所测量到的完备的输出结果$\{\langle M_i \rangle\}$值代入式(2.33),得到关于测前状态与测量输出值$\langle M_i \rangle$的一个方程组,通过求解方程组,即可重构出测量前状态$|\psi\rangle$的估计值$|\hat{\psi}\rangle$.

(3) 回到步骤(1),获取下个Δt时刻系统的输出结果.

量子连续测量可以用于量子状态的反馈跟踪控制(Cong,Liu,2012)、量子轨迹观测(Murch et al.,2013)等,是量子反馈控制的基础.

2.3.3.2　弱值测量

弱值测量本质上也是一种间接测量,只是比连续测量中的弱测量多了一次筛选过程,这个筛选过程会对待测系统造成破坏,因此弱值测量属于破坏性测量.弱值测量的主要目的是获得有放大效果的输出信号,其过程包含四个步骤:先选择(pri-select)、联合演化、后选择(post-select)和读数.其中先选择和后选择是作用在待测系统上的筛选过程,读数是作用在探测系统获取信号过程.弱值测量过程如图2.2所示.

1. 先选择

假设被测系统S中的观测力学量为A,首先对系统S进行一次投影测量,筛选出投影结果为$|\psi\rangle$的系统,$|\psi\rangle$则作为联合演化中待测系统S的初态,$|\psi\rangle$即为先选择态.可以说先选择过程就是待测系统S初态$|\psi\rangle$的制备.

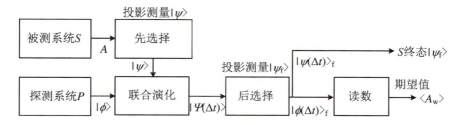

图 2.2　弱值测量过程结构框图

2. 联合演化

探测系统 P 的初态为 $|\phi\rangle$,经过先选择后输入初态为 $|\psi\rangle$ 的量子系综进入探测装置,与探测系统 P 发生关联,并进行联合演化,联合系统 $S\otimes P$ 的初态为 $|\Psi\rangle = |\phi\rangle\otimes|\psi\rangle$,其哈密顿量为 $H' = A\otimes H_P$,假设演化时间为 Δt,演化后联合系统的状态为

$$|\Psi(\Delta t)\rangle = U(\Delta t)(|\phi\rangle\otimes|\psi\rangle) \tag{2.34}$$

其中,$U(\Delta t)$ 为联合系统 $S\otimes P$ 的联合演化算符:

$$U(\Delta t) = \exp(-\mathrm{i}\gamma\Delta t H/\hbar) \tag{2.35}$$

γ 是演化过程中的耦合强度,$\gamma = \int_{t_i}^{t_f} g(t)\mathrm{d}t \ll 1$,$g(t)$ 为激励函数,满足 $\int_0^T g(t)\mathrm{d}t = 1$.

3. 后选择

在 Δt 时刻对 S 进行投影测量,此过程即为后选择.假设测量算符为 $\mu_j(j = 1, 2, \cdots, N)$,$\mu_j$ 是待测系统 S 的希尔伯特空间上的投影算符,若以 $|\psi_f\rangle$ 作为后选择状态,则筛选测量算符为 $\mu_f = |\psi_f\rangle\langle\psi_f|$ 的输出系统,这些系统的状态为

$$|\Psi_f(\Delta t)\rangle = \frac{I\otimes|\psi_f\rangle\langle\psi_f|\cdot U(\Delta t)\cdot|\phi\rangle\otimes|\psi\rangle}{\langle\psi_f|\psi\rangle} \tag{2.36}$$

此过程实质是对系统 S 信息的筛选,筛选后的联合系统中待测系统 S 状态均为 $|\psi_f\rangle$,而探测系统 P 则在 $|\psi_f\rangle$ 影响下产生本征值偏移.后选择的实质,就是根据后选择所选定的测量算符,对被测系统初始状态上的可观测量的期望值进行的一次分解.引入后选择能够减弱系统对输出干扰获得更清晰的读数结果,通过选择合适的后选状态,可以令弱值输出比待测力学量的任何本征值都大.

4. 读数

对探测系统 P 进行投影测量,获得其经偏移后放大的本征值输出.将式(2.35)代入式(2.36),因为耦合强度 $\gamma\to 0$,舍去二阶以上小量,可以得到

$$| \Psi_f(\Delta t)\rangle \simeq \frac{1}{\langle \psi_f | \psi \rangle} \langle \psi_f | \psi \rangle (I \otimes I - i\gamma \hat{A} \otimes \hat{P}_d T/\hbar) \cdot | \phi \rangle \otimes | \psi_f \rangle$$

$$= (I - i\gamma \langle A_w \rangle \hat{P}_d \Delta t) \Delta t/\hbar) \cdot | \phi \rangle \otimes | \psi_f \rangle$$

$$\simeq e^{-i\gamma \langle A_w \rangle \hat{P}_d \Delta t/\hbar} | \phi \rangle \otimes | \psi_f \rangle \tag{2.37}$$

后选择的投影测量破坏了系统间的耦合,且筛选出的系统中 S 状态为 $| \psi_f \rangle$,根据式 (2.37)容易看出,探测系统 P 的状态为

$$| \phi(\Delta t)\rangle_f = e^{-i\gamma \langle A_w \rangle \hat{P}_d \Delta t/\hbar} \cdot | \phi \rangle \tag{2.38}$$

对探测系统 P 进行读数,即对 $| \phi(\Delta t)\rangle_f$ 进行投影测量,由式(2.38)知,此时 $| \phi(\Delta t)\rangle_f$ 的本征值是以 $\langle A_w \rangle$ 为中心的概率分布,统计输出本征值,计算其本征值的分布并计算期望值 $\langle A_w \rangle$:

$$\langle A_w \rangle = \frac{\langle \psi_f | A | \psi \rangle}{\langle \psi_f | \psi \rangle} \tag{2.39}$$

$\langle A_w \rangle$ 就是最终读数获得的期望值,也被称为弱值,利用弱值 $\langle A_w \rangle$ 人们能够推断待测系统 S 的状态信息.

弱值是弱值测量中最重要的概念,根据弱值能够推断待测系统 S 的初始状态.通过选择合适的后选择状态,人们能够过滤掉测量中无用信号的干扰,得到放大的弱值信号,例如当 $| \psi_f \rangle$ 与 $| \phi \rangle$ 近似垂直时,根据式(2.39)容易看出:$\langle A_w \rangle$ 的值极大,也即测量能获得极大的读数(指针偏移),这样就获得了远大于被测量本征值的读数.然而当选择不同的后选状态时,弱测量可能会得到奇特的测量输出,例如巨大的、负的甚至复数弱值、超强的振荡、放大效果以及负数概率等.

2.3.3.3 非破坏性测量

传统的量子测量多是在许多全同粒子组成的系综上进行重复测量,由于不确定关系,对可观测量的测量必引入噪声,因此重复测量的每次测量结果都将不同,例如对一个自由粒子进行测量,其位置 $\hat{x}$ 与动量 $\hat{p}$ 是一对共轭力学量 $[\hat{x}, \hat{p}] = i\hbar$,则有 $\Delta x \Delta p \geqslant \hbar/2$,当对位置 $\hat{x}$ 进行一次精确测量时,测量令位置起伏 Δx 极小,但同时动量起伏 Δp 就会随机变大,并通过耦合作用使 Δx 变大,从而无法再次精确测量.因此,传统量子测量多数属于破坏性测量.当要求对某个具体对象进行测量并不破坏被测系统状态时,就需要考虑量子非破坏性测量(Quantum Nondemolition Measurement,简称 QND)方法——假设存在一个没有耦合外部未知信号的系统,如果对系统的某一力学量能够进行多次精确而又不改变系统状态的测量,这样的测量就叫量子非破坏性测量.

QND 测量属于间接测量,其系统一般可以划分为两大部分:探测器(detector)和测量系统,其中的测量系统又可以分为测量器(meter)和读出器(readout).假设 A_S 为被测系统 S 上的可观测力学量,A_P 为探测系统 P 上的可观测力学量,测量时 S 与 P 发生相互作用,探测器通过耦合将 A_S 的影响转化为 A_P 的变化;测量系统再对 A_P 进行测量.探测过程中,外部设备参加耦合的力学量 A_P 会发生变化,而被测系统耦合力学量 A_S 则不产生影响."本征测量"就是一种量子非破坏性测量,但要求对 A_S 进行测量时不能同时从被测态得到与力学量 A_S 不对易的其他力学量数值,否则会因此干扰被测力学量 A_S.因此,QND 测量要求合理地选择所要测量的力学量,以及该力学量与后级测量系统的耦合作用,使它们满足一定的条件,克服被测力学量的共扼量所带来的起伏,以及测量动作所带来的反作用.

考虑被测系统 S 与探测系统 P 的总哈密顿量为 H:

$$H = H_0 + H_P + H_I \tag{2.40}$$

其中,H_0 和 H_P 分别是被测系统 S 与探测系统 P 的自由哈密顿量,H_I 是两者间的关联哈密顿量.QND 测量满足条件:

$$[A_S, H_I] = 0 \tag{2.41}$$

$$[A_S(t_i), A_S(t_j)] = 0 \tag{2.42}$$

其中,t_i, t_j 为测量时刻,且 $t_i \neq t_j$.

式(2.41)表明相互作用 H_I 对力学量 A_S 不产生干扰;式(2.42)则表示连续测量时 A_S 的自由演化没有污染(contamination).式(2.41)和式(2.42)就是 QND 测量的充分条件,同时也可以看做 QND 测量的定义.

利用 QND 测量能够克服标准量子极限(Standard Quantum Limit,简称 SQL),大大提高测量精度.理想的 QND 测量能实现单次的测量,使被测系统(指探测器)进入所测力学量的以测量值为本征值的本征态,同时能够在任何时刻,重复测量此力学量的值,被测系统状态始终处于此本征态上,只改变本征值,这就保证了 QND 测量的可预测性.然而在实际实验中,QND 测量不是对任何可观测物理量都能进行,而是需要特定的系统与合适的测量方案,例如对电子自旋的非破坏性测量,通过设计合适超导磁通量子比特,使之与电子自旋的相互作用哈密顿量满足 QND 测量条件(2.41)和条件(2.42),实现了对电子自旋带有投影测量功能的 QND 测量.

2.4　量子层析

量子层析(quantum tomography)最早由 Stokes 于 1851 年提出(Stokes,1851).1969 年 Cahill 和 Glauber 提出通过重构量子态的密度矩阵来恢复量子状态信息,奠定了量子层析的基础(Cahill,Glauber,1969).为了获取被测系统的状态,人们需要对系统或系统的大量全同副本进行投影测量,测量中选择能够包含系统全部性质的一组可观测力学量,通过测量获得系统在每个力学量上表现出的性质,然后由此得到系统状态的估计值,此过程叫做量子系统状态估计或量子层析.量子层析通过重复测量大量全同量子复本来重构出系统的状态,而在每个量子复本中,需要测量相同的力学量.为了完整估计出量子状态,层析测量必须完整:测量内容必须选取系统希尔伯特(Hilbert)空间上的一组完备可观测量,这样一组可观测量被称为一个 quorum.对整个 quorum 上每个可观测量的测量结果进行均值计算得到对应的概率,只要 quorum 完备便能得到密度矩阵 ρ 的估计结果,这就是量子比特层析的原理.量子态层析技术的基本原理就是测量未知的量子态的大量全同样本的一组完备的可观测量的均值来重构系统量子态.在 Stern-Gerlach 测量电子自旋实验中使用量子层析术,仅需对投影测量的结果进行统计变换求出平均值,便能得到投影方向上观测概率,也就是量子在投影方向上出现的概率.为了完整估计出量子状态,层析测量必须完整:测量内容必须选取系统希尔伯特空间上的一组完备可观测量,这样一组可观测量被称为一个 quorum.对整个 quorum 上每个可观测量 $\{\sigma_i\}$($i=1$,$2,\cdots$)的测量结果进行均值计算得到对应的概率 p_i,只要 quorum 完备便能得到密度矩阵 ρ 的估计结果,这就是量子比特层析的原理.

量子态层析技术(Quantum State Tomography,简称 QST)是通过首先测量系统的一组完备的可观测物理量,然后利用这组完备信息反向构造出能够完全反映系统状态的密度矩阵.量子过程层析技术(Quantum Process Tomography,简称 QPT)是在量子态层析技术的基础上,首先对量子过程的一组完备初态(也就是输入态)演化的终态(也就是输出态)做量子态层析,然后利用输入输出之间的关系反向构造出量子系统演化过程(或者说量子逻辑门)的全部信息.

2.4.1 单量子比特层析

考虑一个单量子比特系统,例如 1/2 自旋电子系统,其状态可用密度矩阵 ρ 完全描述,ρ 是一个二维希尔伯特空间 $\mathbf{C}^2$ 上的厄米算符,满足归一化条件 $\mathrm{tr}(\rho)=1$. 对单量子比特层析目标是,通过投影方向上测量所得的统计结果计算相应观测量的概率,来获得密度矩阵的估计值 $\hat{\rho}$. 假设可以制备出系统的大量全同复本,这些全同复本构成一个量子系综,选用以泡利矩阵为基的观测算符作为投影测量方式,对此量子系统进行重复测量,来得到状态估计数据. 系统密度矩阵 ρ 满足:

$$\rho = \frac{1}{2}(I + \mathrm{tr}(\sigma_x\rho)\sigma_x + \mathrm{tr}(\sigma_y\rho)\sigma_y + \mathrm{tr}(\sigma_z\rho)\sigma_z) \tag{2.43}$$

其中,$\sigma_0 = I$ 是单位矩阵,σ_x,σ_y 和 σ_z 是泡利矩阵;$\mathrm{tr}(\sigma_i\rho)$ 代表系统在 σ_i 上投影的期望值.

在每个泡利矩阵上的投影测量的结果只有 $+1$ 和 -1 两种结果,此处 $+1$ 和 -1 为泡利矩阵的本征值,以 σ_x 方向为例,假设测得 $+1$ 和 -1 的次数分别为 N_+ 和 N_-,总测量次数为 N: $N = N_+ + N_-$,出现 $+$ 和 $-$ 的结果所对应的统计频率分别为 $f_+ = \dfrac{N_+}{N}$,$f_- = \dfrac{N_-}{N}$. 在量子层析方法中,一般通过求频率的加权平均值来得到对参数 p_i 的估计:

$$\hat{p}_x = (+1)f_+ + (-1)f_- = \frac{N_+ - N_-}{N} \tag{2.44}$$

其中,$\hat{p}_x$ 表示对 $\mathrm{tr}(\sigma_x\rho)$ 的估计值,即

$$\hat{p}_x \approx p_x = \mathrm{tr}(\sigma_x\rho) \tag{2.45}$$

在测量次数足够多时,可以认为观测结果的平均值就是期望值,这样便将状态估计问题转化为静态参数估计问题. 根据式(2.44),同理可求出 $\mathrm{tr}(\sigma_y\rho)$ 和 $\mathrm{tr}(\sigma_z\rho)$ 的估计值 $\hat{p}_y$ 和 $\hat{p}_z$,代入估计公式(2.43)中,即可得到密度矩阵 ρ 的估计结果 $\hat{\rho}$.

需要说明的是,观测算符的选取可以是任意的,只要能够组成内积空间的一组完备可观测量就行,因为泡利矩阵构成最简单的完备可观测力学量,所以它是一种典型的观测算符. 一般对于单量子比特,要获得量子态的全部信息,至少需要测量 3 对不同方向的投影观测算符,才能完备估计出系统的真实状态. 因此,采用量子层析方法估计单量子系

统需要至少 3 组测量,每组测量对应一个投影算符(泡利矩阵)方向上的大量统计结果,才能得到叠加态下的密度矩阵 ρ 的估计值.

这里需要指出,测量会破坏量子态,而获得可观测量的均值需要做很多次测量操作,所以量子态层析实验需要准备大量相同的量子态才能达到目的.

以核磁共振系统中的单自旋比特为例,说明量子态层析的基本流程.单个量子比特的密度算符 ρ_{q1} 在基底 $\{I, S_x, S_y, S_z\}$ 下可表示为

$$\rho_{q1} = a_0 \frac{1}{2} I + a_x S_x + a_y S_y + a_z S_z \tag{2.46}$$

其中,a_0 表示单位算符 I 的均值,$a_\alpha = \mathrm{tr}(\rho_{q1} S_\alpha)(\alpha = x, y, z)$ 表示自旋算符 S_α 的均值.

在核磁共振系统中,可以用自由感应衰减信号(Free Induction Decay,简称 FID)来表示自旋系综的均值.对系统施加射频控制磁场后,系统终态密度矩阵为 ρ_{q1},然后停止施加控制,系统会自由演化而归于热平衡态,t 时刻后探头线圈接受到的自由感应衰减信号为

$$\begin{aligned} s^I(t) &\propto \mathrm{tr}[e^{-i\omega_0 t S_z}\rho_{q1} e^{i\omega_0 t S_z}(S_x + iS_y)] \\ &= e^{i\omega_0 t}\mathrm{tr}(S_x + iS_y) \\ &= e^{i\omega_0 t}(a_x + ia_y) \end{aligned} \tag{2.47}$$

对信号 $s^I(t)$ 进行傅里叶(Fourier)变换,在频率 ω_0 处出现一条谱线,而且在谱峰的幅值(或谱积分)的实数部分正比于 a_x,虚数部分正比于 a_y.我们还需要测量自旋算符 I 和 S_z 的均值来获得密度矩阵 ρ_{q1} 的其他矩阵元.在核磁共振里面无法测量单位算符的信号,但是根据 $\mathrm{tr}(\rho) = 1$,可以间接得到 I 的均值.

为了获得自旋算符 S_z 的均值 a_z,一般在观测 ρ_{q1} 的自由感应衰减信号之前对系统终态进行 $R_x(90°)$ 或 $R_y(90°)$ 的旋转变换的读脉冲操作,将观测量 S_z 所对应的矩阵元旋转到可直接测量的位置.在实验中依次施加 $R_x(90°)$ 或 $R_y(90°)$ 的旋转操作,那么对应接受到的自由感应衰减信号为

$$s^x(t) \propto e^{i\omega_0 t}(a_x - ia_z), \quad s^y(t) \propto e^{i\omega_0 t}(a_z + ia_y) \tag{2.48}$$

对这两个信号也依次进行 Fourier 变换,每个信号在频率 ω_0 处都会出现一条谱线.通过三条谱线,可以计算出

$$a_x \propto \frac{1}{2}\{\Re[s^I(\omega_0)] + \Re[s^x(\omega_0)]\} \tag{2.49a}$$

$$a_y \propto \frac{1}{2}\{\Im[s^I(\omega_0)] + \Im[s^y(\omega_0)]\} \tag{2.49b}$$

从单自旋的例子可以看到,在对系统的终态观测之前分别施加三个旋转读脉冲 I, $R_x(90°)$,$R_y(90°)$,便可以重构密度矩阵的所有矩阵元. 实际上,如果只测量两个信号 $s^I(t)$ 和 $s^x(t)$ 也可以计算出密度矩阵.

通常而言,在 N 比特的量子自旋系统中,在对系统的终态观测之前加上 3^N 个局域旋转读脉冲,也就是算符 $\{I, R_{1x}(90°), R_{1y}(90°)\} \otimes \cdots \otimes \{I, R_{Nx}(90°), R_{Ny}(90°)\}$,分析接收到的自由衰减信号的频率谱线,就可以计算出系统的末态矩阵.

2.4.2 多量子比特状态层析

量子比特数为 n 情况下的量子态的参数估计可以由单量子比特状态估计扩展出来. 一个多量子比特系统的希尔伯特空间的状态向量是单量子比特状态向量的张量积,因此一个 n 量子比特系统的密度矩阵估计公式为

$$\rho = \frac{1}{2^n} \sum_{i_1, i_2, \cdots, i_n}^{3} r_{i_1, i_2, \cdots, i_n} \sigma_{i_1} \otimes \sigma_{i_2} \otimes \cdots \otimes \sigma_{i_n} \tag{2.50}$$

其中,$r_{i_1, i_2, \cdots, i_n}$ 为未知参数,满足 $r_{i_1, i_2, \cdots, i_n} \geqslant 0$ 且 $\sum r_{i_1, i_2, \cdots, i_n} = 1$,符号 $\otimes$ 表示张量积,$\sigma_0 = \begin{bmatrix} 1 & 0 \\ 0 & 1 \end{bmatrix} = I$ 是单位矩阵,σ_{i_j} 在 $j = 1, 2, 3$ 时,分别对应泡利矩阵:$\sigma_1 = \sigma_x = \begin{bmatrix} 0 & 1 \\ 1 & 0 \end{bmatrix}$,$\sigma_2 = \sigma_y = \begin{bmatrix} 0 & -i \\ i & 1 \end{bmatrix}$ 和 $\sigma_3 = \sigma_z = \begin{bmatrix} 1 & 0 \\ 0 & -1 \end{bmatrix}$. $\sigma_{i_1} \otimes \sigma_{i_2} \otimes \cdots \otimes \sigma_{i_n}$ 表示以 n 个 σ_{i_j} 的张量积为基,参数 $r_{i_1, i_2, \cdots, i_n}$ 表示对应 $\sigma_{i_1} \otimes \sigma_{i_2} \otimes \cdots \otimes \sigma_{i_n}$ 的观测期望值:

$$r_{i_1, i_2, \cdots, i_n} = \text{tr}[\rho(\sigma_{i_1} \otimes \sigma_{i_2} \otimes \cdots \otimes \sigma_{i_n})] \tag{2.51}$$

可以看出,n 量子比特情况下观测期望值 $r_{i_1, i_2, \cdots, i_n}$ 同样为密度矩阵估计的关键. 一般在大量测量的情况下,观测期望值 $r_{i_1, i_2, \cdots, i_n}$ 可近似为观测频率 f_j 的加权平均:$r_{i_1, i_2, \cdots, i_n} \approx \sum_{k=1} c_k f_k$,其中 $c_k (k = 1, 2, 3, \cdots)$ 为测量算符 $\sigma_{i_1} \otimes \sigma_{i_2} \otimes \cdots \otimes \sigma_{i_n}$ 的本征值,f_k 为本征值 c_k 对应的观测频率.

由量子系统密度矩阵的迹恒为 1 可知,式(2.51)中的参数 $r_{0,0,\cdots,0} = 1$,因此至少需进行 $4^n - 1$ 组测量才可重构量子态的密度矩阵;例如,对于 2 量子比特的量子态,其投影算符为单量子比特中任意两个投影基的直积,共有 16 种不同情况 $\{\mu_0\mu_0, \mu_0\mu_1, \cdots, \mu_3\mu_3\}$,其中 $r_{0,0} = 1$,因此需要进行 $4^n - 1 = 16 - 1 = 15$ 组相关测量,才能确定量子态的密度矩阵;3 量子比特的情况下的相关测量组数则要上升到 $4^n - 1 = 64 - 1 = 63$;以此类推,对

于 n 量子比特的量子态测量组数为 $4^n - 1$.

实际上,测量的可观测量是观测到某一状态 $|\psi\rangle$ 的概率,用 $P_{|\psi\rangle}$ 表示,观测到 $|\psi\rangle$ 的概率即为密度矩阵 ρ 投影到状态 $|\psi\rangle$ 的概率,可以表示为:$P_{|\psi\rangle} = \langle\psi|\rho|\psi\rangle = \mathrm{tr}\{|\psi\rangle\langle\psi|\rho\} = \mathrm{tr}(\pi\rho)$,其中,$\pi = |\psi\rangle\langle\psi|$ 为投影算子. 实际测量中,先通过将密度矩阵投影到不同的状态,得到一组测量概率 $\{y_{i_1, i_2, \cdots, i_n}\}$:

$$y_{i_1, i_2, \cdots, i_n} = \mathrm{tr}(\pi_{i_1, i_2, \cdots, i_n}\rho) \tag{2.52}$$

2.4.3 量子过程层析

量子态层析技术能够重构出系统的末状态的信息,根据初始状态和末状态之间的关系,能够知道控制脉冲序列所实现的量子逻辑门的部分信息. 在量子态层析技术的基础上,首先对量子过程的一组完备初始态的演化终态做量子态层析,然后利用这组初始态和终态可以反向构造出量子系统演化过程的全部信息,这就是量子过程层析. 为了验证所施加的控制序列是否实现期望的目标逻辑门 U_f,需要测量实际的量子过程.

在核磁共振实验中,核子自旋系统并不能做到理想孤立,其受到环境噪声的影响. 所以在量子控制中,量子自旋体系的运动在控制的驱动下实现量子逻辑门所对应的酉变换过程,还有外部的环境因素伴随其中. 用数学语言来讲就是,对于一个初始的输入态 ρ_{in},在系统上施加控制实现操作 U,再进行量子态层析得到的末输出态 $\rho_{\mathrm{out}} \neq U\rho_{\mathrm{in}}U^\dagger$. 为了方便全面地描述量子过程,超级算符 ε 等价描述了量子系统的动力学演化过程,其定义为输入态和输出态之间的映射:$\rho_{\mathrm{out}} = \varepsilon(\rho_{\mathrm{in}})$,从试验上测得 ε 便是量子过程层析. 而且,可以用一组算符 $\{E_k\}$ 来表示 ε:

$$\rho_{\mathrm{out}} = \varepsilon(\rho_{\mathrm{in}}) = \sum_k E_k \rho_{\mathrm{in}} E_k^\dagger \tag{2.53}$$

由于量子过程 ε 是不可逆的过程,根据一个输入量子态可以测量计算出其部分运算元的信息,要完整地获得全部的运算元,需要准备一组完备独立的输入态 $\{\rho_j\}_{j=1}^N$. 显然它们刚好构成 4^N 维希尔伯特空间的基底,那么任意的量子态可以在基底下展开:$\rho = \sum_j c_j \rho_j$,制备任意一个输入基底态,然后进行量子操控 U,利用量子态层析技术重构对应的终态密度矩阵 $\rho' = \varepsilon(\rho_j)$.

有了完备基底的输入态和输出态,对于任意的量子态,根据超级算子的线性特性,可以得到任意的输入态,在量子操控后得到的末态密度矩阵为

$$\varepsilon(\rho) = \varepsilon\left(\sum_k c_k \rho_k\right) = \sum_k c_k \varepsilon(\rho_k) \tag{2.54}$$

基于这一点,可以说通过对 4^N 个输入基底态的终输出态进行量子态层析,就可以描述量子过程 ε 的作用.

为了在数学上清晰表述这个过程,可以选择一组基底算子 $\{\widetilde{E}_m\}$,那么算子 E_k 可以表示成

$$E_k = \sum_m e_{km}\widetilde{E}_m \tag{2.55}$$

将量子过程对量子态的作用式(2.54)写成

$$\varepsilon(\rho_j) = \sum_{m,n}\widetilde{E}_m\rho_j\widetilde{E}_n^\dagger\chi_{mn} \tag{2.56}$$

其中,以 $\chi_{mn} = \sum_k e_{km}e_{kn}^*$ 为矩阵元素组合成 χ 矩阵,显然 χ 是正定厄米矩阵,且量子过程 ε 和 χ 矩阵一一对应.后续试验都用 χ 矩阵来表达量子过程.

在量子过程层析实验中,一般按照如下方式来计算 χ 矩阵:

(1) 将通过量子态层析得到的末态矩阵 $\varepsilon(\rho_j)$ 在密度算符基底 $\{\rho_j\}_{j=1}^{4^N}$ 下展开为

$$\varepsilon(\rho_j) = \sum_l \lambda_{jl}\rho_l \tag{2.57}$$

其中,$\lambda_{jl} = \mathrm{tr}[\varepsilon(\rho_j)\rho_l]$.

(2) 将式(2.56)中的 $\widetilde{E}_m\rho_j\widetilde{E}_n^\dagger$ 在基底 $\{\rho_j\}_{j=1}^{4^N}$ 下展开为

$$\widetilde{E}_m\rho_j\widetilde{E}_n^\dagger = \sum_l \beta_{jl}^{mn}\rho_l \tag{2.58}$$

(3) 联立式(2.56)~式(2.58),由于基底 $\{\rho_j\}_{j=1}^{4^N}$ 是线性独立的,可以得到一组线性代数方程:

$$\sum_{mn}\beta_{jl}^{mn}\chi_{jl} = \lambda_{jl} \tag{2.59}$$

这组线性方程的解就是 χ 矩阵的各个矩阵元.

2.5 量子层析的优化方法

量子层析通过代数加权平均得到对应投影方向上量子塌缩的概率,然而在实际试验

中,简单的加权平均往往无法有效消除测量中噪声的影响(D'Ariano,Paris,1999),需要采用随机优化方法来根据所测量到的观测值进行状态估计.本节我们将详细分析和讨论在量子层析中使用的四种优化方法:最小二乘法、最大熵法、极大似然法和贝叶斯法.

2.5.1　量子状态的最小二乘估计法

最小二乘法可以在测量次数有限的情况下,有效地对量子层析结果进行优化,其核心思想是,通过对性能函数的最小化将相对独立的参数放到同一个约束下,得到总体上的最优结果.最小二乘法是一种数学优化算法,它通过最小化误差的平方和来寻找数据的最佳函数匹配.利用最小二乘法可以简便地求得未知的数据,并使得到的数据与实际数据之间误差的平方和最小.

在物理实验中经常要观测两个有函数关系的物理量 x 与 y,根据 x,y 的许多组观测数据来确定它们之间的函数曲线关系,这就是实验数据处理中的曲线拟合问题.这类问题通常有两种情况:一种是两个观测量 x 与 y 之间的函数形式已知,但一些参数未知,需要确定未知参数的最佳估计值;另一种是 x 与 y 之间的函数关系形式未知,需要找出它们之间的关系式.后一种情况常假设 x 与 y 之间的关系是一个待定的多项式,多项式系数就是待定的未知参数,然后采用类似于前一种情况的处理方法获得参数.

考虑如下系统的参数辨识问题:

$$y_t = H_t\theta + v_t \tag{2.60}$$

式(2.60)所给出的是一个系数时不变单输入单输出系统,其中 $y_t = [y(1), y(2), \cdots, y(t)]^T$ 为输出矢量, $v_t = [v(1), v(2), \cdots, v(t)]^T$ 为噪声矢量, $H_t = [\varphi(1), \varphi(2), \cdots, \varphi(t)]^T$ 为信息矩阵,其中信息矢量满足 $\varphi(t) = [-y(t-1), -y(t-2), \cdots, -y(t-n_a); u(t-1), u(t-2), \cdots, u(t-n_b)]$, $\{u(t)\}$ 为输入序列,矢量 $\theta = [a_1, a_2, \cdots, a_{n_a}; b_1, b_2, \cdots, b_{n_b}]$ 为待估计的参数矢量,其中 n_a, n_b 分别表示信息矢量中含有输入、输出的数量,也即是参数 a_i, b_j 对应的个数.

所谓最小二乘估计,就是利用系统的输入输出数据 $\{u(t)\}$ 和 $\{y(t)\}$,通过使性能指标函数

$$J(\theta) = \sum_{i=1}^{t} [y(i) - \varphi(i)\theta]^2 = [y_t - H_t\theta]^T[y_t - H_t\theta] \tag{2.61}$$

取最小值,来获得参数矢量 θ 的估计,记做 $\hat{\theta}$. $\hat{\theta}$ 称为参数 θ 的最小二乘估计值.

令式(2.61)对 θ 求偏微分并使之为零,可以得到最小二乘估计结果为

$$\hat{\theta} = (H_t^{\mathrm{T}} H_t)^{-1} H_t^{\mathrm{T}} y_t \tag{2.62}$$

将其中的参数 $a_1, a_2, \cdots, a_{n_a}; b_1, b_2, \cdots, b_{n_b}$ 代入式(2.60)即可得到对输出序列 $\{y(t)\}$ 的最小二乘估计 $\{\hat{y}(t)\}$. 当噪声序列 $\{v(t)\}$ 均值为零,且 v_t 和 H_t 统计独立时,最小二乘参数估计 $\hat{\theta}$ 是 θ 的无偏估计.

在量子系统中可以使用最小二乘法对参数进行优化,来得到量子状态的最小二乘估计:由 2.4.1 小节可知,量子层析对观测频率参数 $\hat{p}_x$,$\hat{p}_y$ 和 $\hat{p}_z$ 的估计是采用求加权平均值的办法来获得的,此方法只有当测量次数无穷大时,$\hat{p}_x$ 才可看做与 p_x 相等,这在实际应用的测量中是不可能的,即使测量次数足够大,也会存在一定误差,这时可以通过最小二乘法对有限次测量数据所获得的参数进行优化来得到最小方差下的参数估计结果.

由最小二乘原理,构造优化式(2.40)的最小二乘性能函数为

$$J(s) = \sum [p_i - \hat{p}_i]^2 = (p - \hat{p})^{\mathrm{T}}(p - \hat{p}) \tag{2.63}$$

其中,i 表示 x, y 和 z,p 和 $\hat{p}$ 分别为由频率参数 p_i 与 $\hat{p}_i$ 构成的矢量.

通过令式(2.63)的偏微分为零来求出式(2.63)为最小情况下满足式(2.52)的 p 值,即为量子参数的最小二乘估计,其值可由式(2.45)求出,然后代回式(2.43),即可获得密度矩阵 ρ 的最小二乘估计 $\hat{\rho}$.

在单量子比特层析中,最小二乘估计结果与量子层析结果一致,这是因为优化过程中没有考虑系统本身特性的约束.根据量子系统密度矩阵特性 $\mathrm{tr}(\rho) = 1$ 和 $\mathrm{tr}(\rho^2) \leqslant 1$,容易看出:密度矩阵计算公式(2.43)本身符合 $\mathrm{tr}(\rho) = 1$,于是将 $\mathrm{tr}(\rho^2) \leqslant 1$ 变形,转化为对参数的约束条件:

$$\| p \| = \sqrt{p_x^2 + p_y^2 + p_z^2} \leqslant 1 \tag{2.64}$$

将式(2.64)代入式(2.62)中重新求解,有如下两种结果:第一,当满足 $\| p \| = \sqrt{p_x^2 + p_y^2 + p_z^2} \leqslant 1$ 时,仍然有 $p_i = \hat{p}_i$,即最小二乘优化未改变量子层析估计结果;第二,当 $\| p \| = \sqrt{p_x^2 + p_y^2 + p_z^2} > 1$ 时,结果为 $p_i = \hat{p}_i / \| \hat{p} \|$,符合约束条件(2.64).

单量子比特层析的最小二乘优化原理可以方便地扩展到多量子比特层析中:对 n 量子比特系统(2.50)进行密度矩阵的重构,此时的性能指标函数变为

$$J(r) = \sum [r_{i_1, i_2, \cdots, i_n} - \hat{r}_{i_1, i_2, \cdots, i_n}]^2 \tag{2.65}$$

在使式(2.65)中 $J(r)$ 最小的情况下可获得最小二乘条件下的优化参数 $r_{i_1, i_2, \cdots, i_n}$,

此处同样存在式(2.64)的约束. n 量子比特系统参数共有 4^n 个,其中参数 $r_{0,0,\cdots,0}=1$,所以只需要对 4^n-1 个参数进行优化,代回式(2.43)得到密度矩阵参数的估计. 假设系统真实密度矩阵为 ρ,使用最小二乘法的估计结果为 $\hat{\rho}$,选择性能指标:

$$F(\hat{\rho},\rho)=\sqrt{\hat{\rho}^{\frac{1}{2}}\rho\hat{\rho}^{\frac{1}{2}}} \tag{2.66}$$

ρ 和 $\hat{\rho}$ 差别越小,$F(\hat{\rho},\rho)$ 的值越接近 1;ρ 和 $\hat{\rho}$ 差别越大,$F(\hat{\rho},\rho)$ 的值越接近 0,通过求性能指标 $F(\hat{\rho},\rho)$ 的值可以体现出估计结果与真实值的接近程度.

2.5.2　量子状态的最大熵估计法

最大熵原理是由杰尼斯(Jaynes)于 1957 年提出的一种无偏的估计思想,最大熵估计法是利用最大熵原理对随机事件的概率分布进行推断的方法. 在已知部分信息的前提下,最大熵估计法能够对概率进行推断,并保证推断结果的随机不确定性最大. 当对一个随机事件的概率分布进行预测时,预测应当满足全部已知的条件,对未知情况不做任何主观假设. 这种情况下,概率分布最均匀,预测的风险最小. 此时概率分布的信息熵最大,所以把这种推断的原理称为最大熵原理.

考虑某随机事件,其概率分布为 $p=\{p_1,p_2,\cdots,p_n\}$,概率分布满足约束条件:

$$\sum_{i=1}^{n}p_i=1 \tag{2.67a}$$

$$\sum_{i=1}^{n}p_ig_r(x_i)=a_r \tag{2.67b}$$

其中,$p_i=p(X=x_i)(i=1,2,\cdots,n)$,$x_i$ 表示分布的第 i 种事件结果,$g_r(x_i)$ 表示结果 x_i 对应的函数值,$r=1,2,\cdots,m$ 表示共有 m 种不同函数,a_r 为在第 r 种函数下概率分布的期望值.

假设 p_i 为测量得到的结果,希望得到随机概率分布的最佳估计 $\hat{p}_i$,采用最大熵原理,取概率分布的熵作为目标函数:

$$H_p=-\sum_{i=1}^{n}p_i\log p_i \tag{2.68}$$

其中,熵值 H_p 代表了此分布的不确定程度,H_p 为 0 时,表示此分布是确定的,结果只有一种;而 H_p 的值越大,则代表分布的不确定性越大,也就越接近真实情况. 因此,令目标函数(2.68)取得极大值时的概率分布,即为最佳估计 $\hat{p}_i$.

在采用最大熵估计法对量子态频率参数 p_i 进行估计时,需要将式(2.67a)和式(2.67b)作为估计过程中的两个约束条件.为了求出使熵函数最大的概率分布,通常采用拉格朗日乘子法,将有约束的优化问题转为无约束的优化问题,引入拉格朗日乘子 $\lambda_r (r=1,2,\cdots,m)$,$\lambda_r$ 的集合表示为 $\Lambda = [\lambda_1,\lambda_2,\cdots,\lambda_m]^{\mathrm{T}}$,构建拉格朗日函数 L,解出使得 L 取最大值时的概率

$$\hat{p}_i = \mathrm{e}^{-(\lambda_0+1)-\sum\limits_{r=1}^{m}\lambda_r g_r(x_i)} \tag{2.69}$$

其中,$i=1,2,\cdots,n$,拉格朗日乘子 λ_r 为待定常数.

令 L 对 λ_r 的偏导数为 0 可得到一组方程组,求解此方程组就能得到 λ_r 的值.式(2.69)中 $\hat{p}_i$ 为对随机事件的概率分布的最大熵估计.

对于一个单量子比特系统,根据式(2.43),系统密度矩阵 ρ 满足:

$$\rho = \frac{1}{2}(I\sigma_0 + p_x\sigma_x + p_y\sigma_y + p_z\sigma_z) \tag{2.70}$$

其中,I 是单位矩阵,σ_x,σ_y 和 σ_z 是泡利矩阵,p_x,p_y,p_z 为在对应 σ_x,σ_y 和 σ_z 方向上的理论观测概率.可以看出,密度矩阵 ρ 本身就是 p_i 的一种概率分布矩阵,因此通过对概率分布 p_i 的估计 $\hat{p}_i$ 来获得 ρ.

根据式(2.68)直接用 ρ 写出系统的熵值,即目标函数为

$$\eta[\rho] = -\operatorname{tr}(\rho\ln\rho) \tag{2.71}$$

其中,tr 表示求迹,$\ln\rho$ 表示对矩阵 ρ 的每个元素分别求对数,$\eta[\rho]$ 是量子系统的熵值.

对比式(2.50)和式(2.71)可看出:量子系统中的求迹操作 tr,就相当于一般随机事件中对包含概率值 p_i 的所有因式求和的过程,因此,量子系统的最大熵估计就是对密度矩阵 ρ 的直接估计.待估计量子状态 ρ 满足约束条件:

$$\operatorname{tr}(\rho) = 1 \tag{2.72}$$

$$p_i = \operatorname{tr}(\rho\sigma_i), \quad i=1,2,\cdots,m \tag{2.73}$$

其中,p_i 可以根据式(2.43)和式(2.44)求得加权平均估计值 $\hat{p}_i$,代入式(2.73),就得测量结果对密度矩阵 ρ 的 m 个约束方程.

令目标函数(2.71)在式(2.72)和式(2.73)的约束下取最大值,同样可以引入拉格朗日乘子 $\lambda_r (r=1,2,\cdots,m)$,$\lambda_r$ 的集合表示为 $\Lambda = [\lambda_1,\lambda_2,\cdots,\lambda_m]^{\mathrm{T}}$,构建拉格朗日函数 L(具体构建与计算过程见本章附录)得到量子态密度矩阵估计的结果为

$$\hat{\rho} = \frac{1}{Z}\left[\exp\left(-\sum_i \lambda_i \sigma_i\right)\right] \tag{2.74}$$

其中,归一化因子 $Z = \mathrm{tr}\left[\exp\left(-\sum_i \lambda_i \sigma_i\right)\right]$,拉格朗日乘子 λ_i 为待定常数,其值可以通过

解方程组 $p_i = \mathrm{tr}(\rho\sigma_i) = -\dfrac{\partial}{\partial \lambda_i}\ln Z_{\langle \hat{\sigma}\rangle}(\lambda_1,\cdots,\lambda_m)(i = 1,2,\cdots,m)$ 得到.

这样,就得到了密度矩阵的最大熵估计值 $\hat{\rho}$.

对于 n 量子位密度矩阵的估计过程与单量子位的情况类似,只需将投影测量改为单量子投影算符的张量积形式,通过式(2.44)和式(2.71)~式(2.74)来获得估计结果.

需要说明的是,在使用最大熵法估计量子系统的密度矩阵时,最关键、最繁琐的步骤就是求拉格朗日乘子 λ_i,这是因为方程中存在的指数项求解十分困难.这里 λ_i 是求解方程组得到的,而方程组中的每个方程都包含一个测量数据,因此,对于 n 量子位系统就会存在 4^n 个方程,如果采用泡利测量时,则有 $4^n - 1$ 个方程.实际上,这些项在求解过程中并不需要直接求解出来,只要将带有 λ_i 的指数项一起代入估计式(2.74)中得到最终结果从而可以简化计算过程.同样可以将重构出的状态估计结果代入式(2.66),通过计算 F 的值,获得估计结果与真实值间的接近程度来评价估计方法的性能或效率.

最大熵法是一种无偏估计方法,适用于不完全测量情况下密度矩阵的估计,它的前提是必须对给定可观察量的期望值或概率分布能进行准确的测量.为了得到那些需要的期望值,一般需要测量次数足够多.最大熵法的优点在于,对不完全测量情况,也能够得到最接近真实值的无偏状态估计;缺点是拉格朗日乘子的方程组不一定有解,有时会出现无解的情况.最大熵法与量子层析法的区别在于,它可以在测量数据不完全的情况下,根据最大熵原理估计出满足约束的最优密度矩阵.而这种情况下量子层析法却无能为力.采用最大熵法估计时对系统的纯度不要求任何先验假设,它既可以用来估计纯态,也可以用来估计混合态.

2.5.3 量子状态的极大似然估计法

极大似然估计法是一种参数估计方法,它通过似然函数的最大化来得到概率参数的最优估计.当某个随机事件满足某种概率分布,但其中某些具体参数不清楚时,可以利用极大似然估计法推导出参数的大概值.极大似然估计的优化思想为:假设某随机试验有若干个已知结果 $\{A_1, A_2, A_3, \cdots\}$,如果在一次试验中 A_i 发生了,则可认为当时的条件最有利于 A_i 发生,所以选择使发生 A_i 的概率最大的概率分布.一般来说,事件 A_i 与系

统参数 θ 有关, θ 取值不同, 则 $P(A)$ 也不同. 若 A_i 发生了, 则认为此时的 θ 值就是 θ 的估计值, 这就是极大似然思想.

设某离散型随机变量 X, 其概率函数为 $p(x;\theta)$, 其中 θ 是未知参数. 设 $X_1, X_2, \cdots$, X_m 为取自总体 X 的样本, 若已知试验结果是 $x_1, x_2, \cdots, x_m$, 则事件 $\{X_1 = x_1, X_2 = x_2, \cdots, X_m = x_m\}$ 发生的概率为 $\prod\limits_{i=1}^{m} p(x_i;\theta)$, 这一概率值随 θ 值的变化而变化. 由试验结果可以对参数 θ 进行估计, 利用极大似然原理构建目标函数:

$$L(\theta) = L(x_1, x_2, \cdots, x_m;\theta) = \prod_{i=1}^{m} p(x_i;\theta) \tag{2.75}$$

其中, $L(\theta)$ 称为似然函数, 参数 θ 为变量.

极大似然估计法就是在参数 θ 的可能取值范围内, 选取使式 (2.75) 达到最大的参数值 $\hat{\theta}$ 来作为参数 θ 的估计值. 由此可以看出, 求总体参数 θ 的极大似然估计值的问题就是求似然函数 $L(\theta)$ 的最大值问题. 这可通过求解微分方程 $\dfrac{\mathrm{d}L(\theta)}{\mathrm{d}\theta} = 0$ 来得出结果, 为了简化计算步骤, 有时也可以改成求解方程 $\dfrac{\mathrm{d}\ln L(\theta)}{\mathrm{d}\theta} = 0$, 这里利用了函数 $\ln L(\theta)$ 与 $L(\theta)$ 具有相同增减性, 且在 θ 的同一值处取得最大值的性质. 如果微分方程能够得到唯一解, 那么必然就是参数 θ 的极大似然估计值. 有时微分方程无法得到结果, 此时就需要返回式 (2.75), 根据函数本身找到使之取极大值的 $\hat{\theta}$, 同样是参数 θ 的极大似然估计值.

在对一个量子系统的密度矩阵 ρ 进行状态估计时, 假如采用正定算符值测量 (POVM) 方式得到 M 种不同输出的统计数据, 分别为 $N_1, N_2, \cdots, N_M$ (并设 $N = \sum\limits_{i=1}^{M} N_i$ 为总测量数据), 对应的输出结果为 G_i ($G_i = |y_i\rangle\langle y_i|, i = 1, 2, \cdots, M$), 系统用这些测量结果估计出系统的密度矩阵 ρ.

构建似然函数为

$$L(\rho) = \prod_{i=1}^{M} [\mathrm{tr}(G_i\rho)]^{n_i} = \prod_{i=1}^{M} [\langle y_i|\rho|y_i\rangle]^{n_i} \tag{2.76}$$

其中, $\mathrm{tr}(G_i\rho) = \langle y_i|\rho|y_i\rangle$ 表示测量得到结果 G_i 的概率.

将式 (2.76) 与式 (2.75) 对比可看出, 似然函数 $L(\rho)$ 同样是概率的乘积形式, 且 ρ 作为系统参数影响输出结果 G_i 的概率 $\langle y_i|\rho|y_i\rangle$. 因此, 量子系统的极大似然估计就是将 ρ 作为概率参数, 求出使似然函数 $L(\rho)$ 取极大值时的 ρ, 即密度矩阵的极大似然估计. 因为式 (2.76) 中的参数 ρ 是一个矩阵, 所以求解过程较为复杂, 一般无法用微分方程求解

的方法得到结果,只能从公式本身出发,一般有两种求解 $\hat{\rho}$ 的方法.

1. 方法 1

使用数值迭代法求解:设置任意初始值 $\hat{\rho}^{(0)}$,例如矩阵元素相等的对角阵,代入迭代公式:

$$\hat{\rho}^{(k+1)} = R(k)\hat{\rho}^{(k)}R(k) \tag{2.77}$$

其中,$R = \sum_i \dfrac{f_i}{\langle y_i | \hat{\rho} | y_i \rangle} | y_i \rangle \langle y_i |, f_i = \dfrac{n_i}{N}$ 为测量频率.

要保证每一步的参数 $\hat{\rho}^{(k)}$ 都满足保迹性 $\mathrm{tr}(\rho)=1$ 且矩阵元素为正,通过反复迭代,直到参数 $\hat{\rho}$ 得到某固定值或者变化小于设定标准时,即可认为所得 $\hat{\rho}$ 为量子密度矩阵的极大似然估计.

2. 方法 2

分解密度矩阵:将密度矩阵 ρ 分解为

$$\rho = T^\dagger T / \mathrm{tr}\{T^\dagger T\} \tag{2.78}$$

其中,T 为下三角矩阵,表示对密度矩阵的一个分解,这是由厄米矩阵的非负性决定的,对于 n 量子比特系统,T 中 4^m 个参数 $t_j(j=1,2,\cdots,4^m)$ 为

$$T = \begin{pmatrix} t_1 & 0 & \cdots & 0 \\ t_{2^m+1} + \mathrm{i}t_{2^m+2} & t_2 & \cdots & 0 \\ \vdots & \vdots & \cdots & \vdots \\ t_{4^m-1} + \mathrm{i}t_{4^m} & t_{4^m-3} + \mathrm{i}t_{4^m-2} & t_{4^m-5} + \mathrm{i}t_{4^m-4} & t_{2^m} \end{pmatrix} \tag{2.79}$$

将式(2.78)代入式(2.75)并化简可得到新的似然公式为

$$L(t_j) = \sum_i \frac{\{\mathrm{tr}[G_i\rho(t_j)] - N_i/N\}^2}{2\{\mathrm{tr}[G_i\rho(t_j)]\}} \tag{2.80}$$

由此,密度矩阵的估计就转化为参数 t_j 的估计,可以令式(2.80)偏导数为零,解出此方程的解即为使得似然函数 $L(t_j)$ 取极大值的 $\hat{t}_j$.将 $\hat{t}_j$ 代入式(2.78)和式(2.79)即得到量子系统密度矩阵的极大似然估计 $\hat{\rho}$.

上述两种方法均可求出满足极大似然条件的 $\hat{\rho}$,相对而言,方法 1 仅需要对数据进行反复迭代,不需额外引入参数,因此应用更为广泛.而方法 2 在量子系统维数较高时,引入新参数量较大,因此计算过程比较繁琐,不过当量子系统维数较低时(例如单量子位系

统,参数仅有 4 个),也是一种十分简便的求解方法.

极大似然法的核心是构造似然函数,它在不完全测量情况下也能够得到状态的最佳推断.它不仅可以用于初始状态估计,而且还可以用于量子过程估计和设备的检测等.极大似然法的优点是,在估计过程中考虑到了密度矩阵的正定性和保迹性的约束条件,能得到更为合理的物理系综;缺点是估计过程中要涉及非常复杂的计算,可应用数值计算方法进行迭代计算,但计算过程依然复杂.同样是用部分信息推断系统状态,极大似然法与最大熵法的不同是:极大似然法选择最可能的推断,而最大熵法由已知信息得到最无偏的估计结果.

2.5.4 量子状态的贝叶斯估计法

贝叶斯估计法是应用贝叶斯理论对事件的概率进行统计推断的一种方法,在推断过程中不仅用到了测量结果,还用到了人们对推断对象的提前认知.贝叶斯估计法强调了事件先验概率和后验概率的联系.

贝叶斯估计法的原理为:对于不独立的事件 A 和 B,若已知事件 A 发生的概率为 $P(A)$(称为先验概率或无条件概率),则在事件 A 发生的前提下,事件 B 发生的概率称为 B 对 A 的后验概率(也称条件概率),记为 $P(B|A)$.那么可以得到事件 A 和 B 同时发生的概率为 $P(AB) = P(B|A)P(A)$,由此便可以推断事件 B 发生的条件下,事件 A 发生的概率为

$$P(A \mid B) = \frac{P(A)P(B \mid A)}{P(B)} \tag{2.81}$$

这就是贝叶斯原理,式(2.81)被称为贝叶斯公式,它是贝叶斯原理的核心.

假设有一系列互不相容事件 $A_1, A_2, \cdots, A_n$,并满足 $\bigcup_{i=1}^{n} A_i = \Omega (i = 1, 2, \cdots, n)$,其中 Ω 为事件空间,且 $P(\Omega) = 1$,对于任意 A_i,先验 $P(A_i)$ 已知,测得任意 A_i 发生的前提下 B 发生的概率 $P(B|A_i)$,使用贝叶斯法可以对 A_i 的条件概率进行重新估计,即

$$P(A_i \mid B) = \frac{P(A_i)P(B \mid A_i)}{\sum_{A_i} P(A_i)P(B \mid A_i)} \tag{2.82}$$

这样,在不知道事件 B 发生的情况下,人们通过测量 B 的后验概率,就能得到对所有 A_i 后验概率的估计,这就是贝叶斯估计.人们在已知任意 A_i 先验概率的条件下,通过测量获得样本,从而对先验概率进行调整,调整方法就是通过贝叶斯公式,调整结果就

是后验概率 $P(A_i \mid B)$. 因此, 贝叶斯估计可以看成一个信息收集过程, 通过测量不断更新所要估计的对象. 在量子系统中, 通过对量子系综下的全同复本进行重复测量, 选用以泡利矩阵的投影测量方式. 系统密度矩阵 ρ 满足

$$\rho = \int \mathrm{d}x\mathrm{d}y\mathrm{d}z\, p(x,y,z)\rho_{x,y,z} \tag{2.83}$$

其中, $\rho_{x,y,z} = \dfrac{1}{2}(I + x\sigma_x + y\sigma_y + z\sigma_z)$, I 是单位矩阵, $\sigma_x, \sigma_y, \sigma_z$ 是泡利矩阵, x, y, z 为对应的系数, 为待定变量; $p(x,y,z)$ 为先验概率分布, 满足 $\int p(x,y,z)\mathrm{d}x\mathrm{d}y\mathrm{d}z = 1$.

假设在 z 方向上测量了 M 次, 得到 $+1$ 和 -1 结果的次数分别为 M_+ 和 M_-, 所以测得 $+1$ 和 -1 的后验概率为 $p(\pm 1 \mid \rho_{x,y,z}) = \dfrac{1}{2}(1 \pm z)$, 其中, z 表示量子系统在 z 方向上的投影观测概率, 理论上 $z = \mathrm{tr}(\rho_{x,y,z}\sigma_z)$. 于是, 由贝叶斯方法得到对先验概率的更新:

$$p(x,y,z \mid M_+, M_-) = \xi p(x,y,z)\left(\frac{1+z}{2}\right)^{M_+}\left(\frac{1-z}{2}\right)^{M_-} \tag{2.84}$$

其中, ξ 为使概率积分值为 1 的标准化参数.

将式 (2.84) 代回式 (2.83) 中代替 $p(x,y,z)$ 的位置, 积分得到的结果即为密度矩阵的贝叶斯估计.

特别地, 当 $M \to \infty$ 时, 式 (2.83) 可以近似为 $p(x,y \mid E_z)\delta(z - E_z)$, 其中 E_z 为 σ_z 方向上的理论概率, $\dfrac{M_+ - M_-}{M} = E_z$, 将 $p(x,y \mid E_z)\delta(z - E_z)$ 代回式 (2.82) 中代替 $p(x,y,z)$, 积分得到的结果 $\rho = I + E_z\sigma_z$ 才是密度矩阵的理论结果. 而当 M 值有限时, 近似结果会产生一定误差. 不过这仅为 σ_z 一个方向上的重构结果, 为了得到密度矩阵的完整估计, 还需分别对 σ_x 和 σ_y 方向测量重构, 此过程与式 (2.83) 和式 (2.84) 一致. 另外, 对于多量子比特, 其原理与式 (2.83) 和式 (2.84) 基本相同, 只是将式 (2.83) 中 $\rho_{x,y,z}$ 的泡利矩阵改为张量积形式, 便可得到系统密度矩阵的贝叶斯估计. 需要说明的是, 此处由于密度矩阵估计公式 (2.82) 存在积分项, 因此计算过程十分繁琐, 对于单量子比特状态估计, 可以使用另一简单估计方法, 即直接对泡利矩阵的 x, y, z 三个系数进行估计, 例如式 (2.83) 中将 $p(x,y,z)$ 化成概率的先验分布形式 $\xi\left(\dfrac{1+z}{2}\right)^{\Lambda_+}\left(\dfrac{1-z}{2}\right)^{\Lambda_-}$, 这里 Λ_+ 和 Λ_- ($\Lambda_+ + \Lambda_- = \Lambda$) 为根据先验分布设定的测得 $+1$ 和 -1 的次数, 具体数值可以随意选取, 只需满足比例. 这样一来, 式 (2.84) 化为 $\xi\left(\dfrac{1+z}{2}\right)^{\Lambda_+ + M_+}\left(\dfrac{1-z}{2}\right)^{\Lambda_- + M_-}$, 这可以看成

量子状态的估计和滤波及其优化算法

一个 β 分布,易得这个分布的均值为 $l = \dfrac{\Lambda_+ + M_+ + 1}{\Lambda + M + 2}$,由此可以得到参数 z 估计:

$$z = 2\frac{\Lambda_+ + M_+ + 1}{\Lambda + M + 2} - 1 \tag{2.85}$$

同理可求出 x,y 的估计值,代入 $\rho_{x,y,z} = \dfrac{1}{2}(I + x\sigma_x + y\sigma_y + z\sigma_z)$ 中,便得到密度矩阵的估计值.

可以说,贝叶斯估计可以看成一个信息收集过程,通过测量不断更新所要估计的对象,既能应用于纯态,也能应用于混合态量子系统.相比于量子层析、最大熵等方法,贝叶斯方法最大的区别是利用了人们对系统的已有认知,有利于对于信息的实时更新,从而得到了更准确的估计值;另外,当测量不能得到算符期望值的估计时,贝叶斯方法仍然可以得到有效的估计结果,这是其他方法做不到的.贝叶斯方法的缺点是计算过程比较复杂,且对纠缠态估计效果较差.

量子比特系统中最常用的是 1/2 自旋电子和偏振单光子,它们也是量子实验中最常用到的两类,对此类系统应用量子层析术,就是将量子投影到相互正交的每个投影方向上进行测量,通过代数加权平均得到对应投影方向上量子塌缩的概率,然后整合起来得出对状态密度矩阵的估计.本章中关于测量部分的内容,均是基于这样一个前提,即测量时能够有效制备系统的大量全同复本.可以看出,量子系统状态估计方法在数学原理上与经典状态估计并没有太大区别,根本区别在于量子系统状态本身的特殊性.围绕量子态的不同测量方式有不同的量子状态估计方式,最终导致状态估计的方法适用不同的情况.除了本章所介绍的几种量子态优化方法外,其他一些优化方法如凸优化、压缩传感、鲁棒控制等也能应用到量子态估计中.

2.6　拉格朗日函数的构建与计算

在最大熵估计法中,为了求出使熵函数最大的密度矩阵,我们采用拉格朗日乘子法,将有约束方程转化为无约束方程,引入拉格朗日乘子 $\lambda_i (i = 1, \cdots, n)$,$\lambda_i$ 的集合表示为 $\Lambda = [\lambda_1, \lambda_2, \cdots, \lambda_n]^T$,构建拉格朗日函数:

$$L(\rho, \Lambda, \gamma) = \eta[\rho] + \sum_{i=1}^{n} \lambda_i [p_i - \mathrm{tr}(\rho\sigma_i)] + \gamma[1 - \mathrm{tr}(\rho)] \tag{2.86}$$

其中，γ 为约束(2.72)对应的参数.要对熵函数取极大值,先要对式(2.86)求偏导数,可得

$$\frac{\partial L(\rho,\Lambda,\gamma)}{\partial\rho} = -\,\mathrm{tr}(\ln\rho + I) - \mathrm{tr}\left(\sum_{i=1}^{n}\lambda_i\sigma_i\right) - \gamma\,\mathrm{tr}(I) = 0 \qquad (2.87)$$

其中,I 表示单位矩阵,由式(2.87)得到密度矩阵的最大熵估计值为

$$\hat{\rho} = \mathrm{e}^{-\sum_{i=1}^{n}\lambda_i\sigma_i-(\gamma+1)I} \qquad (2.88)$$

这里仅仅用到了约束(2.73),把式(2.87)代入约束(2.72)可以得到 $\mathrm{tr}\left[\mathrm{e}^{-\sum_{i=1}^{n}\lambda_i\sigma_i}\mathrm{e}^{-(\gamma+1)I}\right] = 1$,变形为 $\mathrm{e}^{(\gamma+1)I} = \mathrm{tr}(\mathrm{e}^{-\sum_{i=1}^{n}\lambda_i\sigma_i})$,定义归一化因子 $Z(\lambda_1,\cdots,\lambda_n) = \mathrm{e}^{(\gamma+1)I}$,于是有

$$Z(\lambda_1,\cdots,\lambda_n) = \mathrm{tr\,exp}\left(-\sum_i\lambda_i\sigma_i\right) \qquad (2.89)$$

代入式(2.88)得到密度矩阵估计为

$$\hat{\rho} = \frac{1}{Z}\left[\exp\left(-\sum_i\lambda_i\sigma_i\right)\right] \qquad (2.90)$$

这里,估计公式中仅拉格朗日乘子未知,它们可以由约束(2.73)求出,即

$$p_i = \mathrm{tr}(\rho\sigma_i) = -\frac{\partial}{\partial\lambda_i}\ln Z_{\langle\hat{\sigma}\rangle}(\lambda_1,\cdots,\lambda_n) \qquad (2.91)$$

其中,p_i 近似等于 $\hat{p}_i$,视为已知量.

式(2.91)表示 n 个方程,其中包括 n 个未知量 $\lambda_1,\cdots,\lambda_n$,构成了 n 元一次方程组.解方程组得到未知量 $\lambda_1,\cdots,\lambda_n$ 的值代回式(2.90),就得到密度矩阵的最大熵估计.可以看出,只要得到力学量的平均观测期望值(即可视为观测概率)p_i,我们就可以由此来构建线性方程组求出拉格朗日算子 λ_i,并得到密度矩阵估计值.

第 3 章

压缩传感理论及量子态估计与求解

压缩传感(compressive sensing)理论是一种对稀疏信号数据同时进行采样、压缩和恢复的理论.该理论将嵌在高维空间中的输入信号,变换成维数较小空间中的信号,并在获取信号的同时对数据进行适当的压缩,然后再利用合适的重建算法,对压缩的数据进行信号恢复.2006年坎迪斯(Candès)和多诺霍(Donoho)提出(Candès,Tao,2005,2006;Donoho,2006):信号只要在某种变换基下是稀疏的,那么就可以通过设计一种压缩矩阵,将高维信号投影到一个低维空间上;在压缩矩阵与变换基满足不相关的前提下,通过解决一个最优化问题来重构被压缩的稀疏信号.在压缩传感理论框架下,信号的采样速率不再取决于信号的带宽,而在很大程度上取决于两个基本准则:信号的稀疏结构和测量矩阵的不相关性(Candès,2008).一般而言,在压缩传感理论中要恢复的目标是一个向量,不过在一些实际问题中,例如图像修复、Netflix问题、量子态估计等实际应用中,待恢复的目标往往是一个矩阵,对于这些数据面临缺失、损失、受噪声污染等问题,如何能够获得准确的原始矩阵,就是矩阵恢复问题,此时基于压缩传感理论,利用的是矩阵奇异值的稀疏性,也就是矩阵的低秩性来恢复原始矩阵(Baumgratz et al.,2013).

在目前基于压缩传感的应用中,量子系统状态估计的应用引起人们极大的兴趣,因

为一个 n 量子位的量子状态,需要采用希尔伯特空间的 $d \times d$ 维的密度矩阵 ρ 来描述,其中 $d = 2^n$,所要估计的量子态参数以及测量次数 $d \times d$ 随着 n 的增长呈指数增加:一个标准的量子态估计需要 $d \times d = 2^n \times 2^n = 4^n$ 次测量配置.人们希望基于压缩传感理论来解决测量配置随量子位数的增加而指数增长的问题,尤其是当量子态是纯态或者近似纯态时,状态密度矩阵 ρ 是一个低秩的厄米矩阵,具备奇异值稀疏的特性,基于压缩传感理论,完全有可能通过较少的测量次数,精确地重构出 ρ.在系统参数估计中,压缩传感理论解决的是减少测量次数的问题,高精度参数估计的实现还需要用到优化算法.已经开发出的优化算法有:最小二乘法(Hou et al.,2016)、交替方向乘子法(Li,Cong,2014)等,其中,交替方向乘子法是一种求解具有可分结构的凸优化问题的重要方法,该方法最早由加瓦伊(Gabay)和梅西尔(Mercier)于 1976 年提出(Gabay,Mercier,1976).ADMM 是结合对偶上升法的可分离特性,以及 ALM 松弛收敛条件,所形成的一种改进方法(Boyd et al.,2011),该算法在大规模数据分析处理领域因其处理数据速度快、收敛性能好而备受关注.Yuan 和 Yang 将 ADMM 用于求解核范数最小化问题(Yuan,Yang,2013);Yang 和 Zhang 将 ADMM 算法用于求解基于压缩传感的 ℓ_1 范数最小化问题(Yang,Zhang,2011),证明了 ADMM 重构稀疏矩阵的有效性;Li 和 Cong 首次将 ADMM 用于基于压缩感传的量子态重构(Li,Cong,2014),解决了同时包含核范数和 ℓ_1 范数的优化问题.

2010 年前后关于基于压缩传感的凸优化问题求解方法被广泛研究,这些问题主要围绕带有约束的 ℓ_1 范数或核范数最小化.对于 ℓ_1 范数最小化,包括内点法(Interior Point,简称 IP)(Koh et al.,2007)和梯度投影法(Gradient Projection,简称 GP)(Nowak,Wright,2007),以及用于量子态估计的迭代阈值收缩法(Iterative Shrinkage-Thresholding Algorithm,简称 IST)与 ADMM 结合的改进算法(张娇娇 等,2016)等.我国国内研究人员在压缩传感理论、重构算法,以及在数据重建、医学图像压缩与重构、纯相位物体相位恢复等方面都进行了较广泛的综述和研究(李树涛,魏丹,2009;杨海蓉 等,2011;杨靖北,丛爽,2014).

基于压缩传感理论的应用离不开优化算法,并且压缩传感理论、优化算法及其应用这三个方面隶属不同的研究领域:压缩传感理论是通信中的信号处理;优化算法是计算机科学中的一个研究方向.如果想做好某一个基于压缩传感理论的应用,就必须对所涉及的三个方面的内容都比较精通,这对研究人员提出了较高的要求,一般需要一定的时间来熟悉三个领域中的研究成果,并且还要能够将其很好地结合在一起.本章希望在对压缩传感理论及优化算法进行系统性阐述的基础上,结合在量子态估计中应用的实例,充分展现压缩传感理论的内容和功效、所能完成的任务、与优化算法之间的关系、各种优化算法及其相互之间在性能上的差异,以及基于压缩传感理论与优化算法在量子态估计中的优越性.

3.1　压缩传感理论

压缩传感理论主要包括三个方面:① 信号的稀疏表示;② 编码测量;③ 信号重构与矩阵恢复.压缩传感理论可以实现的充分条件为:信号必须是稀疏的或经过变换后是稀疏向量.

3.1.1　信号的稀疏表示

若一个信号绝大部分元素为零,只存在少数非零元素,则称该信号是稀疏的.若信号本身不是稀疏信号,而通过某种变换基对信号进行变换后得到的系数中绝大部分的绝对值很小,此时就得到了稀疏的或近似稀疏的变换向量,这可以看作信号的一种简单表示.上述过程也是压缩传感理论可以实现的充分条件,即信号必须是稀疏的或经过变换后是稀疏向量.

假设 X 是一个一维实值、长度为 N 的离散时域信号,可以看做一个在 $\mathbf{R}^N$ 空间中 $N \times 1$ 的列向量,并且可以通过某组正交基 $\Psi = \begin{bmatrix} \psi_1 & \psi_2 & \cdots & \psi_N \end{bmatrix}$ 表示为

$$X = \sum_{i=1}^{N} s_i \Psi_i \quad \text{或} \quad X = \Psi S \tag{3.1}$$

其中,S 是投影系数 $s_i = \langle X, \Psi_i \rangle$ 构成的一个 $N \times 1$ 的列向量.X 与 S 代表的是同一个信号:X 是在时域中的信号,而 S 是在 Ψ 域中的信号.

矩阵的稀疏表示严格而言可以分为两种:① 矩阵元素的稀疏性,也就是矩阵非 0 元素的个数相对较少;② 矩阵奇异值的稀疏性,换句话说,矩阵奇异值非 0 的个数较少,矩阵的秩相对较小.在量子态估计中主要应用到第二种情形的稀疏,即低秩矩阵的恢复.这类问题通常分为矩阵补全和矩阵恢复两大类.前者主要研究如何在数据不完整的情况下将缺失数据补充完整,也就是已知的是矩阵的部分元素;后者主要研究在某些数据受损的情况下恢复出矩阵的准确值,已知的是矩阵通过某种线性或非线性变换后的值.实际上在量子态估计的应用中,我们需要用到压缩传感理论的全部过程.

3.1.2 编码测量

编码测量是压缩传感理论核心的一部分,该过程实现了信号由高维转化为低维的目标.好的测量矩阵 Φ 的选择和构造,是更好地实现压缩传感理论中压缩与采样的关键.

人们对所获取的 N 维数据,通过某种变换压缩,将数据量 N 压缩为数据量 K,这里有 $K \leqslant N$,这样有利于存储和传输.对于接收方来说,所获得的数据 X 将是对所得到的 K 个数据解压缩的结果.人们不禁要问:是否可以直接获取压缩后的数据 X,利用 K 次线性采样,然后通过计算信号 X 和一个 $M \times N$ 维的测量矩阵 Φ 的直接左乘,来获得对信号 X 压缩后 K 个编码测量输出值 Y:$Y = \Phi X$?其中,Y 是一个 $M \times 1$ 的向量,Φ 中每一行可以看做一个传感器,传感过程中与信号 X 相乘,获取信号 X 中的一部分信息.

压缩传感理论通过选择某组正交基 Ψ 将原始信号 X 稀疏化为 S,或通过选择一个测量矩阵 Φ,来对稀疏的信号 S 进行部分数据的测量,获得信号 X 压缩后 M 个编码测量的输出值 Y:

$$Y = \Phi X = \Phi \Psi S = \Theta S \tag{3.2}$$

其中,$\Theta = \Phi \Psi$ 是一个 $M \times N$ 的传感矩阵.

压缩传感的关键部分是编码端的测量矩阵 Φ 必须与信号的稀疏变换基矩阵 Ψ 具有不相关性,且 Φ 的选择满足随机性.对于测量矩阵 Φ 的选取,目前大部分情况下都采用满足高斯分布的白噪声矩阵、伯努利分布的 ± 1 矩阵、傅里叶随机测量矩阵、非相关测量矩阵等,因为这些矩阵的分布都具有很强的随机性,能够保证和多数正交变换基 Ψ 有很大的不相关性.在编码测量输出值的获取过程中,与传统直接采样信号不同,压缩传感获取的是目标信号的线性测量 $Y = \Phi X$.由信号 X 与 S 之间的关系 $X = \Psi S$,可以得到 Y 与 S 之间的关系 $Y = \Theta S$,其中传感矩阵 $\Theta = \Phi \Psi$ 同样为一个 $M \times N$ 矩阵.

在编码获取的过程中,与传统直接采样信号不同,压缩传感获取的是目标信号的线性测量 Y:$y_1 = \langle x_1, \varphi_1 \rangle, y_2 = \langle x_2, \varphi_2 \rangle, \cdots, y_K = \langle x_K, \varphi_K \rangle$ 或 $Y = \Phi X$,其中,$\langle x_i, \varphi_i \rangle$ 为两个矩阵的标准内积:$\langle X, Y \rangle = \mathrm{tr}(X * Y)$.

与传统的均匀采样不同,压缩传感的核心是非相关测量,也就是编码测量过程.

信号 $X(N \times 1)$ 为传统采样得到的信号,它的长度为 N,而通过测量之后,可直接得到信号 $Y(M \times 1)$ 的长度为 $M(M < N)$,它们的关系为 $Y = \Phi X$.另一方面,信号 $X(N \times 1)$ 在正交基 Ψ 稀疏变换下获得 K-稀疏系数矩阵 $S(N \times 1)$,相互之间关系为 $X = \Psi S$.于是我们也可以将编码测量过程重新表述为 $Y = \Theta S$,其中传感矩阵 $\Theta = \Phi \Psi$ 同样为一个

$M \times N$ 矩阵. 此时问题变为: 已知线性测量 $Y = \Theta S$, 通过传感矩阵 $\Theta = \Phi\Psi$ 来恢复未知向量 S.

矩阵恢复问题是压缩传感的推广. 压缩传感理论是在已知信号具有稀疏性或可压缩性的条件下, 对信号数据进行采集、编解码的新理论. 在压缩传感中, 要恢复的目标是一个向量, 不过在很多实际问题中, 例如图像修复、Netflix 问题、量子态估计等实际应用中, 待恢复的目标通常都是用矩阵来表示的, 使得对数据的理解、建模、处理和分析更为方便, 然而这些数据经常面临缺失、损失、受噪声污染等问题. 如何在这种情形下得到准确的原始矩阵, 就是矩阵恢复所要解决的问题. 压缩传感理论利用信号在一组基下的稀疏性, 而矩阵恢复理论利用矩阵奇异值的稀疏性, 也就是矩阵的低秩性, 通过恢复矩阵的部分元素, 或者矩阵元素通过某种线性(非线性)运算后的值, 来恢复该矩阵.

3.1.3 信号重构

信号重构是根据压缩传感后的信号 Y, 将其原信号 X 恢复出来的过程. 此过程可描述为: 在通过模拟信息转换过程获取得到数字信号 $Y(M \times 1)$ 之后, 通过压缩矩阵 Φ, 结合适当的重建算法, 实现对数字信号 $X(N \times 1)$ 的重建. 所以此时问题转换为: 如何设计出合适的压缩矩阵(或测量矩阵)Φ. 为此人们需要建立一个基于测量矩阵的数据获取体系: 对于维数为 N 的信号 X, 或者是 X 在域 Ψ 中的稀疏系数向量 S 进行 M 次测量. 此测量实际上是定义在矩阵上的线性行为: 在式(3.2)中通过 Y 求解 S 是一个线性代数问题. 传统解决这类问题的方法是最小二乘法. 对于压缩传感信号重建问题, 理想情况下是通过求解 ℓ_0 范数问题来得到的, 但由于 ℓ_0 范数的优化问题实际上是 NP-hard 组合问题, 难以求解或者无法验证解的可靠性, 于是必须将 ℓ_0 范数变换一下, 变成 ℓ_1 范数. 事实上, 这个 ℓ_1 范数问题是一个非常简单的凸优化问题, 能够通过数学上许多经典的优化技巧有效解决. 由矩阵理论知道, ℓ_2 范数的优化问题可以转化成二次型问题, 而 ℓ_1 范数在 0 点处不可导, 那么为什么不选取 ℓ_2 范数而选用 ℓ_1 范数呢? 由方程(3.2)可得恢复矩阵为 $\Theta S = Y$, 其中 S 中未知数有 N 个, 但只有 M 个方程, 由于 $M \ll N$, 因此方程(3.2)有无穷多解. 从几何上说, $\Theta S - Y = 0$ 是一个超平面, 为了简化, 在 2 维问题中可以认为它就是一条直线. 而在范数约束方面, ℓ_0 范数是一个十字架, 因此它的最外侧也就是范数的最小值是 4 个点, 所以它和直线的交点必然位于坐标轴上. ℓ_2 范数是一个圆, 因此它的最外侧边界和直线的交点也就是切线, 以压倒性的概率不位于坐标轴上. 而 ℓ_1 范数是一个菱形, 四个角都在坐标轴上, 因此它和直线的交点以压倒性的概率落在坐标轴上. 这就是选择 ℓ_1 范数的原因.

由于核范数是凸的,最小化核范数的优化问题就变为一个凸优化问题,因此必有唯一最优解.如果这种近似可以接受,那么这个优化问题自然也就解决了.

已有的研究表明:尽管在最坏的情况下,最小化诸如稀疏性或矩阵秩这样的目标函数是 NP 难题,但是在某些合理的假设条件下,透过优化目标函数的凸松弛替代函数,采用凸优化方法,可以精确地求出问题的最优解.而且随着维数的增加,这种成功的概率会迅速地趋于 1.相关的理论研究、算法设计和应用都正在不断展开.人们已经成功构建了压缩传感的理论框架,给出传感矩阵 Φ 须满足的充分条件,即一致不确定性原理;传感矩阵的行数 M 与信号稀疏度 K 之间必须满足 $M \geqslant K \log N$ 的关系等.除此之外,也有许多关于解决该理论中具体问题的研究成果,主要集中在传感矩阵 Φ 与重建算法两个大的方面.

压缩传感在量子态估计的应用中,信号重构部分为具有低秩的量子状态的矩阵恢复.

3.1.4　矩阵恢复必须满足的假设与结论

在压缩传感中,信号的表达是局部化的,每一次测量都包含一小部分信号分量的信息.这样测量之所以有效,依赖于信号在基表达下的稀疏性和测量之间的一致不确定原理.一般情况下,并不是所有的低秩矩阵都可以被恢复,矩阵恢复不仅对矩阵本身有要求,对采样数目及采样方式都有一定的要求.

压缩传感理论的内容可以概括为:若采用矩阵所表示的原始信号在某个基上是低秩的,则可利用与基矩阵非相干的测量矩阵,将原始信号的变换系数线性投影为低维观测向量,这种投影保持了精确重构信号所需的全部信息,再通过求解非线性最优化问题,就能够从低维观测向量高概率精确地重构原始高维信号.

一般情况下,并不是所有的低秩矩阵都可以恢复,矩阵恢复不仅对矩阵本身有要求,对采样数目及采样方式也有一定的要求.在压缩理论的理论框架下,采样频率不再取决于信号的带宽,而在很大程度上取决于两个基本准则:稀疏性(低秩性)和非相干性.

首先是编码测量中需要选择满足 RIP 条件的矩阵作为测量矩阵 Φ.RIP 意思为限制等距特性(Restricted Isometry Property,简称 RIP),又称为一致不确定原理(Uniform Uncertainty Principle,简称 UUP).等价的说法是:所有传感矩阵 Θ 对应的 s 列向量近似正交.所以应用好压缩传感理论的关键在于选择好的测量矩阵 Φ 或者传感矩阵 Θ.

基于压缩传感理论,若可以将原始信号进行稀疏表示,或原始信号为低秩信号,那么在满足矩阵可恢复的秩 RIP 假设前提下对原始信号进行编码测量,压缩传感理论提供了需要恢复原始信号的最少测量次数.人们可以根据压缩传感理论提供的最小采样率来进行测量次数的设计.以量子态估计为例,采用量子层析所需要的完备测量次数为d^2,测量比率η的定义为$\eta = M/d^2$,η越小,表示压缩比越大,所需要测量次数M越少.因为η正比于M,所以降低测量值数目实际上也是降低测量比率.当$\eta = 1$时,测量集为完备测量集;当$\eta > 1$时,测量集为超完备测量集.η在压缩传感中也被称做压缩比率.

所以压缩传感理论中的一个重要研究方向就是满足 RIP 条件的测量矩阵的设计以及最小测量次数M的研究.到目前为止,已经研究出能很好地满足 RIP 条件的测量矩阵为具有近似等距(nearly isometric)分布的高斯(Gaussian)随机矩阵和伯努利(Bernoulli)矩阵,另外,哈达码矩阵和贝叶斯(Bayesian)矩阵也能很好地满足 RIP 条件.此时,压缩传感理论给出了相应的最少测量次数.以秩为r的量子纯态密度矩阵重构为例,现有的压缩传感理论的研究成果有:

(1)雷希特(Recht)等人的研究成果表明(Recht et al.,2010):若测量矩阵为近似等距分布的随机矩阵,对于任意的$\delta \in (0,1)$,存在正常数c_0,当测量数目满足

$$M \geqslant 4c_0 rd \log d \tag{3.3}$$

时,测量矩阵以趋于 1 的概率满足 RIP,概率值大小为$P \geqslant 1 - \exp(c_1 \cdot M)$,其中$c_0, c_1$为仅由$\delta$决定的正常数.

(2)坎迪斯(Candès)和普朗(Plan)的研究结果表明(Candès,Plan,2011):若测量矩阵为高斯测量集合,对于任意的$\delta \in (0,1)$,存在正常数D,当测量数目M满足

$$M \geqslant Drd \tag{3.4}$$

时,测量矩阵以趋近 1 的概率满足 RIP,概率值大小为$P \geqslant 1 - c \cdot \exp(-d \cdot M)$.

(3)刘(Liu)已经证明(Liu,2011):当测量数目M满足

$$M \sim O(rd \log^6 d) \tag{3.5}$$

时,由泡利矩阵构成的测量矩阵以趋于 1 的概率满足 RIP,此时,原始信号重构问题都能够以趋于 1 的概率到达唯一最优解且等于密度矩阵.

式(3.3)~式(3.5)表明:采用不同的测量矩阵,所需要的测量次数是不同的,所获得的测量结果的性能也是不同的,需要注意的是这其中还存在一个测量矩阵的可实现问题.在量子纯态估计应用中的研究已经表明:测量矩阵采用高斯随机矩阵、近似等距分布和伯努利矩阵等,都比由泡利矩阵构成的测量矩阵的状态估计性能要好.不过,由于这些理论上给出的好的测量矩阵很难在实际试验装置上实现,因此目前在实际应用中,主要还是采用由泡利矩阵构成的测量矩阵.

压缩传感理论告诉人们能够恢复出低秩原始信号X需要的最少测量次数M.由于

M 远远小于所需要的测量总数,必须采用重构优化算法才能够近似估计出原始信号.换句话说,压缩传感理论只是解决了能够估计出参数的最少采样次数,如何估计出原始信号参数的方法,以及实际估计出参数性能的好坏,则取决于所采用的具体重构算法.效率不好的算法,估计出参数的精度也不会高.所以,用于参数重构的优化算法也是目前研究的热门内容.

在压缩传感中,信号的表达是局部化的,对信号的测量是全局、非关联的:每一次测量都包含一小部分信号分量的信息;通过多次测量可以获得信号分量的位置和大小.这样测量之所以有效,依赖于信号在基表达下的稀疏性和测量之间的测不准原理.RIP 条件提供了可以从测量结果 Y 中恢复 K 稀疏可压缩信号的理论保证.但是它并没有告诉人们应该如何去恢复信号,这是压缩传感第二个需要解决的问题:解码过程.此问题可以这样描述:已知测量结果 Y、随机测量矩阵 Φ、基矩阵 Θ,通过求解方程(3.2)来解出长度为 N 的信号 X,或者在稀疏域中的向量 S.

换句话说,压缩传感的数据获取系统在随机测量的基础上,通过先行编程重建算法来获取元信号 X.目前对测量矩阵的研究成果相比于其他两部分还不多,很大一部分原因在于 RIP 条件的抽象性和满足该条件的复杂性.最近几年,高斯随机矩阵被广泛应用到压缩传感中,经过证明,该矩阵很好地满足 RIP,是观测矩阵中性能较好的一种.哈达码矩阵、伯努利矩阵、非常稀疏矩阵和贝叶斯矩阵等观测矩阵的提出与应用丰富并发展了压缩传感中投影测量这一部分,随机滤波的提出也为压缩传感找到了新的研究方向.但是为了满足限制等容性条件,目前所提出的大多数观测矩阵还是随机矩阵,当观测矩阵是更为复杂的非确定性矩阵时,在硬件上就很难实现,这也是需要深入研究的一个热点.

3.2　信号重构的优化算法

压缩传感理论提供的最少测量次数从理论上保证可以从测量结果 Y 中恢复稀疏可压缩的信号 X,但它并没有告诉人们应该如何去恢复信号 X,这是压缩传感第二个需要解决的问题:信号重构或解码过程.此问题可以这样描述:已知测量结果 Y、随机测量矩阵 Φ 和基矩阵 Ψ,通过求解方程(3.2)来解出长度为 N 的信号 X 或稀疏域中向量 S.

从数学上讲,从观测到的不完整的压缩的测量矩阵 $\Phi\in\mathbf{R}^{m\times n}$,恢复出完整的低秩矩阵 X 的优化问题可以表示为

$$\min_X \| X \|_*$$
$$\text{s.t.} \ Y = \Phi X \qquad\qquad (3.6)$$

其中，$\| \cdot \|_*$ 为矩阵的核范数，为矩阵奇异值的和：$\| X \|_* = \text{tr}(\sqrt{X * X}) = \sum_{i=1}^{r} \sigma_i(X)$，$r$ 是 X 的秩，$\sigma_i(X)$ 为矩阵 X 第 i 大的奇异值. $\| \cdot \|_0$ 又称为 ℓ_0 范数：$\| X \|_{\ell_0} := |\{i : x_i \neq 0\}|$，指的是向量中非零元素的个数；$\ell_1$ 范数定义为分量的绝对值求和：$\| X \|_{\ell_1} := \sum_{i=1}^{n} |x_i|$；$\ell_2$ 范数 $\| X \|_{\ell_2}$ 为分量的平方和再开方；∞ 范数为 $\| X \|_\infty := \max_{i,j} |x_i|$.

重构算法一般需要满足以下五个条件：

（1）算法能适用于各种不同的采样方式；

（2）算法能保证解码端重构出原始信号的误差是最优的；

（3）算法能在加入噪声的实际应用情形下具有高度的鲁棒性；

（4）算法能在最少采样点情况下精确地重构出原始信号；

（5）算法具有很好的效率，运算复杂度越低越好.

现有的重构算法几乎都无法同时满足以上所有的条件，一般都只是在它们之间有所取舍而做平衡.

常用的优化算法有：最小二乘（LS）法、最大熵法、极大似然法和贝叶斯法，只是各自都有其适用条件.最小二乘法可以在测量次数有限时，通过使得测量数据与实际数据之间误差的平方和为最小情况下，将相对独立的参数放到同一个约束下，得到总体上的最优结果.

3.3　状态估计问题描述

量子系统中，系统的密度矩阵为 $\rho \in \mathbf{C}^{d \times d}$，$\rho = \sum_{i=1}^{N} p_i |\psi_i\rangle\langle\psi_i|$，$p_i$ 为系统状态 $|\psi_i\rangle$ 的概率，ψ 为系统状态 $|\psi_i\rangle$ 构成的矩阵，$\psi = [\sqrt{p_1}|\psi_1\rangle, \sqrt{p_2}|\psi_2\rangle, \cdots, \sqrt{p_N}|\psi_N\rangle]$，$\psi \in \mathbf{C}^{d \times N}$，$\rho = \psi \cdot \psi^\dagger$，因此密度矩阵 ρ 维数最高为 N. n 量子位的密度矩阵 ρ 维数为 $d = 2^n$，元素个数为 $d^2 = 2^n \times 2^n = 4^n$.对量子状态的估计需要已知系统的测量矩阵 O^*.测量矩阵可以有多种选择，它是随着不同的测量正交基而变化的，当测量系统状态的正交基选

为泡利矩阵时,测量矩阵 O^* 为

$$O^* = \sum_{i_1, i_2, \cdots, i_n = 0}^{3} \sigma_{i_1} \bigotimes \sigma_{i_2} \bigotimes \cdots \bigotimes \sigma_{i_n} \tag{3.7}$$

其中,$\sigma_{i_1}, \sigma_{i_2}, \cdots, \sigma_{i_n}$ 的下标 i_n 分别取值 $0, 1, 2, 3$,依次为单位矩阵 I 和泡利矩阵 σ_1, σ_2 和 σ_3,$I = \sigma_0 = \begin{pmatrix} 1 & 0 \\ 0 & 1 \end{pmatrix}$,$\sigma_1 = \begin{pmatrix} 0 & 1 \\ 1 & 0 \end{pmatrix}$,$\sigma_2 = \begin{pmatrix} 0 & -i \\ i & 1 \end{pmatrix}$,$\sigma_3 = \begin{pmatrix} 1 & 0 \\ 0 & -1 \end{pmatrix}$.测量矩阵 $O^\dagger \in \mathbf{C}^{d^2 \times d^2}$,维数为 $d^2 = 2^n \times 2^n = 4^n$.

定义系统的测量算符为 $A : \mathbf{C}^{d \times d \rightarrow M}$,系统的采样矩阵为 A,$A \in \mathbf{C}^{M \times d^2}$,由测量矩阵 O^* 中随机选择 M 行构成,即采样矩阵 A 的第 i 行为测量矩阵 O^* 的第 i 行.测量矩阵 O^* 和采样矩阵 A 均为稀疏矩阵,系统估计的密度矩阵 $\hat{\rho} \in \mathbf{C}^{d \times d}$ 不确定是稀疏矩阵,因此测量算符 $\hat{\rho}$ 需要满足 RIP 等距限制条件,其中估计密度矩阵 $\hat{\rho}$ 包含 $d \times d$ 个元素,测量过程即从 $\hat{\rho}$ 中随机选择 M 个元素 $\hat{\rho_i}$ 在测量矩阵 O^* 上投影,x_i 投影获得测量值 y_i,M 个测量值 y_i 构成测量平均值 y,y_i 为列向量 y 的第 i 行,表示为

$$y_i = [A(\hat{\rho})]_i + e_i = c \cdot \mathrm{tr}(O_i^* \hat{\rho}) + e_i, \quad i = 1, \cdots, M \tag{3.8}$$

$$y = A \cdot \mathrm{vec}(\rho) + e \tag{3.9}$$

其中,$A \in \mathbf{C}^{M \times d^2}$,$y \in \mathbf{C}^{M \times 1}$,$e \in \mathbf{C}^{M \times 1}$,$O^\dagger \in \mathbf{C}^{d^2 \times d^2}$,$\hat{\rho} \in \mathbf{C}^{d \times d}$,$\mathrm{vec}(\rho) \in \mathbf{C}^{d^2 \times 1}$,$\mathrm{vec}(\hat{\rho})$ 表示将 $\hat{\rho}$ 变成列向量,c 为归一化参数,如果 $E(A^\dagger A) = I$,则 $c = d / \sqrt{M}$.e 为系统测量或者外部噪声产生的误差.

采用计算机对所提优化算法进行量子态重构仿真实验时,为了能够得到满足量子状态本身所具有的条件,真实的密度矩阵 ρ^* 产生公式为

$$\rho^* = \frac{\psi \cdot \psi^\dagger}{\mathrm{tr}(\psi \cdot \psi^\dagger)} \tag{3.10}$$

其中,ρ^* 为随机产生的任意真实密度矩阵.

将真实密度矩阵 ρ^* 与估计密度矩阵 $\hat{\rho}$ 之差归一化,可得归一化的误差性能指标 $error$:

$$error = \frac{\|\rho^* - \hat{\rho}\|_2^2}{\|\rho^*\|_2^2} \tag{3.11}$$

当有外部干扰 S 时,系统测量平均值可以表示为

$$y_i = [A \cdot (\hat{\rho} + S)]_i + e_i = c \cdot \mathrm{tr}[O_i^*(\hat{\rho} + S)] + e_i, \quad i = 1, \cdots, M \tag{3.12}$$

$$y = A \cdot \mathrm{vec}(\rho + S) + e \tag{3.13}$$

其中,$S \in \mathbf{C}^{d \times d}$为稀疏矩阵.

在具体的研究与应用中,可以根据实际情况来选择采用无和有干扰情况下的量子态估计问题.

3.4 量子状态估计的优化问题

3.4.1 无干扰情况下密度矩阵估计优化问题

由 3.3 节可知,求解量子系统状态估计可以通过最小化式(3.9)来获得,为了求解状态估计密度矩阵的最小值,我们首先需要将密度矩阵的估计问题转变为对估计误差的优化问题.通常一般的密度矩阵估计问题的优化形式可以写为

$$\hat{\rho} = \arg\min_{\rho} \sum_i [y_i - c \cdot \mathrm{tr}(O_i^* \rho)]^2$$
$$\mathrm{s.t.} \ \rho^* = \rho, \quad |\rho| \geqslant 0, \quad \mathrm{tr}(\rho) = 1 \tag{3.14}$$

由于 ρ 的自由度为 $O(d^2)$,通常需要 $O(d^2)$ 次测量来确定系统的唯一状态.密度矩阵 ρ 是由一系列维数 r 的纯态产生的,密度矩阵的核范数 $\|\rho\|_*$ 定义为 $\|\rho\|_* = \mathrm{tr}(\sqrt{\rho^*\rho}) = \sum\limits_{i=1}^{\min(m,n)} \sigma_i$,$\|\rho\|_*$ 是一个可以被有效优化的优化函数,最小化核范数可以减小矩阵的秩,因此低秩的密度矩阵可以通过压缩传感方法进行估计.

因此,估计密度矩阵问题也可以表述成另外一种形式:

$$\hat{\rho} = \arg\min_{\rho} \|\rho\|_*$$
$$\mathrm{s.t.} \ \sum_i [y_i - c \cdot \mathrm{tr}(O_i^* \rho)]^2 \leqslant \varepsilon, \quad \rho^* = \rho, \quad \rho \geqslant 0 \tag{3.15}$$

其中,$\varepsilon > 0$.式(3.15)是通过最小化估计误差 ε 来估计真实的密度矩阵ρ^*的,误差 ε 无限逼近于 0,不存在最小值.式(3.15)是对密度矩阵的核范数 $\|\rho\|_*$ 进行优化,将估计误差

ε 作为约束条件,当估计误差满足 ε 时,最小化过程结束,所得的估计密度矩阵 $\hat{\rho}$ 即为对真实矩阵 ρ^* 的测量.对于第一种情况,算法需要设定最大迭代次数;对于第二种情况,当误差满足 ε 时,算法停止.

对于式(3.14)与式(3.15)中的优化问题,我们可以任意选取一种算法对其进行优化.其中,常见优化算法包括最小二乘法(least square),以及丹泽(Dantzig)算法.我们分别采用最小二乘法对式(3.14)进行优化,丹泽算法对式(3.15)进行优化.

可以进一步将式(3.14)和式(3.15)写成

$$\hat{\rho} = \arg\min_{\rho} \| \rho \|_*$$

$$\text{s.t.} \| y - A\mathrm{vec}(\rho) \|_2^2 \leqslant \varepsilon, \quad \rho^* = \rho, \quad |\rho| \geqslant 0 \tag{3.16}$$

为了解决带有约束条件的式(3.16),我们将其写为拉格朗日形式:

$$L_{\lambda_1}(\rho, S, u') = \| \rho \|_* + u'^{\mathrm{T}} \| A\mathrm{vec}(\rho) - y \| + \frac{\lambda_1}{2} \| A\mathrm{vec}(\rho) - y \|_2^2 \tag{3.17}$$

并将式(3.17)中的线性和二次项合并为

$$L_{\lambda_1}(\rho, S, u) = \| \rho \|_* + \frac{\lambda_1}{2} \| A\mathrm{vec}(\rho) - y + u \|_2^2 \tag{3.18}$$

其中,$u = 1/\lambda_1 u'$,参数 $\lambda_1 > 0$ 决定算法收敛速度及迭代次数.

3.4.2　有干扰情况下密度矩阵估计优化问题

在测量过程中,外部环境和测量仪器引入的噪声会对系统产生干扰,一般假定噪声为某种分布,如高斯噪声,可以通过最小二乘法对其进行优化.然而噪声会对密度矩阵的测量造成干扰,实验中我们通过人为添加稀疏矩阵形式的外部干扰噪声,采用稀疏矩阵来构造外部干扰.

首先,当系统只有外部很小的随机噪声时,这里我们选择高斯随机噪声,满足高斯分布 $N(0, 0.001 \| \rho \|_2)$,则密度矩阵的优化问题可以写为

$$\rho = \arg\min_{\rho} \| y - A\mathrm{vec}(\rho) \|_2 + I_C(z)$$

$$\text{s.t.} \rho = z \tag{3.19}$$

其中,式(3.19)有两项,随机微小噪声用 $I_C(z)$ 表示,C 为低维数的厄米矩阵集合.

其次,当系统外部干扰无法忽略时,采用以下几种形式对问题进行优化,我们令外部干扰为 S,$S \in \mathbf{C}^{d \times d}$.

在外部有干扰后,式(3.14)可写为

$$\rho = \arg \min_{\rho} \parallel y - A\mathrm{vec}(\rho + S) \parallel_2^2$$
$$\mathrm{s.t.}\, \rho^* = \rho, \quad |\rho| \geqslant 0, \quad \mathrm{tr}(\rho) = 1 \tag{3.20}$$

其中,稀疏噪声 S 矩阵直接加在密度矩阵 ρ 上,S 的维数与密度矩阵 ρ 相同,该式通过最小化误差来估计真实密度矩阵 ρ^*.

添加外部干扰后,式(3.15)重新写为

$$\rho = \arg \min_{\rho}(\parallel \rho \parallel_* + \parallel S \parallel_1)$$
$$\mathrm{s.t.}\, \parallel y - A\mathrm{vec}(\rho + S) \parallel_2^2 \leqslant \varepsilon, \quad \rho^* = \rho, \quad |\rho| \geqslant 0 \tag{3.21}$$

其中,误差 ε 为算法停止约束.

代入误差约束后,式(3.16)写成

$$\rho = \arg \min_{\rho}(\parallel \rho \parallel_* + I_C(\rho) + \parallel S \parallel_1)$$
$$\mathrm{s.t.}\, \parallel y - A\mathrm{vec}(\rho + S) \parallel_2^2 \leqslant \varepsilon \tag{3.22}$$

其中,估计误差 ε 作为约束条件,$I_C(\rho)$ 是凸集 C 上的函数,满足 $I_C(\rho) = 0$,$\rho \in C$,并且 $I_C(\rho) = \infty$,$\rho \notin C$,$C(\rho)$ 是一个厄米矩阵,满足 $\rho^* = \rho$,$|\rho| \geqslant 0$,当采用 ADMM 算法对其优化时,可以获得两个不相关的变量集,同时满足 RIP 条件.式(3.22)的拉格朗日形式为

$$L_{\lambda_1}(\rho, S, u') = \parallel \rho \parallel_* + I_C(\rho) + \parallel S \parallel_1 + u'^{\mathrm{T}} \parallel A\mathrm{vec}(\rho) + A\mathrm{vec}(S) - y \parallel$$
$$+ \frac{\lambda_1}{2} \parallel A\mathrm{vec}(\rho) + A\mathrm{vec}(S) - y \parallel_2^2 \tag{3.23}$$

其中,参数 λ_1 决定算法收敛速度以及需要迭代的次数,将上式中的线性和二次项合并为

$$L_{\lambda_1}(\rho, S, u) = \parallel \rho \parallel_* + I_C(\rho) + \parallel S \parallel_1 + \frac{\lambda_1}{2} \parallel A\mathrm{vec}(\rho) + A\mathrm{vec}(S) - y + u \parallel_2^2 \tag{3.24}$$

其中,$u = 1/\lambda_1 u'$,参数 $\lambda > 0$.

3.5 交替方向乘子优化算法

在一个 n 量子位的量子系统中，人们采用一个希尔伯特空间的 $d \times d$ 的密度矩阵 ρ 来描述一个量子系统的状态，其中 $d = 2^n$，ρ 为厄米矩阵. 对于一个 n 量子位的量子系统，所要估计的量子态参数信息的维数 d 随着 n 的增长呈指数增加，由于待估计的 ρ 的参数是 $d \times d$ 个，所以一个标准的量子态估计需要 4^n 次测量配置. 为了解决测量配置随量子位增加而指数增长的问题，人们采用压缩传感方法以减少测量次数. 压缩传感核心思想在于：只要信号本身为稀疏的或者可以稀疏表示，就能以远低于莱奎斯特（Nyquist）采样率对信号进行采样，并保证可以精确地重构原信号. 现实中人们感兴趣的量子状态往往是纯态或者近似纯态的，此时 ρ 是一个低秩的厄米矩阵，奇异值大部分为 0，具备稀疏特性，采用压缩传感的方法，通过较少的测量次数就可以精确地重构出 ρ. 如何设计复杂度低、收敛速度快、鲁棒性强的重构算法成为了解决问题的关键.

交替方向乘子法是结合对偶上升法的可分离特性以及扩展拉格朗日法（Augmented Lagrangian Method，简称 ALM）松弛收敛条件，所形成的一种改进方法，该算法在大规模数据分析处理领域因处理速度快、收敛性能好而备受关注. 本节在介绍 ADMM 算法的基础上，围绕优化 ADMM 重构量子状态速度问题，提出结合不动点方程的 FP-ADMM 改进算法，避免了高维矩阵的求逆运算，不但加快了算法的计算速度，而且节省了算法的存储空间. 在仿真实验分析 FP-ADMM 的性能的基础上，以大于 97% 的正确率实现量子比特位 $n = 8$ 密度矩阵的重构.

3.5.1 对偶上升法

对偶上升法（dual ascent algorithm）是通过对偶变量的更新获得原问题最优解的一种方法. 考虑具有等式约束的优化问题：

$$\begin{aligned} &\min f(x) \\ &\text{s.t.}\ Ax = b \end{aligned} \tag{3.25}$$

其中，$x \in \mathbf{R}^n$，$A \in \mathbf{R}^{m \times n}$，$f: \mathbf{R}^n \to \mathbf{R}$ 为凸函数.

引入对偶变量（或拉格朗日乘子）$y \in \mathbf{R}^m$，通过定义拉格朗日函数 $L(x,y)$，可以将含约束的优化问题(3.25)转化为无约束优化问题. $L(x,y)$ 定义为

$$L(x,y) = f(x) + y^{\mathrm{T}}(Ax - b) \tag{3.26}$$

定义拉格朗日对偶函数 $g(y)$ 为 $L(x,y)$ 关于 x 取得的最小值：$g(y) = \inf\limits_{x} L(x,y)$. 则问题(3.24)的对偶问题为 $\max g(y)$. 原问题与对偶问题最优值相等时称该问题具有强对偶性. 根据强对偶性得到：原问题的最小化等价于对偶问题的最大化；原问题在最优解 x^* 下的值 $f(x^*)$ 和对偶问题在最优解 y^* 下的值 $g(y^*)$ 是相同的. 因此可以根据所获得对偶问题的最优解 y^* 来获得原问题的最优解 x^*，即存在关系式

$$x^* = \arg\min_{x} L(x, y^*) \tag{3.27}$$

式(3.27)表明：对偶变量 y 逼近最优解 y^* 时，原变量 x 也在逼近最优值 x^*. 当 $g(y)$ 可微分时，可以通过利用梯度上升法获得对偶变量 y 的更新公式：$y^{k+1} := y^k + \alpha^k(Ax^{k+1} - b)$（其中 $\alpha^k > 0$ 为迭代步长），使 y 沿着 $g(y)$ 值增大速度最快的方向移动，从而保证 $g(y^{k+1}) > g(y^k)$，这也是该方法被称做对偶上升法的原因. 因此，采用对偶上升法求解原问题(3.24)最优解的迭代公式为

$$\begin{cases} x^{k+1} := \arg\min\limits_{x} L(x, y^k) & \text{(3.28a)} \\ y^{k+1} := y^k + \alpha^k(Ax^{k+1} - b) & \text{(3.28b)} \end{cases}$$

对偶上升法的迭代过程分为两步：第一步，固定对偶变量 y^k，最小化拉格朗日函数 $L(x, y^k)$，求得更新后的 x^{k+1}；第二步，固定 x^{k+1}，采用梯度上升法，最大化拉格朗日对偶函数 $g(y)$ 来获得对偶变量 y 的更新 y^{k+1}. 原问题(3.24)通过与其对偶问题的交替迭代，同时达到最优.

对偶上升法可以应用于 $f(x)$ 可分离的情况，即 $f(x) = \sum\limits_{i=1}^{N} f_i(x_i)$，其中 $x = (x_1, \cdots, x_N)$，$x_i \in \mathbf{R}^{n_i}$，$A = [A_1, \cdots, A_N]$，$Ax = \sum\limits_{i=1}^{N} A_i x_i$. 此时所对应的拉格朗日函数 $L(x,y)$ 为

$$L(x,y) = \sum_{i=1}^{N} L_i(x_i, y) = \sum_{i=1}^{N} \left[f_i(x_i) + y^{\mathrm{T}} A_i x_i - (y^{\mathrm{T}} b / N) \right] \tag{3.29}$$

由式(3.29)可以看出，拉格朗日方程对变量 x 来说也是可分离的，则对于求解可分离的目标函数 $f(x)$ 的对偶上升法的迭代公式变为

$$\begin{cases} x_i^{k+1} := \arg\min\limits_{x_i} L(x_i, y^k) & \text{(3.30a)} \\ y^{k+1} := y^k + \alpha^k(Ax^{k+1} - b) & \text{(3.30b)} \end{cases}$$

对偶上升法的优点是:当目标函数 $f(x)$ 可分离时,x 可以分块进行更新,从而减小了问题的复杂程度.然而,对偶上升法也存在缺点,该方法适用条件非常苛刻,要求原问题函数 $f(x)$ 必须是严格凸且有界的,因此限制了对偶上升法的应用范围.针对对偶上升法对目标函数要求比较苛刻的缺点,扩展拉格朗日法松弛了收敛条件,使得目标函数 $f(x)$ 既可以是非严格凸的,也可以是非有界的.

3.5.2 扩展拉格朗日乘子法

扩展拉格朗日函数是通过在问题(3.24)的拉格朗日函数中加入一个惩罚项得到的:

$$L_\rho(x,y) = f(x) + y^{\mathrm{T}}(Ax - b) + \lambda/2 \parallel Ax - b \parallel_2^2 \tag{3.31}$$

其中,λ 为惩罚参数,$\lambda > 0$,$\parallel \cdot \parallel_2^2$ 为 ℓ_2 范数,定义为 $\sqrt{\sum |x_i|^2}$.

同样扩展拉格朗日函数(3.31)的对偶函数 $g(y) = \inf\limits_x L_\lambda(x,y)$.将对偶上升法应用到扩展拉格朗日函数(3.31)的最优求解上,可以通过交替更新原变量 x 和对偶变量 y 来获得其最优解,并可得扩展拉格朗日法的迭代公式为

$$\begin{cases} x^{k+1} := \arg\min\limits_x L(x, y^k) & \text{(3.32a)} \\ y^{k+1} := y^k + \lambda(Ax^{k+1} - b) & \text{(3.32b)} \end{cases}$$

扩展拉格朗日法和对偶上升法一个区别是,扩展拉格朗日法用惩罚参数 λ 代替了对偶上升法中的步长 α^k;另一个区别是,扩展拉格朗日法基于扩展拉格朗日函数,该函数是在拉格朗日函数后增加了惩罚项 $\lambda/2 \parallel Ax - b \parallel_2^2$ 得到的.加入惩罚项的好处是松弛了收敛条件,即使 $f(x)$ 在非严格凸或者非有界条件下该算法仍然成立.扩展拉格朗日法的缺点是,加入的惩罚项 $\lambda/2 \parallel Ax - b \parallel_2^2$ 对 x 而言是不可分离的,不能用于解决目标函数 $f(x)$ 可分离的情况.

3.5.3 交替方向乘子法

交替方向乘子法整合了对偶上升法可分离性和扩展拉格朗日法松弛的收敛特性,可用于解决具有两个目标函数的凸优化问题:

$$\min f(x) + g(z)$$
$$\text{s.t. } Ax + Bz = c \tag{3.33}$$

其中，$x \in \mathbf{R}^n$，为目标函数 $f(x)$ 的自变量；$z \in \mathbf{R}^m$，为目标函数 $g(z)$ 的自变量；$A \in \mathbf{R}^{p \times n}$，$B \in \mathbf{R}^{p \times m}$，$c \in \mathbf{R}^p$，$f$ 和 g 为凸函数.

扩展拉格朗日函数为

$$L_\rho(x, z, y) = f(x) + g(z) + y^T(Ax + Bz - c) \\ + \lambda/2 \parallel Ax + Bz - c \parallel_2^2 \tag{3.34}$$

其中，y 称为拉格朗日乘子，$y \in \mathbf{R}^m$，λ 为惩罚参数，$\lambda > 0$.

通过将一次项 $y^T(Ax + Bz - c)$ 与二次项 $\lambda/2 \parallel Ax + Bz - c \parallel_2^2$ 合并，并令 $u = y/\lambda$，可以将扩展拉格朗日函数化简为

$$L_\rho(x, z, y) = f(x) + g(z) + \lambda/2 \parallel Ax + Bz - c + u \parallel_2^2 \tag{3.35}$$

此时求解问题(3.33)的优化问题，变为最小化(3.35)的问题. ADMM 的思想就是利用两个目标函数 $f(x)$ 和 $g(z)$，通过分别对其变量 x 和 z 的交替更新，得到问题(3.33)的最优解，问题(3.33)分解为

$$\begin{cases} x^{k+1} := \arg\min_x \{f(x) + \lambda/2 \parallel Ax + Bz^k - c + u^k \parallel_2^2\} & \text{(3.36a)} \\ z^{k+1} := \arg\min_z \{g(z) + \lambda/2 \parallel Ax^{k+1} + Bz - c + u^k \parallel_2^2\} & \text{(3.36b)} \\ u^{k+1} := u^k + Ax^{k+1} + Bz^{k+1} - c & \text{(3.36c)} \end{cases}$$

值得注意的是，ADMM 只是一种求解优化问题的计算框架，将大的全局问题分解为多个较小、较容易求解的子问题，并通过协调子问题的解而得到全局问题的解. 每一个子问题(3.36a)和问题(3.36b)如何有效求解，需要根据 $f(x)$ 和 $g(z)$ 具体形式来确定.

当将 ADMM 用于量子态估计问题时，目标函数 $f(x)$ 和 $g(z)$ 分别为核范数和 ℓ_1 范数，此时需要用特殊的方法获得具体迭代表达式. 下一节我们具体给出基于压缩传感的量子状态恢复优化问题求解.

ADMM 算法是一种具有良好鲁棒性的优化算法，可以有效优化具有外部环境干扰的量子状态估计问题. 由式(3.33)中优化问题可知，在外部有干扰下的系统状态估计问题带约束的 ADMM 算法的拉格朗日形式为

$$L_{\lambda_1}(\rho, S, u') = \parallel \rho \parallel_* + I_C(\rho) + \parallel S \parallel_1 + \frac{\lambda_1}{2} \parallel A\text{vec}(\rho) + A\text{vec}(S) - y + u \parallel_2^2 \tag{3.37}$$

交替方向乘子算法需要分别交替对式(3.36)中需要迭代的变量为 ρ 和 S 进行迭代优化.采用 ADMM 算法,通过迭代求解系统每一时刻估计的密度矩阵,迭代分为以下三个步骤:

步骤1:密度矩阵 ρ 的最小化.通过将外部干扰 S^k 和 u^k 代入式(3.36)中,可以计算新的迭代的密度矩阵 ρ^{k+1}:

$$\rho^{k+1} = \arg\min_{\rho}\left\{\parallel \rho \parallel_* + I_C(\rho) + \frac{\lambda_1}{2}\parallel A\mathrm{vec}(\rho) + A\mathrm{vec}(S^k) - y + u^k \parallel_2^2\right\}$$

(3.38)

为了仿真实现密度矩阵的优化,我们可以将式(3.19)写为

$$\rho^{k+1} = \mathrm{mat}\{(A^*A)^{-1}A^*[y - u^k - A\mathrm{vec}(S)]\} \tag{3.39}$$

其中,mat($\cdot$)表示映射成矩阵.

步骤2:外部干扰 S 的最小化.用新的密度矩阵 ρ^{k+1} 和 u 更新稀疏矩阵 S^{k+1}:

$$S^{k+1} := \arg\min_{S}\left\{\parallel S \parallel_1 + \frac{\lambda_1}{2}\parallel A\mathrm{vec}(\rho^{k+1}) + A\mathrm{vec}(S) - y + u^k \parallel_2^2\right\} \tag{3.40}$$

S^{k+1} 可以写为

$$S^{k+1} = \mathrm{mat}\{(A^*A)^{-1}A^*[y - u^k - A\mathrm{vec}(\rho^{k+1})]\} \tag{3.41}$$

步骤3:更新 u.

$$u^{k+1} = u^k_+ \lambda[y - A\mathrm{vec}(\rho^{k+1}) - A\mathrm{vec}(S^{k+1})] \tag{3.42}$$

其中,参数 λ 为迭代权值参数,需要在实验中确定.

迭代的停止条件可以采用误差 ε 为算法停止约束,同样也可以选择以下两个式子作为优化停止条件:

$$\parallel y - u^k - A\mathrm{vec}(\rho^{k+1}) \parallel_2^2 \leqslant \varepsilon_1 \tag{3.43}$$

$$\parallel \rho^k - \rho^{k-1} \parallel^2 \leqslant \varepsilon_2, \quad \parallel S^k - S^{k-1} \parallel^2 \leqslant \varepsilon_3 \tag{3.44}$$

其中,停止参数 ε_1,ε_2 和 ε_3 可以根据实验具体选择.

综上所述可知,ADMM 算法的迭代包含以下三个步骤:

(1) ρ 的最小化:$\rho^{k+1} = \arg\min_{x}L_{\lambda}(\rho, u^k, y^k)$;

(2) S 的最小化:$S^{k+1} = \arg\min_{z}L_{\lambda}(\rho^{k+1}, S^k, u^k)$;

(3) u 的更新:$u^{k+1} = u^k + \lambda[y - A\mathrm{vec}(\rho^{k+1}) - A\mathrm{vec}(S^{k+1})]$.

3.5.4　数值实验及其结果分析

本小节我们进行了 3 个实验:① 量子位 $n=6$ 且分别在无和有外界噪声情况下,分别对 ADMM 算法进行状态估计性能及其结果分析;② 不同量子位下的 ADMM 算法估计性能实验;③ 分别在量子位为 $n=5$, $n=6$ 和 $n=7$ 的情况下,ADMM 算法与 LS、Dantzig算法的系统状态估计性能对比及结果分析.

3.5.4.1　无和有噪声下 ADMM 算法对比实验

实验中,设定量子位 $n=6$,ADMM 算法中参数为固定的 $\lambda=0.3$,采样率从 $\eta=0.1$ 到 $\eta=0.5$ 间隔 $\Delta\eta=0.05$ 取 9 个不同值.算法的迭代次数设置为 30.在无外部干扰及不同迭代次数下的估计误差结果如图 3.1 所示,在有外部干扰下,误差估计情况如图 3.2 所示.其中,横坐标为 ADMM 算法迭代次数;纵坐标为估计误差归一化值,8 条不同颜色的线分别表示 8 个不同采样率下,估计误差随迭代次数的收敛情况.

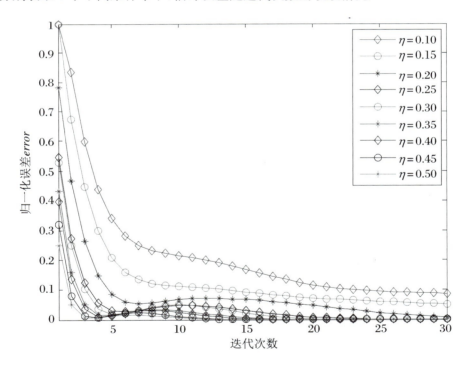

图 3.1　在无外部干扰及不同迭代次数下的估计误差结果($n=6$)

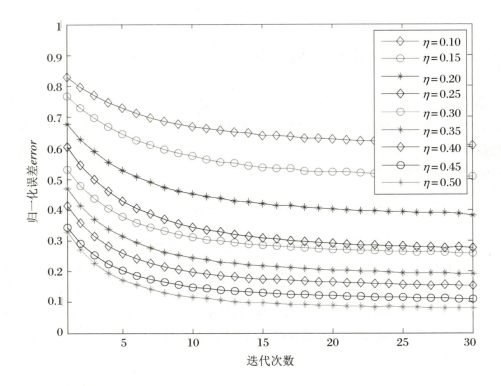

图 3.2　在有外部干扰及不同迭代次数下的估计误差结果($n=6$)

从图 3.1 和 3.2 中可以看出:

（1）ADMM 算法在无干扰下,估计误差随着迭代次数的增加下降明显;在有干扰下,误差随着迭代次数增加下降缓慢.

（2）在无干扰的情况下,ADMM 算法当采样率 $\eta=0.1\sim0.5$ 时,密度矩阵的估计精度均可以达到 90% 以上.

（3）在无干扰的情况下,ADMM 算法当采样率 $\eta=0.4$ 时,估计精度能达到 99.99% 以上.

（4）在有干扰的情况下,ADMM 算法当采样率取值大于 0.4 时,估计精度可以达到 90% 以上.

（5）采样率 η 越大,ADMM 算法在系统多次迭代后估计精度越高.同时,在估计精度固定时,需要的迭代次数越少.

3.5.4.2　不同量子位下 ADMM 算法的优化性能分析

本小节中为了比较 ADMM 算法在不同量子位下的优化性能,我们专门设计了不同量子位、不同采样率下估计误差的对比实验.实验比较不同量子位和不同采样率下的估计误差.

实验中,量子位分别为 $n=5,n=6,n=7$,采样率从 $\eta=0.1$ 到 $\eta=0.5$ 间隔 $\Delta\eta=0.05$ 取 9 个不同值,参数值 $\lambda=0.3$.在有外部干扰下,不同量子位、不同采样率下估计误差对比如图 3.3 所示.其中,横坐标为采样率,从 $\eta=0.1$ 到 $\eta=0.5$ 间隔 $\Delta\eta=0.05$ 取 9 个不同值;纵坐标为估计误差归一化值.

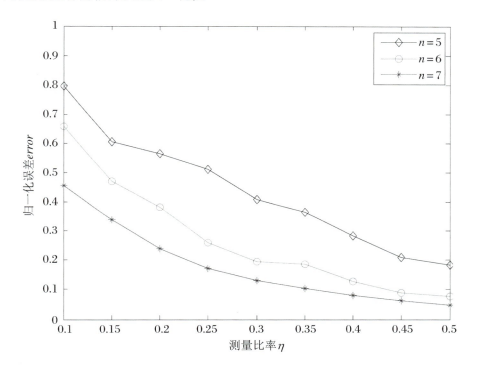

图 3.3　不同量子位、不同采样率下估计误差对比

从图 3.3 中可以看出,量子位分别取 $n=5,n=6,n=7$ 三个不同值时,相同采样率,量子位越大,估计误差越小.因此我们能够得出以下结论:

(1) 相同采样率下,量子位越大,对密度矩阵的估计误差越小.

(2) 相同量子位,采样率越大,对密度矩阵的估计误差越小.

(3) 当量子位 $n=6$、采样率 $\eta=0.45$ 时,估计精度达到 90% 以上.

(4) 当量子位 $n=7$、采样率 $\eta=0.35$ 时,估计精度达到 90%,当 $\eta=0.5$ 时达到 95%

以上.

为了更详细地分析不同量子位对估计的影响,不同量子位、不同采样率下估计误差数据对比如表 3.1 所示.

表 3.1   不同量子位、不同采样率下估计误差对比

采样率 η	0.1	0.15	0.2	0.25	0.3	0.35	0.4	0.45	0.5
$n = 5$	0.7971	0.6067	0.5653	0.5100	0.4085	0.3639	0.2822	0.2083	0.1830
$n = 6$	0.4681	0.3824	0.2590	0.1939	0.1859	0.1260	0.0897	0.0783	0.4681
$n = 7$	0.45476	0.3371	0.2385	0.1699	0.1311	0.1043	0.0798	0.0626	0.4547

同时,不同量子位、不同采样率下,ADMM 算法迭代时间如表 3.2 所示.

表 3.2   不同量子位的 ADMM 算法迭代时间(s)

量子位	$n = 5$			$n = 6$			$n = 7$		
测量比率 η	0.1	0.3	0.5	0.1	0.3	0.5	0.1	0.3	0.5
迭代次数	30	30	30	30	30	30	30	30	30
CPU 总运行时间	10.31	13.57	15.46	214.84	273.43	304.34	7506.6	9377.2	10294.3
CPU 每次迭代时间	0.34	0.45	0.52	7.16	9.11	10.15	250.22	312.57	343.14

3.5.4.3   三种不同算法的状态估计实验

为了验证基于压缩传感的 ADMM 算法在对量子系统状态估计时的优越性和鲁棒性,本小节仿真实验将 ADMM 算法与最小二乘法和 Dantzig 两种算法进行对比实验.

基于压缩传感的 ADMM 算法进行量子系统状态估计最大的优势在于,能够通过极少量测量元素重构密度矩阵,并对系统状态做出精确估计,特别是密度矩阵十分庞大的情况下,采用 ADMM 算法估计系统状态优势更加明显.

理论上,系统每增加一个量子位 n,密度矩阵的估计难度都将会大幅上升,当量子位 n 较大时,会出现运算量大且密度矩阵重构十分困难的问题.已知当量子位 $n = 5$ 时,系统密度矩阵 $\rho \in \mathbf{C}^{d \times d}$ 包含 $d \times d = 2^5 \cdot 2^5 = 1024$ 个元素,测量矩阵 $O^* \in \mathbf{C}^{d^2 \times d^2}$ 包含 $d^2 \times d^2 = 4^5 \cdot 4^5 = 1048576 \approx 1.05 \times 10^6$ 个元素,需要进行运算的矩阵元素为百万数量级;而当量子位 $n = 6$ 时,系统的密度矩阵 $\rho \in \mathbf{C}^{d \times d}$ 包含 $d \times d = 2^6 \cdot 2^6 = 4096$ 个元素,测量矩阵 $O^* \in \mathbf{C}^{d^2 \times d^2}$ 包含 $d^2 \times d^2 = 4^6 \cdot 4^6 = 16777216 \approx 1.68 \times 10^7$ 个元素,需要进行运算的

矩阵元素为千万数量级.量子位从 $n=5$ 增加到 $n=6$,测量矩阵 O^* 元素增加了 $\Delta=1.68 \times 10^7 - 1.05 \times 10^6 \approx 1.58 \times 10^7$,由此可知随着量子位的增加,系统状态估计的运算量将呈指数增长.

Matlab 仿真中,LS 和 Dantzig 两种优化算法可以直接调用 Matlab 的 CVX 工具箱.由于测量比率 η 对密度矩阵重构有一定影响,测量比率 η 越大,密度矩阵的估计精度越高,因此我们选取测量比率 $\eta=0.1$ 到 $\eta=0.5$ 间隔 $\Delta\eta=0.05$.其中,测量比率 $\eta=0.1$ 表示采样矩阵 A 元素个数为测量矩阵 O^* 元素个数的 0.1 倍,即 $N_6 = 0.1 \cdot 4^{12} \approx 1.7 \times 10^6$.通过迭代计算密度矩阵 $\hat{\rho}$ 从而对真实密度矩阵 ρ^* 进行估计,观察和分析系统结果.

1. 无干扰情况下性能对比分析

为了验证 ADMM 算法在估计系统状态上的优越性,我们采用基于压缩传感的 ADMM 算法对 $n=6$ 的量子态进行系统状态估计,在无干扰的情况下,ADMM 算法限制条件参数取值 $\mathrm{abs}[A\mathrm{vec}(\rho)-y] \leqslant \varepsilon_3, \varepsilon_3 = 1 \times 10^{-6}$,当系统估计误差小于 ε_3 时,ADMM 算法迭代停止.为了显示 ADMM 算法的高精度,特意设置 ADMM 迭代停止条件为 $\varepsilon_3 = 1 \times 10^{-6}$.同时为了证明 ADMM 算法对高维密度矩阵估计的效果显著,我们选取了 LS 和 Dantzig 两种算法与 ADMM 算法进行对比.其中,LS 和 Dantzig 算法迭代限制条件的参数选取分别为 $\mathrm{abs}[\mathrm{tr}(\rho)-1] \leqslant \varepsilon_1, \varepsilon_1 = 0.001$ 和 $\mathrm{abs}[A\mathrm{vec}(\rho)-y] \leqslant \varepsilon_2, \varepsilon_2 = 0.001$.在无干扰下不同测量比率三种算法归一化估计误差对比如图 3.4 所示,实验中设置最大迭代次数为 30.其中,蓝色圆点、红色菱形和黑色星形分别表示 LS、Dantzig 和 ADMM 三种算法,横坐标表示系统的测量比率 η,纵坐标为归一化后的系统估计误差 *error*.

从图 3.4 中可以看出:

(1) 当测量比率 $\eta=0.1$,即测量元素取全部元素的 10% 时,ADMM 算法误差为 $error_{\mathrm{ADMM}} = 0.0852$,估计精度达到 91.48%,而 LS 和 Dantzig 误差分别为 $error_{\mathrm{LS}} = 1$ 和 $error_{\mathrm{Dantzig}} = 0.5467$,估计精度分别只有 0% 和 45.33%.

(2) 当测量比率 $\eta=0.2$,即测量元素取全部元素的 20% 时,ADMM 算法误差为 $error_{\mathrm{ADMM}} = 0.0087$,估计精度达到 99.13%,而 LS 和 Dantzig 误差分别为 $error_{\mathrm{LS}} = 0.7758$ 和 $error_{\mathrm{Dantzig}} = 0.0690$,估计精度分别只有 22.42% 和 93.10%.

(3) 当测量比率 $\eta=0.5$,即测量元素取全部元素的 50% 时,ADMM 算法误差为 $error_{\mathrm{ADMM}} = 1.46\mathrm{e}-6$,估计精度达到 99.9999%,而 LS 和 Dantzig 误差分别为 $error_{\mathrm{LS}} = 0.4776$ 和 $error_{\mathrm{Dantzig}} = 0.0036$,估计精度分别只有 52.24% 和 99.64%.

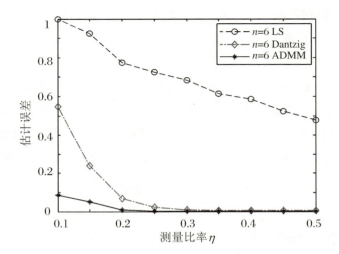

图 3.4 在无干扰下不同测量比率 η 三种算法归一化估计误差对比

在无外部干扰下三种算法系统状态估计归一化误差实验结果如表 3.3 所示.

表 3.3 在无外部干扰下三种算法系统状态估计归一化误差实验结果

	η								
	0.1	0.15	0.2	0.25	0.3	0.35	0.4	0.45	0.5
LS	1	0.9257	0.7758	0.7244	0.6831	0.6126	0.5866	0.5211	0.4776
Dantzig	0.5467	0.2397	0.0690	0.0227	0.0096	0.0058	0.0056	0.0043	0.0036
ADMM	0.0852	0.0502	0.0087	0.0018	0.0016	0.0003	5.14e-5	2.38e-6	1.46e-6

从表 3.3 中可以看出:

(1) 当 $\eta=0.1$ 时,ADMM 比 LS 算法误差小 $\Delta error_{\text{LS-ADMM}}=1-0.0852=0.9148$,精度高出 91.48%,比 Dantzig 算法误差小 $\Delta error_{\text{Dantzig-ADMM}}=0.5467-0.0852=0.4615$,精度高出 46.15%.

(2) 当 $\eta=0.35$ 时,ADMM 比 LS 算法误差小 $\Delta error_{\text{LS-ADMM}}=0.6126-0.0003=0.6123$,精度高出 61.23%,比 Dantzig 算法误差小 $\Delta error_{\text{Dantzig-ADMM}}=0.0058-0.0003=0.0055$,精度高出 0.55%.

通过上述分析可以得出结论:在三种算法中,ADMM 算法对密度矩阵的估计效果最好,测量比率 η 越高,ADMM 算法估计误差越小,估计精度越高.由此可知,当系统状态估计精度固定时,选择 ADMM 算法可以在较低的测量比率 η 下满足精度要求;当测量比率 η 固定时,选择 ADMM 算法可以获得较高的估计精度.

为了进一步研究 ADMM 算法的运算效率,我们对相同量子状态采用 ADMM、LS 和 Dantzig 算法分别进行状态估计.由于不同算法限制条件有区别,迭代中停止条件设置不同,算法的迭代次数也不一样,因此为了便于比较三种算法在运行时间上的优劣,我们主要比较算法迭代一次所需要的 CPU 运行时间以及总的 CPU 运行时间.在无外部干扰下三种算法迭代时间如表 3.4 所示.

表 3.4　在无外部干扰下三种算法迭代时间(s)

	算法								
	LS			Dantzig			ADMM		
测量比率 η	0.1	0.3	0.5	0.1	0.3	0.5	0.1	0.3	0.5
迭代次数	8	8	8	18	15	16	30	30	30
CPU 总运行时间	0.48	0.56	0.67	184.83	249.60	429.09	169.11	214.01	393.85
CPU 每次迭代时间	0.06	0.07	0.08	10.26	16.64	26.82	5.64	7.13	13.12

从表 3.4 中可以看出:

(1) 当 $\eta = 0.1$ 时,ADMM 算法迭代时间为 $t_{perADMM} = 5.64$ s,而 LS 算法与 Dantzig 算法迭代时间分别为 $t_{perLS} = 0.06$ s 和 $t_{perDantzig} = 10.26$ s,其中,ADMM 算法比 Dantzig 算法快了 $\Delta t_{Dantzig-ADMM} = 10.26 - 5.64 = 4.62$ s;

(2) 当 $\eta = 0.5$ 时,ADMM 算法迭代时间为 $t_{perADMM} = 13.12$ s,而 LS 算法与 Dantzig 算法迭代时间分别为 $t_{perLS} = 0.08$ s 和 $t_{perDantzig} = 26.82$ s,ADMM 算法比 Dantzig 算法快了 $\Delta t_{Dantzig-ADMM} = 26.82 - 13.12 = 13.7$ s.

通过分析可以得出结论:ADMM 算法无论是 CPU 总的运算时间还是 CPU 每次迭代时间均比 Dantzig 算法短;而 LS 算法虽然迭代时间短,但是对密度矩阵的估计精度低,运算时间短是以牺牲精度为代价的.由此可知,ADMM 算法运算效率比 Dantzig 算法高,且运算时间短.

由本节仿真实验可知,ADMM 算法在测量比率 η 很低的情况下能够估计密度矩阵,获得很高精度,同时具有较短运算时间.而 LS 算法对密度矩阵估计误差大,只能通过测量比率 η 不断增加来使得估计误差进一步变小;Dantzig 算法能够进行密度矩阵估计,但在测量比率 η 较高时估计效果好,且运算时间长.由此可以验证,基于压缩传感的 ADMM 算法在对密度矩阵估计上的优越性.

2. 有干扰情况下性能对比分析

由于实际中存在测量或者环境导致的外部干扰,在本小节实验中,为了考察 ADMM 算法的鲁棒性,我们采用基于压缩传感的 ADMM 算法对 $n = 6$ 的量子态进行系统状态估计,在外界存在干扰的情况下,取外部干扰 S 个数为密度矩阵元素个数的 10%,即 $S_{\text{number}} = 0.01 \times 4^6 \approx 41$,大小为 $S_{\text{size}} = \pm 0.0100$ 范围内的随机值.实验中,ADMM 算法限制条件参数为 $\varepsilon_3 = 1 \times 10^{-6}$,当系统估计误差小于 ε_3 时,ADMM 算法停止迭代.

为了证明 ADMM 算法在抵抗外界干扰上具有较强鲁棒性,我们同时选取了 LS 和 Dantzig 两种算法与 ADMM 算法进行对比,系统限制条件参数选取 $\varepsilon_1 = 0.001$ 和 $\varepsilon_2 = 0.001$.在有干扰下不同测量比率三种算法归一化估计误差对比如图 3.5 所示,其中,蓝色圆点、红色菱形和黑色星形分别表示 LS、Dantzig 和 ADMM 三种算法,横坐标表示系统的测量比率 η,纵坐标为估计误差 $error$.

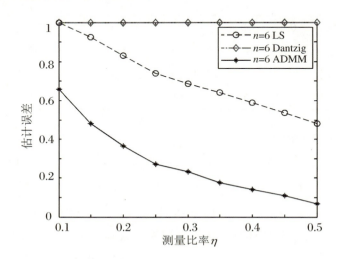

图 3.5　在有干扰下不同测量比率 η 三种算法归一化估计误差对比

从图 3.5 中可以看出:

（1）当量子位 $n = 6$,测量比率 $\eta = 0.1$ 时,ADMM 算法误差为 $error_{\text{ADMM}} = 0.6576$,估计精度达到 34.24%,而 LS 和 Dantzig 误差分别为 $error_{\text{LS}} = 1$ 和 $error_{\text{Dantzig}} = 1$,估计精度均为 0%,可知测量比率 η 太小时,LS 和 Dantzig 两种算法失去作用,无法估计密度矩阵.

（2）当测量比率 $\eta = 0.3$ 时,ADMM 算法误差 $error_{\text{ADMM}} = 0.2335$,估计精度达到 76.65%,而 LS 和 Dantzig 误差分别为 $error_{\text{LS}} = 0.6869$ 和 $error_{\text{Dantzig}} = 1$,LS 算法的估计精度为 31.31%,Dantzig 算法依然无效.

（3）当测量比率 $\eta = 0.5$,测量元素取全部元素的 50% 时,ADMM 算法误差为 $error_{\text{ADMM}} = 0.0695$,估计精度达到 93.05%,而 LS 和 Dantzig 误差分别为 $error_{\text{LS}} = 0.4814$ 和 $error_{\text{Dantzig}} = 1$,估计精度分别只有 51.86% 和 0%.

在有外部干扰下三种算法系统状态估计误差实验结果如表3.5所示.

表3.5　在有外部干扰下三种算法系统状态估计误差实验结果

	η								
	0.1	0.15	0.2	0.25	0.3	0.35	0.4	0.45	0.5
LS	1	0.9250	0.8298	0.7409	0.6869	0.6432	0.5908	0.5362	0.4814
Dantzig	1	1	1	1	1	1	1	1	1
ADMM	0.6576	0.4808	0.3640	0.2700	0.2335	0.1752	0.1401	0.1098	0.0695

从表3.5中可以看出:

(1) 当 $\eta = 0.4$ 时,ADMM 比 LS 算法误差小 $\Delta error_{\text{LS-ADMM}} = 0.5908 - 0.1401 = 0.4507$,精度高出 45.07%,比 Dantzig 算法误差小 $\Delta error_{\text{Dantzig-ADMM}} = 1 - 0.1401 = 0.8599$,精度高出 85.99%.

(2) 当 $\eta = 0.5$ 时,ADMM 比 LS 算法误差小 $\Delta error_{\text{LS-ADMM}} = 0.4814 - 0.0695 = 0.4119$,精度高出 41.19%,比 Dantzig 算法误差小 $\Delta error_{\text{Dantzig-ADMM}} = 1 - 0.0695 = 0.9305$,精度高出 93.05%.

由此可以得出结论:ADMM 算法随着测量比率 η 的增加,状态估计精度不断提高,而 LS 算法估计精度很低,Dantzig 算法则无法估计系统状态.

由此可知,三种算法中,ADMM 算法在外界有干扰时,对密度矩阵的估计精度最高,鲁棒性能好.

为了进一步研究在外界干扰下 ADMM 算法的运算效率,我们对相同量子状态采用 ADMM、LS 和 Dantzig 三种算法分别进行状态估计.在有外部干扰下三种算法迭代时间如表3.6所示.

表3.6　在有外部干扰下三种算法迭代时间(s)

	算法								
	LS			Dantzig			ADMM		
测量比率 η	0.1	0.3	0.5	0.1	0.3	0.5	0.1	0.3	0.5
迭代次数	8	8	8	19	19	20	30	30	30
CPU 总运行时间	0.56	0.62	0.68	197.57	342.04	435.56	192.55	329.36	400.21
CPU 每次迭代时间	0.07	0.08	0.09	10.39	18.01	21.78	6.42	10.98	13.34

从表3.6中可以看出,由于不同算法迭代中停止条件设置不同,迭代次数有所区别:

(1) 当 $\eta = 0.1$ 时,ADMM 算法迭代时间为 $t_{\text{perADMM}} = 6.42$ s,而 LS 算法与 Dantzig

算法迭代时间分别为 $t_{perLS} = 0.07$ s 和 $t_{perADMM} = 10.39$ s;

（2）当 $\eta = 0.5$ 时，ADMM 算法迭代时间为 $t_{perADMM} = 13.34$ s，而 LS 算法与 Dantzig 算法迭代时间分别为 $t_{perLS} = 0.09$ s 和 $t_{perDantzig} = 21.78$ s.

由此可知，随着测量比率 η 逐渐升高，ADMM 算法 CPU 每次迭代运算的时间逐渐增加，运算量增大，总运算时间提高.

由本小节仿真实验可知，ADMM 算法能够应对外部干扰情况，随着测量比率 η 不断提高，在 $\eta = 0.5$ 时，估计精度可以达到 90% 以上. 而 LS 算法对密度矩阵估计误差很大，虽然对外部干扰具有一定鲁棒性，但在满足约束条件后，误差无法进一步下降，对密度矩阵的精度估计低；Dantzig 算法在外部有干扰的情况下，误差始终等于1，无法收敛，无法对密度矩阵估计，鲁棒性能差. 由此可以验证，基于压缩传感的 ADMM 算法在抵抗外界干扰时具有较好鲁棒性.

综合上述两个实验可以得出结论：ADMM 算法比 LS 和 Dantzig 算法估计误差小，在对密度矩阵的估计精度上有明显的提高，并在测量比率 η 很小的情况下能够对密度矩阵进行估计，运算量小. 特别是当系统量子位 n 取值很大的情况下，采用 ADMM 算法对密度矩阵进行估计，在运算时间和估计精度上均有很大的优势.

3. 不同量子位下三种算法估计性能对比分析

当量子位越大时，对密度矩阵的重构困难越大，需要更大的运算量，对算法的要求更高. 为了验证基于压缩传感的 ADMM 算法在量子位 n 取值越大时，估计精度越高，我们分别对比量子位 $n = 5$ 和 $n = 6$ 时，ADMM 算法与 LS、Dantzig 算法对系统状态的估计情况. 三种算法在不同量子位下的归一化估计误差如图 3.6 所示，其中，图 3.6(a) 为无干扰情况，图 3.6(b) 为有干扰情况，圆点、菱形和星形分别表示 LS、Dantzig 和 ADMM 三种算法，蓝色和红色线分别表示量子位取 $n = 5$ 和 $n = 6$，纵坐标为归一化的系统估计误差 $error$，横坐标表示系统的测量比率 η.

从图 3.6(a) 中可以看出，当测量比率 $\eta = 0.3$ 时，在外部无干扰情况下，ADMM 算法当 $n = 5$ 时，估计误差 $error_5 = 0.0021$；$n = 6$ 时，估计误差 $error_6 = 0.0015$，随着量子位 n 的增加，误差降低了 $\Delta error_{5-6} = 0.0021 - 0.0015 = 0.0006$. 从图 3.6(b) 中可以看出，当测量比率 $\eta = 0.3$ 时，在外部有干扰情况下，ADMM 算法当 $n = 5$ 时，估计误差 $error_5 = 0.3505$；$n = 6$ 时，估计误差 $error_6 = 0.2335$，随着量子位 n 的增加，误差降低了 $\Delta error_{5-6} = 0.3505 - 0.2335 = 0.1170$. 由此可知，相同测量比率 η 下，无论外部有干扰或是无干扰，ADMM 算法当 $n = 6$ 时，估计误差均比 $n = 5$ 时小，估计精度更高. LS 和 Dantzig 两种算法当 $n = 6$ 时估计精度同样也比 $n = 5$ 时高. 通过 LS、Dantzig 和 ADMM 算法对比可知，ADMM 算法在量子位 n 越大的情况下，估计误差越小，估计精度越高，对系统密度矩阵估计的效果越好.

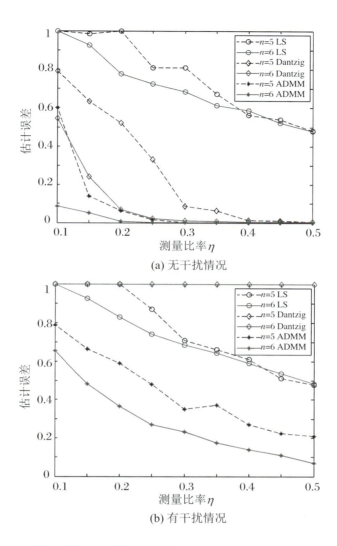

(a) 无干扰情况

(b) 有干扰情况

图 3.6   当 $n=5$ 和 $n=6$ 时,三种算法估计误差对比

3.6 基于不动点方程的 ADMM 方法

在量子态估计中,待恢复的密度矩阵 ρ 一般是低秩的. 低秩矩阵的恢复问题可以转化为最小化核范数的凸优化问题:

$$\min \| \rho \|_*$$
$$\text{s.t.} \| A\text{vec}(\rho) - b \|_2^2 \leqslant \varepsilon, \quad \rho^* = \rho, \quad \rho \geqslant 0 \qquad (3.45)$$

其中,$\rho \in \mathbf{C}^{d \times d}$,$\| \cdot \|_*$ 为核范数,等于奇异值的和,$A \in \mathbf{C}^{m \times d^2}$,$m \ll d^2$,$\text{vec}(\cdot)$ 表示将矩阵按列展成一个列向量.A 称为观测矩阵或者测量矩阵,m 称为测量数目,表示测量配置的个数,b 为观测值,$b \in \mathbf{C}^m$.

在实际系统的测量中,常常存在干扰.考虑稀疏的干扰矩阵 S,则带有干扰的量子状态估计问题可以转变为一个对密度矩阵和干扰的双目标优化问题:

$$\min \| \rho \|_* + I_C(\rho) + \| S \|_1$$
$$\text{s.t.} \| A\text{vec}(\rho + S) - b \|_2^2 \leqslant \varepsilon \qquad (3.46)$$

其中,$S \in \mathbf{C}^{d \times d}$,$\| \cdot \|_1$ 表示 ℓ_1 范数,定义为 $\| X \|_1 = \sum\limits_{i=1}^{m} \sum\limits_{j=1}^{n} |x_{ij}|$,$I_C(\rho)$ 为示性函数,定义为

$$I_C(\rho) = \begin{cases} \infty, & \text{若 } \rho^* = \rho, \rho \geqslant 0 \\ 0, & \text{其他} \end{cases}$$

示性函数的作用是把矩阵投影为厄米矩阵.

对于问题(3.46),我们选择扩展拉格朗日函数为

$$\begin{aligned} L(\rho, S, y, \lambda) &= \| \rho \|_* + I_C(\rho) + \| S \|_1 + \langle y, A \cdot \text{vec}(\rho + S) - b \rangle \\ &\quad + \lambda/2 \| A \cdot \text{vec}(\rho + S) - b \|_2^2 \\ &= \| \rho \|_* + I_C(\rho) + \| S \|_1 + \lambda/2 \| A \cdot \text{vec}(\rho + S) - b + u \|_2^2 \end{aligned}$$
$$(3.47)$$

其中,y 为拉格朗日乘子,$y \in \mathbf{R}^m$,λ 为惩罚参数,$\lambda > 0$,$u = y/\lambda$.

将式(3.47)代入 ADMM 迭代公式(3.36)得到

$$\begin{cases} \rho^{k+1} := \arg\min_\rho \{ \| \rho \|_* + I_C(\rho) \\ \qquad\qquad + \lambda/2 \| A \cdot \text{vec}(\rho + S^k) - b + u^k \|_2^2 \} & (3.48a) \\ S^{k+1} := \arg\min_S \{ \| S \|_1 + \lambda/2 \| A \cdot \text{vec}(\rho^{k+1} + S) - b + u^k \|_2^2 \} & (3.48b) \\ u^{k+1} := u^k + A \cdot \text{vec}(\rho^{k+1} + S^{k+1}) - b & (3.48c) \end{cases}$$

观察式(3.48a)和式(3.48b)可知,核范数、示性函数 $I_C(\rho)$ 和 ℓ_1 范数均是不可微的,不能用常规的方法令梯度为零求极值.为此我们将通过引入不动点方程,并与 ADMM 算法相结合来获得改进的 ADMM 算法,我们称之为 FP-ADMM 算法.

量子状态的估计和滤波及其优化算法

3.6.1 FP-ADMM 算法的设计

不动点方程由 Combettes 等人首先于 2005 年提出. 当目标函数为 $\min\limits_{X\in\mathbf{R}^{n_1\times n_2}}(f_1(X)+f_2(X))$ 时, 其中函数 $f_1, f_2:\mathbf{R}^{n_1\times n_2}\to\mathbf{R}$ 为下半连续的凸函数且 f_2 可微, 并且对某个 $\beta>0$, 有 $1/\beta$——Lipschitz 连续梯度, 则该优化问题的解满足被称为不动点方程的隐式方程 (Combettes, Wajs, 2005):

$$X = \mathrm{prox}_{\delta f_1}[X - \delta\nabla f_2(X)] \tag{3.49}$$

其中, $\delta\in[0, +\infty)$ 为迭代步长, $\mathrm{prox}_{\delta f_1}$ 表示函数 δf_1 的近邻算子.

利用不动点方程的隐式方程(3.49)对 ADMM 优化框架下的量子密度矩阵的求解过程为:

(1) 对于子问题(3.48a)将核范数 $\|\rho\|_*$ 和二次项 $\lambda/2\|A\cdot\mathrm{vec}(\rho+S^k)-b+u^k\|_2^2$ 整体求得最小值, 按照 $\|\rho\|_* + \lambda/2\|A\cdot\mathrm{vec}(\rho+S^k)-b+u^k\|_2^2 \to I_C(\rho)$ 分两步求解;

(2) 对于子问题(3.48b)将 $\|S\|_1+\lambda/2\|A\cdot\mathrm{vec}(\rho^{k+1}+S)-b+u^k\|_2^2$ 看成整体一步求解, 这种整体求解的方法提高了解的精度.

量子态估计的迭代公式(3.48)中, 用到的函数 δf_1 的近邻算子为核范数和 ℓ_1 范数的近邻算子, 为此需要定义: $\mathrm{prox}_{\tau\|.\|_1}(X)=S_\tau(X)$, $\mathrm{prox}_{\tau\|.\|_*}(X)=\mathscr{D}_\tau(X)$, 其中, S_τ 为软阈值算子:

$$[S_\tau(X)]_{ij} = \begin{cases} x_{ij}-\tau, & \text{若 } x_{ij}>\tau \\ x_{ij}+\tau, & \text{若 } x_{ij}<\tau \\ 0, & \text{其他} \end{cases} \tag{3.50}$$

$\mathscr{D}_\tau$ 为奇异值收缩算子, 定义为 $\mathscr{D}_\tau(X)=US_\tau(X)V^{\mathrm{T}}$, USV^{T} 为矩阵 X 的奇异值分解.

对于子问题(3.48a)的两步具体求解步骤为:

第一步: 将 $\|\rho\|_* + \lambda/2\|A\cdot\mathrm{vec}(\rho+S^k)-b+u^k\|_2^2$ 看成整体, 并取 $f_1(\rho)=1/\lambda\|\rho\|_*$, $f_2(\rho)=1/2\|A\cdot\mathrm{vec}(\rho+S^k)-b+u^k\|_2^2$, 代入式(3.48), 设 $\|\rho\|_* + \lambda/2\|A\cdot\mathrm{vec}(\rho+S^k)-b+u^k\|_2^2$ 最小化的解为 ρ_1^{k+1}, 则 ρ_1^{k+1} 满足的不动点方程为

$$\begin{aligned}\rho_1^{k+1} &= \mathrm{prox}_{\delta/\lambda\|.\|_*}(\rho_1^{k+1}-\mathrm{mat}\{\delta A^*[A\cdot\mathrm{vec}(\rho_1^{k+1}+S^k)-b+u^k]\}) \\ &= \mathscr{D}_{\delta/\lambda}(\rho_1^{k+1}-\mathrm{mat}\{\delta A^*[A\cdot\mathrm{vec}(\rho_1^{k+1}+S^k)-b+u^k]\})\end{aligned} \tag{3.51}$$

其中，S^k 为第 k 步得到的子问题(3.48b)的最优解，$\delta \in [0, +\infty)$ 为迭代步长，是可调参数；mat 为 vec 的反函数，将一个 $d^2 \times 1$ 的列向量，按列排列为一个 $d \times d$ 的矩阵.

由 ρ_1^{k+1} 满足不动点方程，可以通过迭代法求解：

$$\rho_1^{k+1,j+1} = \mathcal{D}_{\delta/\lambda}(\rho_1^{k+1,j} - \text{mat}\{\delta A^*[A \cdot \text{vec}(\rho_1^{k+1,j} + S^k) - b + u^k]\})$$

第二步：为使目标函数中示性函数 $I_C(\rho) = 0$，将得到的 ρ_1^{k+1} 投影变换得到 ρ^{k+1}：$\rho^{k+1} = 1/2[\rho_1^{k+1} + (\rho_1^{k+1})^*]\rho^{k+1}$，即为子问题(3.48a)在 $k+1$ 步的密度矩阵重构值.

对于子问题(3.48b)，运用不动点方程只需一步求解：将 $\|S\|_1 + \lambda/2 \|A \cdot \text{vec}(\rho^{k+1} + S) - b + u^k\|_2^2$ 看成整体，并取 $f_1(S) = 1/\lambda \|S\|_1$，$f_2(S) = 1/2 \|A \cdot \text{vec}(\rho^{k+1} + S) - b + u^k\|_2^2$，代入式(3.49)得到 S^{k+1} 满足的不动点方程的隐式方程为

$$S^{k+1} = \text{prox}_{\delta/\lambda \|\cdot\|_1}(S^{k+1} - \text{mat}\{\delta A^*[A \cdot \text{vec}(\rho^{k+1} + S^{k+1}) - b + u^k]\})$$

$$= S_{\delta/\lambda}(S^{k+1} - \text{mat}\{\delta A^*[A \cdot \text{vec}(\rho^{k+1} + S^{k+1}) - b + u^k]\}) \tag{3.52}$$

由 S^{k+1} 满足不动点方程，可以通过迭代法求解：

$$S^{k+1,j+1} = S_{\delta/\lambda}(S^{k+1,j} - \text{mat}\{\delta A^*[A \cdot \text{vec}(\rho^{k+1} + S^{k+1,j}) - b + u^k]\})$$

在算法中，求解 ρ_1^{k+1}，S^{k+1} 需要经过多次迭代，耗费大量的计算时间.受到 Lin 等人研究的启发，可以不精确求解 ρ_1^{k+1}，S^{k+1}，而是每次迭代只更新 ρ_1^{k+1}，S^{k+1} 一次，Lin 等人证明，这样的迭代仍能使得算法唯一地收敛到原问题的最优解，于是得到 FP-ADMM 算法为(张娇娇 等,2016)

$$\rho_1^{k+1} := \mathcal{D}_{\delta/\lambda}(\rho_1^k - \text{mat}\{\delta A^*[A \cdot \text{vec}(\rho_1^k + S^k) - b + u^k]\}) \tag{3.53a}$$

$$\rho^{k+1} := 1/2[\rho_1^{k+1} + (\rho_1^{k+1})^*] \tag{3.53b}$$

$$S^{k+1} := S_{\delta/\lambda}(S^k - \text{mat}\{\delta A^*[A \cdot \text{vec}(\rho^{k+1} + S^k) - b + u^k]\}) \tag{3.53c}$$

$$u^{k+1} := u^k + A \cdot \text{vec}(\rho^{k+1} + S^{k+1}) - b \tag{3.53d}$$

另外，求解过程中有一个需要注意的技巧，观察式(3.53a)中的 $\rho_1^k - \text{mat}\{\delta A^*[A \cdot \text{vec}(\rho_1^k + S^k) - b + u^k]\}$ 部分，其中运算顺序是至关重要的，利用括号优先计算 $A \cdot \text{vec}(\rho_1^k + S^k) - b + u^k$ 得到一个 $m \times 1$ 的向量，再和 A^* 相乘，由于 $A^* \in \mathbf{C}^{d^2 \times m}$，此时计算复杂度为 $O(md^2)$；如果将式(3.53a)展开并合并同类项得到 $\rho_1^{k+1} := \mathcal{D}_{\delta/\lambda}(\text{mat}\{(I - \delta A^* A) \text{vec}(\rho^k) + \delta A^*[b - A \cdot \text{vec}(S^k) - u^k]\})$，运算中涉及 $I - \delta A^* A$ 的计算，计算复杂度为 $O(md^4)$，不仅计算量增加，而且计算机需要同时存储两个 $d^2 \times d^2$ 的矩阵 I 和 $\delta A^* A$，当 $d = 2^8$ 时，需要的临时存储空间为 128 G(假设每个浮点数

占8个字节),一般的计算机无法满足内存需求.式(3.53c)的运算顺序也起到了降低运算复杂度、节省存储空间的作用.

3.6.2 数值仿真实验及其结果分析

为了考察 FP-ADMM 算法以及测量比率对状态估计性能的影响,我们设计了三组实验,分别是在测量比率 η 为 0.1~0.4,增加幅度为 0.05 情况下的归一化状态重构误差的实验.实验1分析观测矩阵的随机选取性对密度矩阵状态重构误差的影响,其中采用的 FP-ADMM 算法在同一个测量比率下迭代次数固定为 30;实验2为同一个观测矩阵,其迭代次数从 30 减少为 10,每次减少 5 次迭代情况下状态重构的实验,通过分析希望找到能够保证重构正确率的尽量少的迭代次数.实验1和2是在量子位分别为 5,6 和 7 进行的实验.实验3将实验1和2的结论应用在量子位 n 为 8 的密度矩阵重构中,并在超级计算机中完成实验.实验采用考虑带有干扰 S 的 FP-ADMM 算法式(3.53)进行量子态估计,设置外部干扰的个数为矩阵元素个数的 10%,即 $0.1d^2$ 个干扰,设置干扰幅度为 1%.实验中拉格朗日乘子 λ 取固定值 0.5,近邻算子步长 δ 取固定值 1.实验中,我们选的估计误差公式 $\| b - A \cdot \mathrm{vec}(\rho^k + S^k) \|_2^2 / \| b \|_2^2 = \varepsilon_1$ 作为测试的性能指标,当误差 $\varepsilon_1 < 10^{-7}$,或迭代次数 k 大于事先设定最大迭代次数 $k_{\max}$ 时停止迭代.

3.6.2.1 观测矩阵的选取对状态重构误差的影响

在密度矩阵重构过程中,观测矩阵 A 是从 $d^2 \times d^2$ 的泡利矩阵中随机挑选 m 行构成的,为了考察这种随机选取性对密度矩阵重构误差的影响,实验中,我们对同一个密度矩阵,用三个随机生成的观测矩阵 A 进行三次重构,并将三次误差取平均值与各次的误差进行比较.量子位分别在 $n = 5$ 情况下,FP-ADMM 算法在不同测量比率 η 情况下的归一化状态重构误差,在每种测量比率下,测量并重构三次,每次算法重构迭代 30 次,$n = 6$ 和 7 时只给出误差平均值的实验结果,如图 3.7 所示,其中,横坐标为测量比率 η,纵坐标为归一化状态重构误差 $error$;实线代表 $n = 5$ 的 3 次重构值,虚线为平均值;圆圈为 $n = 5$ 的平均值,五角星为 $n = 6$ 的平均值,加号为 $n = 7$ 的平均值.

从图 3.7 中可以看出:当 $n = 5$,采样比率为 0.1 时,三次实验状态重构正确率分别为 77.84%,72.75%,63.54%,平均值为 71.38%.与平均值相比,最大相差 7.84%;采样比率为 0.25 时,三次实验状态重构正确率分别为 99.55%,98.58%,99.70%,平均值为 99.28%,与平均值相比,最大相差 0.7%.当 $n = 6$,采样比率为 0.1 时,三次结果与平均值相比最大相差 1.39%;采样比率为 0.25 时,最大相差 0.17%.当 $n = 7$,采样比率为

0.1时,三次结果与平均值相比最大相差2.34%;采样比率为0.25时,最大相差0.07%.由此可以得出结论:随着测量比率的增加,归一化状态重构误差减小;当测量比率大于等于0.25时,归一化状态重构误差趋于稳定,测量矩阵的随机性对重构误差的影响可以忽略不计.所以,针对某一个采样比率,不需要三次求平均可以只进行一次重构,这样可以大大节省计算时间.

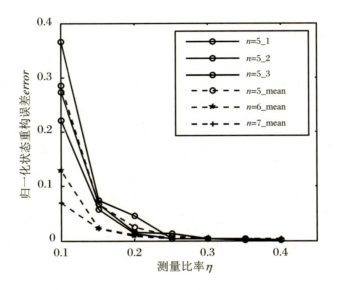

图3.7 随机性对密度矩阵重构误差的影响

3.6.2.2 迭代次数对状态重构误差的影响

试验中设置迭代次数为30,当测量比率大于等于0.25时,得到了较高的状态重构正确率,本实验考虑能否在保证正确率的前提下,减少迭代次数以便能够进一步缩短算法的运行时间.图3.8(a)、(b)和(c)分别为$n=5,6$和7,迭代次数分别为30,5,10,一次重构实验结果,其中圆圈表示迭代30次,叉号表示迭代25次,加号表示迭代20次,三角号表示迭代15次,星号表示迭代10次.从图中可以看出:当测量比率为0.25,$n=5,6,7$,迭代30次时,状态重构正确率分别为99.37%,99.47%,99.28%;迭代15次时,状态重构正确率分别为97.06%,97.97%,98.93%.随着迭代次数的减少,重构效果变差,但是当测量比率大于等于0.25,迭代次数大于等于15时,重构效果趋于稳定.因此可以得出结论:测量比率大于等于0.25,迭代次数大于等于15时,FP-ADMM可以大于97%的正确率重构状态密度矩阵.

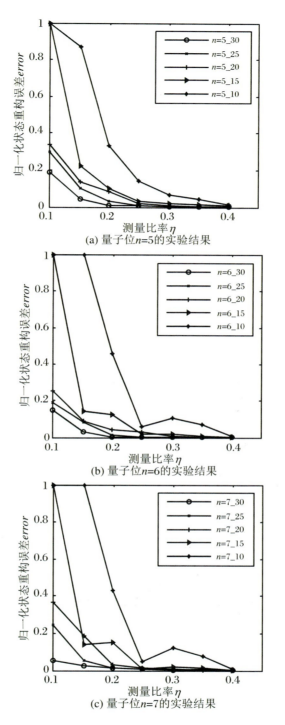

(a) 量子位n=5的实验结果

(b) 量子位n=6的实验结果

(c) 量子位n=7的实验结果

图 3.8 量子位 n = 5,6,7 的实验结果

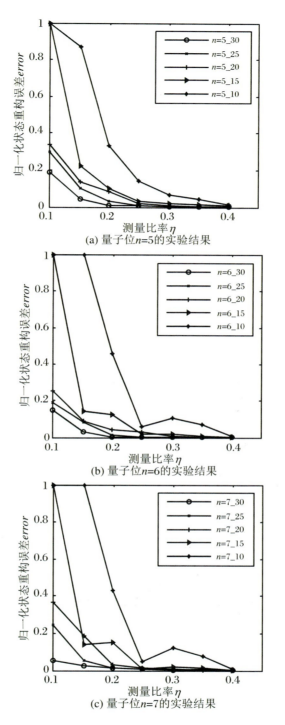

图 3.8　量子位 $n=5,6,7$ 的实验结果

3.6.2.3　不同量子位的状态重构性能对比

本实验中，我们将该算法应用到量子位 $n=8$ 的密度矩阵重构中，并同时与量子位分别为 $n=5,6,7$ 其他参数相同情况下进行状态重构的性能对比实验.

考虑到 $n=8$ 时，泡利矩阵为 $d^2 \times d^2$，即 65536×65536 的复数矩阵，观测矩阵 A 为

这一工作，其型号为浪潮 TS805，Intel Xeon E7-8837 CPU，64 核，主频 2.66 GHz，内存

不同量子位下密度矩阵重构误差如图 3.9 所示，其中星号表示 $n=5$，加号表示 $n=$ 7,8，状态重构正确率分别为 97.83%，97.86%，98.16%，97.06%. 测量比率超过 0.25 时，不同量子位下状态重构误差趋于稳定. 在量子位 $n=5,6,7,8$ 下完成密度矩阵重构实验所需的时间分别为 4.20 s，24.10 s，337.09 s，6521.52 s.

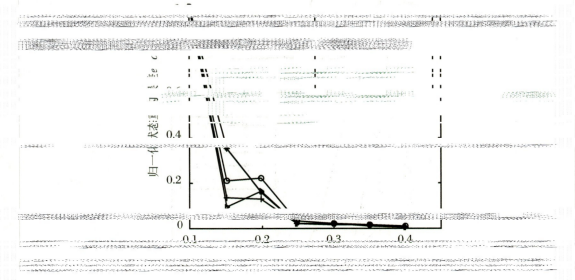

图 3.9　不同量子位下密度矩阵重构误差

略随机性的影响，迭代 15 次就可以正确重构出密度矩阵

（3）λ 的更新：$\lambda^{k+1} = \begin{cases} 1.05\lambda^k; & \text{若 } error^k < error^{k-1} \\ 0.7\lambda^k, & \text{若 } error^k > error^{k-1}; \\ \lambda^k, & \text{其他} \end{cases}$

（4）u 的更新：$u^{k+1} = u^k + \lambda^{k+1}[y - A\text{vec}(\rho^{k+1}) - A\text{vec}(S^{k+1})]$.

步骤 1：密度矩阵 ρ 最小化. 第 $k+1$ 次迭代的密度矩阵 ρ^{k+1} 通过代入 k 次迭代中的 S^k 和 u^k 来确定：

$$\rho^{k+1} := \arg\min_{\rho}\left\{ \|\rho\|_* + \frac{\lambda^k}{2} \|A\text{vec}(\rho) + A\text{vec}(S^k) - y + u^k\|_2^2 \right\} \quad (3.55)$$

其中，k 是迭代次数，数值求解可以写成

$$\rho^{k+1} = \text{mat}\{(A^*A)^{-1}A^*[y - u^k - A\text{vec}(S^k)]\} \quad (3.56)$$

步骤 2：外部干扰 S 最小化. 第 $k+1$ 次迭代的干扰矩阵 S^{k+1} 通过式(3.55)中确定的 ρ^{k+1} 和第 k 次迭代中更新的 u^k 确定：

$$S^{k+1} := \arg\min_{S}\left\{ \|S\|_1 + \frac{\lambda^k}{2} \|A\text{vec}(\rho^{k+1}) + A\text{vec}(S) - y + u^k\|_2^2 \right\} \quad (3.57)$$

其中，干扰矩阵 S^{k+1} 可以通过如下公式进行数值求解：

$$S^{k+1} = \text{mat}\{(A^*A)^{-1}A^*[y - u^k - A\text{vec}(\rho^{k+1})]\} \quad (3.58)$$

步骤 3：权值参数 λ 的更新. 计算状态估计误差，并代入式(3.55)的 ρ^{k+1} 和式(3.57)的 S^{k+1} 的值来更新权值参数 λ^{k+1}：

$$error^k = \|y - A\text{vec}(\rho^k + S^k)\|_2^2 \quad (3.59)$$

其中，如果本次迭代估计误差大于上一次，即 $error^k > error^{k-1}$，则权值参数取值 $\lambda^{k+1} = 1.05\lambda^k$. 如果本次迭代估计误差小于上一次，即 $error^k < error^{k-1}$，则权值参数取值 $\lambda^{k+1} = 0.7\lambda^k$，如果两次迭代误差相同，即 $error^k = error^{k-1}$，则 $\lambda^{k+1} = \lambda^k$.

步骤 4：u 的更新. 分别代入当前的 λ^{k+1}，ρ^{k+1}，S^{k+1} 来确定第 $k+1$ 次 u^{k+1}：

$$u^{k+1} = u^k + \lambda^{k+1}[y^{k+1} - A\text{vec}(\rho^{k+1}) - A\text{vec}(S^{k+1})] \quad (3.60)$$

以上步骤 1 到步骤 4 循环，直到满足停止条件 $error^k < \varepsilon$，迭代停止，即估计结果满足预期精度要求.

3.7.2　数值实验及其结果分析

为了验证改进的自适应 ADMM 算法能够有效地解决 ADMM 算法的初始权值选取

问题,我们对两种算法进行了对比分析.

3.7.2.1 不同固定学习速率下的性能对比实验

为了确定 ADMM 算法中最佳的参数值 λ,我们设计一组实验,对相同的量子系统状态进行状态估计,其中每次实验参数值 λ 的选取不同.系统的量子位取值 $n=6$,采样比率为 $\eta=0.4$,令参数 $\lambda=0.1\sim1.0$ 间隔 0.1 取 10 个不同值变化.不同固定参数值下估计误差收敛情况对比如图 3.10 所示.其中,横坐标为参数值 λ 的 10 个不同的取值,分别为 $\lambda=0.1$ 到 $\lambda=1.0$ 间隔 0.1,纵坐标为估计误差归一化值.

从图 3.10 中可以看出,当参数取 $\lambda=0.3$ 时,系统估计误差最小,密度矩阵重构的效果最好,因此我们初步确定选择固定的参数值 $\lambda=0.3$ 进行接下来的实验.

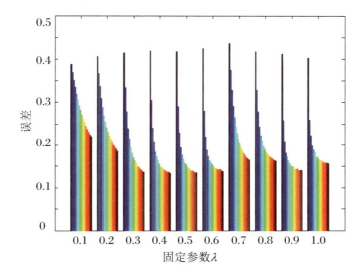

图 3.10 不同固定参数值下估计误差收敛性能对比

3.7.2.2 最佳学习速率与自适应速率下的性能对比实验

为了比较 ADMM 算法中自适应参数值 λ 和固定参数值 λ 对状态的估计情况,我们分别设计了对比实验.取量子位 $n=6$,固定参数值 λ 选取上一步中获得最好估计效果的 $\lambda=0.3$,分别选取采样率为 $\eta=0.2$,$\eta=0.3$,$\eta=0.4$ 时进行对比固定参数 λ 和自适应参数 λ 的估计误差情况.在三种采样率下,固定参数值和自适应参数值的估计误差随迭代次数的下降情况如图 3.11 所示,三种采样率下,自适应参数值 λ 随迭代次数的变化情况如图 3.12 所示,其中,图 3.11 和图 3.12 横坐标为迭代次数;图 3.11 中纵坐标为估计误差归一化值;图 3.12 中纵坐标为自适应参数 λ 随迭代次数增加的变化值.

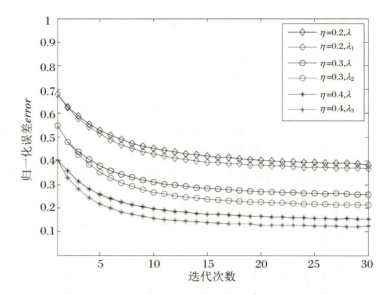

图 3.11　固定参数值 $\lambda = 0.3$ 时自适应参数值的估计误差随迭代次数变化对比

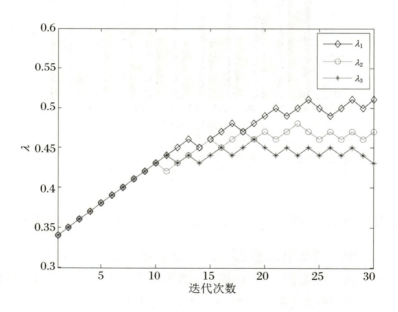

图 3.12　自适应参数值 λ 随迭代次数的变化情况

通过上述实验我们可以得出以下结论:

（1）ADMM 算法在不同采样比率下,采用自适应参数值 λ 对误差估计的精度比固定参数值 λ 高,估计效果好.

（2）采用自适应参数值 λ 的 ADMM 算法,在相同迭代次数的情况下,误差收敛的速度更快,估计误差更小.

（3）自适应参数值 λ 在随迭代次数增加到一定程度后,会在小幅范围内上下波动,不会单调递增或递减.

3.8 小   结

本章将压缩传感理论和与其紧密相关的优化算法以及在系统参数估计应用中所涉及的关键理论、术语及其相互关系和具体应用有机地联系起来,进行统一阐述与具体应用,并通过实例展现了压缩传感理论及高效快速优化算法在量子态估计应用所显示出来的优越性和非凡效果.研究结果表明:借助于压缩传感理论,可以极大地减少系统参数估计中所需要的测量次数;测量比率随着指数值的增加而大幅度减少;高效快速的优化算法能够对指数增长的复杂系统的参数估计,提供有效可实现的参数估计技术方法和手段,具有重要的实际应用价值.

第 4 章

基于压缩传感理论的测量矩阵研究

基于压缩传感的量子态估计的理论研究主要为测量矩阵与重构误差两个方面的研究.本章研究了基于压缩传感的量子态估计问题中,测量矩阵的研究准则和方法;并对常用的测量集的子集对应的测量矩阵进行了分析,研究了它们的测量比率下界和重构误差的上界;最后,基于压缩传感得到的理论值,运用仿真实验的方法,对五种测量矩阵重构性能进行比较,由此获得最优测量值数目及重构误差,这对实际的基于压缩传感的量子态估计实验具有理论指导意义.

压缩传感理论自 2005 年由 Candès 等人提出后,引发了国内外学者研究的热潮.压缩传感理论的核心思想在于,只要信号在某一正交空间具有稀疏性,就能用少数的测量值精确地重构原信号.这里的稀疏向量是指在某组基上,只有极少数元素非零.将压缩传感理论进一步推广,运用低秩矩阵奇异值稀疏的特性,可用于低秩矩阵的重构:待重构的矩阵 $x^* \in \mathbf{C}^{N \times K}$,测量过程可表示为通过映射 $\varphi: \mathbf{C}^{N \times N} \to \mathbf{C}^{M \times N}$ 将 $x^* \in \mathbf{C}^{N \times K}$ 投影为一个低维向量 y, $y = \varphi(x^*)$, $y \in \mathbf{C}^{M \times 1}$.那么,可以通过求解一个优化问题来重构矩阵:

$$\hat{x} = \arg \min_x \| x \|_*$$
$$\text{s.t. } y = \varphi(x) \tag{4.1}$$

其中重构出的值 $\hat{x} \in \mathbf{C}^{N \times K}$. 这里,映射 φ 需满足一定的约束等距条件(RIP),即对任意的秩不高于 r 的矩阵 x 都存在 $\delta_r \in (0,1)$ 使得

$$(1 - \delta_r) \parallel x \parallel_{\mathrm{F}} \leqslant \parallel \varphi(x) \parallel_2 \leqslant (1 + \delta_r) \parallel x \parallel_{\mathrm{F}} \tag{4.2}$$

成立,其中,δ_r 为约束等距常数.

压缩传感理论指出,如果约束等距常数满足一定的条件,比如 $\delta_{5r} < 1/10$,对于任意秩不高于 r 的矩阵,优化问题(4.1)的解 $\hat{x}$ 唯一且等于 x^*. 压缩传感的核心思想为,以较少数量的测量重构出原始信息.

现实中人们感兴趣的量子状态往往是纯态或者近似纯态(少量纯态叠加的混合态)的(Gross et al.,2010). 更精确地说,人们感兴趣的是位于状态空间中的一个 r 维子空间的状态,此时的密度矩阵 ρ 是一个秩小于或等于 r 的厄米矩阵,其中 $r \sim O(1)$ 为很小的正整数.这样的状态在很多物理系统中是很常见的,比如受到局部噪声影响的纯态.由密度矩阵 ρ 为低秩矩阵的先验信息,人们可以减少对未知系统的测量配置对应的测量值的个数.一个秩为 r 的低秩矩阵的未知参数个数,可由 $d \times d$ 减为 $r \times d$ 的数量级,也就是 $O(rd)$.可以猜想:或许 $O(rd)$ 个测量值就足以估计出密度矩阵.压缩传感理论可达到以较少数量的测量重构出原始信息的目的,这一点正与量子态估计中希望运用 $O(rd)$ 个测量值重构密度矩阵的猜想相契合.基于压缩传感的思想,可将压缩传感理论运用于纯态或者近似纯态量子态估计中.这是可行的,原因在于,密度矩阵为低秩矩阵或者近似低秩(近似低秩是指矩阵的奇异值集中在几个元素上,其余奇异值为 0 或者接近 0)矩阵,这满足压缩传感对待恢复信号稀疏性的要求.对此人们进行了大量的研究并且取得了一些研究成果(Gross et al.,2010;Flammia et al.,2012).利用密度矩阵为低秩矩阵这一先验信息,将量子态估计看做一个压缩传感过程,运用压缩传感理论来指导量子态估计过程,通常把这个过程称为基于压缩传感的量子态估计.

实际上,重写 2.4.2 小节"多量子比特状态层析"中密度矩阵在一组测量算符作用下所获得测量概率值公式(2.52):

$$y_{i_1,i_2\cdots i_n} = \mathrm{tr}(\pi_{i_1,i_2,\cdots,i_n}\rho) = \mathrm{vec}(\pi_{i_1,i_2,\cdots,i_n})^{\dagger} \cdot \mathrm{vec}(\rho) \tag{4.3}$$

其中,$\mathrm{vec}(\cdot)$ 表示将矩阵按列展成一个列向量.那么量子态估计的测量过程可以描述为

$$y = A \cdot \mathrm{vec}(\rho) \tag{4.4}$$

其中

$$A = \begin{pmatrix} \mathrm{vec}(\pi_1)^{\dagger} \\ \mathrm{vec}(\pi_2)^{\dagger} \\ \vdots \\ \mathrm{vec}(\pi_M)^{\dagger} \end{pmatrix} \tag{4.5}$$

$\pi_1,\pi_2,\cdots,\pi_M$ 为 M 个投影算子,$A\in\mathbf{C}^{M\times d^2}$ 称为测量矩阵或者观测矩阵,将一个 $d\times d$ 的矩阵映射为一个 $M\times 1$ 的向量 y,$y\in\mathbf{C}^{M\times 1}$ 为 M 个投影算子对应的测量概率组成的向量,称为测量值,$M\ll d^2$,M 称为测量数目,它等于测量配置的个数.

那么,量子态估计的重构问题即变为已知测量矩阵 A,与该测量矩阵作用于未知量子系统得到的测量值 y,重构该未知系统的密度矩阵的过程.基于压缩传感的量子态估计的问题可以描述为一个凸函数的优化问题:

$$\arg\min_{\rho}\|\rho\|_*$$
$$\text{s.t. } y = A\mathrm{vec}(\rho) \tag{4.6}$$

其中,$\|\cdot\|_*$ 为核范数,等于奇异值的和,由核范数为凸集,式(4.6)中限制条件也为凸集,则式(4.6)为凸问题.

在实际测量中,会有一定的误差,比如环境干扰、设备测量误差等,若用 ε 表示外界噪声,那么式(4.6)可以写为

$$\arg\min_{\rho}\|\rho\|_*$$
$$\text{s.t. } \|y - A\mathrm{vec}(\rho)\|_2 < \varepsilon \tag{4.7}$$

利用压缩传感理论,将量子态估计问题写为式(4.6)中的基于压缩传感的量子态估计问题.基于压缩传感的量子态估计与常规的量子态估计最大的区别在于:可以用远小于常规的量子态估计的测量配置对应的测量值(常规的量子态估计为 d^2-1,基于压缩传感的量子态估计为 M,$M\ll d^2$),准确重构出未知系统的密度矩阵,从而可以大量减少测量量,大幅提高量子态估计效率.

4.1　测量矩阵的构造

本节基于压缩传感理论所得到的结果(Gross et al.,2010;Flammia et al.,2012),研究基于压缩传感的量子态估计中,分析一个给定矩阵能否作为测量矩阵的准则和研究方法.一个矩阵能作为基于压缩传感的量子态估计的测量矩阵是指用该矩阵作为测量矩阵能够保证准确且唯一地重构出量子系统的密度矩阵.基于压缩传感的量子态估计可以有效地降低精确重构出系统密度矩阵所需的测量值数目.那么,对于不同的测量集,其测量值数目最多可以降为多少呢?为了回答这个问题,本节分析了五种常见的测量集,包括

泡利测量（Pauli measurements）、柏拉图立方体测量（Platonic solid measurements）、Stokes 参数测量（Stokes measurements）、独立同分布的对称 Bernoulli 分布的测量矩阵（i.i.d. symmetric Bernoulli distribution）、高斯测量集合测量矩阵（Gaussian measurement ensemble）的测量配置数目下界.

重写基于压缩传感的量子态估计问题(4.6)：

$$\arg \min_{\rho} \parallel \rho \parallel_*$$
$$\text{s.t.} \ y = A\text{vec}(\rho) \tag{4.8}$$

其中

$$A = \left[\text{vec}(\pi_1), \text{vec}(\pi_2), \cdots, \text{vec}(\pi_M)\right]^{\dagger} \tag{4.9}$$

$A \in \mathbb{C}^{M \times d^2}$ 称为测量矩阵或者观测矩阵，$\pi_1, \pi_2, \cdots, \pi_M$ 是一组大小为 M 的投影算子，对应一组测量配置，M 为测量值数目.

通常把一组线性独立对应的测量配置称为一个测量集（measurement set），可以表示为

$$\{\pi_i, i \in \Omega\} \tag{4.10}$$

其中，$\Omega = \{0, 1, \cdots, N-1\}$，$N$ 为集合 Ω 的大小.

当一个测量集的测量值 $y_i \left[y_i = \text{tr}(\pi_i \rho)\right]$ 的数目等于未知系统的待辨识的参数数目（$d \times d = 4^n$）时，称该测量集为完备测量集；如果大于待辨识的参数数目，则该测量集被称为超完备测量集. 量子态估计为运用一个测量集 $\{\Pi_i, i \in \Omega\}$ 以及与之对应的测量值 $\{y_i, i \in \Omega\}$ 来计算未知系统的密度矩阵 ρ 的过程. 测量集的选择非常重要，因为如果选择的测量集不合适，会导致密度矩阵不能正确重构. 常规的量子态估计通常用完备集或者超完备集，而在基于压缩传感的量子态估计中，使用的为一组不完备测量集，大幅度地减少测量配置数目，从而达到减少测量值的目的. 考虑到实际的实施过程，人们更倾向于使用部分的完备或者部分的超完备测量集作为基于压缩传感的量子态估计的测量集，也就是基于压缩传感的量子态估计的测量集 Π 为一个完备或者超完备测量集的真子集：

$$\Pi = \{\pi_{i_1}, \pi_{i_2}, \cdots, \pi_{i_M}\} \subseteq \{\pi_i, i \in \Omega\} \tag{4.11}$$

其中，$M \ll N, N \geqslant d^2$，N 为集合 Ω 的大小.

4.2　最优测量比率与重构误差

定义测量比率：

$$\eta = \frac{M}{d^2} \qquad\qquad (4.12)$$

η 越小,测量值的数目越少,由于 η 正比于 M,则降低测量值数目实际上也是降低测量比率.当 $\eta=1$ 时,此时测量集为完备测量集,当 $\eta>1$ 时,为超完备测量集.在压缩传感中也被称做压缩比率.

压缩传感理论表明,当式(4.9)中的测量矩阵 $A\in \mathbf{C}^{M\times d^2}$ 满足一定的条件时,系统的密度矩阵可以准确且唯一地重构.要验证一个矩阵是否满足压缩传感所要求的条件,要用到压缩传感中的两个理论:① 约束等距性(Rank-Restricted Isometry Property,简称 rank RIP)(Candès,2008);② 对偶认证(dual certification)(Flammia et al.,2012).这两个理论都已经有一些研究成果可以应用到具体的量子状态的估计中.另外对于不满足这两个理论应用条件的测量矩阵,可以用数值仿真的分析方法.

4.2.1 秩约束等距性

约束等距性(RIP)是由 Candès 和 Tao 首先研究的,用于稀疏向量的重构(Candès,Tao,2005).之后 Recht 等人在此基础上推广到低秩矩阵的重构(Recht et al.,2010),本书中称之为 rank RIP. rank RIP 的定义可以表述为:对将矩阵投影为一个向量的线性映射 Λ,如果存在这样的最小的常数 $\delta_r \in (0,1)$,使得

$$(1 - \delta_r)\,\|X\|_{\mathrm{F}} \leqslant \|\Lambda(X)\|_{\mathrm{F}} \leqslant (1 + \delta_r)\,\|X\|_{\mathrm{F}} \qquad\qquad (4.13)$$

对任意的秩不超过 r 的矩阵 X 都成立,则称该线性映射满足 rank RIP,δ_r 称为约束等距常数.其中,$\|\cdot\|_{\mathrm{F}}$ 为 Frobenius 范数,$\|X\|_{\mathrm{F}} = \sqrt{\sum x_{ij}^2}$ 等于矩阵奇异值组成的向量的 ℓ_2 范数.

秩 RIP(rank RIP)在基于压缩传感的量子态估计中的几何解释是:如果在 $\mathbf{C}^{d\times d}$ 空间中一个秩为 r 的矩阵投影到一个 M 维度的子空间,这个过程只会引起很小的 2 范数失真,那么就称这个投影满足秩 RIP,其中 M 为远小于 d^2 的正整数.在基于压缩传感的量子态估计中,$\Lambda(\rho)$ 的表现形式为 $A\cdot\mathrm{vec}(\rho)$.约束等距常数 δ_r 可以描述秩不超过 r 的任意矩阵在该投影下的最大失真程度,$\delta_r \in (0,1)$.同一个投影对于不同的秩的矩阵有不同的约束等距常数,例如,δ_{2r} 为使得式(4.13)对任意秩不超过 $2r$ 的矩阵都成立的最小常数.由秩 RIP 的定义,如果 $r\leqslant r'$,那么 $\delta_r \leqslant \delta_{r'}$,即 $\delta_r \leqslant \delta_{2r}$.秩 RIP 指出,如果观测矩阵 A 满足秩 RIP 且约束等距常数 δ_r 足够小(例如 $\delta_{2r}<1$,$\delta_{5r}<0.1$ 等),则凸问题(4.8)的

最优解唯一且等于密度矩阵.

然而,测量矩阵构成的映射是否满足秩 RIP 是一个很难验证的过程,目前尚未找到一个合适的测量矩阵满足秩 RIP.但是,研究发现一定数目的测量配置对应的(这意味着测量矩阵 A 的"行"数达到一定值,不做特殊说明,该"行"数等于测量配置数目)且满足近似等距分布的测量矩阵,可以以极高(接近 1)的概率满足秩 RIP.这里近似等距分布是指:对随机矩阵 A 满足近似等距分布需要满足两个条件,第一,需满足均值等距,即满足 $E(\parallel A(X) \parallel_F^2) = \parallel X \parallel_F^2$;第二,其投影长度偏离中心长度的概率需呈指数减小,即

$$P(\mid \parallel A(X) \parallel_F^2 - \parallel X \parallel_F^2 \mid \geqslant \varepsilon \parallel X \parallel_F^2) \leqslant 2\exp\left[-\frac{M}{2}\left(\frac{\varepsilon^2}{2} - \frac{\varepsilon^2}{3}\right)\right]$$ 对任意 $0 < \varepsilon < 1$ 都成立.这里极高概率是指对于一个给定的测量矩阵,在秩低于 r 的矩阵空间中,只有极其少(接近于 0%)部分的点不满足式(4.13).测量矩阵 A 以极高的概率满足秩 RIP,这意味着此时的测量矩阵以及对应的测量值可以以接近 1 的概率重构出原始的任意低秩矩阵.

满足近似等距分布的矩阵常见的有独立同分布的高斯矩阵(i.i.d. Gaussian enties):$A_{ij} \sim N\left(0, \frac{1}{M}\right)$,独立同分布的对称 Bernoulli 分布(i.i.d. symmetric Bernoulli distribution):

$$A_{ij} = \begin{cases} \sqrt{\dfrac{1}{M}}, & \text{以} \frac{1}{2} \text{概率} \\ -\sqrt{\dfrac{1}{M}}, & \text{以} \frac{1}{2} \text{概率} \end{cases} \tag{4.14}$$

若测量矩阵满足近似等距分布,则一定数目的测量配置对应的测量矩阵 A 以极高的概率满足秩 RIP.由密度矩阵为低秩的方阵,根据 Rechet 等人的理论(Recht et al.,2010)可知:若观测矩阵 A 为近似等距分布的随机变量,对任意的 $\delta \in (0,1)$,存在 c_0,当测量值数目 M(不做特殊说明,也即为测量配置的数目)对应的测量比率 η 满足

$$\eta \geqslant \frac{4c_0 r \log d}{d} \tag{4.15}$$

则测量矩阵 A 以趋于 1 的概率满足秩 RIP,且等距常数 $\delta_r \leqslant \delta$,概率大小为

$$P \geqslant 1 - \exp(c_1 \cdot M) \tag{4.16}$$

其中,c_0, c_1 为仅由 δ 决定的正常数.

特别地,当测量矩阵为高斯测量集合(Gaussian measurement ensemble)时,Candès 等人的研究表明(Candès et al.,2011),所需要的测量值数目 M 可以进一步降低,一个矩阵为高斯测量集合是指,矩阵的每一行 $A_i (1 \leqslant i \leqslant M)$,服从独立同分布,即

$$A_i \sim N\left(0, \frac{1}{M}\right) \qquad (4.17)$$

同时,任意两行 $A_i, A_j (i \neq j)$ 相互独立.根据 Candès 等人的研究结果,测量矩阵 A 为高斯测量集合,对任意的 $\delta \in (0,1)$,存在正常数 D,若测量比率 η 满足(Candès et al., 2011)

$$\eta \geqslant \frac{Dr}{d} \qquad (4.18)$$

则测量矩阵 A 以趋近 1 的概率满足秩 RIP 且等距常数 $,\delta_r \leqslant \delta$ 概率大小为

$$P \geqslant 1 - C\exp(-d \cdot M) \qquad (4.19)$$

其中,C 为正常数.

   需要指出的是,独立同分布的对称伯努利分布、高斯测量集合等测量矩阵是在压缩传感中常用的测量矩阵,但是目前还不能被运用到实际的量子系统测量中.而在实际的测量中,一种很常用的测量方式为泡利测量(Pauli measurements).对于泡利测量,单比特的完备测量集可以写为

$$\{\sigma_0, \sigma_1, \sigma_2, \sigma_3\} \qquad (4.20)$$

其中,$\sigma_0 = I$ 为二阶单位矩阵,$\sigma_1 = \sigma_x, \sigma_2 = \sigma_y, \sigma_3 = \sigma_z$ 为泡利矩阵.更一般地,对于一个 n 比特系统,形如式(4.10)的泡利测量的完备测量集可以写为

$$\{\pi_{i_1, i_2, \cdots, i_n} = \sigma_{i_1} \otimes \sigma_{i_2} \otimes \cdots \otimes \sigma_{i_n} / \sqrt{d}, i_k = 0,1,2,3; k = 1,2,\cdots,n\} \qquad (4.21)$$

根据 Liu 的研究结果(Liu, 2011),在基于压缩传感的量子态估计中,对于式(4.21)中泡利测量的测量集,其满足一定大小的真子集由式(4.9)构成的测量矩阵 A 以极高的概率满足秩 RIP.具体的,若其部分泡利测量集(partial Pauli measurement set)的大小(也即为测量配置数目)对应的测量比率 η 满足

$$\eta \geqslant \frac{C \cdot r \log^6 d}{d} \qquad (4.22)$$

则测量矩阵 A 满足约束等距常数为 δ 的秩 RIP 的概率至少为

$$P \geqslant 1 - e^{-C \cdot \delta^2} \qquad (4.23)$$

其中,$\delta \in (0,1)$ 为固定常数.C 为仅与 δ 有关的常数.

   从式(4.22)可以看出,对于基于压缩传感的量子态估计中的部分泡利测量,测量值

数目(不做特殊说明等于测量配置数目)的下界为$O(rd\log^6 d)$,这相比于常规的量子态估计中的d^2个测量值,尤其对于高量子位的系统,有非常显著的降低.当部分泡利测量集对应的测量配置数目达到下界时,由部分泡利测量集构成的测量矩阵A以极高的概率满足秩RIP,这也意味着可以以极高的概率重构出密度矩阵ρ.需要指出的是,在式(4.23)中,部分泡利测量集构成的测量矩阵仍然存在极小的概率$(e^{-C\cdot\delta^2})$不满足秩RIP,但是由于概率非常小,在实际的量子态估计中可以忽略不计.另外需要注意的是,满足秩RIP是密度矩阵可以准确且唯一地被重构的充分不必要条件.也可能存在这样的情况,一个测量矩阵不满足秩RIP,但是用这个测量矩阵及其测量值,仍可以准确重构出密度矩阵.

从上述分析中可以看出,RIP是一个很好的性质,如果测量矩阵满足一定条件的秩RIP,则可保证精确地重构密度矩阵;若测量矩阵满足近似等距分布,则一定数目的测量值数可以保证以接近1的概率重构出密度矩阵.然而,另一方面,秩RIP又是一个限制性很强的性质,虽然可以很好地分析出测量数目的下界,但是很难验证测量矩阵是否满足RIP,实际运用中,只能运用已经被证明的满足秩RIP的测量矩阵,但是这样的矩阵很少,现实中可使用的更少.人们希望有一种简单好用的理论来判断一个矩阵能否作为测量矩阵.对偶认证为观测矩阵的构造提供了简单、可操作性强的方法.

4.2.2　对偶认证

对于一个式(4.10)所描述的完备或者超完备的测量集$\{\pi_i, i\in\{0,1,2,\cdots,N-1\}\}$,如果$\{\pi_i\}_{i=0}^{N-1}$中的每个投影算子相互正交,其不完备的大小为$M$的随机真子集如式(4.11)所示,则如果测量比率$\eta$满足

$$\eta \geqslant \frac{C\cdot v(1+\beta)r\log d}{d} \tag{4.24}$$

那么优化问题(4.8)的解唯一且等于密度矩阵的概率至少为

$$P \geqslant 1-e^{-\beta} \tag{4.25}$$

其中,β是平衡测量比率下界与准确重构出系统密度矩阵的概率的正常数.

v是密度矩阵ρ与正交测量集$\{\pi_i\}_{i=0}^{N-1}$的相关系数,定义为使得下式成立的最小值:

$$\max_a \|\pi_a\|^2 \leqslant v\frac{1}{d} \tag{4.26}$$

其中,$\| \cdot \|$为谱范数,等于矩阵的最大奇异值. 显然 $v \in [1,d]$,当 π_a 的奇异值分布均匀时,v 取最小值 1,当奇异值集中在一组基上时,v 取最大值 d.

如式(4.21)中描述的泡利测量集中的投影算子是相互正交的,对于每个投影算子 $\pi_{i_1,i_2,\cdots,i_n}$,$\sqrt{d} \cdot \pi_{i_1,i_2,\cdots,i_n}$ 为酉矩阵,酉矩阵的奇异值全部为 1. 则由式(4.26),$\max\limits_{i_1,i_2,\cdots,i_n} \| \sqrt{d} \cdot \pi_{i_1,i_2,\cdots,i_n} \|^2 \leqslant 1$,这意味着对于泡利测量集,$v = 1$. 代入式(4.24),对于部分泡利测量集,当测量比率 η 满足

$$\eta \geqslant \frac{C \cdot r(1+\beta)\log d}{d} \tag{4.27}$$

优化问题(4.8)的解唯一且等于系统密度矩阵 ρ 的概率至少为 $1-d^{-\beta}$,$\beta > 0$.

从式(4.22)和式(4.27)可以看出,相比于用秩 RIP 推导出的部分泡利测量集的测量比率下界,运用对偶认证理论得到的测量比率下界更低. 这意味着,当部分泡利测量集构成的测量矩阵对应的测量值数目为 $O(rd\log d)$ 时,测量矩阵虽然不满足秩 RIP,但是仍然可以作为基于压缩传感的量子态估计的测量矩阵,并且保证优化问题(4.8)的解唯一且等于系统密度矩阵.

4.2.3 量子态重构性能指标

在基于压缩传感理论的量子态估计中,为了衡量系统状态的重构精度,人们提出了不同的衡量重构精度的指标. 其中常用的一个指标为引用自压缩传感的归一化系统状态估计误差 $error$(Li,Cong,2014):

$$error = \frac{\| \rho - \hat{\rho} \|_{\mathrm{F}}^2}{\| \rho \|_{\mathrm{F}}^2} \tag{4.28}$$

其中,$\hat{\rho}$ 为用算法重构的密度矩阵,ρ 为真实密度矩阵,在数值仿真实验中可以由归一化的 Wishart 随机矩阵产生,其形式为(Życzkowski et al.,2011)

$$\rho = \frac{\Psi_r \cdot \Psi_r^{\dagger}}{\mathrm{tr}(\Psi_r \cdot \Psi_r^{\dagger})} \tag{4.29}$$

其中,Ψ_r 是由独立同分布高斯随机量组成的 $d \times r$ 复数矩阵,则这样构造的 ρ 满足密度矩阵需要满足的共轭对称、秩为 r 且迹为 1 的限制条件.

也有一些研究中,运用保真度衡量重构精度 $fidelity$(Li et al.,2011):

$$fidelity = \frac{\langle \hat{\rho}, \rho \rangle}{\| \rho \|_F \| \hat{\rho} \|_F} \tag{4.30}$$

其中,$\langle \hat{\rho}, \rho \rangle$ 表示 $\hat{\rho}$ 与 ρ 的内积.

式(4.28)与式(4.30)均可作为重构精度的衡量指标,实际上,当 $\hat{\rho}$ 与 ρ 在矩阵空间中很接近时,*error* 表示的是两个矩阵夹角的正弦值,而 *fidelity* 表示两个矩阵夹角的余弦值.另外,在有的研究中,保真度的形式为

$$fidelity = [\mathrm{tr}(\sqrt{\sqrt{\hat{\rho}}\rho\sqrt{\hat{\rho}}})]^2 \tag{4.31}$$

具体视需要选择相应的重构精度指标.

重写考虑误差模型(4.7),并且考虑密度矩阵 ρ 不是低秩,而是近似低秩,近似低秩是指矩阵的奇异值集中在几个元素上,其余奇异值为 0 或者接近 0:

$$\arg \min_{\rho} \| \rho \|_*$$
$$\mathrm{s.t.} \ \| y - A\mathrm{vec}(\rho) \|_2 < \varepsilon \tag{4.32}$$

假设 $\hat{\rho}$ 为问题(4.32)的最优解,ρ_r 表示 ρ 的秩为 r 的关于核范数的最佳近似,即 ρ_r 为 $\min_{\rho_r} \| \rho - \rho_r \|$,$\mathrm{s.t.} \ \mathrm{rank}(\rho_r) \leqslant r$ 的最优解,并且考虑有测量误差的情况下,也就是问题的限制条件变为 $\| A \cdot \mathrm{vec}(\sigma) = A \cdot \mathrm{vec}(\rho) \|_F \leqslant \varepsilon$ 时,有(Fazel et al.,2008)

$$error \leqslant C_0 \cdot \frac{\| \rho - \rho_r \|_*}{\| \rho \|_F^2 \sqrt{r}} + \frac{C_1 \cdot \varepsilon}{\| \rho \|_F^2} \tag{4.33}$$

其中,C_0, C_1 为仅由等距常数决定的正常数.

从式(4.33)中可以看出,误差由两部分组成:一部分来自于矩阵的低秩估计带来的误差 $\dfrac{\| \rho - \rho_r \|_*}{\sqrt{r}}$,若只考虑纯态,此时密度矩阵 ρ 的秩为 r,即 $\rho = \rho_r$,则此项误差为零;另一部分由测量误差水平 ε 决定,在问题(4.8)中,若不考虑测量误差,则此项也为零.

4.3 仿真实验及其结果分析

秩 RIP 与对偶认证为一个矩阵或者一个测量集的子集构成的测量矩阵能否作为基

于压缩传感的量子态估计的测量矩阵提供了判断依据和准则.然而有些测量集难以验证是否满足秩 RIP,并且不满足对偶认证要求测量集的投影算子相互正交的前提条件,比如斯托克斯(Stokes)测量集、柏拉图立方体测量集等.此时可以用数值仿真的方法.

斯托克斯测量(Stokes measurements)(James et al.,2001)是由 James 于 2001 年提出的.对于单比特的量子态估计,斯托克斯测量集可以表示为

$$\{\mu_0,\mu_1,\mu_2,\mu_3\} \tag{4.34}$$

其中,$\mu_0 = |H\rangle\langle H| + |V\rangle\langle V|$,$\mu_1 = |H\rangle\langle H|$,$\mu_2 = |D\rangle\langle D|$,$\mu_3 = |R\rangle\langle R|$.$|H\rangle \equiv |0\rangle = \begin{bmatrix} 1 \\ 0 \end{bmatrix}$ 为水平极化态矢(horizontal polarization),$|V\rangle \equiv |1\rangle = \begin{bmatrix} 0 \\ 1 \end{bmatrix}$ 为垂直极化态矢(vertical polarization).$|D\rangle \equiv (|H\rangle + |V\rangle)/\sqrt{2}$ 为对角极化态矢(diagonal polarization),$|R\rangle \equiv (|H\rangle + \mathrm{i}|V\rangle)/\sqrt{2}$ 为右圆极化态矢(right-circular polarization).更一般地,对于一个 n 比特系统,形如式(4.10)的斯托克斯测量的完备测量集可以写为

$$\left\{\pi_{i_1,i_2,\cdots,i_n} = \mu_{i_1} \otimes \mu_{i_2} \otimes \cdots \otimes \mu_{i_n} / \sqrt{d}, i_k = 0,1,2,3; k = 1,2,\cdots,n\right\}$$
$$\tag{4.35}$$

柏拉图立方体测量(Platonic solid measurements)(de Burgh et al.,2008)是 2008 年提出来的测量集.对于单比特的原子比特实验模型与双探测器光子实验模型中,每个测量配置对应两个互相垂直的纯态对应的测量值,第 i 个测量配置对应的两个测量值可以表示为两个互相垂直的投影算子:

$$O(\pm m_i) = \frac{I \pm m_i \cdot \sigma}{2} \tag{4.36}$$

其中,m_i 为一个实数三维的单位 Bloch 向量;σ 是由泡利矩阵组成的向量($\sigma_x,\sigma_y,\sigma_z$),$O(+m_i)$ 与 $O(-m_i)$ 相互正交.一个单比特的柏拉图立方体测量集定义为一个包含不同的测量配置对应的投影算子的集合:

$$\{O(\pm m_i), i = 1,2,\cdots,L\} \tag{4.37}$$

其中,$2L$ 个 Bloch 向量 $\pm m_1, \pm m_2, \cdots, \pm m_L$ 与柏拉图立方体的 $2L$ 个面的中心点一一对应.

有五种常见的柏拉图立方体:四面体、立方体、八面体、十二面体和二十面体.$+m_i$ 与 $-m_i$ 这两个单位 Bloch 向量对应一个柏拉图立方体的两个对面.除了四面体其他的柏拉图立方体的每个面均有一个对面.因此四面体的柏拉图立方体测量不能运用于原子比特实验模型与双探测器光子实验模型.对于单探测器光子实验模型,由于正交纯态对应

的测量值没有被测量，L 个测量值对应 L 个测量配置，此时四面体的柏拉图立方体与其他柏拉图立方体都可以被运用于测量. 对于一个 n 比特系统，形如式(4.8)的柏拉图立方体测量的完备或超完备测量集可以写为

$$\{\pi_{i_1,i_2,\cdots,i_n} = O(\pm m_{i_1}) \bigotimes O(\pm m_{i_2}) \bigotimes \cdots \bigotimes O(\pm m_{i_n})/\sqrt{d},$$
$$i_k = 0,1,2,\cdots,L; k = 1,2,\cdots,n\} \tag{4.38}$$

泡利测量集与斯托克斯测量集均为完备测量集. 而柏拉图立方体测量集的大小与模型相关，对于单比特的原子比特实验模型与双探测器光子实验模型，其测量值数目均为 $(2L)^n$（此时四面体的柏拉图立方体测量不能被运用），此时测量集为超完备集. 对于单探测器光子实验模型，其测量值数目均为 L^n，意味着对于四面体的柏拉图立方体测量，其测量集为完备集，而其他柏拉图立方体测量集为超完备集.

显然对于斯托克斯测量集与柏拉图立方体测量集，测量集中的投影算子并不满足相互正交，而另一方面，两个测量集的子集构成的测量矩阵是否满足秩 RIP 目前尚无这方面的研究. 本节对于这样的测量集，我们用数值仿真的方法，通过不断地增加测量比率，探索在仿真数据下，是否存在某个测量比率阈值，当测量比率超过这个阈值时，可以用算法准确重构出预设的密度矩阵，如果存在，则认为对于这样的测量集，存在子集构成的密度矩阵，可以作为基于压缩传感的密度矩阵，并且测量值数目下界即为该阈值测量比率对应的测量值数目.

本节用仿真实验的方式对 4.2 节基于压缩传感的量子态估计中，式(4.14)中独立同分布的对称伯努利分布矩阵、式(4.14)中的高斯测量集合、式(4.21)中泡利测量集对应的测量值数目下界(4.15)、(4.18)、(4.27)进行了验证. 并对式(4.35)中的斯托克斯测量集和式(4.38)中对应的四面体柏拉图测量集的测量值数目下界进行了探索. 进一步地，我们回答了这样一个问题：在实际运用中，为得到较高的估计正确率（这里取 95%），在不同的测量矩阵下，至少需要的测量数目 M 为多少？

本实验验证在五种不同测量矩阵下，基于压缩传感的量子态估计的测量比率下界，也就是验证至少需要多少测量配置可以精确恢复出密度矩阵. 重构算法为 FP-ADMM 算法（详见第 6 章）. 具体的实验做法是，运用重构算法，在无干扰的情况下，量子位 $n=6$，对于用五种不同的测量矩阵测量时，描述归一化状态估计误差 error 与测量比率 η 的变化关系.

所选用的五种矩阵为：

(1) 独立同分布的对称伯努利分布矩阵(4.14)；

(2) 式(4.17)中的高斯测量集合；

(3) 式(4.21)中泡利测量集的子集构成的测量矩阵；

（4）式(4.35)中的斯托克斯测量集的子集构成的测量矩阵；

（5）式(4.38)中对应的四面体柏拉图测量集的子集构成的测量矩阵.

实验中，在每种测量比率下，测量并重构 3 次，每次迭代 100 次，归一化系统状态估计误差取 3 次的平均值，所得结果如图 4.1 所示.

图 4.1 为运用 FP-ADMM 算法，对不同测量矩阵在基于压缩传感的量子态估计中的测量比率下界的实验结果.其中，品红色加号线、绿色点线、红色星线、黑色圆圈线、蓝色叉号线分别表示高斯测量集合、独立同分布的对称伯努利分布矩阵、泡利测量集的子集构成的测量矩阵、斯托克斯测量集的子集构成的测量矩阵、四面体柏拉图测量集的子集构成的测量矩阵.蓝色虚线表示归一化状态估计误差 error 为 0.05. error 大于 1 的取为 1.

从图 4.1 中可以看出：

（1）当 $n = 6$ 时，对于泡利测量集和四面体柏拉图测量集，测量比率分别约为 0.08 和 0.32，可以精确恢复出密度矩阵，高斯测量集合和独立同分布的对称伯努利分布矩阵比率约为 0.04，可以精确恢复出密度矩阵；对于斯托克斯测量集，其部分子集构成的测量矩阵不能精确重构出系统密度矩阵.然而由于高斯测量集合和独立同分布的对称伯努利分布矩阵目前还不能运用于实际的量子系统测量，又因为泡利测量集所需的最少测量比率比四面体柏拉图测量集更少，这使得泡利测量成为目前基于压缩传感的量子态估计中最好用的测量矩阵.

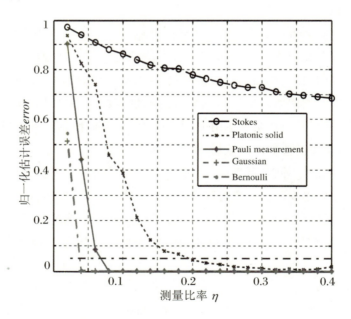

图 4.1　五种不同测量矩阵在不同测量比率下的重构归一化误差

（2）根据式（4.27），对于泡利测量集，当 $n=6$ 时，测量比率的下界为 $\eta = \dfrac{C \cdot r(1+\beta)\log d}{d}\Big|_{n=6} = 0.065 \cdot C(1+\beta)$，而图 4.1 中红色星线表明下界为 0.08，从而可以计算出系数 $C(1+\beta)\approx 1.23$. 那么类似地，可以计算出，对于 $n=5$ 和 $n=7$，测量比率至少要为 0.13 和 0.05 才能保证精确重构密度矩阵.

（3）在实际运用中，通常当估计误差很小时，认为正确重构出了密度矩阵. 若正确率达到 95% 以上，即 $error \leqslant 0.05$，则认为正确重构出了密度矩阵. 那么由图 4.1，用 FP-ADMM 算法，在迭代 100 次的情况下，当 $n=6$ 时，对于泡利测量集的子集构成的测量矩阵，约 0.07 的测量比率可正确恢复出密度矩阵；对于四面体柏拉图测量集的子集构成的测量矩阵，约 0.2 的测量比率可正确恢复出密度矩阵，这意味着，基于压缩传感的量子态估计，对于泡利测量和四面体柏拉图测量，至少分别需要 287 和 820 个测量值才能保证重构准确率达到 95%.

本节研究了基于压缩传感的量子态估计问题中，测量矩阵的研究方法，包括秩 RIP、对偶认证方法，对于两者不适用的情况，可以运用数值仿真的方法；本节还研究了基于压缩传感的量子态估计问题的重构误差，并对五种常用的测量集的子集对应的测量矩阵进行了分析，研究结果显示测量配置下界可以降低到 $O(rd\log d)$；最后，基于压缩传感得到的理论值，运用仿真实验的方法，对五种测量矩阵重构性能进行比较，由此获得最优测量比率及重构误差，这对实际的基于压缩传感的量子态估计实验具有理论指导意义.

4.4 基于泡利测量的量子本征态估计最优测量集的构造方法

在量子信息处理及其系统控制的研究中，量子态估计是极为重要的一部分. 量子层析就是一种人们最初用来进行量子态估计的方法. 对于一个 n 量子位的量子系统，所要估计的量子态参数的维数 d 是随着 n 的增长呈指数增加的. 常规的量子层析方法需要 $O(d^2)$ 个测量配置才能精确恢复出 $d\times d$ 个参数的密度矩阵. 以对 $n=8$ 的量子系统的状态进行估计为例，至少需要 $d\times d = 2^8 \times 2^8 = 65536$ 次测量，如果能通过少量的测量配置，就可以同样精确估计出密度矩阵，那么将有可能极大地提高量子态估计的效率. 我们已经知道基于压缩传感理论，可以得到最少的测量配置数目，这可以极大地减少量子层析的测量次数. 基于压缩传感理论的量子态估计对密度矩阵的空间结构没有做除低秩之外的任何假设.在实际的研究中,当人们研究的纯态为本征态时,此时的密度矩阵除了满足低秩条件,还同时具有这样的特殊结构:只有对角线上的某一位置的元素为1,其他元素均为0.此时,准确恢复出系统密度矩阵的最少测量配置数可以进一步降低.

本节的主要贡献为:基于密度矩阵这样的特殊的空间结构,证明存在一组或者多组大小为 $O(n)$ 测量配置集合,可以精确地估计出系统密度矩阵,并且本节提出一种自下而上的最优测量配置集的构造方法.由于所提出的大小为 $O(n)$ 的测量配置集相对于目前压缩传感的量子态估计所需测量配置数目下界有数量级上的降低,因此本书将这样的测量配置集合称为最优测量配置集.这一结果的获得,将极大地降低实际实验中有关本征态估计的测量次数,从而可以进一步减少状态估计所需要花费的时间,对在线进行量子态估计提供理论上的保障.

4.4.1 主要结果

一个正交投影测量结果 y_i 可以写为

$$y_i = \langle \varphi_i \mid \rho \mid \varphi_i \rangle = \mathrm{tr}(\pi_i \rho) \tag{4.39}$$

其中,$\pi_i = \mid \varphi_i \rangle \langle \varphi_i \mid$ 为投影算子,y_i 表示 ρ 投影到纯态 $\mid \varphi_i \rangle$ 的概率.

在量子态估计中,一组测量配置可表示为一组投影算子的集合.对于泡利测量,其测量配置集合的形式可以表示为

$$\{\pi_{i_1,i_2,\cdots,i_n} = \sigma_{i_1} \otimes \sigma_{i_2} \otimes \cdots \otimes \sigma_{i_n}, i_k = 0,x,y,z; k = 1,2,\cdots,n\} \tag{4.40}$$

其中,$\sigma_0 = \begin{pmatrix} 1 & 0 \\ 0 & 1 \end{pmatrix}$,$\sigma_x = \begin{pmatrix} 0 & 1 \\ 1 & 0 \end{pmatrix}$,$\sigma_y = \begin{pmatrix} 0 & -\mathrm{i} \\ \mathrm{i} & 0 \end{pmatrix}$,$\sigma_z = \begin{pmatrix} 1 & 0 \\ 0 & -1 \end{pmatrix}$ 分别为二阶单位矩阵与泡利矩阵,该测量配置集合大小为 d^2.

常规的量子层析方法需要 $O(d^2)$ 次测量才能精确恢复出密度矩阵.压缩传感理论指出,如果量子系统为纯态或者近似纯态,此时密度矩阵为低秩矩阵(纯态时秩为1),那么从式(4.39)的 d^2 个测量配置中随机选取 $O(rd\log d)$ 个测量配置,就有可能准确地恢复出任意纯态或者近似纯态的密度矩阵.基于压缩传感理论对量子态估计所获得的最小采样次数适用于任意的纯态或者近似纯态的量子系统,对密度矩阵的空间结构没有做除低秩之外的任何假设.不过在实际实验中,当人们仅对纯态中的本征态进行估计时,此时密度矩阵虽然仍为 $r=1$ 的低秩矩阵,但它是一类特殊的低秩矩阵:只有对角线上的某一位置的元素为1,其他元素均为0.此时,准确恢复出系统密度矩阵的最少测量配置数可进

一步降低. 我们将本征态的最少测量配置用定理 4.1 给出.

定理 4.1 对于一个 n 比特的量子系统, 由单位矩阵 σ_0 以及泡利矩阵 σ_z 直积得到的大小为 2^n 的测量配置集合:

$$\{\pi_{i_1,i_2,\cdots,i_n} = \sigma_{i_1} \bigotimes \sigma_{i_2} \bigotimes \cdots \bigotimes \sigma_{i_n} : \sigma_{i_1}, \sigma_{i_2}, \cdots, \sigma_{i_n} \in \{\sigma_0, \sigma_z\}\} \qquad (4.41)$$

记为 π.

对于本征态密度矩阵 ρ, 存在一组或多组大小为 n 的属于 π 的子集的测量配置集合 $\{\pi_{i,n}, i = 1, 2, \cdots, n\}$, 用与之对应的测量结果, 可以恢复出任意的本征态的密度矩阵, 我们把这样的子集叫做最优测量配置集.

由定理 4.1 所递推得到的最优测量配置集合的构造方法可以进一步解释为:

假设集合 $\{\pi_{i,n}, i = 1, 2, \cdots, n\}$ 是量子位为 n 时的一个最优测量配置集, 记为

$$\pi_0 = \{\pi_{i,n} \bigotimes \sigma_0, i = 1, 2, \cdots, n\} \quad \text{和} \quad \pi_z = \{\pi_{i,n} \bigotimes \sigma_z, i = 1, 2, \cdots, n\}$$
$$(4.42)$$

那么 π_z 中任意一个元素与 π_0 集合所构成的并集, 或者 π_0 中任意一个元素与 π_z 集合所构成的并集, 可以构成 $n+1$ 量子位系统的最优测量配置集 $\{\pi_{i,n+1}\}$, 且当 $n = 1$ 时, $\{\pi_{i,1}\} = \{\sigma_z\}$.

4.4.2 定理 4.1 的证明

要证明最优测量配置集 $\{\pi_{i,n+1}\}$ 的存在, 只需证明定理 4.1 中的最优测量配置集合的构造方法构造出的测量配置集及其对应的测量结果, 可以恢复出任意的本征态密度矩阵. 证明过程分为两步:

第一步: 证明测量配置集合 π 及其测量结果可以恢复出任意的除对角线外其他元素为零的密度矩阵;

第二步: 证明存在一个或多个属于 π 集合的子集, 且大小为 n 的集合, 可以恢复出任意的本征态密度矩阵.

第一步证明中需要用到引理 4.1. 引理 4.1 指出 2^n 个测量配置可以恢复出任意的除对角线外其他元素为零的密度矩阵. 当待估计的状态为本征态时, 密度矩阵除了满足除对角线外其他元素为零, 而且对角线上只有一个元素为 1, 其余元素均为 0. 此时, 可以证明, 式 (4.41) 中测量配置集合中存在大小为 n 的子集, 使用该子集以及对应的测量结果可以恢复出任意本征态的密度矩阵.

引理 4.1 由单位矩阵 σ_0 和泡利矩阵 σ_z 直积得到的大小为 2^n 的测量配置集合

$$\{\pi_{i_1,i_2,\cdots,i_n} = \sigma_{i_1} \otimes \sigma_{i_2} \otimes \cdots \otimes \sigma_{i_n} : \sigma_{i_1}, \sigma_{i_2}, \cdots, \sigma_{i_n} \in \{\sigma_0, \sigma_z\}\} \quad (4.43)$$

以及与之对应的由式(4.39)得到的测量结果 y_i,可以精确地恢复出任意的除对角线外其他元素为零的密度矩阵 $\{\rho : \rho_{ij} = 0, \forall i \neq j\}$.

证明 对任意的 $\rho \in \{\rho : \rho_{ij} = 0, \forall i \neq j\}$,由正交投影测量结果式(4.39)可得

$$y_i = \mathrm{tr}(\pi_i \rho) = \mathrm{diag}(\pi_i) \cdot \mathrm{diag}(\rho)^{\mathrm{T}} \quad (4.44)$$

对于任意的

$$\Pi_i \in \{\Pi_{i_1,i_2,\cdots,i_n} = \sigma_{i_1} \otimes \sigma_{i_2} \otimes \cdots \otimes \sigma_{i_n} : \sigma_{i_1}, \sigma_{i_2}, \cdots, \sigma_{i_n} \in \{\sigma_0, \sigma_z\}\}$$

存在关系式:

$$\mathrm{diag}(\Pi_i) = \mathrm{diag}(\sigma_{i_1}) \otimes \mathrm{diag}(\sigma_{i_2}) \otimes \cdots \otimes \mathrm{diag}(\sigma_{i_n}) \quad (4.45)$$

实际上在 2^n 的测量配置中,一共有 2^n 个这样的 Π_i. 这 2^n 个 Π_i 的对角线向量 $\mathrm{diag}(\Pi_i)$ 相互正交. 那么由式(4.44)可以构成 2^n 个这样的方程组,其中 $\mathrm{diag}(\rho)$ 具有 2^n 个未知数,由此可以刚好解出 $\mathrm{diag}(\rho)$,因为 ρ 除对角线外其他元素为零,由此可以得到密度矩阵 ρ. 证毕.

对于一个本征态的密度矩阵,除了对角线上的某一个元素为 1,其余元素为 0,那么对角线向量 $\mathrm{diag}(\rho)$ 中只有一个元素为 1,其余元素为 0. 由式(4.43)中的 $\sigma_{i_1}, \sigma_{i_2}, \cdots, \sigma_{i_n} \in \{\sigma_0, \sigma_z\}$ 可得 $\mathrm{diag}(\sigma_{i_k})$ 的值或者为 1 或者为 -1,那么由式(4.45)可知,向量 $\mathrm{diag}(\Pi_i)$ 中的元素也或者为 1 或者为 -1. 由此通过式(4.45)可知,对于本征态的密度矩阵,式(4.41)中的测量结果 y_i 为 1 或者为 -1.

当 $n = 1$ 时,对于纯态的密度矩阵,只有 $\rho = \begin{bmatrix} 1 & 0 \\ 0 & 0 \end{bmatrix}$ 或者 $\rho = \begin{bmatrix} 0 & 0 \\ 0 & 1 \end{bmatrix}$ 两种情况. 对于 $\{\pi_{i,1}\} = \{\sigma_z\}$,如果测量结果的序列 $\{y_i\}$ 为 $\{1\}$,那么密度矩阵 $\rho = \begin{bmatrix} 1 & 0 \\ 0 & 0 \end{bmatrix}$,否则如果测量结果的集合 $\{y_i\}$ 为 $\{-1\}$,那么可以判断密度矩阵 $\rho = \begin{bmatrix} 0 & 0 \\ 0 & 1 \end{bmatrix}$. 反之,如果 $\{\pi_{i,1}\} = \{\sigma_0\}$,那么无论密度矩阵为哪种情形,测量结果均为 $\{1\}$,显然无法判断密度矩阵为哪种情况,即不能准确估计出密度矩阵,故 $\{\pi_{i,1}\} = \{\sigma_z\}$ 为 $n = 1$ 时的最优测量集合.

假设当 $n = k$ 时,系统的最优测量配置集合为 $\{\pi_{i,k}, i = 1, 2, \cdots, k\}$,其中 k 个测量配置对应的测量结果序列 $\{y_i, i = 1, 2, \cdots, k\}$ ($y_i \in \{-1, 1\}$) 两两不相同. 令 $\Pi_0 = \{\pi_{i,k} \otimes \sigma_0, i = 1, 2, \cdots, k\}$,$\Pi_z = \{\pi_{i,k} \otimes \sigma_z, i = 1, 2, \cdots, k\}$,显然集合 Π_0, Π_z 大小也为 k.

当 $n = k+1$ 时,记对角线 (i,i) 位置为 1,其余元素为 0 的密度矩阵为 $\rho_i (i = 1, 2, \cdots, 2^{k+1})$. 那么对于任意的 $\rho_i (i \in \{1, 2, \cdots, 2^k\})$,任意一个投影算子 $\pi \in \Pi_0$ 有

$$\mathrm{tr}(\pi \rho_i) = \mathrm{tr}(\pi \rho_{i+2^k}) \tag{4.46}$$

而 $\mathrm{tr}(\pi \rho_i)(i = 1, 2, \cdots, 2^k)$ 对应的测量结果序列与 $n = k$ 时的测量结果序列相同,那么 Π_0 测量结果的序列 $\{y_i\}$ 中的每一个序列对应两种情况下的密度矩阵:ρ_i 与 $\rho_{i+2^k}(i \in \{1, 2, \cdots, 2^k\})$. 任意选取 Π_z 中的第 $j(j \in \{1, 2, \cdots, k\})$ 个元素,$\pi_j = \pi_{j,k} \otimes \sigma_z = \begin{bmatrix} \pi_{j,k} & 0 \\ 0 & -\pi_{j,k} \end{bmatrix}$. 显然对 $\pi_j \in \Pi_z$ 有

$$\mathrm{tr}(\pi_j \rho_i) = -\mathrm{tr}(\pi_j \rho_{i+2^k}) \tag{4.47}$$

由此可对 ρ_i 与 ρ_{i+2^k} 进行区分. 那么,集合 $\{\Pi_0, \pi_j\}$ 可将 ρ 投影为一一对应的两两不相同的测量结果序列,由此可知,集合 $\{\Pi_0, \pi_j\}$ 为 $n = k+1$ 时的最优测量配置集合.

同理可证,Π_0 中任意一个元素与 Π_z 集合所构成的并集可以构成 $n+1$ 位量子系统的最优测量配置集.

需要指出的是,定理 4.1 中给出的构造方法只是在式 (4.43) 中的测量集合中找出了一部分的最优测量配置集. 记 n 位量子系统的最优测量配置集有 $T(n)$ 个,则有

$$T(n+1) = T(n) \cdot 2n, \quad n \geqslant 2 \tag{4.48}$$

且当 $n = 1$ 时,$T(1) = 1$,即对于 1 位的量子系统,该方法可以构造出 1 组最优测量集,2 位系统时为 1 组,3 位系统时为 4 组,4 位系统时为 24 组,5 位系统时为 192 组.

4.4.3　实验验证及其结果分析

为了验证理论的正确性,本小节以 4 量子位本征态密度矩阵的重构为例,通过定理 4.1 的构造方法,构造其中一个最优测量配置集,重构不同的本征态,并给出重构算法.

1. 最优测量配置集的构造

运用定理 4.1 的自上而下的构造方法,选择 Π_z 的第一个元素与 Π_0 集合所构成的并集作为最优测量配置集,由此可以得到一种 4 量子位的最优测量集:

$$\begin{aligned} &\{\sigma_z \otimes \sigma_0 \otimes \sigma_0 \otimes \sigma_0, \sigma_z \otimes \sigma_z \otimes \sigma_0 \otimes \sigma_0, \\ &\sigma_z \otimes \sigma_0 \otimes \sigma_z \otimes \sigma_0, \sigma_z \otimes \sigma_0 \otimes \sigma_0 \otimes \sigma_z\} \end{aligned} \tag{4.49}$$

2. 重构算法

对于本征态的密度矩阵,除了对角线上的第 i 个元素为 1,其余元素为 0,记为 ρ_i ($i = 1, 2, \cdots, d$). 将式(4.49)中的最优测量配置集中的测量配置对应的测量算子依次作用于 ρ_i,由式(4.44)可以得到一组测量结果序列,记为 $\{y_1, y_2, y_3, y_4\}$,此时可以通过查表的方式获得本征态的密度矩阵. 如表 4.1 所示,其中第一列为测量结果序列,第二列为重构出的密度矩阵.

表 4.1 由测量结果序列重构的本征态密度矩阵对应表

测量结果序列	重构出的密度矩阵 ρ_i
$\{1, 1, 1, 1\}$	ρ_1
$\{1, 1, 1, -1\}$	ρ_2
$\{1, 1, -1, 1\}$	ρ_3
$\{1, 1, -1, -1\}$	ρ_4
$\{1, -1, 1, 1\}$	ρ_5
$\{1, -1, 1, -1\}$	ρ_6
$\{1, -1, -1, 1\}$	ρ_7
$\{1, -1, -1, -1\}$	ρ_8
$\{-1, -1, -1, -1\}$	ρ_9
$\{-1, -1, -1, 1\}$	ρ_{10}
$\{-1, -1, 1, -1\}$	ρ_{11}
$\{-1, -1, 1, 1\}$	ρ_{12}
$\{-1, 1, -1, -1\}$	ρ_{13}
$\{-1, 1, -1, 1\}$	ρ_{14}
$\{-1, 1, 1, -1\}$	ρ_{15}
$\{-1, 1, 1, 1\}$	ρ_{16}

3. 算法验证

假设待重构的本征态密度矩阵为 ρ_2,由式(4.41),有该待重构的本征态密度矩阵在 $\sigma_z \otimes \sigma_0 \otimes \sigma_0 \otimes \sigma_0$ 上的投影测量结果:

$$y_1 = \mathrm{tr}(\sigma_z \otimes \sigma_0 \otimes \sigma_0 \otimes \sigma_0 \cdot \rho\_2) = 1 \qquad (4.50)$$

同理可得,$y_2 = 1$,$y_3 = 1$,$y_4 = -1$. 也即对于该待重构的本征态密度矩阵,式(4.49)中的测量配置集的测量结果序列为 $\{1, 1, 1, -1\}$,由表 4.1 可知,该序列对应的重构密度矩阵为 ρ_2,与假设一致,由此验证该算法的准确性. 实验结果如图 4.2 所示,其中图 4.2(a)

为待重构的本征态密度矩阵,图 4.2(b)为算法重构出的密度矩阵,算法重构的密度矩阵与待重构的密度矩阵是完全一致的,重构准确度为 100%.

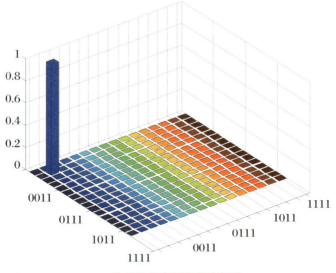

(a) 待重构的本征态密度矩阵

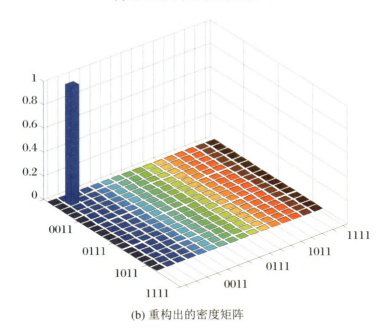

(b) 重构出的密度矩阵

图 4.2 待重构的本征态密度矩阵与重构出的密度矩阵

当待估计的量子态为本征态时,基于此时密度矩阵特有的先验空间结构,采用泡利矩阵直积作为测量矩阵,本小节证明此时存在一组或者多组测量配置数目为 $O(n)$ 的最优测量配置集,可以精确恢复出系统密度矩阵.相对于常规的量子层析方法以及基于压缩传感的量子态估计方法所需的最少测量配置数目,此情况下所需要的测量数目极大地降低.因而可以更进一步地加快量子态的估计速度和提高量子态的估计效率,并且本小节提出一种自下而上的最优测量配置集的方法,能够有效地构造出任意 n 比特位的量子系统的最优测量配置集.

4.5 具有低秩和稀疏结构的密度矩阵的重构

传统的基于压缩传感的量子态估计方法能够重构出一个低秩的密度矩阵对系统的密度矩阵进行近似.而在实际的一些物理实验中,我们发现,人们所研究的密度矩阵不仅是低秩的,并且是稀疏的.利用这一信息,本节提出结合低秩与稀疏优化的量子态估计模型,并且从理论上证明了当测量配置数满足一定限制条件时,该模型的解唯一且等于系统密度矩阵.另外,本节结合不动点方程,并通过对软阈值算子从实数域到复数域的推广,提出了分步策略的重构算法.利用该算法,用核磁共振装置所测量到的数据进行量子态估计.实验表明,结合低秩与稀疏的量子态估计模型重构出的密度矩阵比只运用低秩特性的传统模型具有更高的保真度.

4.5.1 问题的描述与主要结果

一个 n 量子位状态的全部信息可以用一个希尔伯特空间的 $d \times d$ 维的密度矩阵 ρ 来描述,其中 $d = 2^n$.量子态测量为在某组测量基配置下,对系统密度矩阵所对应观测量的概率统计计算的过程.量子态估计为通过这组所计算出的概率值重构出密度矩阵的过程.近年来,压缩传感被应用于纯态或者近似纯态量子态估计中,此时的密度矩阵为低秩或者近似低秩的矩阵.运用压缩传感(Compressed Sensing,简称 CS)理论,可以大幅降低所需测量配置数,并且可以保证精确地恢复出密度矩阵.基于压缩传感的量子态估计过程可以描述为一个凸问题: $\arg\min_{\rho} \| \rho \|_{*}$, s. t. $A \cdot \mathrm{vec}(\rho) = y$,其中, $\| \cdot \|_{*}$ 为核范

数,等于奇异值的和;A 称为观测矩阵或者测量矩阵,其每一行 A_i 对应一个测量配置,将一个 $d \times d$ 的矩阵映射为一个 $M \times 1$ 的向量 $A:\mathbf{C}^{M \times d^2}$,$M \ll d^2$,$M$ 代表测量配置的数目;$\mathrm{vec}(\cdot)$ 表示将矩阵按列展成一个列向量.在实际测量中,测量矩阵 A 通常由泡利矩阵构成.基于压缩传感的量子态估计可以描述成这样一个过程:在 $\{\rho:A \cdot \mathrm{vec}(\rho) = y\}$ 空间中,运用某种算法找到一点 $\hat{\rho}$,使得 $\hat{\rho}$ 的核范数最小.压缩传感理论指出,此时的 $\hat{\rho}$ 等于系统的密度矩阵 ρ^*.然而在实际的测量过程中,由于不可避免地会有测量误差,以及算法本身等原因,会导致算法找到的解 $\hat{\rho}$ 不一定在 $A \cdot \mathrm{vec}(\rho) = y$ 空间上,而是在 ρ^* 的一个小的邻域内.实际上,算法找到的 $\hat{\rho}$ 为一个低秩矩阵,这个低秩矩阵为 ρ^* 的一个近似估计.

在一些实际的物理实验中,例如运用核磁共振装置所测量到的数据的量子态估计,我们发现,人们所要估计的密度矩阵只有在少数几个元素上有值,其他位置均为零.也就是说,此时人们所研究的密度矩阵不仅是低秩的,而且是稀疏的.在我们常规的基于 CS 理论以及运用优化算法中,重构出密度矩阵的估计 $\hat{\rho}$ 只是系统密度矩阵的一个低秩近似,而这个低秩的矩阵 $\hat{\rho}$ 在对实际密度矩阵的重构中,并不一定是稀疏的.对于实际应用中存在的这种既低秩又稀疏的情况,通过在常规的量子态重构算法,同时进一步地将稀疏特性考虑到优化目标中,有可能可以进一步缩小 $\hat{\rho}$ 所在邻域,从而可以达到更好的恢复效果.

考虑到密度矩阵的稀疏特性,量子密度矩阵重构的凸优化问题可以写为

$$\arg\min_{\rho} \| \rho \|_* + \lambda \| \rho \|_0$$
$$\mathrm{s.t.} \ A \cdot \mathrm{vec}(\rho) = y \tag{4.51}$$

其中,$\| \cdot \|_0$ 为矩阵 0 范数,表示矩阵中非零元素的个数,$\lambda > 0$ 为折中因子.测量矩阵 A 的生成规则为:选取 M 个不相同的整数 $A_1, A_2, \cdots, A_M \in [1, d^2]$,则 $A = \begin{bmatrix} \mathrm{vec}(w(A_1))^T \\ \mathrm{vec}(w(A_2))^T \\ \vdots \\ \mathrm{vec}(w(A_M))^T \end{bmatrix} / \sqrt{d}$,其中,泡利矩阵集 w 的形式为 $w = \otimes_{i=1}^{n} w_i$,$w_i \in \{I, \sigma_x, \sigma_y, \sigma_z\}$,$\otimes$ 为 Kronecker 积,$\sigma_x, \sigma_y, \sigma_z$ 为泡利矩阵.存在 d^2 个这样的矩阵,记做 $w(a)$,$a \in [1, d]$.由于 0 范数非凸,这里将其凸化为 1 范数:

$$\arg\min_{\rho} \| \rho \|_* + \lambda \| \rho \|_1$$
$$\mathrm{s.t.} \ A \cdot \mathrm{vec}(\rho) = y \tag{4.52}$$

117

其中，$\|\cdot\|_1$ 表示矩阵 $(1,1)$ 范数，$\|X\|_1 = \sum_{i=1}^{m}\sum_{j=1}^{n}|x_{ij}|$. 可以根据压缩传感理论证明，如果测量矩阵 A 满足一定的限制条件，则问题 (4.52) 的解唯一且等于系统密度矩阵 ρ^*.

定理 4.2 对于由泡利矩阵构成的测量矩阵 $A\,(A:\mathbf{C}^{M\times d^2})$，如果测量配置数 $M\geqslant Crd\log^6 d$，则问题 (4.52) 的解即为问题 (4.51) 的解，其中，C 为常数.

定理 4.2 证明见 4.5.5.1 小节.

求解形如 (4.52) 这样的凸优化问题，可以通过求解其矩阵 LASSO 模型来找到最优解. 问题 (4.52) 的矩阵 LASSO 为

$$\arg\min_{\rho}\|\rho\|_* + I_C(\rho) + \lambda\|\rho\|_1 + \frac{\mu}{2}\|A\cdot\mathrm{vec}(\rho) - y\|_F^2 \tag{4.53}$$

其中，$\mu > 0$ 为常数，μ 取值为 $0.5/\|y\|_F$，$I_C(\rho)$ 为示性函数，定义为 $I_C(\rho) = \begin{cases} 0, & \text{若 } \rho^\dagger = \rho, \rho \geqslant 0, \\ \infty, & \text{其他} \end{cases}$，其作用是把矩阵投影为厄米矩阵，这是因为密度矩阵 ρ 需满足 $\rho = \rho^\dagger$，$\rho^\dagger$ 表示 ρ 的共轭转置.

4.5.2 分步最小化算法

在求解问题 (4.53) 的过程中，核范数和 $(1,1)$ 范数的联合最小求解是一个较为复杂的过程. 本小节将通过分步最小化的策略，采用一种较为简单且有效的方式：首先最小化核范数项，再优化 $(1,1)$ 范数项，从而求解得到问题 (4.53) 的最优解的近似解. 具体的求解过程如下：

第一步：找到一个满足核范数项最小的低秩矩阵 ρ_1，同时，我们期望这个低秩矩阵所对应的测量结果与实际实验得到的测量结果之间的偏差较小，即 $\|A\cdot\mathrm{vec}(\rho_1) - y\|_F^2$ 项很小. 找到这样的 ρ_1 需要求解优化问题

$$\arg\min_{\rho_1}\|\rho_1\|_* + I_C(\rho_1) + \frac{\mu}{2}\|A\cdot\mathrm{vec}(\rho_1) - y\|_F^2 \tag{4.54}$$

问题 (4.54) 的核范数和 Frobenius 的优化问题

$$\arg\min_{\rho_1}\|\rho_1\|_* + \frac{\mu}{2}\|A\cdot\mathrm{vec}(\rho_1) - y\|_F^2$$

的解满足 3.6.1 小节中的不动点方程

$$\rho_1 = D_{\delta\frac{1}{\mu}}\{\mathrm{mat}[(I - \delta A^\dagger A)\mathrm{vec}(\rho_1) + \delta A^\dagger y]\} \tag{4.55}$$

其中,$\delta \in [0, +\infty)$ 为迭代步长,本小节取固定的值为 1. $D_\lambda(X)$ 为奇异值收缩算子,定义为 $D_\lambda(X) = US_\lambda(S)V^T$,其中 USV^T 为矩阵 X 的奇异值分解(SVD). $S_\lambda(X)$ 为软阈值算子,定义为

$$[S_\lambda(X)]_{ij} = \begin{cases} x_{ij} - \lambda, & \text{若 } x_{ij} > \lambda \\ x_{ij} + \lambda, & \text{若 } x_{ij} < \lambda \\ 0, & \text{其他} \end{cases}$$

可以通过迭代的方式由式(4.55)求解 ρ_1,$\rho_1^{k+1} = D_{\delta\frac{1}{u}}\{\text{mat}[(I - \delta A^\dagger A)\text{vec}(\rho_1^k) + \delta A^\dagger y]\}$,然后将 ρ_1 投影为共轭对称且正定的 ρ_rank,本算法中采用的投影方式为

$$\rho\_rank = (\rho_1 + \rho_1^\dagger)/2 \tag{4.56}$$

即可使得 $I_C(\rho\_rank)$ 项为零,那么 ρ_rank 即为式(4.55)的最优解的近似. 这一步在 $A \cdot \text{vec}(\rho) = y$ 的限制下以秩最小化为优化目标,与求解仅为低秩优化问题时相同,所以这一步的解也为低秩优化问题的解.

第二步:将第一步得到的低秩的矩阵 ρ_rank 稀疏化,即最小化 $\lambda \| \rho \|_1$ 项,同时我们不希望在稀疏过程中导致很大的偏差,换句话说,我们期望稀疏化后的 ρ_rank,记做 ρ_sparse,对应的测量结果与实际实验得到的测量结果偏差仍然可以保持很小. 为此,本节中采取在稀疏过程中添加限制条件:$A \cdot \text{vec}(\rho) = y$,那么最小化 $\lambda \| \rho \|_1$ 变为

$$\begin{aligned} &\arg\min_\rho \lambda \| \rho \|_1 \\ &\text{s.t. } A \cdot \text{vec}(\rho) = y \end{aligned} \tag{4.57}$$

同样地,问题(4.57)的解同样满足不动方程

$$\rho\_sparse = S_{\delta\frac{\lambda}{u}}\{\text{mat}[(I - \delta A^\dagger A)\text{vec}(\rho\_sparse) + \delta A^\dagger y]\} \tag{4.58}$$

在迭代求解式(4.58)的过程中,ρ_sparse 的初值为第一步中的结果 ρ_rank.

4.5.3 密度矩阵重构实验及其性能对比分析

对 $n = 4$ 的核磁共振量子态系统,由得到的观测量对应的统计概率 y 与对应的测量矩阵 A,在不同测量比率下,分别采用低秩优化核范数问题和核范数与(1,1)范数的联合优化对密度矩阵进行重构. 重构的精度采用保真度为衡量标准,定义保真度:$fidelity = \dfrac{\langle \hat{\rho}, \rho^* \rangle}{\| \hat{\rho} \|_F \| \rho^* \|_F}$. $\langle \hat{\rho}, \rho^* \rangle$ 表示 $\hat{\rho}$ 与 ρ^* 的内积. 实验中的测量比率定义为 $\eta = M/d^2$. η 越

小,表示测量数目越小,也就是所需要测量配置越少,η 也被称做压缩比.实验中,每个测量比率下随机选取三组测量配置以及与之对应的测量结果,记录的保真度为三组保真度的平均值,每组重构中,算法迭代次数为15.

不同的测量比率下对应的保真度如表 4.2 所示,其中,ρ_rank 为采用低秩优化核范数问题得到的系统的密度矩阵 ρ^* 的低秩估计,ρ_rank 满足低秩且共轭对称;ρ_sparse 代表核范数与(1,1)范数的联合优化得到的结果,ρ_sparse 低秩且稀疏.从表 4.2 中可以看出,对于 $n=4$ 的系统,ρ_sparse 的保真度在不同测量比率下都略高于 ρ_rank,并且在测量比率 η 大于 0.4 时,可以以接近于 1 的保真度重构出系统的密度矩阵.

表 4.2 $n=4$ 不同测量比率下不同模型重构保真度比较

	η									
	0.1	0.2	0.3	0.4	0.5	0.6	0.7	0.8	0.9	1
ρ_rank	0.240	0.756	0.882	0.994	0.994	0.995	0.996	0.996	0.996	0.996
ρ_sparse	0.28	0.780	0.889	0.998	0.997	0.999	0.998	0.999	0.998	0.999

图 4.3 给出了 $\eta=0.4$ 情况下的密度矩阵元素模值的分布图,其中,图 4.3(a)为系统真实的密度矩阵;图 4.3(b)为核范数优化的结果 ρ_rank;图 4.3(c)为核范数与(1,1)范数联合优化的结果 ρ_sparse;图 4.3(d)为系统密度矩阵与 ρ_rank 的差值;图 4.3(e)为系统密度矩阵与 ρ_sparse 的差值.从图 4.3(b)和图 4.3(c)中可以看出,ρ_rank 和 ρ_sparse 都与 ρ^* 具有很高的保真度,ρ_rank 与 ρ^* 的保真度为 0.994,ρ_sparse 与 ρ^* 的保真度为 0.998;从图 4.3(d)中可以看出,核范数优化的结果 ρ_rank 虽然满足低秩且与系统密度矩阵具有很高的保真度,但是只运用低秩特性重构出的密度矩阵 ρ_rank 并不是稀疏的,而是有很多很小的非零元素;从图 4.3(e)中可以看出,运用核范数和(1,1)范数的联合优化可以将 ρ_rank 稀疏化,使得重构出来的密度矩阵除了满足低秩,并且稀疏,与系统密度矩阵 ρ^* 更为接近.

但是,用这种稀疏策略得到的 ρ_rank 并不总是比 ρ_sparse 具有更高的保真度.以 $n=3$ 为例,在测量比率 $\eta=0.6$ 时,重构出的 ρ_rank 与 ρ_sparse 及其各自与系统密度矩阵 ρ^* 的差值分布如图 4.4 所示.

从图 4.4(b)、图 4.4(d)中可以看出,在采样比率 $\eta=0.6$ 时,虽然 ρ_sparse 相对于 ρ_rank 具有很好的稀疏性,但是在稀疏的过程中,在一些位置上,却产生了比较大的误差,导致 ρ_sparse 的保真度降低.这是因为,在第二步的稀疏化策略,问题(4.53)中,我们添加的限制条件将 ρ_sparse 限定在 $A \cdot \text{vec}(\rho)=y$ 上.算法寻找 ρ^* 的过程可以描述为:首先通过核范数最优并且将在 $A \cdot \text{vec}(\rho)=y$ 上找到一个低秩矩阵 ρ_rank,然后从

ρ_rank 出发,在 $A \cdot \mathrm{vec}(\rho) = y$ 空间上找到最稀疏矩阵 ρ_sparse. 由于 ρ_sparse 被限定在 $A \cdot \mathrm{vec}(\rho) = y$ 空间上,而实际测量存在误差, ρ^* 并不严格在 $A \cdot \mathrm{vec}(\rho) = y$ 上,导致重构存在误差.

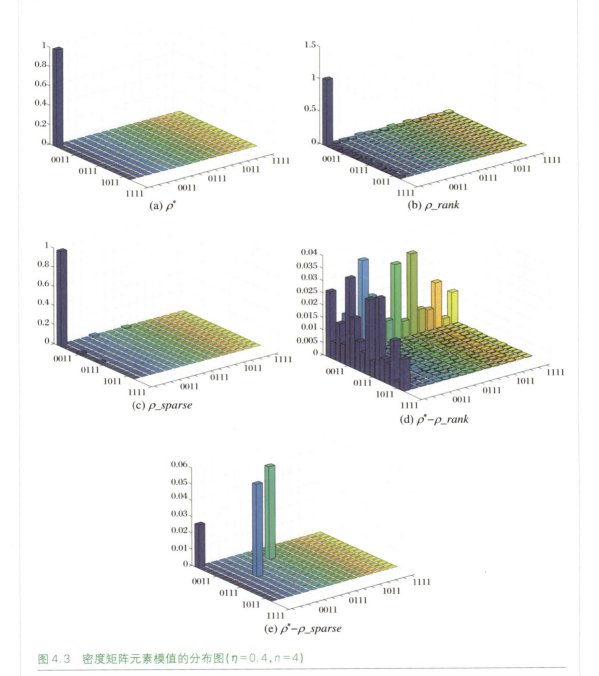

图 4.3 密度矩阵元素模值的分布图($\eta = 0.4, n = 4$)

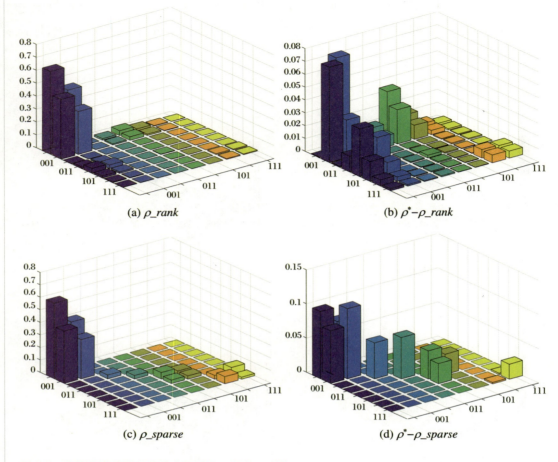

图 4.4 密度矩阵元素模值的分布图($\eta = 0.6, n = 3$)

4.5.4 进一步改进的算法

为了达到有测量误差也能进一步提高重构保真度的目标,本小节采取了另外一种优化策略,在第二步的优化过程中,不再将 ρ_sparse 限定在 $A \cdot \mathrm{vec}(\rho) = y$ 上,而是限定在 ρ_rank 的一个邻域内.因为第一步中的核范数优化找到的最优解 ρ_rank 在 ρ^* 的一个邻域内,如果能找到一个合适的距离 ε,在矩阵空间中,以 ρ_rank 为"球"心、以距离 ε 为半径的球内,ρ^* 是最稀疏的.那么此优化问题可以写为

$$\arg\min_{\rho} \lambda \parallel \rho \parallel_1 \tag{4.59}$$

$$\mathrm{s.t.} \parallel \rho - \rho\_rank \parallel_{\mathrm{F}} \leqslant \varepsilon$$

同样可以通过求解其拉格朗日方程最小化

$$\rho\_sparse = \arg\min_{\rho} \lambda \parallel \rho \parallel_1 + \frac{\alpha}{2} \parallel \rho - \rho\_rank \parallel_{\mathrm{F}}^2$$

由不动点方程可以求得

$$\rho\_sparse = \widetilde{S}_{\tau}(\rho\_rank) \tag{4.60}$$

其中,$\tau = \lambda/\alpha$ 为一大于零的常数;$\widetilde{S}_{\tau}(\cdot)$ 为实数软阈值收缩算子到复数的推广,其形式为

$$[\widetilde{S}_{\tau}(\widetilde{X})]_{ij} = S_{\tau\cdot|\mathrm{real}(\widetilde{x_{ij}})/|\widetilde{x_{ij}}||}[\mathrm{real}(\widetilde{x_{ij}})] + S_{\tau\cdot|\mathrm{imag}(\widetilde{x_{ij}})/|\widetilde{x_{ij}}||}[\mathrm{imag}(\widetilde{x_{ij}})]i \tag{4.61}$$

在式(4.60)中,τ 的选取非常关键,其大小直接决定了所取得"球"的半径,合适的 τ 可以保证在这个球内,ρ^* 是最稀疏的.在此我们提供一种 τ 的选择方法:

$$\tau = k \cdot \frac{\parallel \Delta y \parallel_{\mathrm{F}}}{\parallel A \parallel_{\mathrm{F}}} \tag{4.62}$$

其中,$\Delta y = y - A \cdot \mathrm{vec}(\rho\_rank)$,$k$ 为常数,可调节.

由 $\Delta y = y - A \cdot \mathrm{vec}(\rho\_rank) = A \cdot \mathrm{vec}(\rho^* - \rho\_rank) = A \cdot \mathrm{vec}(\Delta\rho)$,有 $\parallel \Delta y \parallel_{\mathrm{F}} \leqslant \parallel A \parallel_{\mathrm{F}} \parallel \Delta\rho \parallel_{\mathrm{F}}$,即 $\parallel \Delta\rho \parallel_{\mathrm{F}} \geqslant \frac{\parallel \Delta y \parallel_{\mathrm{F}}}{\parallel A \parallel_{\mathrm{F}}}$,那么 $\tau = k \cdot \frac{\parallel \Delta y \parallel_{\mathrm{F}}}{\parallel A \parallel_{\mathrm{F}}}$ 是 ρ_rank 与 ρ^* 之间的距离的数量级的一个很好的近似.本节中,k 取值为 6.

运用改进算法,每个测量比率下随机选取三个测量矩阵 A 以及与之对应的观测量对应的统计概率 y,记录的保真度为三组保真度的平均值,每组重构中,算法迭代次数为 15.当 $n = 4$ 时,在不同测量比率下运用式(4.55)和式(4.60),分别用优化核范数和核范数与(1,1)范数的联合优化对密度矩阵进行重构.不同的测量比率下对应的保真度如表 4.3 所示,从表 4.3 中可以看出,当测量比率 $\eta \geqslant 0.4$ 时,核范数与(1,1)范数联合优化的结果 ρ_sparse 比只用核范数优化的结果 ρ_rank 具有更高的保真度.在测量比率 $\eta \geqslant 0.5$ 时,保真度达到了 1,即完全准确地重构出了密度矩阵,此时,$\rho\_sparse = \rho^*$.以 $\eta = 0.4$ 为例,画出密度矩阵的元素分布如图 4.5 所示.

表 4.3　改进算法不同测量比率下重构保真度比较($n = 4$)

	η									
	0.1	0.2	0.3	0.4	0.5	0.6	0.7	0.8	0.9	1
ρ_rank	0.395	0.414	0.5443	0.994	0.996	0.996	0.996	0.995	0.996	0.996
ρ_sparse	0	0.240	0.145	0.999	1	1	1	1	1	1

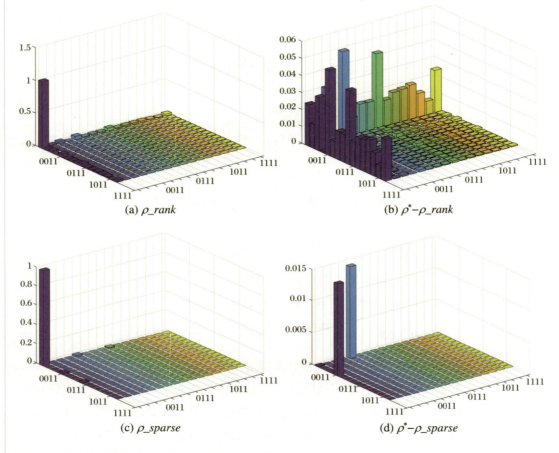

图 4.5　密度矩阵的元素模值分布($\eta = 0.4, n = 4$)

图 4.5 给出了 $\eta = 0.4$ 情况下的密度矩阵元素模值的分布图,其中,图 4.5(a) 为核范数优化的结果 ρ_rank;图 4.5(b) 为系统密度矩阵 ρ^* 与 ρ_rank 的差值;图 4.5(c) 为核范数与 $(1,1)$ 范数联合优化的结果 ρ_sparse;图 4.5(d) 为系统密度矩阵 ρ^* 与 ρ_sparse 的差值.从图 4.5(a) 和图 4.5(c) 中可以看出,ρ_rank 和 ρ_sparse 都与 ρ^* 具有很高的保真度,ρ_rank 与 ρ^* 的保真度为 0.994,ρ_sparse 与 ρ^* 的保真度为 0.999;从图 4.5(b) 中

量子状态的估计和滤波及其优化算法

可以看出,只运用核范数优化的结果 ρ_rank 虽然满足低秩且与系统密度矩阵具有很高的保真度,但是 ρ_rank 并不是稀疏的,而有很多很小的非零元素;从图 4.5(d)中可以看出,运用核范数和(1,1)范数的联合优化可以将 ρ_rank 稀疏化,并且差值的模更小,使得重构出来的密度矩阵 ρ_sparse 进一步接近于系统密度矩阵 ρ^*.并且在第二步中在 ρ_rank 邻域内找稀疏解的方法比在 $A \cdot \mathrm{vec}(\rho) = y$ 上找稀疏解的方法具有更高的保真度,在测量不是很准确的情况下也总是有效的.以 $n=3$ 为例,在测量比率 $\eta = 0.6$ 时,重构出的 ρ_rank 与 ρ_sparse 以及各自与系统密度矩阵 ρ^* 的差值分布如图 4.6 所示.

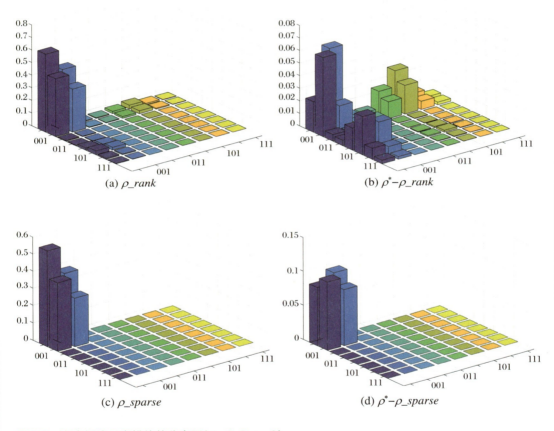

图 4.6　密度矩阵元素模值的分布图($\eta = 0.6, n = 3$)

　　比较图 4.5 和图 4.6 可以看出,在 $n=3$,$\eta=0.6$ 时,以 $A \cdot \mathrm{vec}(\rho) = y$ 为限制条件的求解方法会导致比较大的误差,但是在 ρ_rank 邻域内找稀疏解的方法仍然有效,并且找到的解 ρ_sparse 比 ρ_rank 具有更高的保真度.

4.5.5　定理的证明

4.5.5.1　定理 4.2 的证明

定理 4.3　对于由泡利矩阵构成的测量矩阵 A，如果测量配置数 $M \geqslant Crd\log^6 d$，则问题 $\arg\min\limits_{\rho} \parallel \rho \parallel_* + \lambda \parallel \rho \parallel_1$，s.t. $A \cdot \text{vec}(\rho) = y$ 的解唯一且等于系统密度矩阵 ρ^*.

证明　在文献（Liu，2011）中已经证明，当测量配置数 $M \geqslant Crd\log^6 d$ 时，测量矩阵以接近 1 的概率满足 RIP. 此时，$\arg\min\limits_{\rho} \parallel \rho \parallel_*$，s.t. $A \cdot \text{vec}(\rho) = y$ 的解唯一且等于 ρ^*. 同理，在文献（Candès，Tao，2005）中已经证明：如果测量矩阵满足 RIP，那么 $\arg\min\limits_{\rho} \parallel \rho \parallel_1$，s.t. $A \cdot \text{vec}(\rho) = y$ 的解唯一且等于 ρ^*. 这意味着，当测量配置数 $M \geqslant Crd\log^6 d$ 时，ρ^* 是 $\{\rho : A \cdot \text{vec}(\rho) = y\}$ 空间上核范数最小且 1 范数最小的矩阵. 也即对 $\{\rho : A \cdot \text{vec}(\rho) = y\}$ 空间上的任意一点 ρ，则 $\parallel \rho^* \parallel_1 < \parallel \rho \parallel_1$，$\parallel \rho^* \parallel_* < \parallel \rho \parallel_*$.

假设在 $\{\rho : A \cdot \text{vec}(\rho) = y\}$ 空间上存在一点 $\widetilde{\rho}$，且 $\Delta\rho = \widetilde{\rho} - \rho^* \neq 0$，使得 $\parallel \widetilde{\rho} \parallel_* + \lambda \parallel \widetilde{\rho} \parallel_1 \leqslant \parallel \rho^* \parallel_* + \lambda \parallel \rho^* \parallel_1$. 而由于 $\widetilde{\rho}$ 在空间 $\{\rho : A \cdot \text{vec}(\rho) = y\}$ 上，且 $\Delta\rho \neq 0$，则 $\parallel \rho^* \parallel_1 < \parallel \widetilde{\rho} \parallel_1$，$\parallel \rho^* \parallel_* < \parallel \widetilde{\rho} \parallel_*$，则 $\parallel \widetilde{\rho} \parallel_* + \lambda \parallel \widetilde{\rho} \parallel_1 > \parallel \rho^* \parallel_* + \lambda \parallel \rho^* \parallel_1$，与假设矛盾. 证毕.

4.5.5.2　实数软阈值收缩算子到复数的推广的证明

复数的软阈值收缩算子 $\widetilde{S}_\tau(\cdot)$ 的形式为

$$[\widetilde{S}_\tau(\widetilde{X})]_{ij} = S_{\tau \cdot |\text{real}(\widetilde{x_{ij}})/|\widetilde{x_{ij}}||}[\text{real}(\widetilde{x_{ij}})] + S_{\tau \cdot |\text{imag}(\widetilde{x_{ij}})/|\widetilde{x_{ij}}||}[\text{imag}(\widetilde{x_{ij}})]i$$

$$(4.63)$$

证明　文献（Lin et al.，2010）中，对于实数矩阵 $X \in \mathbf{R}^n$，$S_\lambda(X) = \arg\min\limits_{Z}\{\lambda \parallel Z \parallel_1$

$+ \dfrac{\alpha}{2} \parallel Z - X \parallel_F^2\}$. $[S_\lambda(X)]_{ij} = \begin{cases} x_{ij} - \lambda, & \text{若 } x_{ij} > \lambda \\ x_{ij} + \lambda, & \text{若 } x_{ij} < \lambda \\ 0, & \text{其他} \end{cases}$

对于复数矩阵 $\widetilde{X} \in C$，为求解 $\arg\min\limits_{Z}\{\lambda \parallel Z \parallel_1 + \dfrac{\alpha}{2} \parallel Z - \widetilde{X} \parallel_F^2\}$，则 Z 为目标函数的极小点当且仅当 $0 \in Z - \widetilde{X} + \partial(\lambda \parallel Z \parallel_1)$，$\partial(\lambda \parallel Z \parallel_1)$ 为复数矩阵 Z 的次微分，可

以证明, $\partial(\lambda \parallel Z \parallel_1) = \begin{cases} \lambda \dfrac{Z}{\parallel Z \parallel_1}, & Z \neq 0 \\ [-\lambda, \lambda], & Z = 0 \end{cases}$,即 Z 满足 $Z = \tilde{X} - \partial(\lambda \parallel Z \parallel_1)$,即 $(Z)_{ij} =$

$|(\tilde{X})_{ij}| \cdot (\hat{\tilde{X}})_{ij} + \lambda(\hat{Z})_{ij}$,其中,$(\hat{\tilde{X}})_{ij} = \dfrac{(\tilde{X})_{ij}}{|(\tilde{X})_{ij}|}$,$(\hat{Z})_{ij} = \dfrac{(Z)_{ij}}{|(Z)_{ij}|}$,所以

$$(Z)_{ij} = \begin{cases} (\tilde{X})_{ij} + \lambda(\hat{\tilde{X}})_{ij}, & |(\tilde{X})_{ij}| < -\lambda \\ (\tilde{X})_{ij} - \lambda(\hat{\tilde{X}})_{ij}, & |(\tilde{X})_{ij}| > \lambda \end{cases} \tag{4.64}$$

则

$$[\widetilde{S_\tau}(\tilde{X})]_{ij} = S_{\tau \cdot |\mathrm{real}(\widetilde{x_{ij}})|/|\widetilde{x_{ij}}|}[\mathrm{real}(\widetilde{x_{ij}})] + S_{\tau \cdot |\mathrm{imag}(\widetilde{x_{ij}})|/|\widetilde{x_{ij}}|}[\mathrm{imag}(\widetilde{x_{ij}})]i$$

证毕.

4.6 小　　结

　　本章根据一些实际的物理实验中量子系统的密度矩阵低秩且稀疏的特性,提出结合低秩与稀疏为优化目标的量子态估计模型,并且从理论上证明了当测量配置数满足 $M \geqslant Crd\log^6 d$ 时,该模型的解唯一且等于系统密度矩阵.另外,本章结合不动点方程,提出了分步策略的重构算法.利用该算法,本章用核磁共振装置所测量到的数据进行量子态估计.实验表明,在相同测量比率下,结合低秩与稀疏的量子态估计模型重构出的密度矩阵比只运用低秩特性的传统模型具有更高的保真度.

第 5 章

改进的优化算法及其在量子态估计中的应用

本章在第 3 章基于 ADMM 优化算法研究的量子态估计的基础上,专门对其做进一步的改进,以便加快量子态的重构速度,进一步提高量子态的估计精度.本章的改进算法包括:① 结合不动点方程的量子态的快速重构算法(FP-ADMM);② 迭代收缩阈值的 IST-ADMM 算法;③ 改进的 IST-ADMM 算法.

5.1 结合不动点方程的量子态的快速重构算法

本节结合不动点方程与基于压缩传感的量子态估计的交替方向乘子法算法,在 3.6 节中提出的基于不动点方程的交替方向乘子法(FP-ADMM)的基础上,通过进一步的改进,来得到更加快速的不动点 ADMM 算法,将其应用于高量子位的状态估计中,并且做了与其他优化算法性能对比的实验.

5.1.1　问题描述

基于压缩传感的量子态估计理论研究告诉人们什么样的测量矩阵能保证系统密度矩阵可以被准确重构,而具体如何重构出密度矩阵是基于压缩传感的量子态估计重构算法的研究内容.在实际测量中,由于系统或者测量因素,可能有误差.通常情况下,总是假设误差服从某种分布(例如高斯分布).然而,在某些情况下,测量会导致密度矩阵有大的偏差,而此时的偏差显然不能用高斯等分布来刻画.通常将这种偏差表示为稀疏的干扰 S,则基于压缩传感的量子状态估计问题变为一个双目标优化问题,引入折中因子 $\lambda(\lambda>0)$,则问题转化为

$$\min_{\rho,S} \| \rho \|_* + \lambda \| S \|_1 + I_C(\rho)$$
$$\text{s.t.} \ y = A \cdot \text{vec}(\rho + S)$$

(5.1)

其中, $\| \cdot \|_1$ 表示矩阵(1,1)范数, $\| X \|_1 = \sum_{i=1}^{m} \sum_{j=1}^{n} |x_{ij}|$, $I_C(\rho)$ 为示性函数,定义为

$$I_C(\rho) = \begin{cases} \infty, & \text{若 } \rho^\dagger = \rho, \rho \geqslant 0 \\ 0, & \text{其他} \end{cases}$$
,其作用是把矩阵投影为厄米矩阵,这是因为密度矩阵

ρ 需满足 $\rho = \rho^\dagger$, $\rho^\dagger$ 表示矩阵的共轭转置.

与式(3.46)描述的问题不同的是,问题(5.1)中在稀疏的干扰 S 中增加了折中因子 λ,这样就增加了对干扰消除的可调节性.虽然在第3章对其问题的求解中也采用了参数 λ,不过那里是作为惩罚参数,加在扩展拉格朗日函数中的.所以,本节中有关基于不动点 ADMM 算法的推导思想与3.6节相同,但是在算法的细节方面还是有区别的,另外对算法的推导和求解过程更加详细.我们会在关键地方予以说明并加以讨论.

5.1.2　基于压缩传感的量子态估计的 ADMM 算法

ADMM 算法可用于解决具有双目标函数的凸优化问题,这里我们重温 3.5.3 小节中的 ADMM 问题:

$$\min f(x) + g(z)$$
$$\text{s.t.} Ax + Bz = c$$

(5.2)

其中，$x \in \mathbf{R}^n$，为目标函数 $f(x)$ 的自变量；$z \in \mathbf{R}^m$，为目标函数 $g(z)$ 的自变量；$A \in \mathbf{R}^{p \times n}$，$B \in \mathbf{R}^{p \times m}$，$c \in \mathbf{R}^p$，$f$ 和 g 为凸函数．

优化问题(5.2)增广拉格朗日函数为

$$L_\rho(x, z, Y) = f(x) + g(z) + Y^\dagger(Ax + Bz - c) + \lambda/2 \parallel Ax + Bz - c \parallel_2^2 \tag{5.3a}$$

其中，Y 称为拉格朗日乘子，$Y \in \mathbf{R}^m$，λ 为惩罚参数，$\lambda > 0$．

通过将一次项 $Y^\dagger(Ax + Bz - c)$ 与二次项 $\lambda/2 \parallel Ax + Bz - c \parallel_2^2$ 合并，并令 $u = Y/\lambda$，可以将增广拉格朗日函数化简为

$$L_\rho(x, z, u) = f(x) + g(z) + \lambda/2 \parallel Ax + Bz - c + u \parallel_2^2 \tag{5.3b}$$

此时求解问题(5.2)的优化问题，变为最小化如下问题：

$$\left\{ \begin{array}{ll} x^{k+1} := \arg\min\limits_x \{f(x) + \lambda/2 \parallel Ax + Bz^k - c + u^k \parallel_2^2\} & (5.4a) \\[2mm] z^{k+1} := \arg\min\limits_z \{g(z) + \lambda/2 \parallel Ax^{k+1} + Bz - c + u^k \parallel_2^2\} & (5.4b) \\[2mm] u^{k+1} := u^k + Ax^{k+1} + Bz^{k+1} - c & (5.4c) \end{array} \right.$$

值得注意的是，ADMM 只是一种求解优化问题的计算框架，将大的全局问题分解为多个较小、较容易求解的子问题，并通过协调子问题的解而得到全局问题的解．子问题(5.4a)和子问题(5.4b)如何有效求解，需要根据 $f(x)$ 和 $g(z)$ 具体形式来确定．

优化问题(5.1)的增广拉格朗日方程为

$$\begin{aligned} L(\rho, S, Y, u) = {} & \parallel \rho \parallel_* + I_C(\rho) + \lambda \parallel S \parallel_1 + \langle Y, y - A \cdot \mathrm{vec}(\rho + S) \rangle \\ & + \frac{u}{2} \parallel y - A \cdot \mathrm{vec}(\rho + S) \parallel_{\mathrm{F}}^2 \\ = {} & \parallel \rho \parallel_* + I_C(\rho) + \lambda \parallel S \parallel_1 + \frac{u}{2} \left\| A \cdot \mathrm{vec}(\rho + S) - y + \frac{Y}{u} \right\|_{\mathrm{F}}^2 \end{aligned} \tag{5.5}$$

其中，$u > 0$．

我们可以采用 ADMM 算法来求解问题(5.4)，将原问题分解为 3 个子问题分别进行求解：

（1）固定 S, Y，求解 ρ 问题：

$$\rho^{k+1} = \arg\min\limits_\rho \parallel \rho \parallel_* + I_C(\rho) + \frac{u}{2} \left\| A \cdot \mathrm{vec}(\rho + S^k) - y + \frac{Y^k}{u} \right\|_{\mathrm{F}}^2 \tag{5.6}$$

（2）固定 ρ, Y，求解 S 问题：

$$S^{k+1} = \arg\min_S \lambda \parallel S \parallel_1 + \frac{u}{2} \left\| A \cdot \text{vec}(\rho^{k+1} + S) - y + \frac{Y^k}{u} \right\|_F^2 \qquad (5.7)$$

（3）固定 ρ, S，更新 Y：

$$Y^{k+1} = Y^k + u[A \cdot \text{vec}(\rho^{k+1} + S^{k+1}) - y] \qquad (5.8)$$

从 3 个子问题的求解中可以看出求解问题的关键在于如何求解式(5.6)和式(5.7).

在 Li 和 Cong 的算法中，求解式(5.6)将分为三步：第一步，求解 ρ，使得式(5.6)中的 Frobenius 范数项最小；第二步，将第一步中的 ρ 投影为厄米矩阵；第三步，将第二步中的 ρ 投影为低秩矩阵.同理，求解式(5.7)分为两步，首先求解 S，使得 Frobenius 范数项最小；然后再将求得的 S 投影为稀疏矩阵.但是，在第一步求解 Frobenius 范数项最小时，需要计算一个 $d^2 \times d^2$ 的矩阵的伪逆，这样的求解方法的运算量是很大的.我们将在算法计算量的减少上获得一些成效.

5.1.3 不动点方程

不动点方程可以用来求解满足一定特性的优化问题.对于目标函数为

$$\min_{X \in \mathbf{R}^{n_1 \times n_2}} (f_1(X) + f_2(X))$$

的优化问题，若函数 $f_1, f_2 : \mathbf{R}^{n_1 \times n_2} \to \mathbf{R}$ 为下半连续的凸函数，f_2 可微，并且对某个 $\beta > 0$，有 $\frac{1}{\beta}$——Lipschitz 连续梯度，若 $\lim\limits_{\parallel X \parallel_F \to \infty} f_1(X) + f_2(X) = +\infty$，$f_1(X) + f_2(X)$ 严格凸，或者 $f_1(X)$ 严格凸，或者 $f_2(X)$ 严格凸，则优化问题的解存在且唯一，解的形式可以表示为一个隐式方程(Combettes, Wajs, 2005)：

$$X = \text{prox}_{\delta f_1}[X - \delta \nabla f_2(X)] \qquad (5.9)$$

其中，$\delta \in [0, +\infty)$ 为迭代步长，$\text{prox}_{\delta f_1}$ 表示函数 δf_1 的近邻算子.凸函数的 φ 的近邻算子定义为

$$\text{prox}_\varphi X := \arg\min\left\{\frac{1}{2} \parallel Z - X \parallel_F^2 + \varphi(Z) : Z \in \mathbf{R}^{n_1 \times n_2}\right\} \qquad (5.10)$$

本小节中需要用到核范数和(1,1)范数的近邻算子：

$$\text{prox}_{\lambda \parallel \cdot \parallel_1}(X) = S_\lambda(X) \qquad (5.11)$$

$$\text{prox}_{\lambda \parallel \cdot \parallel_*}(X) = D_\lambda(X) \qquad (5.12)$$

其中，$S_\lambda(X)$ 为软阈值算子，定义为

$$[S_\lambda(X)]_{ij} = \begin{cases} x_{ij} - \lambda, & \text{若 } x_{ij} > \lambda \\ x_{ij} + \lambda, & \text{若 } x_{ij} < \lambda \\ 0, & \text{其他} \end{cases}$$

$\mathscr{D}_\lambda(X)$ 为奇异值收缩算子，定义为 $\mathscr{D}_\lambda(X) = US_\lambda(S)V^\mathrm{T}$，其中 USV^T 为矩阵 X 的奇异值分解（SVD）．

5.1.4 基于不动点方程的 ADMM 算法

运用不动点方程(5.9)，求解式(5.6)，分为两步：

第一步：求解 $\rho_1^{k+1} = \arg\min_\rho \|\rho\|_* + \dfrac{u}{2} \left\| A \cdot \mathrm{vec}(\rho + S^k) - y + \dfrac{Y^k}{u} \right\|_\mathrm{F}^2$，取 $f_1(X)$ $= \dfrac{1}{u}\|\rho\|_*$，$f_2(X) = \dfrac{u}{2} \left\| A \cdot \mathrm{vec}(\rho + S^k) - y + \dfrac{Y^k}{u} \right\|_\mathrm{F}^2$，代入式(5.9)，并结合式(5.12)有

$$\begin{aligned} \rho &= \mathrm{prox}_{\delta\frac{1}{u}\|\cdot\|_*} \left(\rho - \mathrm{mat}\left\{ \delta A^\dagger \left[A \cdot \mathrm{vec}(\rho + S^k) - y + \dfrac{Y_k}{u} \right] \right\} \right) \\ &= \mathrm{prox}_{\delta\frac{1}{u}\|\cdot\|_*} \left(\mathrm{mat}\left\{ (I - \delta A^\dagger A)\mathrm{vec}(\rho) + \delta A^\dagger \left[y - A \cdot \mathrm{vec}(S^k) - \dfrac{Y_k}{u} \right] \right\} \right) \\ &= D_{\delta\frac{1}{u}} \left(\mathrm{mat}\left\{ (I - \delta A^\dagger A)\mathrm{vec}(\rho) + \delta A^\dagger \left[y - A \cdot \mathrm{vec}(S^k) - \dfrac{Y_k}{u} \right] \right\} \right) \end{aligned}$$

$$(5.13)$$

其中，mat 为 vec 的反函数，将一个 $d^2 \times 1$ 的列向量，按列排列为一个 $d \times d$ 的矩阵．由 ρ 满足隐式方程(5.13)，可以通过迭代求解 ρ_1^{k+1}：

$$\rho_1^{k+1,j+1} = D_{\delta\frac{1}{u}} \left(\mathrm{mat}\left\{ (I - \delta A^\dagger A)\mathrm{vec}(\rho_1^{k+1,j}) + \delta A^\dagger \left[y - A \cdot \mathrm{vec}(S^k) - \dfrac{Y_k}{u} \right] \right\} \right)$$

$$(5.14)$$

第二步：将 ρ_1^{k+1} 投影为厄米矩阵，将结果表示为 ρ_2^{k+1}：

$$\rho_2^{k+1} = \Pi_C(\rho_1^{k+1}) = \dfrac{1}{2} \left[\rho_1^{k+1} + (\rho_1^{k+1})^\dagger \right] \tag{5.15}$$

其中矩阵 $(\cdot)^\dagger$ 表示 $(\cdot)$ 的共轭转置矩阵．

量子状态的估计和滤波及其优化算法

运用不动点方程（5.9），求解式（5.7），取 $f_1(X) = \dfrac{\lambda}{u}\|S\|_1$，$f_2(X) =$ $\dfrac{1}{2}\left\|A \cdot \mathrm{vec}(\rho^{k+1}+S)-y+\dfrac{Y_k}{u}\right\|_F^2$，代入式（5.9），结合式（5.11），可以直接求解

$$
\begin{aligned}
S &= \mathrm{prox}_{\delta\frac{\lambda}{u}\|\cdot\|_1}\left(S - \mathrm{mat}\left\{\delta A^\dagger\left[A \cdot \mathrm{vec}(\rho^{k+1}+S)-y+\dfrac{Y_k}{u}\right]\right\}\right) \\
&= \mathrm{prox}_{\delta\frac{\lambda}{u}\|\cdot\|_1}\left(\mathrm{mat}\left\{(I-\delta A^\dagger A)S + \delta A^\dagger\left[y - A \cdot \mathrm{vec}(\rho^{k+1}) - \dfrac{Y_k}{u}\right]\right\}\right) \\
&= S_{\delta\frac{\lambda}{u}}\left(\mathrm{mat}\left\{(I-\delta A^\dagger A)S + \delta A^\dagger\left[y - A \cdot \mathrm{vec}(\rho^{k+1}) - \dfrac{Y_k}{u}\right]\right\}\right)
\end{aligned}
$$

$$(5.16)$$

由 S 满足隐式方程（5.16），可以通过迭代求解 S^{k+1}：

$$
S^{k+1,j+1} = S_{\delta\frac{\lambda}{u}}\left(\mathrm{mat}\left\{(I-\delta A^\dagger A)\,S^{k+1,j} + \delta A^\dagger\left[y - A \cdot \mathrm{vec}(\rho^{k+1}) - \dfrac{Y_k}{u}\right]\right\}\right)
$$

$$(5.17)$$

在算法中，求解 ρ^k, S^k 的式（5.14）、式（5.17）需要经过多次迭代，耗费大量的计算时间.受到 Lin 等人研究的启发(Lin, et al., 2010)，可以不精确求解 ρ^k, S^k，而是每次迭代只更新 ρ^k, S^k 一次，Lin 等人证明，这样的迭代仍能使得算法唯一地收敛到原问题的最优解.于是我们得到 FP-ADMM 算法为

$$
\begin{cases}
\rho_1^{k+1} = D_{\delta\frac{1}{u}}\left(\mathrm{mat}\left\{(I-\delta A^\dagger A)\mathrm{vec}(\rho_1^k) + \delta A^\dagger\left[y - A \cdot \mathrm{vec}(S^k) - \dfrac{Y_k}{u}\right]\right\}\right) \\[2mm]
\rho_2^{k+1} = \Pi_C(\rho_1^{k+1}) \\[2mm]
S^{k+1} = S_{\delta\frac{\lambda}{u}}\left(\mathrm{mat}\left\{(I-\delta A^\dagger A)S^k + \delta A^\dagger\left[y - A \cdot \mathrm{vec}(\rho_2^{k+1}) - \dfrac{Y_k}{u}\right]\right\}\right) \\[2mm]
Y^{k+1} = Y^k + u\left[A \cdot \mathrm{vec}(\rho_2^{k+1}+S^{k+1})-y\right]
\end{cases}
$$

$$(5.18)$$

在求解问题（5.6）时，运用不动点方程可以对问题

$$
\arg\min_{\rho}\|\rho\|_* + \dfrac{u}{2}\left\|A \cdot \mathrm{vec}(\rho+S_k)-y+\dfrac{Y^k}{u}\right\|_F^2
$$

进行直接求解；然后将 ρ 投影为厄米矩阵，将计算简化为两步.在求解问题（5.7）时，也可以运用不动点方程，只需一步直接进行求解，并且运用不动点方程求解不需要计算矩阵的伪逆，只涉及矩阵的乘法运算以及加减法运算，这样可以大幅降低计算量，使得算法所

需要的计算时间大幅降低,同时,运用不动点方程可以求解出问题(5.6)中第一项和第三项的整体最优解,以及问题(5.7)的整体最优解,所以本小节中所提出的改进算法能够比 Li 和 Cong 的 ADMM 算法的分项求最优解所得的重构结果具有更高的精度.

在所提出的改进算法中,算法中参数的选择是十分重要的.在本节的数值仿真实验中,折中因子 λ 取为 $1/\sqrt{d}$(Candès et al.,2011),取 $u = 1.5/\|y\|_F$.在更新过程中,$\|A \cdot \mathrm{vec}(\rho^k + S^k) - y\|_F/\|y\|_F < \varepsilon_1$ 或循环次数 $k > k_{\max}$ 时停止循环,这里取 $\varepsilon_1 = 1 \times 10^{-7}$,初始化时取 $Y^0 = 0$,ρ 与 S 的初始值均取为零矩阵,取 $\delta = 1, r = 1$.

5.1.5 数值仿真实验及其结果分析

在本小节实验中,我们分别比较了所提出的改进 FP-ADMM 算法在压缩传感的量子态估计中的算法估计精度和算法时间效率的优越性.实验中,所用的归一化系统状态估计误差为式(4.28)中定义的 $error = \|\rho - \hat{\rho}\|_F^2/\|\rho\|_F^2$,密度矩阵的仿真构造为式(4.29)中定义的 $\rho = (\Psi_r \cdot \Psi_r^\dagger)/\mathrm{tr}(\Psi_r \cdot \Psi_r^\dagger)$.

5.1.5.1 FP-ADMM 算法与 ADMM 和 LS 算法的重构误差对比

为了考察 FP-ADMM 算法的重构精度的优越性,实验中,对同一密度矩阵用相同的观测矩阵进行测量,然后同时使用 FP-ADMM 算法和 ADMM 算法以及 LS(Opatrny et al.,1997)算法,根据测量矩阵 A(这里的测量矩阵由泡利测量集构造而成)和测量结果 y 对密度矩阵 ρ 进行重构.同时,为了验证鲁棒性,设置外部干扰的个数为矩阵元素个数的 10%,即为 $0.1d^2$ 个干扰均匀分布,设置干扰幅度为 1%,且服从高斯分布 $N(0, 0.1\|\rho\|_F)$.首先,计算量子位在 $n = 5$ 的情况下,三种算法在测量比率 η 分别为 0.1,0.15,0.2,0.25,0.3,0.35,0.4 时的归一化系统状态估计误差,在每种测量比率下,测量并重构三次,每次迭代 30 次,取三次归一化系统状态估计误差的平均值.然后在 $n = 6, n = 7$ 时,重复实验.图 5.1 为在 $n = 5, n = 6, n = 7$ 情况下,三种算法随着测量比率 η 增加归一化系统状态估计误差平均值变化的实验结果,其中,红色实线、蓝色虚线和黑色点划线分别表示 FP-ADMM 算法、ADMM 算法和 LS 算法;圆圈表示 $n = 5$,叉号表示 $n = 6$,星形表示 $n = 7$,横坐标为测量比率 η,纵坐标为归一化系统状态估计误差.

从图 5.1 中可以看出:

(1) 随着测量比率的增加,归一化系统状态估计误差减小,即更多的测量数目能达到

更好的估计效果,这与压缩传感理论是相符的;

（2）从代表 FP-ADMM 算法的红色实线上可以看出,在有干扰的情况下,FP-ADMM算法仍然可以准确地重构出系统密度矩阵,这证明了 FP-ADMM 算法具有很好的鲁棒性.

（3）相同量子位下,FP-ADMM 算法相对于 ADMM 算法和 LS 算法,显著地降低了系统状态估计误差,例如,当 $n=5$,在采样比率为 0.2 时,ADMM 算法归一化系统状态估计误差为 0.5981,即正确率为 40.19%;LS 算法归一化系统状态估计误差为0.8109,正确率为 18.91%;而 FP-ADMM 算法在相同采样比率下归一化系统状态估计误差为 0.004,即正确率达到 99.6%,系统状态估计正确率相对于 ADMM 算法提高了147.82%,相对于 LS 提高了426.7%,可见,FP-ADMM 算法显著地提高了基于压缩传感的量子态估计的重构精度.

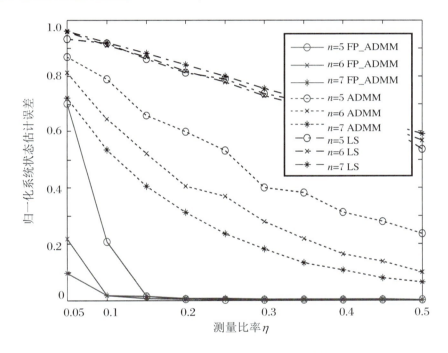

图 5.1　FP-ADMM 算法与 ADMM 算法和 LS 算法的归一化系统状态估计误差比较

5.1.5.2　FP-ADMM 算法与 ADMM 算法单次迭代时间对比

为了考察 FP-ADMM 算法在压缩传感的量子态估计中时间效率的优越性,分别考察量子位 $n=5$,$n=6$,$n=7$ 三种情况下,测量比率为 0.1,0.25,0.4 时,比较

FP-ADMM算法和 ADMM 算法单次迭代所消耗的时间.不同测量比率下 FP-ADMM 算法和 ADMM 算法在压缩传感的量子态估计中的单次迭代时间的实验结果如表 5.1 所示.

表 5.1　不同测量比率在不同算法下单次迭代时间的比较

	$n=5$			$n=6$			$n=7$		
	$\eta=0.1$	$\eta=0.25$	$\eta=0.4$	$\eta=0.1$	$\eta=0.25$	$\eta=0.4$	$\eta=0.1$	$\eta=0.25$	$\eta=0.4$
FP-ADMM 算法单次迭代时间(s)	0.046	0.052	0.058	0.666	0.845	1.108	1.825	1.924	2.241
ADMM 算法单次迭代时间(s)	0.500	0.558	0.637	10.59	12.89	15.134	255.831	301.592	326.936

从表 5.1 中可以看出:

(1) 同一量子位系统,随着测量比率的增加,两种算法的单次迭代时间均增加.这是因为,随着测量比率 η 的增加,即测量数目 M 会增加,此时的观测矩阵 A 会变为一个更大的矩阵($A\in C^{M\times d}$),这将会带来更大的计算量,相应的单次迭代时间也会增加.

(2) 随着量子位增加,相同测量比率下,两种算法单次迭代时间均增加,且增幅较大,这是由于比特位的增加,密度矩阵 ρ 的维度($d=2^n$)将会呈指数增加,即使相同的采样率,也会使得测量数目急剧增加,从而导致算法单次迭代时间增加.

(3) 相同的量子位,相同的测量比率下,FP-ADMM 算法的单次迭代时间比 ADMM 算法有巨幅的下降,并且随着量子位的增加,下降的幅度增大.以测量比率 0.25 为例,当 $n=5$ 时,ADMM 算法单次迭代时间比 FP-ADMM 算法长 $(0.558-0.052)/0.052=9.7$ 倍;$n=6$ 时,长 14.3 倍;$n=7$ 时,长 155.8 倍.由此可以得出,FP-ADMM算法在压缩传感的量子态估计中比 ADMM 算法具有更高的时间效率,并且随着系统量子位的增加,其时间效率优势越来越明显.

本节所提出的基于不动点方程的交替方向乘子的改进算法 FP-ADMM 通过近邻算子求解基于压缩传感的量子态估计优化问题的最优解满足的不动点方程,再采用迭代的方式求最优解,避免了基于压缩传感的量子态估计的 ADMM 算法中的大规模矩阵伪逆运算,从而大幅度地减少在密度矩阵重构应用中的计算时间,当 $n=7$ 时,FP-ADMM 算法比 ADMM 算法快了接近 150 倍,并且随着量子位的增加,这一优势将更加明显;另外,通过不动点方程求出的解为优化问题的全局最优解,从而使得 FP-ADMM 算法具有更高的重构精度,以 $n=5$ 为例,当测量比率为 0.4 时,FP-ADMM 算法比 ADMM 算法精度提高了约 50%,并且 FP-ADMM 算法具有良好的鲁棒性,这些优点使得高量子位的量子系统的状态估计变得实际可行.

5.2 迭代收缩阈值算法及其在高维量子状态重构中的应用

基于压缩传感的凸优化问题求解方法被广泛研究,这些问题主要围绕带有约束的 ℓ_1 范数或核范数最小化.对于 ℓ_1 范数最小化,包括内点法(Interior Point,简称 IP)(Koh et al.,2007)、梯度投影法(Gradient Projection,简称 GP)(Nowak,Wright,2007),以及近些年被广泛应用的迭代阈值收缩(Iterative Shrinkage-Thresholding,简称 IST)算法.IST 算法最先应用于求解小波图像卷积复原问题(Nowak,Figueiredo,2001),后来被应用于求解带有稀疏约束的线性逆问题,Daubechies 等人证明了该方法的收敛性(Daubechies et al.,2004).对于核范数最小化问题,Yuan 和 Yang 引入了扩展拉格朗日法(Augmented Lagrangian Method,简称 ALM)和交替方向乘子法,并提出了线性化方法以降低解的复杂性(Yuan,Yang,2013).Li 和 Cong 首次将 ADMM 用于基于压缩感知的量子态重构,解决了同时包含核范数和 ℓ_1 范数的双目标优化问题(Li,Cong,2014).

我们希望通过结合其他算法,更进一步地降低优化时间,提高效率,加快优化 ADMM 重构量子状态的速度.本节围绕基于压缩传感量子态估计的凸优化问题,提出了结合迭代阈值收缩法的改进 IST-ADMM 算法,通过避免高维矩阵的求逆运算,使得高维量子状态估计变得实际可行.我们针对基于压缩传感的量子态估计凸优化问题,根据测量比率下界相关理论,在给定参数的情况下,得到量子位 $n = 5,6,7,8$ 下测量比率下界的理论值,从而为测量比率的设置提供依据,并采用测量比率的下界值,对不同量子位下,进行 IST-ADMM 算法重构出密度矩阵的估计实验,与现有的 ADMM 算法的性能进行对比,验证所提算法在重构速度和精度上的优越性.

5.2.1 基于压缩传感的测量比率下界

在实际应用中,对测量比率下界的估计是非常重要的:一方面,理论上所给出的测量比率的下界保证了观测矩阵 A 满足压缩传感理论的 RIP 条件;给出了实际实验中所需要由 A 得到的最少的包含足够多信息的且可以完整地恢复出 d^2 个原始信号的 m 个观测值.在此基础上,再利用基于压缩传感获得的最少测量次数来设计求解优化问题.另一方面,测量比率下界的估计值为仿真实验参数的设置提供依据.

考虑一个 n 量子位系统,其状态用密度矩阵 $\rho \in \mathbf{C}^{d \times d}$ 来描述,其中 $\mathrm{rank}(\rho) = r$,量子态估计的任务就是如何根据观测值重构出密度矩阵 ρ.若定义 $W_1, \cdots, W_{d^2}$ 为 $\mathbf{C}^{d \times d}$ 的一组正交基,我们从这 d^2 个正交基中随机选取 $\omega_1, \cdots, \omega_m, \omega_i \in \mathbf{C}^{d \times d}$,其对应的观测值为 $b_i \in \mathbf{R}^m$,测量操作符 $A : \mathbf{C}^{d \times d \to m}$,则有 $b_i = (A(\rho))_i + e_i = c \cdot \mathrm{tr}(\omega_i {}^* \rho) + e_i (i = 1, \cdots, m)$ 或 $b = A\mathrm{vec}(\rho) + e$,其中,我们定义 A 为观测矩阵,$A \in \mathbf{C}^{m \times d^2}$,$A$ 的第 i 行是由观测矩阵 ω_i 按行连接得到的,$e \in \mathbf{R}^m$ 代表系统或从测量过程产生的噪声干扰,c 为常数,若 $E(A^* A) = \mathcal{L}$,其中 E 代表所有 A 的期望,则 $c = d / \sqrt{m}$,m 称为测量数目.

由于待恢复的密度矩阵 ρ 是 $d \times d$ 维的,因此通常需要 $O(d^2)$ 次测量.当量子系统是纯态或者近似纯态时,密度矩阵 ρ 是低秩的,即 $r \ll d$,奇异值具备稀疏性,借助压缩传感理论可以减少测量次数,低秩密度矩阵 ρ 的恢复问题可以转化为最小化核范数的凸优化问题:$\min \|\rho\|_*$,s.t. $\|A\mathrm{vec}(\rho) - b\|_2^2 \leqslant \varepsilon, \rho^* = \rho, \rho \geqslant 0$,其中,$\rho \in \mathbf{C}^{d \times d}$,$\|\cdot\|_*$ 为核范数,$\|\rho\|_* = \sum \sigma_i$,$\sigma_i$ 为 ρ 的奇异值,$A \in \mathbf{C}^{m \times d^2}$,$m \ll d^2$,$\mathrm{vec}(\cdot)$ 表示将矩阵按列展成一个列向量.

若要保证较少的观测值中包含足够多的密度矩阵 ρ 信息,观测矩阵 A 需要满足 RIP 性质.人们根据 RIP 性质,通过研究已经获得了保证精确重构信号的测量次数下界.测量次数的下界解决了这样一个问题:已知 ρ 为低秩矩阵,$\mathrm{rank}(\rho) \ll d$,测量次数 m 至少为多少才可以保证精确重构出 ρ?

压缩传感理论中,高斯随机观测矩阵、Bernoulli 随机观测矩阵等已被证实可用做观测矩阵,我们在 4.3 节中已经进行了不同观测矩阵在量子态估计中的性能对比实验.但是上述随机矩阵在应用上存在着不可实现的瓶颈问题,一方面随机数的产生对硬件要求很高,另一方面随机矩阵只在统计意义下以很高的概率满足 RIP,即不能保证每次都精确恢复原始信号.基于上述随机矩阵在实际应用中存在的缺点,在量子态估计中,我们将使用实验中可以实现的泡利矩阵作为观测矩阵,用来重构密度矩阵 ρ.

一个 n 量子位的泡利矩阵的形式为:$\omega_i = \otimes_1^n \sigma_k$,其中,$k \in 1, \cdots, 4$,$\otimes$ 为 Kronecker 积,σ_k 为以下 4 种选择之一:$\sigma_1 = \begin{pmatrix} 1 & 0 \\ 0 & 1 \end{pmatrix}$,$\sigma_2 = \begin{pmatrix} 1 & 0 \\ 0 & 1 \end{pmatrix}$,$\sigma_3 = \begin{pmatrix} 0 & -\mathrm{i} \\ \mathrm{i} & 0 \end{pmatrix}$,$\sigma_4 = \begin{pmatrix} 1 & 0 \\ 0 & -1 \end{pmatrix}$,则存在 $(2^n)^2 = d^2$ 个不同的 ω_i,观测矩阵 A 的生成规则为:从 d^2 个不同的基中随机选取 m 个,记这 m 个整数分别为 $A_1, A_2, \cdots, A_m \in [1, d^2]$,则观测矩阵 A 为

$$A = \begin{pmatrix} \mathrm{vec}(\omega(A_1))^{\mathrm{T}} \\ \mathrm{vec}(\omega(A_2))^{\mathrm{T}} \\ \vdots \\ \mathrm{vec}(\omega(A_m))^{\mathrm{T}} \end{pmatrix} / \sqrt{d} \qquad (5.19)$$

在量子态估计问题中,定义测量比率为

$$\eta = m/d^2 \qquad (5.20)$$

则测量次数 m 的下界就是测量比率 η 的下界.

研究结果表明:当使用泡利基进行观测,并且待恢复的密度矩阵 $\rho \in \mathbf{C}^{d \times d}$ 的秩为 1 时,若测量比率 η 满足(Gross,2011)

$$\eta > \log d / [(1 + \xi)d] \qquad (5.21)$$

则对问题(5.18)所获得的最优解 ρ^* 唯一且等于 ρ 的正确概率 P_s 为

$$P_s > d^{-\xi^2 / [2\ln2(1+\xi/3)]} \qquad (5.22)$$

其中,$\xi > 0$,是平衡测量次数下界和正确概率的常数.

由式(5.21)和式(5.22)可以看出:对于相同的 d,即相同的量子位 n,ξ 越大,测量比率 η 的下界越小,正确概率 P_s 越低,这说明对于同一个量子态估计问题,测量比率的下界并不是一个固定的值,它是可以根据问题对解的正确概率的要求进行调节的,调节参数就是 ξ,例如,当量子位 $n = 5$ 时,ξ 取值变化为 $0.01 \rightarrow 0.2$,测量比率 η 的下界取值变化为 $0.1547 \rightarrow 0.1302$,正确概率 P_s 的取值变化为 $99.95\% \rightarrow 91.26\%$,测量比率下界的降低是以牺牲解的正确概率为代价的;对于相同的 ξ,d 越大,即量子位 n 越大,测量比率 η 的下界越小,正确概率 P_s 也随之降低.

本节中,我们设定 $\xi = 0.05$,当量子位 $n = 5,6,7,8$ 时,由式(5.21)得到的测量比率下界分别为 $0.1488,0.0893,0.0521,0.0298$,在此最小测量比率下,由式(5.22)可以得到所对应的最优解 ρ^* 唯一且等于 ρ 的正确概率 P_s 分别大于 $99.39\%,99.27\%,99.15\%$,99.03%,这是根据压缩传感理论所获得的理论值,它可以用来指导人们在基于压缩传感进行量子态估计中,对于希望获得的正确概率 P_s,所应当选取的最小测量比率.实际上,量子态估计时,还需要用到优化算法,结合所采用的优化算法,是否能够采用压缩传感理论所给出的最小测量比率获得期望的估计误差,还取决于优化算法的效率.

5.2.2　量子态估计中结合 IST 的改进 ADMM 算法

ADMM 算法是一种求解具有可分结构凸优化问题的方法,最早由 Gabay 和 Mercier

于 1976 年提出,可用于解决具有两个目标函数的凸优化问题(Gabay,Mercier,1976).在 3.5.3 小节中,我们通过 ADMM 算法将大的全局问题(3.34)分解为两个较小、较容易求解的子问题(3.37),并通过协调子问题的解而得到全局问题的解.值得注意的是,ADMM 算法只是一种求解优化问题的计算框架,每一个子问题如何有效求解,需要根据被优化函数的具体形式来确定.当将 ADMM 算法用于量子态估计问题时,目标函数 $f(x)$ 和 $g(z)$ 分别为核范数和 ℓ_1 范数,此时子问题为含有光滑项和非光滑项的双目标无约束优化问题,此时可以引入 IST 算法对子问题 (3.37)进行求解,以便获得子问题解的具体表达式.这就是本节中我们所做的研究.

5.2.2.1 IST 算法

迭代阈值收缩(IST)算法可以看做经典梯度下降法的一种扩展,适用于求解含有光滑项和非光滑项的双目标无约束优化问题.IST 算法优势在于解的形式简单,对于高维量子状态的大规模优化问题,可以有效减少重构密度矩阵的时间和存储空间.

考虑关于连续光滑函数 $f(x):\mathbf{R}^n \to \mathbf{R}$ 的无约束最小化问题:$\min\{F(x) \equiv f(x):x \in \mathbf{R}^n\}$,梯度下降法求得解为

$$x^k = x^{k-1} - t^k \nabla f(x^{k-1}), \quad x^0 \in \mathbf{R}^n \tag{5.23}$$

对梯度下降法的一种解释是 x^k 沿着目标函数 $f(x)$ 的下降方向走一小段,只要步长 t^k 合适,总能保证得到 $f(x^k) \leqslant f(x^{k-1})$.进一步,如果存在一个常数 $L(f)$,使 $\nabla f(x)$ 满足 Lipschitz 连续,即 $\| \nabla f(x) - \nabla f(y) \| \leqslant L(f) \| x-y \|, \forall x,y \in \mathbf{R}^n$,我们可以将 $f(x)$ 在 x^{k-1} 处做二次近似(Bertsekas,1999),则梯度迭代式(5.23)同时也是下述问题的解:

$$x^k = \arg \min_{x}\{f(x^{k-1}) + \langle x - x^{k-1},\nabla f(x^{k-1})\rangle + 1/2t^k \| x - x^{k-1} \|^2\} \tag{5.24}$$

将式(5.24)中二次项与一次项合并,忽略常数项得到

$$x^k = \arg \min_{x}\{1/2t^k \| x - (x^{k-1} - t^k \nabla f(x^{k-1})) \|^2\} \tag{5.25}$$

从这个角度看,梯度下降法每次迭代是在最小化原目标函数的一个二次近似函数,将这种二次近似的思想推广到目标函数含有非光滑项的问题中,即

$$\min\{F(x) \equiv f(x) + g(x):x \in \mathbf{R}^n\} \tag{5.26}$$

其中,$f(x):\mathbf{R}^n \to \mathbf{R}$,为光滑凸函数,并且 $\nabla f(x)$ 满足 Lipschitz 连续;$g(x):\mathbf{R}^n \to \mathbf{R}$ 为非光滑凸函数.得到问题(5.26)的解满足

$$x^k = \arg \min_{x}\{1/2t^k \| x - (x^{k-1} - t^k \nabla f(x^{k-1})) \|^2 + g(x)\} \tag{5.27}$$

当 $g(x)$ 对于每个分量 x_i 可分离时,可以用近邻梯度法(proximal gradient)对式 (5.27)进行求解,由此可以得到 IST 算法的解的一般形式为

$$x^k = \text{prox}_{t^k}(g)[x^{k-1} - t^k \nabla f(x^{k-1})] \tag{5.28}$$

其中,$\text{prox}_{t^k}(g)$ 为函数 $g(\cdot)$ 的近邻算子,定义为

$$\text{prox}_t(g)(x) := \arg\min_u \{g(u) + 1/2t \parallel u - x \parallel^2\} \tag{5.29}$$

从式(5.28)、式(5.29)可以看出,IST 算法解的简单性由函数 $g(\cdot)$ 的近邻算子决定.

在量子态估计问题中,$g(\cdot)$ 分别为 ℓ_1 范数和核范数,下面我们将分别给出这两种情况下 IST 算法解的具体形式.

当 $g(x) = \gamma \parallel x \parallel_1$ 时,$\parallel x \parallel_1 = \sum_{i=1}^{n} |x_i|$,$g(x)$ 对于每一个分量 x_i 是可分离的,x^k 的求解变为关于每个分量 x_i 的一维问题求解,此时 IST 算法的解的具体形式为

$$x^k = S_{\gamma t^k}[x^{k-1} - t^k \nabla f(x^{k-1})] \tag{5.30}$$

其中,$S_{\gamma t^k}$ 为软阈值算子,定义为

$$[S_\tau(X)]_{ij} = \begin{cases} x_{ij} - \tau, & 若\ x_{ij} > \tau \\ x_{ij} + \tau, & 若\ x_{ij} < \tau \\ 0, & 其他 \end{cases}$$

当 $g(x) = \gamma \parallel X \parallel_*$ 时,其中 $X \in \mathbb{C}^{n \times n}$,$\parallel X \parallel_*$ 为核范数,等于 X 奇异值的和,当矩阵 X 为低秩的厄米矩阵时,它的奇异值均为实数,具备稀疏性,因此可以对奇异值进行同 ℓ_1 范数类似的阈值操作,因此得到 IST 的解的具体形式为

$$x^k = D_{\gamma t^k}[x^{k-1} - t^k \nabla f(x^{k-1})] \tag{5.31}$$

其中,D_τ 为奇异值收缩算子,定义为:$D_\tau(X) = US_\tau(X)V^{\mathrm{T}}$,$USV^{\mathrm{T}}$ 为矩阵 X 的奇异值分解.

IST 算法的每一次迭代都由光滑函数 $f(x)$ 的梯度下降操作和非光滑函数 $g(x)$ 的近邻算子操作两部分构成,其中梯度下降的步长 t^k 的选择对算法的收敛性和收敛速度至关重要. Beck 等人指出(Beck,Teboulle,2009):若 $\{x^k\}$ 为由 IST 算法解得的问题 $\min\{F(x) \equiv f(x) + g(x) : x \in \mathbf{R}^n\}$ 的一系列解,X^* 为最优解,则当 $t^k = 1/L(f)$ 时,对于任意 $k \geqslant 1$,有 $F(x_k) - F(x^*) \leqslant L(f) \parallel x^0 - x^* \parallel^2/(2k)(\forall x^* \in X^*)$. 特别地,当 $f(x) = \parallel Ax - b \parallel_2^2$ 时,$L(f) = 2\lambda_{\max}(A^{\mathrm{T}}A)$,其中 $\lambda_{\max}$ 为矩阵最大特征值. 此时,IST 算法以线性速度收敛,即函数值 $F(x_k)$ 以 $O(1/k)$ 的速度收敛到最小值 $F(x^*)$.

5.2.2.2　用于量子态估计的 IST 与 ADMM 结合算法

在实际系统的测量中,常常存在干扰.考虑稀疏的干扰矩阵 S,带有干扰的量子状态估计问题可以转变为一个对密度矩阵和干扰的双目标优化问题:

$$
\begin{aligned}
&\min \parallel \rho \parallel_* + I_C(\rho) + \gamma \parallel S \parallel_1 \\
&\text{s.t.} \parallel A\text{vec}(\rho + S) - b \parallel_2^2 \leqslant \varepsilon
\end{aligned}
\tag{5.32}
$$

其中,$S \in \mathbf{C}^{d\times d}$,$\parallel \cdot \parallel_1$ 表示 ℓ_1 范数,定义为 $\parallel X \parallel_1 = \sum_{i=1}^{m}\sum_{j=1}^{n}|x_{ij}|$,$I_C(\rho)$ 为示性函数,定义为 $I_C(\rho) = \begin{cases} \infty, & \text{若 } \rho^* = \rho, \rho \geq 0 \\ 0, & \text{其他} \end{cases}$.示性函数 $I_C(\rho)$ 的作用是把矩阵投影为厄米矩阵,γ 为参数,代表干扰项所占的权重.

问题(5.32)的扩展拉格朗日函数为

$$
\begin{aligned}
L(\rho, S, y, \lambda) &= \parallel \rho \parallel_* + I_C(\rho) + \gamma \parallel S \parallel_1 + \langle y, A \cdot \text{vec}(\rho + S) - b \rangle \\
&\quad + \lambda/2 \parallel A \cdot \text{vec}(\rho + S) - b \parallel_2^2 \\
&= \parallel \rho \parallel_* + I_C(\rho) + \gamma \parallel S \parallel_1 \\
&\quad + \lambda/2 \parallel A \cdot \text{vec}(\rho + S) - b + u \parallel_2^2
\end{aligned}
\tag{5.33}
$$

其中,y 为拉格朗日乘子,$y \in \mathbf{R}^m$,λ 为惩罚参数,$\lambda > 0$,$u = y/\lambda$.

将式(5.33)代入 ADMM 迭代公式(3.36)中,可以得到

$$
\rho^{k+1} := \arg\min_{\rho}\{\parallel \rho \parallel_* + I_C(\rho) + \lambda/2 \parallel A \cdot \text{vec}(\rho + S^k) - b + u^k \parallel_2^2\}
\tag{5.34a}
$$

$$
S^{k+1} := \arg\min_{S}\{\gamma \parallel S \parallel_1 + \lambda/2 \parallel A \cdot \text{vec}(\rho^{k+1} + S) - b + u^k \parallel_2^2\}
\tag{5.34b}
$$

$$
u^{k+1} := u^k + A \cdot \text{vec}(\rho^{k+1} + S^{k+1}) - b
\tag{5.34c}
$$

观察式(5.34a)和式(5.34b)可知:核范数、示性函数 $I_C(\rho)$ 和 ℓ_1 范数均是非光滑的,而 $\parallel \cdot \parallel_2^2$ 是光滑项并且有 Lipschitz 连续梯度,为此我们将通过引入 IST 算法,并与 ADMM 算法相结合来获得改进的 ADMM 算法.对于子问题(5.34a),将 $\parallel \rho \parallel_* + I_C(\rho) + \lambda/2 \parallel A \cdot \text{vec}(\rho + S^k) - b + u^k \parallel_2^2$ 乘以 $2/\lambda$,不改变最优解,并令 $f(x) = \parallel A \cdot \text{vec}(\rho + S^k) - b + u^k \parallel_2^2$,$g(x) = 2/\lambda[\parallel \rho \parallel_* + I_C(\rho)]$,按照 IST 算法的计算步骤,先对光滑项 $f(x)$ 进行梯度下降,得到

$$
c_1^{k+1} = \rho^k - 2t^k\text{mat}\{A^*[A \cdot \text{vec}(\rho^k + S^k) - b + u^k]\}
\tag{5.35}
$$

为了让示性函数 $I_C(\rho)$ 为零,将式(5.35)的结果投影为厄米矩阵得到:$c^{k+1} = 1/2[c_1^{k+1} + (c_1^{k+1})^*]$,代入式(5.31)得到子问题(5.34a)的解为

$$\rho^{k+1} = D_{2t^k/\lambda}(c^{k+1}) \tag{5.36}$$

对于子问题(5.34b),将 $\gamma \parallel S \parallel_1 + \lambda/2 \parallel A \cdot \mathrm{vec}(\rho^{k+1} + S) - b + u^k \parallel_2^2$ 除以 $\lambda/2$ 不改变最优解,令 $f(x) = \parallel A \cdot \mathrm{vec}(\rho^{k+1} + S) - b + u^k \parallel_2^2$,$g(x) = 2\gamma/\lambda \parallel S \parallel_1$,代入式 (5.30)得到

$$S^{k+1} := S_{2\gamma t^k/\lambda}(S^k - 2t^k \mathrm{mat}\{A^*[A \cdot \mathrm{vec}(\rho^{k+1} + S^k) - b + u^k]\}) \tag{5.37}$$

最终,我们得到 IST-ADMM 的迭代公式为

$$\begin{cases} \rho^{k+1} = D_{2t^k/\lambda}(c^{k+1}) & (5.38a) \\ S^{k+1} = S_{2\gamma t^k/\lambda}(S^k - 2t^k \mathrm{mat}\{A^*[A \cdot \mathrm{vec}(\rho^{k+1} + S^k) - b + u^k]\}) & (5.38b) \\ u^{k+1} = u^k + A \cdot \mathrm{vec}(\rho^{k+1} + S^{k+1}) - b & (5.38c) \end{cases}$$

我们称式(5.38)为 IST-ADMM 算法.

IST-ADMM 算法共涉及三个调节参数,分别是:

(1) 梯度下降的步长 t^k;

(2) 干扰所占权重 γ;

(3) ADMM 的惩罚参数 λ.

我们选择 $t^k = 1/2\lambda_{\max}(A^\mathrm{T}A)$,当观测矩阵为泡利矩阵时,$t^k = 1/2$,$\gamma = 1/\sqrt{d}$ (Candès,Plan,2011);惩罚参数 λ 取为 $1/2 \parallel b \parallel_2$(Zheng et al.,2016a).在更新过程中,$\parallel A \cdot \mathrm{vec}(\rho^k + S^k) - b \parallel_2 / \parallel b \parallel_2 < \varepsilon_1$ 或循环次数 $k > k_{\max}$时停止循环,这里取 $\varepsilon_1 = 1 \times 10^{-7}$.定义归一化状态重构误差为

$$error = \parallel \hat{\rho} - \rho \parallel_\mathrm{F}^2 / \parallel \rho \parallel_\mathrm{F}^2 \tag{5.39}$$

其中,$\parallel \cdot \parallel_\mathrm{F}$ 为 Frobenius 范数,$\hat{\rho}$ 为基于压缩传感得到的密度矩阵重构值,ρ 为仿真实验生成的密度矩阵真实值,其秩 $r = 1$.$error$ 大于 1 时取 1,$1 - error$ 代表重构正确率.这里,需要注意区分重构正确率 $1 - error$ 和式(5.22)中定义的正确概率 P_s,正确概率 P_s 是指凸优化问题的"最优解 ρ^* 唯一且等于真实密度矩阵 ρ"的概率,即发生某一事件的概率,与测量比率 η 的下界相关;而重构正确率 $1 - error$ 是指:通过我们的 IST-ADMM 算法求解凸优化问题得到的密度矩阵估计值 $\hat{\rho}$ 与真实密度矩阵 ρ 的相似程度,与算法性能相关,如迭代次数等参数设置.一旦 $1 - error$ 大于 95%,在这里我们就认为"最优解 ρ^* 唯一且等于真实密度矩阵 ρ"这一事件发生了,$1 - error$ 是我们为了体现重构算法 IST-ADMM的好坏而定义的性能指标,这一指标只在数值仿真实验中有意义,因为当面对一个实际量子系统状态估计问题时,我们并不知道真实密度矩阵的值.

从 IST-ADMM 迭代公式(5.38)可以看出:与 Li 和 Cong 的 ADMM 算法相比,IST-ADMM 的迭代求解过程不需要计算 $m \times d^2$ 的矩阵 A 的伪逆$(A^*A)^{-1}A^*$,这涉及 $d^2 \times d^2$ 的矩阵求逆以及 $d^2 \times d^2$ 和 $d^2 \times m$ 矩阵相乘,计算复杂度为 $O(d^6)$;而是通过 IST 梯度下降和近邻算子操作得到 ADMM 子问题的解,再代入 ADMM 迭代框架得到全局问题的解,运算过程涉及最大的计算量为 $m \times d^2$ 的矩阵 A 和 $d^2 \times 1$ 的向量相乘,计算复杂度为 $O(md^2)$,因此 IST-ADMM 算法可以大幅度减少计算时间和存储空间.

此外,求解过程中有一个需要注意的技巧,观察式(5.35)中的

$$\rho^k - 2t^k \text{mat}\{A^*[A \cdot \text{vec}(\rho^k + S^k) - b + u^k]\}$$

部分,其中运算顺序是至关重要的,利用括号优先计算 $A \cdot \text{vec}(\rho^k + S^k) - b + u^k$ 得到一个 $m \times 1$ 的向量,再和 A^* 相乘,由于 $A^* \in \mathbb{C}^{d^2 \times m}$,此时计算复杂度为 $O(md^2)$;如果将式(5.35)展开并合并同类项得到 $\rho^{k+1} = D_{2t^k/\lambda}(\text{mat}\{(I - 2t^k A^* A)\text{vec}(\rho^k) + 2t^k A^*[b - A \cdot \text{vec}(S^k) - u^k]\})$,运算中涉及 $I - 2t^k A^* A$ 的计算,计算复杂度为 $O(md^4)$,不仅计算量增加,而且计算机需同时存储两个 $d^2 \times d^2$ 的矩阵 I 和 $2t^k A^* A$,当 $d = 2^8$ 时,需要的动态存储空间为 128 G(假设每个浮点数占 8 个字节),一般的计算机无法满足内存需求.式(5.38b)的运算顺序也起到了降低运算复杂度、节省存储空间的作用.

5.2.3　系统仿真实验及其结果分析

为了验证 IST-ADMM 算法在求解高维量子态估计问题中的优越性,本小节共设计了 3 组实验,其中,实验 1 和实验 2 对 IST-ADMM 的性能进行分析:实验 1 采用 IST-ADMM 算法得到不同量子位测量比率下界的实验值,将该实验值与由式(5.21)中得到的理论下界值进行比较,从而为后续实验测量比率的设置提供理论依据.实验 2 将研究在选择了保证能以较高的正确概率 P_s 恢复密度矩阵的测量比率下,迭代次数对重构精度的影响,找到尽量少的迭代次数以减少重构时间.实验 3 在选择合适的测量比率和迭代次数的前提下,将 IST-ADMM 算法与 ADMM 算法进行对比分析.

考虑到当 $n = 8$ 时,泡利矩阵为 $d^2 \times d^2$,即 65536×65536 的复数矩阵,观测矩阵 A 为 $m \times d^2$,当测量比率为 0.3 时,A 为 19661×65536 的复数矩阵,假设每个浮点数占 8 个字节,则泡利矩阵和观测矩阵共需要 83.2 G 的内存,计算过程中还涉及临时变量的存储,这项工作在一个 RAM 内存为 16 G 的工作站上都难以完成.我们选用超级计算机来完成这一工作,其型号为浪潮 TS805,Intel Xeon E7-8837 CPU,64 核,主频 2.66 GHz,

内存 256 G.

5.2.3.1 不同量子位情况下的测量比率下界

实验 1 在采用泡利矩阵作为观测矩阵情况下,运用本节所提出的 IST-ADMM 算法(式(5.38)),在不同量子位测量比率下,进行量子态估计实验,并将达到性能指标时的测量比率与式(5.21)得到的理论值进行对比.实验过程中,量子位分别为 $n = 5, 6, 7, 8$,在无干扰条件下,测量比率以 0.02 为间隔,从 0.02 增加至 0.3,每个测量比率下迭代 100 次,得到不同量子位情况下的测量比率下界曲线.实验结果如图 5.2 所示,其中,横坐标为测量比率 η,纵坐标为归一化状态重构误差,加号、三角号、星号和圆圈分别代表 $n = 5, 6, 7, 8$.

由图 5.2 可以看出:若想精确恢复出密度矩阵,即正确概率 $1 - error = 100\%$, $n = 5, 6, 7, 8$ 所需的测量比率下界分别为 0.15, 0.09, 0.05 和 0.03.

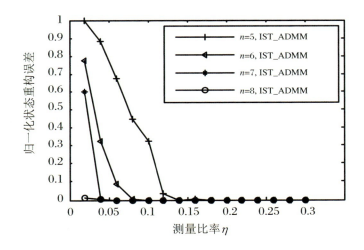

图 5.2　不同量子位情况下的测量比率下界

我们将实验结果与理论结果进行对比.表 5.2 为不同量子位下测量比率下界理论估计值与实验值的对比,从中可以看出:当量子位 $n = 5, 6, 7, 8$ 时,测量比率下界的理论值分别为 0.1488, 0.0893, 0.0521, 0.0298;实验值分别为 0.15, 0.09, 0.05, 0.03.随着量子位的增加,实验所需要的测量比率下界逐渐减小,这验证了压缩传感理论可以大幅度减少测量次数,如 $n = 8$ 时,只需要 3% 的测量比率就可以 100% 重构正确率重构出密度矩阵.运用 IST-ADMM 算法得到的测量比率下界实验值与理论值基本吻合,验证了 IST-ADMM 的高效率,同时表 5.2 中的数据也为实验 2 和 3 测量比率的设置提供了依据.

表 5.2　不同量子位测量比率下界理论值与实验值的对比

	测量比率下界			
	$n = 5$	$n = 6$	$n = 7$	$n = 8$
理论值	0.1488	0.0893	0.0521	0.0298
实验值	0.15	0.09	0.05	0.03

5.2.3.2　不同量子位下迭代次数对重构误差的影响

实验 1 得到了无干扰条件下迭代 100 次,100% 重构正确率时不同量子位所需要的测量比率下界.实验 2 同样在无干扰条件下,将测量比率按表 5.2 中的结果固定为实验下界值,即 $n = 5, 6, 7, 8$ 测量比率分别固定为 0.15,0.09,0.05,0.03,而将每次重构迭代次数以 10 为间隔,分别从 10 次增加至 100 次,考察不同量子位下,迭代次数的多少对重构误差的影响的实验.实验结果如图 5.3 所示,其中横坐标为迭代次数,纵坐标为归一化状态重构误差,加号、三角号、星号、圆圈分别代表 $n = 5, 6, 7, 8$ 的实验结果,虚线表示重构正确率为 95%.

由图 5.3 可以看出:随着量子位数的增加,达到相同重构正确率所需的迭代次数逐渐增加,且增加的幅度越来越大.量子位 $n = 5, 6, 7, 8$,测量比率分别固定为下界值,迭代次数分别为 20,20,30,50,可以 95% 的近似正确率重构密度矩阵.

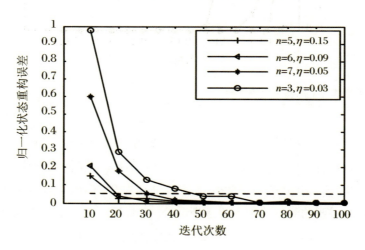

图 5.3　不同量子位下迭代次数对重构误差的影响

量子状态的估计和滤波及其优化算法

表 5.3 是当 $n = 5, 6, 7, 8$,实验中的测量比率分别为 0.15, 0.09, 0.05, 0.03,迭代次数分别为 20, 20, 30, 50 时,所获得的密度矩阵对应的重构正确率和重构时间.这里的重构时间是指已经通过式(5.31)获得观测值 b 和观测矩阵 A 后, IST-ADMM 算法执行设定的迭代次数所需要的时间.从表 5.3 中可以看出:重构密度矩阵的正确率分别为 97.31%, 96.30%, 94.35% 和 96.17%;重构时间分别为 0.06 s, 0.51 s, 1.25 s 和 188.22 s. 正是由于 IST-ADMM 算法避免了高维矩阵求逆运算和高维矩阵间的乘法运算,具有更快的计算速度,才使得高维密度矩阵的重构变得实际可行.

表 5.3 不同量子位正确重构密度矩阵的实验条件及时间

	量子位 n			
	5	6	7	8
测量比率 η	0.15	0.09	0.05	0.03
迭代次数	20	20	30	50
重构正确率	97.31%	96.30%	94.35%	96.17%
重构时间(s)	0.06	0.51	1.25	188.22

5.2.3.3 有干扰情况下 IST-ADMM 算法与 ADMM 算法的性能对比实验

为了考察 IST-ADMM 算法在重构正确率和计算速度的优越性,实验 3 中,对同一密度矩阵用相同的观测矩阵进行测量,然后分别使用 FP-ADMM 算法和 ADMM 算法根据观测矩阵 A 和测量结果 b 对密度矩阵 ρ 进行重构.为了验证算法的鲁棒性,设置外部干扰的个数为密度矩阵 ρ 元素个数的 10%,即为 $0.1d^2$ 个干扰,干扰幅度满足高斯分布 $N(0, 0.1 \parallel \rho \parallel_F)$.实验过程中,量子位分别设置为 $n = 5, 6, 7$,测量比率 η 以 0.05 为间隔,从 0.05 增加至 0.5,每个测量比率下迭代 30 次,得到 IST-ADMM 算法与 ADMM 算法归一化状态重构误差对比曲线.

实验结果如图 5.4 所示,其中,横坐标为测量比率 η,纵坐标为归一化状态重构误差,实线和虚线分别表示 IST-ADMM 算法和 ADMM 算法,加号表示 $n = 5$,三角号表示 $n = 6$,星号表示 $n = 7$.从图 5.4 中可以看出:有干扰条件下,当测量比率大于 0.15 时, IST-ADMM 算法通过 30 次迭代可以较高正确率恢复出密度矩阵,算法具有鲁棒性;相同量子位下, IST-ADMM 算法相对于 ADMM 算法显著地降低了系统状态估计误差,例如,在采样率为 0.15,量子位分别为 5, 6, 7 时,由 IST-ADMM 算法重构的正确率分别为 98.71%, 99.39%, 99.30%;而由 ADMM 算法重构的正确率分别为 34.10%, 47.76%,

59.56%.可见,IST-ADMM 算法具有更高的重构正确率.

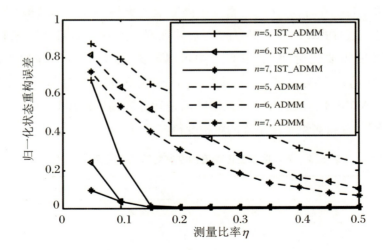

图 5.4　IST-ADMM 算法与 ADMM 算法归一化状态重构误差对比

为了考察 IST-ADMM 算法计算速度的优越性,表 5.4 给出实验 3 中,量子位 $n=5$, 6,7,测量比率 $\eta=0.1,0.25,0.4$ 时,已经获得观测值 b 和观测矩阵 A 后,IST-ADMM 算法和 ADMM 算法执行 30 次迭代所需要的时间,单位为 s.从表 5.4 中可以看出:

(1) 在相同量子位 n 和相同的测量比率 η 情况下,IST-ADMM 算法与 ADMM 算法相比,重构所花费的时间显著下降.

(2) 不论采样比率为多少,IST-ADMM 算法的计算时间要明显少于 ADMM 算法的时间,并且随着量子位数的增加,计算量上的优势越来越明显.以测量比率 0.25 为例,n =5 时,ADMM 算法花费的重构时间是 IST-ADMM 的 $16.36/0.13=126$ 倍,$n=6$ 时是 $386.73/1.00=387$ 倍,$n=7$ 时是 $9047.76/1.63=5551$ 倍.

表 5.4　IST-ADMM 算法与 ADMM 算法重构时间(s)

	$n=5$			$n=6$			$n=7$		
	$\eta=0.1$	$\eta=0.25$	$\eta=0.4$	$\eta=0.1$	$\eta=0.25$	$\eta=0.4$	$\eta=0.1$	$\eta=0.25$	$\eta=0.4$
IST-ADMM	0.12	0.13	0.14	0.47	1.00	1.52	1.36	1.63	1.93
ADMM	15.34	16.36	19.11	317.56	386.73	454.02	7674.93	9047.76	9808.08

5.2.3.4　秩为 2 情况下的随机状态估计实验

在无噪声的情况下,我们进行了在量子比特 $n=6$,ρ 秩为 2 情况下,对随机生成的量子态估计性能的实验.实验中,测量速率从 $\eta=0$ 开始增加,增量步长为 0.02,至 $\eta=0.4$,

对于每个测量速率 η,每次随机生成真实密度矩阵 ρ. 对于每个重建,迭代次数是 100. 在每种情况下进行上述实验 20 次. 这样,对于每个测量速率 η,我们得到 20 个不同的误差. 分别计算这 20 个误差的平均值、最大值和最小值.

图 5.5 是秩为 2 情况下的随机状态 20 次估计实验结果,其中,采用不同 η 表示标准化估计误差的平均值、最大值和最小值,其中黑色实心星号线表示平均值,垂直蓝色线段的上、下端点分别表示误差的最大值和最小值,红色虚线表示标准估计误差为 0.05,即重建精度为 95%.

从图 5.4 中可以看出:

(1) 当测量速率 η 小于 0.14 时,平均值、最大值和最小值情况的间隙明显. 但当 η 大于 0.14 时,三个值几乎相同. 这表明,如果密度矩阵的重建精度大于其下限,则可以忽略随机性的影响. 在此实验中,我们只关心密度矩阵的精确重构性能,所以忽略随机性的影响. 实验中,根据测量速率 η 的下限设置,并对每一次重建进行一次实验,以保证预期的精度.

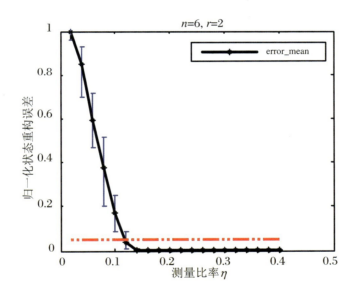

图 5.5　秩为 2 情况下的随机状态 20 次估计实验结果

(2) 当秩 $r = 2$ 时,测量速率 $\eta = 0.14$,重建准确率平均为 99.57%,最大值和最小值分别为 99.99% 和 99.21%. 当 $\eta \geqslant 0.16$ 时,其发生率为 100%. 该方法对秩大于 1 也有一定的效率,只要 η 合适,就可以准确地重建密度矩阵.

5.2.3.5 4种算法的计算复杂度分析

ADMM算法只是一种求解优化问题的计算框架,将大的全局问题分解为多个较小、较容易求解的子问题,并通过协调子问题的解而得到全局问题的解.如何有效求解每一个子问题,需要根据 $f(x)$ 和 $g(z)$ 具体形式来确定.ADMM算法中求解弗罗贝尼乌斯(Frobenius)范数项最小时,需要计算一个矩阵的伪逆,这样的求解方法会导致巨大的运算量.ADMM算法的重构精度相对于完备测量重构的精度还有待进一步提高,对于较高比特的量子系统(例如7比特),ADMM算法重构时间要以天为单位计算,算法速度仍有待于进一步提高.

FP-ADMM算法通过近邻算子求解基于压缩传感的量子态估计优化问题的最优解满足的不动点方程,再采用迭代的方式求解最优解,避免了基于压缩传感的量子态估计的ADMM算法中的大规模矩阵伪逆运算,从而大幅度减少了在密度矩阵重构应用中的计算时间.

I-ADMM算法的主要思想是通过近邻梯度法近似求解子问题,非精确求解密度矩阵和稀疏干扰相关的子问题从而获得闭式解,将计算复杂度从ADMM的 $O(d^6)$ 数量级以及3.6节中所提出的FP-ADMM算法的 $O(md^4)$ 数量级,降低到 $O(md^2)$ 数量级.此外,该算法采用可调步长更新拉格朗日乘子以加速收敛.

ISTA算法通过梯度下降和近邻算子操作得到ADMM子问题的解,再代入ADMM迭代框架得到全局问题的解,运算过程涉及最大的计算量为 $m \times d^2$ 的矩阵 A 和 $d^2 \times 1$ 的向量相乘,计算复杂度为 $O(md^2)$,因此ISTA算法可以大幅度减少计算时间和存储空间.

5.3 改进的迭代收缩阈值算法及其应用

本节针对迭代收缩阈值算法所存在的收敛速度慢的问题,提出一种基于加速算子梯度估计方法优化的新的迭代收缩阈值算法,简称快速迭代收缩阈值算法(FISTA).所提出的改进算法在每一次迭代中,由当前点和前一个点的线性组合构成加速算子,重新进行梯度估计,进行新的迭代计算,来加快算法迭代的收敛速度.将所提出的FISTA算法应用于求解含有稀疏干扰的量子状态估计优化问题中.在5量子位的状态估计仿真实验中,将所提出的FISTA算法分别与ISTA、ADMM、FP-ADMM和I-ADMM 4种优化算法进行性能对比,实验结果表明,所提出的 FISTA 算法具有更加优越的收敛速度,并且能够得到更小的量子状态估计误差.

在 5.2 节中,我们提出了结合迭代收缩阈值的 IST-ADMM 算法,由于 ISTA 是梯度下降法的延伸,迭代过程仅考虑当前点的信息进行梯度估计更新迭代点,优化过程呈"之"字形,向极小值点靠近,收敛速度比较慢,并且该算法在迭代过程中采用固定步长,当迭代优化接近极小值附近点时,固定步长导致该算法的迭代效率不佳,量子状态估计精度不够高.

针对 ISTA 求解量子状态估计优化问题的不足,本节提出了一种基于加速算子梯度估计方法优化 ISTA,简称快速迭代收缩阈值算法(Fast Iterative Shrinkage Thresholding Algorithm,简称 FISTA).该算法在 ISTA 的基础上加入一个加速算子,该加速算子由当前点和前一个点线性组合而成,利用加速算子重新进行梯度估计,更新迭代点,以加快算法的迭代速度.我们将所提出的算法应用于 5 量子位的仿真实验中,并且将改进的 FISTA 算法分别与迭代收缩阈值算法、交替方向乘子法、不动点方程的 ADMM 算法、非精确的 ADMM 算法等算法进行了性能对比实验,并对实验结果进行了分析.

5.3.1 含有稀疏干扰的量子状态估计问题描述

考虑一个具有 n 比特量子系统的密度矩阵 ρ,其本身含有稀疏干扰.此时,量子密度矩阵估计问题可描述为:从选取的 m 个测量结果 b 中,重构出 $d \times d$ 的低秩的、含有稀疏干扰 $S \in \mathbf{R}^{d \times d}$ 的密度矩阵 ρ.构造观测矩阵为 $A: \mathbf{C}^{d \times d} \rightarrow \mathbf{C}^m$,则密度矩阵估计过程中的测量结果可写为 $b = A(\rho + S)$.我们将密度矩阵估计问题转化为一个带有约束条件的目标凸优化问题:

$$
\begin{aligned}
&\min \| \rho \|_* + \gamma \| S \|_1 \\
&\text{s.t.} \, A(\rho + S) = b, \quad \rho \in C
\end{aligned} \tag{5.40}
$$

其中,$\gamma > 0$ 为权重因子,ρ 为待估计的密度矩阵,$\| \cdot \|_*$ 为核范数,定义为 $\| \rho \|_* = \sum s_i$,s_i 为矩阵奇异值.$\| \cdot \|_1$ 为 ℓ_1 范数.最小化 $\| \rho \|_*$ 和 $\| S \|_1$ 使密度矩阵低秩,且状态本身干扰稀疏.为了简化,定义凸集 $C := \{\rho \geqslant 0, \text{tr}(\rho) = 1, \rho^\dagger = \rho\}$,$\rho^\dagger$ 为 ρ 的共轭转置,$\rho \in C$ 表示满足量子态约束,并引入示性函数

$$
I_C(\rho) = \begin{cases} 0, & \text{若 } \rho \geqslant 0, \text{tr}(\rho) = 1, \rho^\dagger = \rho \\ \infty, & \text{其他} \end{cases}
$$

则式(5.40)可改写为

$$
\begin{aligned}
&\min \parallel \rho \parallel_* + \gamma \parallel S \parallel_1 + I_C(\rho) \\
&\text{s.t.} A(\rho + S) = b
\end{aligned}
\tag{5.41}
$$

对于带有可分离的目标函数和线性约束的凸优化问题(5.41),引入增广拉格朗日函数

$$
L(\rho, S, y, \alpha) = \parallel \rho \parallel_* + \gamma \parallel S \parallel_1 + \langle y, A(\rho + S) + e - b \rangle
$$

$$
+ \frac{\alpha}{2} \parallel A(\rho + S) - b \parallel_2^2
\tag{5.42}
$$

其中,$\alpha > 0$ 为惩罚参数,惩罚项可以松弛收敛条件,$\parallel \cdot \parallel_2$ 为 ℓ_2 范数,$y \in \mathbf{R}^m$ 为拉格朗日乘子.

我们将问题(5.42)改写为无约束条件的对增广拉格朗日函数的目标优化问题:

$$
\min \parallel \rho \parallel_* + I_C(\rho) + \gamma \parallel S \parallel_1 + \frac{\alpha}{2} \left\parallel A(\rho + S) - b - \frac{y}{\alpha} \right\parallel_2^2
\tag{5.43}
$$

根据 ADMM 迭代框架,我们将待优化问题(5.43)分解为两个子问题:分别求解量子密度矩阵、稀疏干扰的优化问题,以及使约束条件为零的拉格朗日乘子的迭代计算公式:

$$
\begin{cases}
\rho^{k+1} = \arg\min_{\rho} \left\{ \parallel \rho \parallel_* + I_C(\rho) + \frac{\alpha}{2} \left\parallel A(\rho + S^k) - b - \frac{y^k}{\alpha} \right\parallel_2^2 \right\} \\
S^{k+1} = \arg\min_{S} \left\{ \gamma \parallel S \parallel_1 + \frac{\alpha}{2} \left\parallel A(\rho^{k+1} + S) - b - \frac{y^k}{\alpha} \right\parallel_2^2 \right\} \\
y^{k+1} = y^k - \alpha \left[A(\rho^{k+1} + S^{k+1}) - b \right]
\end{cases}
\tag{5.44}
$$

这样,我们就把一个带有约束条件的优化问题转变为无约束条件的 2 个子问题的凸优化.通过求解优化问题(5.44),我们可以求解出含有稀疏干扰的量子密度矩阵估计.这个优化问题的求解性能,取决于所采用的优化算法.下面我们将通过先介绍迭代收缩阈值算法,然后在其基础上,提出迭代收缩阈值的快速改进算法.

5.3.2　改进的快速迭代收缩阈值算法

在式(5.23)所描述的优化问题中,$\parallel \cdot \parallel_2$ 连续可微,但是,$\parallel \cdot \parallel_*$ 和 $\parallel \cdot \parallel_1$ 不连续可微,对其求解比较困难.为了解决 $\parallel \cdot \parallel_*$ 不连续可微问题,将式(5.44)中的 ρ^{k+1} 乘以 $\frac{2}{\alpha}$,然后令 $f(\rho) = \left\parallel A(\rho + S^k) - b - \frac{y^k}{\alpha} \right\parallel_2^2$ 和 $g(\rho) = \frac{2}{\alpha} (\parallel \rho \parallel_* + I_C(\rho))$,这正是

软阈值函数(soft thresholding)要解决的优化问题的形式,对其中的平滑项 $f(\rho)$ 求梯度 c_1,得到梯度的迭代公式为 $c_1^{k+1} = \rho^k - 2w^k \left\{ A^\dagger \left[A(\rho^k + S^k) - b - \dfrac{y^k}{\alpha} \right] \right\}$,其中,$w^k$ 是第 k 次迭代的步长.由于这个算法的整个过程相当于迭代执行软阈值函数,所以把它称为迭代软阈值算法(Iterative Soft Thresholding Algorithm,简称 ISTA).

由于量子密度矩阵有 $\rho^\dagger = \rho$ 的约束,即密度矩阵是厄米的,所以梯度也必须满足厄米矩阵的要求,我们将梯度 c^{k+1} 的迭代公式重新定义为

$$c^{k+1} = \frac{1}{2} \left[c_1^{k+1} + (c_1^{k+1})^\dagger \right] \tag{5.45}$$

将式(5.45)代入密度矩阵优化的式(5.44)中,可以得到密度矩阵的估计迭代公式为

$$\rho^{k+1} = U M_{2w^k/\alpha}(c^{k+1}) V^{\mathrm{T}} \tag{5.46}$$

其中,$U M V^{\mathrm{T}}$ 为矩阵 c^{k+1} 的奇异值分解;$M_{2w^k/\alpha}(c^{k+1})$ 为软阈值算子,定义为

$$M_{2w^k/\alpha}(c^{k+1}) = \mathrm{sgn}[c^{k+1}] * \max(|c^{k+1}| - 2w^k/\alpha, 0)$$

为了书写方便,我们定义 $D_{2w^k/\alpha}(c^{k+1})$ 为奇异值收缩算子:$D_{2w^k/\alpha}(c^{k+1}) = U M_{2w^k/\alpha}(c^{k+1}) V^{\mathrm{T}}$.

对于式(5.44)中 S^{k+1} 的求解,先将式(5.44)中的 S^{k+1} 乘以 $\dfrac{2}{\alpha}$,再令 $f(S) = \left\| A(\rho^{k+1} + S) - b - \dfrac{y^k}{\alpha} \right\|_2^2$ 和 $g(S) = \dfrac{2\gamma}{\alpha} \| S \|_1$.这也是软阈值函数要解决的优化问题的形式,对其中的平滑项 $f(S)$ 求梯度 d,得到梯度的迭代公式为

$$d^{k+1} = S^k - 2w^k \left\{ A^\dagger \left[A(\rho^{k+1} + S^k) - b - \frac{y^k}{\alpha} \right] \right\} \tag{5.47}$$

同理可得

$$S^{k+1} = M_{2\gamma w^k/\alpha}(d^{k+1}) \tag{5.48}$$

其中,$M_{2\gamma w^k/\alpha}(d^{k+1})$ 为软阈值算子

$$M_{2\gamma w^k/\alpha}(d^{k+1}) = \mathrm{sgn}[d^{k+1}] * \max(|d^{k+1}| - 2\gamma w^k/\alpha, 0)$$

由此可得 ISTA 算法的迭代公式为

$$\begin{cases} \rho^{k+1} = D_{2w^k/\alpha}(c^{k+1}) \\ S^{k+1} = M_{2\gamma w^k/\alpha}(d^{k+1}) \\ y^{k+1} = y^k - \alpha \left[A(\rho^{k+1} + S^{k+1}) - b \right] \end{cases} \tag{5.49}$$

其中,权重 γ 可以设置为 $1/\sqrt{d}$,α 和 w^k 需要根据实际具体情况来调节参数.

从式(5.49)中可以看出:ISTA 是梯度下降法的一种延伸,每次迭代只是利用当前点的信息进行梯度估计,然后分别对密度矩阵以及稀疏干扰进行迭代估计,所以算法迭代速度一般.

我们在 ISTA 的基础上,通过分别在密度矩阵 ρ 和稀疏干扰 S 的计算公式中引入加速算子,来加快收敛速度,进一步降低密度矩阵的估计误差.

首先,引入加速算子 z,它由当前点和前一个点的线性组合构成:

$$z^{k+1} = x^k + h_k(x^k - x^{k-1}) \tag{5.50}$$

其中,x^k,x^{k-1} 分别代表当前值和前一次值;$x^k - x^{k-1}$ 表示搜索方向;h_k 表示由当前值 x^k 开始,沿着 $x^k - x^{k-1}$ 所构成的搜索方向进行迭代所需要的步长因子,$h_k = j \times \dfrac{k}{k+3}$,$j$ 是一个可调参数;z^{k+1} 表示由当前值 x^k 开始,沿着 $x^k - x^{k-1}$ 所构成的搜索方向进行步长为 h_k 所得到的下一次值.

然后,利用加速算子,分别代入式(5.49)的 ρ^k 和 S^k 中,重新对含有稀疏干扰的量子状态进行估计,可以得到改进后的状态进行估计迭代公式为

$$\begin{cases} z^k = \rho^{k-1} + h_{k-1}(\rho^{k-1} - \rho^{k-2}) \\ c_2{}^{k+1} = z^k - 2w^k \left\{ A^\dagger \left[A(z^k + S^k) - b - \dfrac{y^k}{\alpha} \right] \right\} \\ c^{k+1} = \dfrac{1}{2} \left[c_2{}^{k+1} + (c_2{}^{k+1})^\dagger \right] \\ \rho^{k+1} = D_{2w^k/\alpha}(c^{k+1}) \end{cases} \tag{5.51}$$

以及稀疏干扰的估计迭代公式为

$$\begin{cases} z'^k = S^{k-1} + h_{k-1}(S^{k-1} - S^{k-2}) \\ d'^{k+1} = z'^k - 2w^k \left\{ A^\dagger \left[A(\rho^{k+1} + z'^k) - b - \dfrac{y^k}{\alpha} \right] \right\} \\ S^{k+1} = M_{2\gamma w^k/\alpha}(d'^{k+1}) \end{cases} \tag{5.52}$$

因此,式(5.49)可以写成以下形式,即 FISTA 为

$$\begin{cases} \rho^{k+1} = D_{2w^k/\alpha}(c^{k+1}) \\ S^{k+1} = M_{2\gamma w^k/\alpha}(d'^{k+1}) \\ y^{k+1} = y^k - \alpha \left[A(\rho^{k+1} + S^{k+1}) - b \right] \end{cases} \tag{5.53}$$

其中, $h_{k-1} = j \times \dfrac{k-1}{k+2}$, 权重 γ 设置为 $1/\sqrt{d}$, α, w^k 和 j 需要根据实际具体情况来调节参数.

FISTA 在 ISTA 的基础上加入一个加速算子, 比 ISTA 以更少的迭代次数更快达到最优精度. 理论证明: ISTA 的收敛速度为 $O(1/k)$, 而 FISTA 的收敛速度为 $O(1/k^2)$.

5.3.3 实验结果及其结果分析

本小节我们将对一个 5 量子位系统的密度矩阵, 采用所提出的 FISTA 算法进行状态估计的仿真实验. 一共做两个实验, 第一个实验为: 在不同采样率 η 下, 对 FISTA 和 IS-TA 两种算法进行仿真实验, 比较仿真结果; 第二个实验为: 在固定采样率 50% 下, 对 ADMM、FP-ADMM、ISTA、FISTA 和 I-ADMM 这五种算法进行仿真实验, 并比较仿真结果.

实验中算法性能的评估指标为: 估计出的密度矩阵 ρ 与真实密度矩阵 $\ddot{\rho}$ 之间的归一化误差 $error$: $error = \| \rho - \ddot{\rho} \|_F^2 / \| \ddot{\rho} \|_F^2$.

仿真实验中, 测量值向量由 $b = A(\ddot{\rho} + \ddot{S}) + \ddot{e}$ 产生, 其中 $\ddot{\rho}$ 为待恢复密度矩阵的真实值, $\ddot{S}$ 为稀疏干扰矩阵, $\ddot{e}$ 为高斯噪声. 真实密度矩阵 $\ddot{\rho}$ 通过 $\ddot{\rho} = \psi_r \psi_r^\dagger / \mathrm{tr}(\psi_r \psi_r^\dagger)$ 生成, 其中 ψ_r 是一个复数域 $d \times r$ 的威沙特 (Wishart) 矩阵, 其元素服从随机高斯分布, 同时保证 $\ddot{\rho}$ 为纯态, 即 $\mathrm{rank}(\ddot{\rho}) = 1$. 干扰矩阵 $\ddot{S} \in \mathbf{R}^{d \times d}$ 含有 $d^2/10$ 个非零元素, 且非零元素的位置是随机的, 幅值满足高斯分布 $N(0, \| \rho \|_F / 100)$. 高斯噪声信噪比 SNR 为 70 dB. A 由泡利矩阵构造, 从而有 $AA^\dagger = I$, $\lambda_{\max}(AA^\dagger) = 1$. 仿真实验运行环境为 Matlab2018a, 2.8 GHz Inter Core i5-8400M CPU, 内存 8 GB.

5.3.3.1 FISTA 和 ISTA 算法的估计误差对比

本实验将在采样率 η 分别为 25%、50%、100% 的情况下, 固定迭代次数为 100 次, 分别采用所提出的 FISTA 以及 ISTA 两种算法, 对 5 量子位密度矩阵进行估计. 两种算法涉及的可调参数有权重 γ、惩罚参数 α、梯度下降步长 w^k, FISTA 多一个加速算子里的可调参数 j. 根据算法的收敛要求, 参数设置如表 5.5 所示, 在不同采样率下, 两种算法对密度矩阵的估计误差 $error$ 随迭代次数的变化结果如图 5.6 所示.

表 5.5　两种算法对比实验中最优参数设置

参数与性能	算法					
	ISTA			FISTA		
	$\eta = 25\%$	$\eta = 50\%$	$\eta = 100\%$	$\eta = 25\%$	$\eta = 50\%$	$\eta = 100\%$
γ	0.1768	0.1768	0.1768	0.1768	0.1768	0.1768
α	2.6	100	0.12	5	5	10
w^k	0.2	0.6	0.6	0.7	0.6	0.5
j				0.6	0.5	0.4
最终 $error$	0.0040	0.0007	0.0003	0.0045	0.0007	0.0001
所需时间(s)	0.3263	0.3462	0.3603	0.3312	0.3366	0.3496

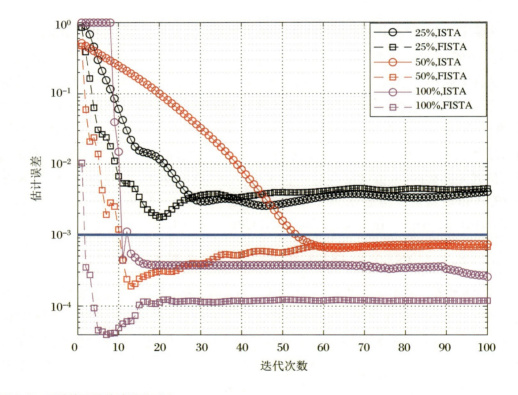

图 5.6　两种算法的估计误差对比

从图 5.6 中的估计误差的实验结果可以看出：

（1）在状态估计达到稳态之前的暂态过程中，FISTA 明显优于 ISTA.在相同采样率和相同迭代次数下，FISTA 的估计误差一直低于 ISTA 的估计误差.

（2）随着采样率的增加，ISTA 和 FISTA 两种算法的稳态估计误差都在降低.

相同采样率下，FISTA 达到的稳态估计误差比 ISTA 的稳态估计误差低；采样率为 25% 和 50% 时，FISTA 比 ISTA 稳态估计误差略低，采样率为 100% 时，FISTA 的稳态估计误差明显低于 ISTA.

相同采样率下，FISTA 比 ISTA 以较低迭代次数达到较高量子状态重构精度.采样率为 25% 时，ISTA 需迭代 46 次（0.1799 s）达到最低估计误差 0.0025；FISTA 需迭代 20 次（0.1153 s）达到最低估计误差 0.0018，迭代次数明显更少，估计误差明显更低；采样率为 50% 时，ISTA 需迭代 44 次（0.1939 s）达到不高于 0.0010 的估计误差 0.0010；FISTA 需迭代 12 次（0.0867 s）达到不高于 0.0010 的估计误差 0.0002，FISTA 明显更优；采样率为 100% 时，由图上曲线直接可以看出，FISTA 的估计误差随着迭代次数的增加在降低，一直低于 ISTA 的估计误差.

（3）暂态达到的最低估计误差低于稳态时的估计误差.可见，并不是迭代次数越多，状态估计达到的估计误差就越低，我们应在估计误差达到最小值时就停止实验，取当时的最小值为状态估计结果.

5.3.3.2　五种算法的估计精度对比

本小节将分别应用 ADMM、FP-ADMM、ISTA、FISTA 和 I-ADMM 五种算法，对五个量子位的密度矩阵进行估计的性能对比实验.实验中，采样率 η 固定为 50%，迭代次数选为 1000.ADMM 算法中的两个参数分别取：梯度步长 $\tau_1 = \tau_2 = 0.1$；FP-ADMM 算法中的两个参数分别取：权重 $\gamma = 1$，惩罚参数 $\alpha = 0.04$；I-ADMM 算法中的三个参数分别取：梯度步长 $\tau_1 = 0.99$、$\tau_2 = 0.6$，惩罚参数 $\alpha = 1.399$.FISTA 和 ISTA 两个算法的参数与 4.2 节中的实验参数选择一致.

实验所获得的估计误差 *error* 随迭代次数增加的变化结果如图 5.7 所示.

从图 5.7 中可以看出：

（1）同一采样率下，所提出的 FISTA 算法达到最小估计误差 0.0019 的量子状态重构所需要的最少迭代次数为 13（0.0882 s），目前最优的求解存在稀疏干扰的量子态估计的 I-ADMM 优化算法达到的最小估计误差 0.0017 所需要的最少迭代次数也为 13（0.1077 s），最少迭代次数相同，但 FISTA 算法所需迭代时间 0.0882 s 明显低于 I-ADMM 所需的迭代时间 0.1077 s.

（2）同一采样率下，ADMM、FP-ADMM、ISTA、FISTA 和 I-ADMM 五种算法完成

1000 次迭代所需时间分别为 137.4342 s、11.6561 s、2.7510 s、2.7208 s、3.4330 s，FISTA 算法所需时间最短、速度最快. 所提出的 FISTA 算法估计精度明显优于 ADMM、FP-ADMM、ISTA 三种算法，和 I-ADMM 算法估计精度接近，由于 FISTA 算法迭代时间比 I-ADMM 算法少，故 FISTA 算法最优.

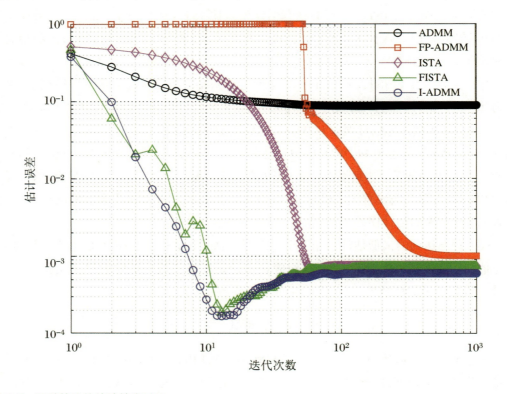

图 5.7　五种算法的估计精度对比

（3）同一采样率下，FP-ADMM、ISTA、FISTA 和 I-ADMM 四种算法达到的稳态精度相接近，且都远高于 ADMM 的稳态精度. FISTA 是在 ISTA 基础上的优化，加快了收敛速度，收敛速度由 $O(1/k)$ 变为 $O(1/k^2)$.

（4）ISTA 和 I-ADMM 两种算法的暂态达到的最低估计误差低于稳态时的估计误差. 可见，并不是迭代次数越多，状态估计达到的估计误差就越低，我们应在估计误差达到最小值时就停止实验，取当时的最小值为状态估计结果.

5.4 小　　结

　　本章基于压缩传感理论,对应用于量子态估计中的优化算法,在提高快速性和收敛性方面进行了改进研究,分别进行了结合不动点方程的量子态的快速重构算法研究、迭代收缩阈值算法在高维量子状态重构中应用的研究,以及改进的迭代收缩阈值算法及其应用研究.所有提出的改进算法都通过数值仿真实验及其性能对比分析,来验证算法在性能上的优越性.

第 6 章

量子态估计与滤波研究

一个 n 比特量子系统可用密度矩阵 $\rho \in \mathbf{C}^{d \times d}$ ($d = 2^n$) 描述,密度矩阵同时需要满足半正定、单位迹的厄米矩阵约束. 对一个量子密度矩阵的完备测量次数为 d^2,它随量子位数 n 的增加呈指数增长. 由于人们感兴趣的量子系统的状态往往处于纯态或近似纯态,这意味此种情况下的系统密度矩阵是低秩稀疏的,即秩 $r \ll d$,奇异值大部分为 0. 压缩传感理论告诉人们:若信号本身或其经过某种变换后为稀疏,则可通过一个测量矩阵,将高维信号无损地压缩到低维空间. 同时研究表明,只要测量矩阵满足限制等距特性(Restricted Isometry Property,简称 RIP)条件,就可以通过求解一个最优化问题精确地恢复出原始信号. 实际中一般采用泡利矩阵构造观测矩阵. 由于处于纯态的量子状态密度矩阵是稀疏的,因此可以利用压缩传感理论来极大减少所需要的测量次数,研究表明最少需要 $m = O(rd \log d) \ll d^2$ 个测量值,就可以精确地重构密度矩阵,并定义采样比率为 $\eta = m / d^2$.

在实际量子态估计中,扰动是不可避免的,为提高量子状态密度矩阵的恢复精度,需要实现对量子状态的估计和滤波. 扰动可分为量子状态本身的稀疏干扰,以及测量过程中的噪声,测量噪声可以被假设为高斯噪声. 目前的研究大多仅考虑其中一种扰动情况:

量子状态的估计和滤波及其优化算法

仅对含有稀疏干扰的量子状态或含有测量噪声的量子状态的估计,很少有研究考虑状态本身和测量噪声同时存在的情况.交替方向乘子法是一种解决目标函数可分离凸优化问题的有效计算框架,并由于具有较好的收敛性能和较快的计算速度而在大规模数据优化处理等领域有广泛的应用.

本章分别研究当量子状态本身含有稀疏干扰、测量过程中含有噪声,以及同时含有噪声和干扰的扰动情况下,基于压缩感知的少量测量值中,重构密度矩阵的量子状态估计问题.主要解决问题的思路是将量子状态的估计问题转化为关于密度矩阵的核范数、稀疏干扰的 ℓ_1 范数、噪声误差最小化等几个子问题的优化问题,并且加上带有量子态约束的双目标凸优化问题,提出在不同情况下的量子态密度矩阵估计的快速高效的优化算法,并对所提算法的同时含有稀疏干扰和输出噪声的滤波器的收敛性进行严格证明.

6.1　含有稀疏干扰的量子状态估计

6.1.1　问题描述

在量子态估计过程中,扰动往往是不可避免的,如果忽略了扰动的存在,将会极大地影响量子态估计的精度.扰动既可能出现在测量中,也可能出现在量子状态本身.对于前者,测量中的信号往往伴随着均值为零但具有一定方差的高斯噪声,一般可以采用最小二乘法将其消除,比如 Liu 在最小二乘项中加入矩阵低秩正则化项,提出了矩阵LASSO算法(Liu,2011).对于后者,状态本身存在的干扰,一般是在密度矩阵某些位置的元素中引入了稀疏干扰,这种稀疏干扰使得密度矩阵的重构变得困难.

本节中我们考虑密度矩阵本身带有稀疏干扰这一情况.定义一个稀疏矩阵 $S \in \mathbf{R}^{d \times d}$,稀疏矩阵是指 S 中只有少量位置的元素非零.考虑稀疏干扰 S 的测量值 b 为

$$b = A(\rho + S) \tag{6.1}$$

因此,考虑稀疏干扰的量子态估计的任务为:从测量值 b 中重构出低秩的密度矩阵 ρ 和稀疏的干扰 S.该问题可以被转化为带有测量值限制以及密度矩阵条件的密度矩阵 ρ 与稀疏干扰 S 优化问题:

$$\min \|\rho\|_* + \gamma \|S\|_1$$
$$\text{s. t. } A(\rho + S) = b \tag{6.2}$$
$$\rho \geqslant 0, \quad \text{tr}(\rho) = 1, \quad \rho^\dagger = \rho$$

其中,$\gamma > 0$ 为权重因子.

为了简化书写方式,我们定义凸集 $C := \{\rho \geq 0, \text{tr}(\rho) = 1, \rho^\dagger = \rho\}$,并引入示性(indicator)函数

$$I_C(\rho) = \begin{cases} 0, & \text{若 } \rho \geq 0, \text{tr}(\rho) = 1, \rho^\dagger = \rho \\ \infty, & \text{其他} \end{cases} \tag{6.3}$$

则式(6.2)可改写为

$$\min \|\rho\|_* + \gamma \|S\|_1 + I_C(\rho)$$
$$\text{s. t. } A(\rho + S) = b \tag{6.4}$$

由问题(6.4)可知,低秩密度矩阵 ρ 和稀疏干扰 S 耦合在目标函数 $\|\rho\|_* + \gamma \|S\|_1 + I_C(\rho)$ 和测量约束方程 $A(\rho + S) = b$ 中.另外,密度矩阵 ρ 必须满足量子态约束,使得 $I_C(\rho) = 0$,这增加了问题求解的难度.

为了有效求解带有稀疏干扰的量子状态估计问题(6.4),我们提出一种高效并且给出严格证明收敛性的非精确 ADMM 算法(简称 I-ADMM),该算法可以从被干扰 S 影响的测量 b 中精确估计出密度矩阵 ρ.我们先引入经典 ADMM 算法,然后提出 I-ADMM 算法.

对于求解一个带有可分目标函数和线性约束的优化问题,ADMM 是求解结构化优化问题的有效方法.ADMM 的基本思想是将大的问题分成关于原变量的两个子问题,通过先依次优化两个子问题中的原变量,然后通过梯度上升法更新拉格朗日乘子 y,进而获得原问题的最优解.

在使用 ADMM 算法求解带有稀疏干扰的状态估计问题(6.4)前,我们先写出问题(6.4)的扩展拉格朗日函数:

$$L(\rho, S, y, \alpha) = \|\rho\|_* + I_C(\rho) + \gamma \|S\|_1 - \langle y, A(\rho + S) - b \rangle$$
$$+ \frac{\alpha}{2} \|A(\rho + S) - b\|_2^2 \tag{6.5}$$

其中,$\alpha > 0$ 为惩罚参数,惩罚项可以松弛收敛条件,$y \in \mathbf{R}^m$ 为拉格朗日乘子.

这里需要强调的是,拉格朗日乘子 y 一定为实数向量,因为在优化过程中,人们必须保证每次迭代后的 ρ 一定属于量子态约束集 C,因此有 $\rho^\dagger = \rho$ 成立.由于 $A(\rho)$ 一定为实数向量,因此 $A(\rho + S) - b$ 也一定为实数向量.

式(6.4)为一个带有可分目标函数和线性约束的凸优化问题,我们通过引入增广拉格朗日函数(6.5),可将原带有约束条件的问题(6.4)等价为一个无约束的凸优化问题:

$$\min \| \rho \|_* + I_C(\rho) + \gamma \| S \|_1 + \frac{\alpha}{2} \left\| A(\rho + S) - b - \frac{y}{\alpha} \right\|_2^2 \qquad (6.6)$$

其中,$\alpha > 0$ 为惩罚参数,$y \in \mathbf{R}^m$ 为拉格朗日乘子.

根据 ADMM 迭代框架,我们将带有稀疏干扰的量子状态估计问题转化为分别对密度矩阵以及稀疏干扰两个子变量的优化问题:

$$
\begin{cases}
\rho^{k+1} = \arg\min_\rho \left\{ \| \rho \|_* + I_C(\rho) + \frac{\alpha}{2} \| A(\rho + S^k) - b - y^k/\alpha \|_2^2 \right\} & (6.7a) \\[2mm]
S^{k+1} = \arg\min_S \left\{ \gamma \| S \|_1 + \frac{\alpha}{2} \| A(\rho^{k+1} + S) - b - y^k/\alpha \|_2^2 \right\} & (6.7b) \\[2mm]
y^{k+1} = y^k - \kappa\alpha \left[A(\rho^{k+1} + S^{k+1}) - b \right] & (6.7c)
\end{cases}
$$

其中,$\kappa > 0$ 为可调参数,一般情况下 $\kappa = 1$.已有研究表明:当 κ 的取值在 $(0, (\sqrt{5}+1)/2)$ 范围内,可以加快算法的收敛速度(D'Ariano et al., 2002).

采用 ADMM 框架对问题(6.7)进行求解的难度在于需要较高的计算复杂度.具体来说,子问题 ρ^{k+1} 为最小化非光滑核范数加上最小二乘项,并且带有量子态约束;子问题 S^{k+1} 为最小化非光滑项 ℓ_1 范数加上最小二乘项.这两个子问题都没有闭式解.因此,我们提出利用近邻梯度法近似求解 ρ^{k+1} 和 S^{k+1},即非精确 ADMM 算法,梯度步在光滑的最小二乘项上取得,近邻步在核范数、ℓ_1 范数和示性函数上获得.

6.1.2 非精确 ADMM 算法设计

非精确 ADMM 的主要思想是通过近邻梯度法近似求解子问题 ρ^{k+1} 和 S^{k+1},其中,梯度步在光滑的最小二乘项上进行,近邻步在核范数、ℓ_1 范数和示性函数上进行.

通过分别对式(6.7)中的前两个子问题中的光滑项在 k 步值处取梯度下降,并定义 $\tilde{\rho}^k$ 和 $\tilde{S}^k$ 分别为

$$\tilde{\rho}^k := \rho^k - \tau_1 A^\dagger \left[A(\rho^k + S^k) - b - y^k/\alpha \right] \qquad (6.8)$$

和

$$\tilde{S}^k := S^k - \tau_2 A^\dagger \left[A(\rho^{k+1} + S^k) - b - y^k/\alpha \right] \qquad (6.9)$$

其中，$\tau_1,\tau_2>0$ 为近邻梯度步长.

将式(6.7)中的优化问题重新写为

$$
\begin{cases}
\rho^{k+1} = \arg\min_{\rho}\left\{ \parallel\rho\parallel_* + I_C(\rho) + \dfrac{\alpha}{2}\parallel\rho - \widetilde{\rho}^k\parallel_F^2 \right\} & (6.10a)\\[2mm]
S^{k+1} = \arg\min_{S}\left\{ \gamma\parallel S\parallel_1 + \dfrac{\alpha}{2}\parallel S - \widetilde{S}^k\parallel_F^2 \right\} & (6.10b)\\[2mm]
y^{k+1} = y^k - \kappa\alpha\big[A(\rho^{k+1} + S^{k+1}) - b\big] & (6.10c)
\end{cases}
$$

其中，$\parallel\cdot\parallel_F$ 为 Frobenius 范数.

下面我们将讨论式(6.10)中的子问题 ρ^{k+1} 和 S^{k+1} 的闭式解.

子问题1：对于式(6.10)中的子问题 ρ^{k+1}，考虑量子状态约束 $\rho^\dagger = \rho,\rho\geq0$ 和 $\mathrm{tr}(\rho)=1$，我们有 $\parallel\rho\parallel_* = \mathrm{tr}(\rho) = 1$. 因此，通过重写示性函数式(6.3)中的 $I_C(\rho)$，可以将子问题(6.10a)简化为求解一个半定规划（SDP）问题

$$
\begin{aligned}
&\min\parallel\rho - \widetilde{\rho}^k\parallel_F^2\\
&\mathrm{s.\,t.\,}\rho^\dagger = \rho,\rho\geq0,\mathrm{tr}(\rho)=1
\end{aligned}
\tag{6.11}
$$

或等价于求解问题

$$
\begin{aligned}
&\min\left\|\rho - \frac{\widetilde{\rho}^k + (\widetilde{\rho}^k)^\dagger}{2}\right\|_F^2\\
&\mathrm{s.\,t.\,}\rho\geq0,\mathrm{tr}(\rho)=1
\end{aligned}
\tag{6.12}
$$

式(6.12)具有闭式解，求解过程为：

（1）通过求解式(6.12)中的 $[\widetilde{\rho}^k + (\widetilde{\rho}^k)^\dagger]/2$ 的特征值 $a_i(i=1,\cdots,d)$，并对其分解获得 $V\mathrm{diag}\{a_i\}V^\dagger$，其中，$V\in\mathbf{C}^{d\times d}$ 为酉矩阵，特征值 a_i 按照降序排列，即 $a_1\geq a_2\geq\cdots\geq a_d$.

（2）此时式(6.12)的最优解为满足约束条件的特征值分解：

$$
\rho^{k+1} = V\mathrm{diag}\{x_i\}V^\dagger
\tag{6.13}
$$

其中，$\{x_i,i=1,\cdots,d\}$ 为 ρ^{k+1} 的特征值，可以通过求解以下优化问题来获得：

$$
\begin{aligned}
&\min\frac{1}{2}\sum_{i=1}^{d}(x_i - a_i)^2\\
&\mathrm{s.\,t.\,}\sum_{i=1}^{d}x_i = 1,x_i\geq0,\forall i
\end{aligned}
\tag{6.14}
$$

（3）为了求解式(6.14)，首先写出式(6.14)中的拉格朗日函数

$$L(\{x_i\},\beta) := \frac{1}{2}\sum_{i=1}^{d}(x_i - a_i)^2 + \beta(\sum_{i=1}^{d}x_i - 1), \quad x_i \geqslant 0, \quad \forall i \tag{6.15}$$

其中,$\beta \in \mathbf{R}$ 为拉格朗日乘子.

根据凸优化理论,如果 β 是最优拉格朗日乘子,则以特征值 $\{x_i\}$ 为变量求式(6.15)中的 $L(\{x_i\},\beta)$,将式(6.14)转化为

$$\min \frac{1}{2}\sum_{i=1}^{d}(x_i - a_i + \beta)^2 \tag{6.16}$$
$$\mathrm{s.t.}\, x_i \geqslant 0, \forall i$$

即可求解出式(6.14)的最优解.由此可得到 ρ^{k+1} 的特征值 $\{x_i, i = 1, \cdots, d\}$ 为

$$x_i = \max\{a_i - \beta, 0\}, \quad \forall i \tag{6.17}$$

(4) 最优 β^* 的求解.由于 ρ^{k+1} 满足迹为1的条件:$\sum_{i=1}^{d}x_i = 1, x_i > 0, \forall i$,该约束等价于满足条件

$$\sum_{i=1}^{d}\max\{a_i - \beta, 0\} = 1 \tag{6.18}$$

根据式(6.18),依次令 $\beta = a_i(i = 1, \cdots, d)$,计算满足式(6.18)的项数 t,由此确定 β 所属的最优区间:$[a_{t+1}, a_t]$;再根据 $\sum_{i=1}^{t}(a_i - \beta) = 1$,可以求解出最优 β^* 为

$$\beta^* = (\sum_{i=1}^{t}a_i - 1)/t \tag{6.19}$$

(5) 将由式(6.19)获得的最优 β^* 代入式(6.17),可以得到所有的 $\{x_i\}$:

$$x_i = a_i - \beta, \quad \forall i \leqslant t; \quad x_i = 0, \quad \forall i \geqslant t+1 \tag{6.20}$$

再将 $\{x_i\}$ 代入式(6.13),求解出待估计的密度矩阵 ρ^{k+1} 的数值.

子问题2:对于式(6.10)中稀疏矩阵 S^{k+1} 子问题(6.10b)的求解,它具有软阈值显示解:

$$S^{k+1} = shrink_{\gamma/\tau_2}(S^k - \tilde{S}^k) \tag{6.21}$$

其中,$shrink_{\gamma/\tau_2}$ 是一个基于元素的软阈值收缩算符,对于给定任何标量 s 有

$$shrink_{\gamma/\tau_2}(s) := \max\{|s - \gamma/\tau_2|, 0\}\mathrm{sign}(s - \gamma/\tau_2) \tag{6.22}$$

我们将所提出的 I-ADMM 算法总结成算法6.1.

算法 6.1

(1) 初始化变量 $\rho^0 = 0, S^0 = 0, y^0 = 0$ 和参数 $\tau_1, \tau_2, \alpha, \kappa > 0$；

(2) for $k = 1, 2, \cdots$, do；

(3) 根据式(6.8)计算 $\widetilde{\rho}^k := \rho^k - \tau_1 A^\dagger [A(\rho^k + S^k) - b - y^k/\alpha]$；

(4) 计算$[\widetilde{\rho}^k + (\widetilde{\rho}^k)^\dagger]/2$ 的特征值 $a_i (i = 1, \cdots, d)$，并将特征值 $a_i (i = 1, \cdots, d)$ 按照递减顺序分解为 $V \mathrm{diag}\{a_i\} V^\dagger$；

(5) 依次令 $\beta = a_i (i = 1, \cdots, d)$ 以确定 t 满足 $\sum\limits_{i=1}^{t} \max\{a_i - \beta, 0\} < 1$ 和 $\sum\limits_{i=1}^{t+1} \max\{a_i - \beta, 0\} > 1$；

(6) 计算 $\beta = (1/t) \sum\limits_{i=1}^{t} a_i$ 和 $x_i = \max\{a_i - \beta, 0\}, \forall i$；

(7) 更新 $\rho^{k+1} = V \mathrm{diag}\{x_i\} V^\dagger$；

(8) 根据式(6.9)计算 $\widetilde{S}^k := S^k - \tau_2 A^\dagger [A(\rho^{k+1} + S^k) - b - y^k/\alpha]$；

(9) 根据式(6.21)更新 $S^{k+1} = shrink_{\gamma_2/\alpha}(S^k - \widetilde{S}^k)$；

(10) 根据式(6.10c)更新 $y^{k+1} = y^k - \kappa\alpha[A(\rho^{k+1} + S^{k+1}) - b]$；

(11) end.

注：在算法 6.1 中，虽然我们仅要求算法中的参数 $\tau_1, \tau_2, \alpha, \kappa > 0$，不过，要想获得更快更好的估计效果，这些参数的选择还是极有必要进行深入研究的. 优化算法收敛性证明的结果，就是给出算法收敛条件的研究. 在 6.1.3 小节中的非精确 ADMM 算法收敛性证明中，给出了 4 个不同参数的选择范围：

(1) $\tau_1 \lambda_{\max} < 1$；

(2) $\kappa \in (0, (\sqrt{5} + 1)/2)$；

(3) $\tau_2 \lambda_{\max} + \kappa < 2$；

(4) $\alpha > 0$.

这些选择应当在带有稀疏干扰的量子态估计优化算法的实际应用中使用.

6.1.3 非精确 ADMM 算法收敛性证明

本小节我们将给出所提 I-ADMM 算法的收敛性证明.

已经有一些在特定条件下可以收敛到最优解的非精确 ADMM 证明的研究成果，比如 Yang, Zhang 和 Ma，他们分别线性化一个子问题和两个子问题得到线性化 ADMM

算法(Yang,Zhang,2011;Ma,2016).我们所提出的 I-ADMM 算法有两点创新:第一,已有成果均考虑无约束子问题,而我们所提出的 I-ADMM 算法中是带有量子态约束的;第二,我们引入了参数 κ 来调节梯度上升的步长,并且给出如何调节 κ 的值,以保证算法收敛性.主要结论为定理6.1.

定理 6.1 假设 I-ADMM 算法中的参数 τ_1,τ_2 和 κ 满足:$\tau_1\lambda_{\max}<1$ 和 $\tau_2\lambda_{\max}+\kappa<2$,其中,$\lambda_{\max}$ 定义为 $A^\dagger A$ 的最大特征值.对于任意固定的惩罚参数 $\alpha>0$,I-ADMM 算法从任意初始点 (ρ^0,S^0,y^0) 产生的序列 (ρ^k,S^k,y^k),都能够收敛到带有稀疏干扰的量子态估计问题(6.4)的原始对偶最优解 (ρ^*,S^*,y^*).

证明 定理 6.1 的证明分为三步:第一步,我们给出 I-ADMM 算法得到的原始对偶解与最优原始对偶解之间距离下降的下界;第二步,我们进一步证明当参数选择合适时,这个距离下降是充分大的;第三步,我们证明 I-ADMM 算法的极限点是唯一的并且是问题的最优解.

第一步:问题(6.4)的拉格朗日方程为

$$L(\rho,S,y) = \|\rho\|_* + I_C(\rho) + \gamma\|S\|_1 - \langle y, A(\rho+S)-b\rangle \tag{6.23}$$

令 (ρ^*,S^*,y^*) 为问题(6.4)的任意原始对偶最优解.根据凸优化理论,该问题的 Karush-Kuhn-Tucker(KKT)条件为:

（ⅰ）原始可行性:

$$A(\rho^*+S^*) = b \tag{6.24}$$

（ⅱ）稳定性:

$$(\rho^*,S^*) = \arg\min_{\rho,S} L(\rho,S,y^*) \tag{6.25}$$

由式(6.25)可知,优化变量 ρ 和 S 是可分离的,因此,对于 S,我们有

$$S^* = \arg\min_S \gamma\|S\|_1 - \langle y^*, A(S)\rangle \tag{6.26}$$

并由此得到关于 S 的最优条件为

$$A^\dagger(y^*) \in \gamma\partial\|S^*\|_1 \tag{6.27}$$

对于 ρ,我们有

$$\rho^* = \arg\min_\rho \|\rho\|_* + I_C(\rho) - \langle y^*, A(\rho)\rangle \tag{6.28}$$

根据量子态必须满足的条件,可以得到 $\|\rho\|_* = \mathrm{tr}(\rho)=1$.因此,可以忽略式(6.28)中的核范数,将其简化为

$$\rho^* = \arg\min_{\rho} I_C(\rho) - \langle y^*, A(\rho) \rangle \tag{6.29}$$

由此可得关于 ρ 的最优条件为

$$\langle \rho^* - \rho, A^\dagger(y^*) \rangle \geqslant 0, \quad \forall \rho \in C, \quad \rho^* \in C \tag{6.30}$$

问题(6.4)的 KKT 条件总结为 3 条：

(1) 式(6.24)：$A(\rho^* + S^*) = b$；

(2) 式(6.27)：$A^\dagger(y^*) \in \gamma \partial \| S^* \|_1$；

(3) 式(6.30)：$\langle \rho^* - \rho, A^\dagger(y^*) \rangle \geqslant 0, \forall \rho \in C, \rho^* \in C.$

为了书写方便，我们定义：

$$\hat{\rho} := \rho^{k+1}, \hat{S} := S^{k+1} \quad 和 \quad \hat{y} := y^k - \alpha[A(\hat{\rho} + \hat{S}) - b] \tag{6.31}$$

由式(6.31)以及式(6.7c)，我们可以得到

$$y^{k+1} = y^k - \kappa(y^k - \hat{y})$$

根据 $\| \rho \|_* = \mathrm{tr}(\rho) = 1$，式(6.7a)等价于

$$\hat{\rho} = \arg\min_{\rho} \frac{\alpha}{2\tau_1} \| \rho - \tilde{\rho}^k \|_F^2 \tag{6.32}$$
$$\mathrm{s.t.} \quad \rho \in C$$

问题(6.32)的最优条件为

$$\langle \rho - \hat{\rho}, \rho - \tilde{\rho}^k \rangle \geqslant 0, \quad \forall \rho \in C \tag{6.33}$$

利用式(6.8)的定义：$\tilde{\rho}^k := \rho^k - \tau_1 A^\dagger[A(\rho^k + S^k) - b - y^k/\alpha]$ 以及式(6.31)中的定义 $\hat{y} := y^k - \alpha[A(\hat{\rho} + \hat{S}) - b]$，最优条件(6.33)可以被重新写为

$$\langle \rho - \hat{\rho}, \hat{\rho} - \rho^k + \tau_1 A^\dagger[A(\rho^k - \hat{\rho}) + A(S^k - \hat{S}) - \hat{y}/\alpha] \rangle \geqslant 0, \quad \forall \rho \in C \tag{6.34a}$$

因为 $\rho \in C$，所以

$$\langle \rho - \hat{\rho}, \hat{\rho} - \rho^k + \tau_1 A^\dagger[A(\rho^k - \hat{\rho}) + A(S^k - \hat{S}) - \hat{y}/\alpha] \rangle \geqslant 0 \tag{6.34b}$$

由式(6.30)中 ρ 的最优条件和 $\rho \in C$，我们可以得到

$$\langle \rho^* - \hat{\rho}, A(y^*) \rangle \geqslant 0 \tag{6.35}$$

将式(6.34b)乘以 α/τ_1，并与式(6.35)相加，我们得到原始密度矩阵对偶解与最优原

始对偶解之间距离下降的下界为

$$\left\langle \rho - \hat{\rho}, \left(\frac{\alpha I}{\tau_1} - \alpha A^\dagger A\right)(\rho^k - \hat{\rho}) + \alpha A^\dagger A(S^k - \hat{S}) + A^\dagger(\hat{y} - y^*)\right\rangle \geqslant 0 \qquad (6.36)$$

子问题(6.7b)中 S 的最优条件为

$$0 \in \frac{\gamma \tau_2}{\alpha} \partial \| \hat{S} \|_1 + \hat{S} - \widetilde{S}^k \qquad (6.37)$$

采用式(6.9)中的定义 $\widetilde{S}^k := S^k - \tau_2 A^\dagger [A(\rho^{k+1} + S^k) - b - y^k/\alpha]$,以及式(6.31)中的定义 $\hat{y} := y^k - \alpha[A(\hat{\rho} + \hat{S}) - b]$,可以将式(6.37)简化为

$$0 \in \frac{\gamma \tau_2}{\alpha} \partial \| \hat{S} \|_1 + \hat{S} - S^k + \tau_2 A^\dagger [A(S^k + \hat{S}) - y^k/\alpha] \qquad (6.38)$$

将式(6.27)和式(6.38)相结合,并且由已知 $\partial \| \cdot \|_1$ 具有单调性,我们可以得到

$$\left\langle \hat{S} - S^*, \frac{\alpha}{\tau_2}(S^k - \hat{S}) - \alpha A^\dagger A(S^k - \hat{S}) + A^\dagger(\hat{y} - y^*)\right\rangle \geqslant 0 \qquad (6.39)$$

利用原始可行性条件 $A(\rho^* + S^*) = b$,以及式(6.31)中定义 $\hat{y} := y^k - \alpha[A(\hat{\rho} + \hat{S}) - b]$,将式(6.36)和式(6.39)相加,我们得到问题(6.4)的原始对偶解与最优原始对偶解之间距离下降的下界为

$$\left\langle \hat{\rho} - \rho^*, \left(\frac{\alpha I}{\tau_1} - \alpha A^\dagger A\right)(\rho^k - \hat{\rho})\right\rangle + \frac{\alpha}{\tau_2}\langle S^k - S^*, S^k - \hat{S}\rangle$$
$$- \langle y^k - \hat{y}, A(S^k - \hat{S})\rangle + \frac{1}{\alpha}\langle y^k - \hat{y}, \hat{y} - y^*\rangle \geqslant 0 \qquad (6.40)$$

为了将式(6.40)写成更紧凑的形式以方便接下来的推导,我们定义三元变量:$u^* := (\rho^*, S^*, y^*)$,$\hat{u} := (\hat{\rho}, \hat{S}, \hat{y})$,$u^k := (\rho^k, S^k, y^k)$;同时定义三角矩阵:$G_0 := (I, I, \kappa)$,$G_1 := ((\alpha/\tau_1)I - \alpha A^\dagger A, (\alpha/\tau_2)I, 1/\alpha)$ 和 $G_2 := ((\alpha/\tau_1)I - \alpha A^\dagger A, (\alpha/\tau_2)I, 1/\alpha\kappa)$,其中,$I$ 为 $d \times d$ 单位矩阵. 对比观察 G_0,G_1 和 G_2 所具有的特性,并根据假设 $\kappa, \tau_1, \tau_2 > 0$ 以及 $\tau_1 \lambda_{\max} < 1$,可得:所有的矩阵都是正定的. 对于三元矩阵 $G = (H_1, H_2, H_3)$ 以及三元变量 (ρ, S, y) 和 (ρ', S', y'),定义积运算:

$$G = (\rho, S, y) = (H_1\rho, H_2 S, H_3 y) \qquad (6.41)$$

内积运算:

$$\langle (\rho, S, y), (\rho', S', y')\rangle_G = \langle \rho, \rho'\rangle_{H_1} + \langle S, S'\rangle_{H_2} + \langle y, y'\rangle_{H_3} \qquad (6.42)$$

因为 G_0,G_1 和 G_2 均为正定矩阵,所以我们可以定义范数为

$$\| (\rho,S,y) \|_G = \sqrt{\| \rho \|^2_{H_1} + \| S \|^2_{H_2} + \| y \|^2_{H_3}} \tag{6.43}$$

因此,根据定义,式(6.40)可以被重新写为

$$\langle \hat{u} - u^*, u^k - \hat{u} \rangle_{G_1} \geqslant \langle y^k - \hat{y}, A(S^k - \hat{S}) \rangle \tag{6.44}$$

由 $\hat{y}$ 的定义,我们可以得到 $y^{k+1} = y^k - \kappa(y^k - \hat{y})$,因此 u 的迭代可以被写为 $u^{k+1} = u^k - G_0(u^k - \hat{u})$,因而我们有

$$\| u^{k+1} - u^* \|^2_{G_2} = \| u^k - u^* - G_0(u^k - \hat{u}) \|^2_{G_2}$$

$$= \| u^k - u^* \|^2_{G_2} - 2\langle u^k - u^*, G_0(u^k - \hat{u}) \rangle_{G_2} + \| G_0(u^k - \hat{u}) \|^2_{G_2}$$

$$\geqslant \| u^k - u^* \|^2_{G_2} - 2\langle u^k - u^*, G_0(u^k - \hat{u}) \rangle_{G_1} + \| G_0(u^k - \hat{u}) \|^2_{G_2} \tag{6.45}$$

其中第二个等式来自 G_0,G_1 和 G_2 的定义.

结合式(6.44)和式(6.45),我们可以得到

$$\| u^k - u^* \|^2_{G_2} - \| u^{k+1} - u^* \|^2_{G_2}$$

$$= 2\langle u^k - u^*, (u^k - \hat{u}) \rangle_{G_1} - \| G_0(u^k - \hat{u}) \|^2_{G_2}$$

$$\geqslant 2\| u^k - u^* \|^2_{G_1} + 2\langle y^k - \hat{y}, A(S^k - \hat{S}) \rangle - \| G_0(u^k - \hat{u}) \|^2_{G_2}$$

$$= \langle \rho^k - \hat{\rho}, \left(\frac{\alpha I}{\tau_1} - \alpha A^\dagger A\right)(\rho^k - \hat{\rho}) \rangle + \frac{\alpha}{\tau_2} \| S^k - \hat{S} \|^2_F$$

$$+ \frac{2-\kappa}{\alpha} \| y^k - \hat{y} \|^2_2 + 2\langle y^k - \hat{y}, A(S^k - \hat{S}) \rangle \tag{6.46}$$

第二步:对于式 (6.46)中右侧第一项,我们有

$$\langle \rho^k - \hat{\rho}, \left(\frac{\alpha I}{\tau_1} - \alpha A^\dagger A\right)(\rho^k - \hat{\rho}) \rangle$$

$$\geqslant \left(\frac{\alpha}{\tau_1} - \alpha\lambda_{\max}\right) \| \rho^k - \hat{\rho} \|^2_F \tag{6.47}$$

其中,$\lambda_{\max}$ 是 $A^\dagger A$ 的最大特征值.对于式(6.46)右侧最后一项,观察可得,对于任意 $\theta > 0$,我们可以得到

$$2\langle y^k - \hat{y}, A(S^k - \hat{S})\rangle$$

$$\geqslant -\theta \parallel y^k - \hat{y} \parallel_2^2 - \frac{1}{\theta} \parallel A(S^k - \hat{S}) \parallel_F^2$$

$$\geqslant -\theta \parallel y^k - \hat{y} \parallel_2^2 - \frac{\lambda_{\max}}{\theta} \parallel S^k - \hat{S} \parallel_F^2 \tag{6.48}$$

结合式(6.46)、式(6.47)和式(6.48),我们可以得到

$$\parallel u^k - u^* \parallel_{G_2}^2 - \parallel u^{k+1} - u^* \parallel_{G_2}^2$$

$$= \left(\frac{\alpha}{\tau_1} - \alpha\lambda_{\max}\right) \parallel \rho^k - \hat{\rho} \parallel_F^2 + \left(\frac{\alpha}{\tau_2} - \frac{\lambda_{\max}}{\theta}\right) \parallel S^k - \hat{S} \parallel_F^2 + \left(\frac{2-\kappa}{\alpha} - \theta\right) \parallel y^k - \hat{y} \parallel_2^2 \tag{6.49}$$

下面我们将继续证明,存在某个 $\theta > 0$ 使得式(6.49)右侧所有系数均大于零.

根据假设 $\tau_1 < 1/\lambda_{\max}$ 可以得到 $\alpha/\tau_1 - \alpha\lambda_{\max} > 0$. 为了使 $\alpha/\tau_2 - \lambda_{\max}/\theta$ 和 $(2-\kappa)/\alpha - \theta$ 均大于零,我们只需选择合适 θ 使其属于区间 $(\tau_2\lambda_{\max}/\alpha, (2-\kappa)/\alpha)$,并且已知该区间根据假设 $\tau_2\lambda_{\max} + \kappa < 2$ 是非空的.

第三步:由于式(6.49)右侧大于零,以下 3 个结论成立:

(1) $\parallel u^k - u^* \parallel_{G_2}^2$ 是单调递减的,因此收敛;

(2) $\parallel u^k - u^{k+1} \parallel_{G_2} \to 0$;

(3) $\{u^k\}$ 在紧致域内.

由(2)可知,当 $k \to 0$ 时,一定有 $\rho^k - \rho^{k+1} \to 0, S^k - S^{k+1} \to 0$ 和 $y^k - y^{k+1} \to 0$ 成立. 另一方面,由 $y^k = y^{k-1} - \kappa\alpha[A(\rho^k + S^k) - b]$,意味着 $A(\rho^k + S^k) - b \to 0$.

由(3)可知,u^k 的子序列 $\{u^k\}$ 收敛到 $\bar{u} = (\bar{\rho}, \bar{S}, \bar{y})$,因此,$\bar{u} = (\bar{\rho}, \bar{S}, \bar{y})$ 是 $\{u^k = (\rho^k, S^k, y^k)\}$ 的极限点,其中,$A(\bar{\rho} + \bar{S}) - b = 0$,并且由于 ρ^k 在优化过程中始终满足凸集 C,所以 $\bar{\rho} \in C$.

考查任意极限点 $\bar{u} = (\bar{\rho}, \bar{S}, \bar{y})$ 的特性. 观察式(6.34a),其中,$\hat{\rho} := \rho^{k+1}, \hat{S} := S^{k+1}$ 和 $\hat{y} = y^k - \alpha[A(\rho^k + S^k) - b]$. 将 (ρ^k, S^k, y^k) 和 $(\rho^{k+1}, S^{k+1}, y^{k+1})$ 替换为 $(\bar{\rho}, \bar{S}, \bar{y})$,并且利用已知 $A(\bar{\rho} + \bar{S}) - b = 0$,由式(6.34a)我们可以得到

$$\langle A^\dagger(\bar{y})(\bar{\rho} - \rho)\rangle \geqslant 0, \quad \forall \rho \in C \tag{6.50}$$

类似地,式(6.50)表明:

$$A^{\dagger}(\bar{y}) \in \gamma \partial \parallel \bar{S} \parallel_1 \tag{6.51}$$

根据 $\bar{\rho} \in C$ 和 $A(\bar{\rho}+\bar{S})-b=0$,式(6.50)和式(6.51)意味着任意极限点 $\bar{u}=(\bar{\rho},\bar{S},\bar{y})$ 满足问题(6.4)的 KKT 条件:式(6.24)、式(6.27)和式(6.30),因此是问题(6.4)的最优解.

为了完成证明,我们还需要说明 $\{u^k=(\rho^k,S^k,y^k)\}$ 的极限点是唯一的.令 $\bar{u}_1=(\bar{\rho}_1,\bar{S}_1,\bar{y}_1)$ 和 $\bar{u}_2=(\bar{\rho}_2,\bar{S}_2,\bar{y}_2)$ 为任意两个极限点.因为 $\bar{u}_1$ 和 $\bar{u}_2$ 都是问题(6.4)的最优解.因此,式(6.49)中的 u^* 可以替换为 $\bar{u}_1$ 和 $\bar{u}_2$.由此可以推导出 $\parallel u^{k+1}-\bar{u} \parallel^2_{G_2} \leqslant \parallel u^k-\bar{u}_i \parallel^2_{G_2}$ $(i=1,2)$,因此有 $\lim\limits_{k\to\infty} \parallel u^k-\bar{u}_i \parallel^2_{G_2}=v_i$ $(i=1,2)$,其中,v_1 和 v_2 为两个常数.利用等式

$$\parallel u^k-\bar{u}_1 \parallel^2_{G_2} - \parallel u^k-\bar{u}_2 \parallel^2_{G_2} = -2\langle u^k,\bar{u}_1-\bar{u}_2\rangle_{G_2} + \parallel \bar{u}_1 \parallel^2_{G_2} - \parallel \bar{u}_2 \parallel^2_{G_2} \tag{6.52}$$

并且分别取极限 $u^k \to \bar{u}_1$ 和 $u^k \to \bar{u}_2$,我们可以得到

$$v_1-v_2 = -2\langle \bar{u}_1,\bar{u}_1-\bar{u}_2\rangle_{G_2} + \parallel \bar{u}_1 \parallel^2_{G_2} - \parallel \bar{u}_2 \parallel^2_{G_2} = -\parallel \bar{u}_1-\bar{u}_2 \parallel^2_{G_2} \tag{6.53}$$

并且有

$$v_1-v_2 = -2\langle \bar{u}_2,\bar{u}_1-\bar{u}_2\rangle_{G_2} + \parallel \bar{u}_1 \parallel^2_{G_2} - \parallel \bar{u}_2 \parallel^2_{G_2} = -\parallel \bar{u}_1-\bar{u}_2 \parallel^2_{G_2} \tag{6.54}$$

因此,我们可以得到 $\parallel \bar{u}_1-\bar{u}_2 \parallel^2_{G_2}=0$.这表明 $\{(\rho^k,S^k,y^k)\}$ 是唯一的.至此,完成证明.

6.1.4　数值仿真实验及其结果分析

本小节我们给出数值仿真实验验证所提 I-ADMM 算法在求解考虑稀疏干扰的量子态估计问题中的优越性(Zhang,Cong,Ling et al.,2019).实验中,测量值来自于公式 $b=A(\ddot{\rho}+\ddot{S})$,其中,$\ddot{\rho}$ 表示待估计量子状态的真实值,$\ddot{S}$ 代表真实稀疏干扰,$\ddot{\rho}$ 的生成公式为

$$\ddot{\rho} = \frac{\psi_r \psi_r^{\dagger}}{\mathrm{tr}(\psi_r \psi_r^{\dagger})} \tag{6.55}$$

其中,ψ_r 是一个复数域 $d \times r$ 的 Wishart 矩阵,其元素服从具有正态分布、方差为 1 的随机值.

我们定义三个指标来衡量量子态估计的性能.第一个是估计出的密度矩阵 ρ 和真实密度矩阵 $\ddot{\rho}$ 之间的归一化距离 $D(\rho,\ddot{\rho})$,定义为

$$D(\rho,\ddot{\rho}) = \frac{\parallel \rho - \ddot{\rho} \parallel_{\mathrm{F}}^2}{\parallel \ddot{\rho} \parallel_{\mathrm{F}}^2} \tag{6.56}$$

第二个是估计出的密度矩阵 ρ 和最优解 ρ^* 之间的归一化距离 $D(\rho,\rho^*)$,定义为

$$D(\rho,\rho^*) = \frac{\parallel \rho - \rho^* \parallel_{\mathrm{F}}^2}{\parallel \rho^* \parallel_{\mathrm{F}}^2} \tag{6.57}$$

第三个是保真度(fidelity),定义为

$$fidelity = \mathrm{tr}\left(\sqrt{\sqrt{\ddot{\rho}}\rho\sqrt{\ddot{\rho}}}\right) \tag{6.58}$$

保真度的范围是 $[0,1]$,并且当两个矩阵完全相等时,保真度为 1.

实验过程中,$d = 2^n$,量子位 $n = 5$,密度矩阵秩 $r = 2$,干扰矩阵 $\ddot{S} \in \mathbf{R}^{d \times d}$ 中含有 $d^2/10$ 个非零元素,这些元素的位置是随机的,幅值满足高斯分布 $N(0, \parallel \rho \parallel_{\mathrm{F}}/100)$.线性操作符 A 由泡利矩阵生成,所以有 $AA^{\dagger} = I$ 成立.因此,我们可以得到 $\lambda_{\max}(AA^{\dagger}) = 1$.在优化问题(6.10)中,权重设置为 $\gamma = 1/\sqrt{d}$;$\tau_1 = 0.99$,τ_2 和 κ 是变化的,以便考察它们对 I-ADMM 算法的影响.惩罚参数 $\alpha = 8$.仿真实验的运行环境为 Matlab R2010b,2.5 GHz Intel Core 2 i5-3210M CPU,内存 6 GB.

我们将所提出的 I-ADMM 算法与其他三种算法 LASSO(Liu,2011),ADMM(Li,Cong,2014)和 IST-ADMM(Zhang et al.,2017a)进行对比.矩阵 LASSO 算法可以看成是含有最小二乘正则化项的最小化核范数的问题,并且带有量子态约束.在仿真实验中,与 I-ADMM 算法更新式(6.7a)类似,我们非精确地求解矩阵 LASSO 问题中的 ρ 相关子问题.与我们的模型(6.4)不同的是,矩阵 LASSO 没有考虑稀疏干扰.ADMM 算法因分开考虑目标函数和约束,因此不一定收敛,而 IST-ADMM 只能处理密度矩阵的秩 $r = 1$ 的情况.对于本实验设置的 $r = 2$ 的情况,IST-ADMM 不能保证解的正定性.我们设置矩阵 LASSO,ADMM 和 IST-ADMM 算法的参数手动调至最优.所有算法的终止条件为

$$\frac{\parallel A(\rho^k + S^k) - b \parallel_2}{\parallel b \parallel_2} < 10^{-7} \quad 或者 \quad k > k_{\max} \tag{6.59}$$

6.1.5 采样率对算法性能的影响

采样率 η 是表征量子测量复杂度的重要因素. 低采样率 η 意味着测量数目远小于待估计密度矩阵 ρ 中元素的个数. 不过低采样率 η 也增加了精确恢复 ρ 的难度. 我们将所提 I-ADMM 算法在 $\kappa = 1.1$ 和 $\tau_2 = 0.899$ 情况下, 分别与 IST-ADMM, ADMM 和矩阵 LASSO 算法进行性能对比实验, 在不同的采样率下运行相同的迭代次数 $k_{\max} = 20$. 采样率从 $\eta = 0.05$ 增加至 $\eta = 0.5$, 间隔为 0.05.

4 种不同优化算法对 5 量子位状态估计的实验结果如图 6.1 所示, 其中, 横坐标为采样率 η, 纵坐标为 $D(\rho, \ddot{\rho})$, 即估计出的密度矩阵 ρ 和真实密度矩阵 ρ 之间的归一化距离.

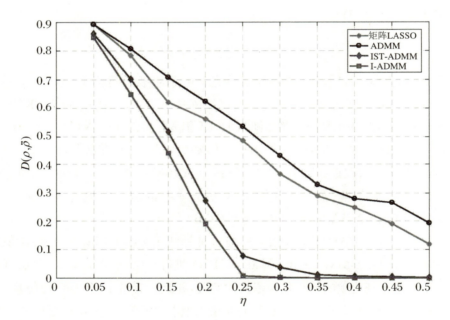

图 6.1 不同采样率 η 下 4 种不同优化算法的量子态估计性能

表 6.1 是采样率 η 分别为 0.2 和 0.3 情况下, 4 种优化算法具体的密度矩阵 ρ 和真实密度矩阵 $\ddot{\rho}$ 之间的归一化距离 $D(\rho, \ddot{\rho})$, 及其相应的保真度 *fidelity*.

174 量子科学出版工程(第三辑)
Quantum Science Publishing Project (Ⅲ)

量子状态的估计和滤波及其优化算法

表 6.1　4种不同优化算法的量子态估计性能对比

	$\eta = 0.2$		$\eta = 0.3$	
	$D(\rho, \ddot{\rho})$	$fidelity(\%)$	$D(\rho, \ddot{\rho})$	$fidelity(\%)$
I-ADMM	0.1901	83.15	0.0019	99.66
IST-ADMM	0.2731	75.18	0.0036	93.80
矩阵 LASSO	0.5632	58.23	0.43	67.65
ADMM	0.6246	54.17	0.3651	69.13

从图 6.1 的实验结果以及表 6.1 中可以看出:

（1）当 $\eta = 0.2$ 时,I-ADMM 的 $D(\rho, \ddot{\rho})$ 为 0.1901,保真度为 83.15%,而 IST-ADMM的 $D(\rho, \ddot{\rho})$ 和保真度只有 0.2731 和 75.18%;ADMM 算法的性能最低, $D(\rho, \ddot{\rho})$ 和保真度只有 0.6246 和 54.17%.

（2）当 $\eta = 0.3$ 时,I-ADMM 的 $D(\rho, \ddot{\rho})$ 值减小至 0.0019,保真度增加至 99.66%, 也是 4 种算法中最好的.

与 IST-ADMM、矩阵 LASSO 和 ADMM 算法相比,所提出的 I-ADMM 算法 $D(\rho, \ddot{\rho})$ 和保真度都仅需要较低的采样率,就能达到较高的估计精度.仿真实验显示出所提出的 I-ADMM 算法在采样率上具有明显的优势.

6.1.6　四种算法收敛性能的对比

为了验证算法的收敛性能,我们将所提 I-ADMM 算法与 IST-ADMM,ADMM 和矩阵 LASSO 算法在两个不同性能指标下进行对比,一个性能指标为估计出的密度矩阵 ρ 和最优解 ρ^* 之间的归一化距离 $D(\rho, \rho^*)$;另一个性能指标为估计出的密度矩阵 ρ 和真实值 $\ddot{\rho}$ 之间的归一化距离 $D(\rho, \ddot{\rho})$.我们设置采样率 $\eta = 0.3$,其他参数取值与 6.1.5 小节情况相同.I-ADMM 算法取了三组不同的 κ 与 τ_2:

（1）$\kappa = 1.4, \tau_2 = 0.599$;

（2）$\kappa = 1.0, \tau_2 = 0.999$;

（3）$\kappa = 0.6, \tau_2 = 1.399$.

性能指标 $D(\rho, \rho^*)$ 随迭代次数的变化过程的实验结果如图 6.2 所示,其中,横坐标为估计算法的迭代次数,最大迭代次数为 1000 次;纵坐标为 $D(\rho, \rho^*)$.

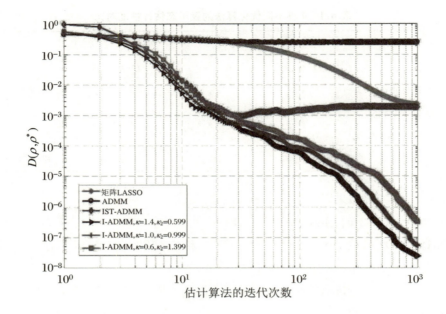

图 6.2　$\eta=0.3$ 情况下四种算法收敛性能的对比

从图 6.2 中可以看出：

（1）对于 I-ADMM 算法，估计出的 ρ 可以很快的速度逼近最优解 ρ^*，而 IST-ADMM，ADMM 和矩阵 LASSO 在 10 次迭代后下降变得很慢，性能远远不如 I-ADMM 算法.

（2）对于 I-ADMM 算法，当选择不同的 κ 和 τ_2 值时，会导致不同的收敛速度：较大的 κ 值（如 $\kappa=1.4$）可以加速收敛.尽管根据定理 6.1 中的条件 $\tau_2\lambda_{\max}+\kappa<2$，当 κ 增大时 τ_2 的值会变小（如 $\tau_2=0.599$），不过，无论怎样调节 κ 和 τ_2，I-ADMM 都可以获得最小的估计误差 $D(\rho,\rho^*)$.

（3）当算法迭代 1000 次时，I-ADMM 的结果为 2.41×10^{-8}（$\kappa=1.4,\tau_2=0.599$），而 IST-ADMM，ADMM 和矩阵 LASSO 的结果分别为 1.90×10^{-3}，0.266 和 2.36×10^{-3}.因此，该实验验证了与 IST-ADMM，ADMM 和矩阵 LASSO 算法相比，所提 I-ADMM 算法具有最好的收敛性能.

图 6.3 为 $D(\rho,\ddot\rho)$ 与迭代次数之间的关系的实验结果，其中，横坐标为估计算法的迭代次数，最大迭代次数为 50，纵坐标为 $D(\rho,\ddot\rho)$.各个参数取值与图 6.2 中的情况一致.

参数 $\kappa=1.4,\tau_2=0.599$ 情况下，4 种优化算法在迭代次数分别为 10 和 50 的实验结果如表 6.2 所示.

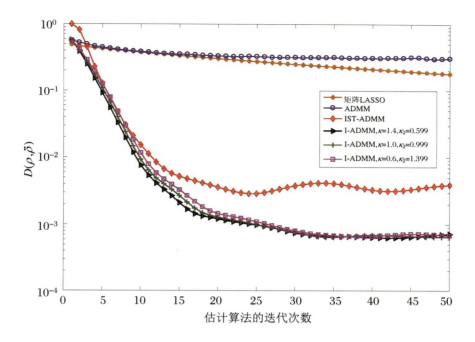

图 6.3　$\eta = 0.3$ 情况下 4 种优化算法收敛性能 $D(\rho, \ddot{\rho})$ 的对比

表 6.2　不同迭代次数下的 4 种优化算法的性能对比

	$n = 10$		$n = 50$	
	$D(\rho, \ddot{\rho})$	$fidelity(\%)$	$D(\rho, \ddot{\rho})$	$fidelity(\%)$
I-ADMM	0.0076	99.85	6×10^{-4}	99.38
IST-ADMM	0.0152	99.54	4×10^{-3}	97.65
矩阵 LASSO	0.3762	68.63	0.1797	81.37
ADMM	0.3842	67.12	0.3053	77.83

　　从图 6.3 和表 6.2 中可以看出,I-ADMM 算法在参数 $\kappa = 1.4, \tau_2 = 0.599$ 情况下:

　　(1) 迭代 10 次后,I-ADMM 算法的 $D(\rho, \ddot{\rho})$ 值和保真度分别为 0.0076 和 99.85%, 是 4 种算法中性能最好的.

　　(2) 迭代 50 次后,I-ADMM 算法的 $D(\rho, \ddot{\rho})$ 值和保真度分别为 6×10^{-4} 和 99.38%,也是 4 种算法中性能最好的.值得注意的是,IST-ADMM 算法此时的保真度是 97.65%,比 10 次迭代时的保真度 99.54% 还有所降低,这一点从图 6.3 中也可以清楚看 出,此算法在降低到一定的数值后,呈现出上下波动的状况,这也告知我们不是迭代次数 越多越好.

我们还比较了算法迭代 50 次所需要的运行时间,其中,I-ADMM 算法进行了 3 种参数情况运行时的测试:① $\kappa=1.4,\tau_2=0.599$;② $\kappa=1.0,\tau_2=0.999$;③ $\kappa=0.6,\tau_2=1.399$.表 6.3 给出了 4 种算法的运行时间.

表 6.3　4 种优化算法 50 次迭代的运行时间

算法	I-ADMM	IST-ADMM	矩阵 LASSO	ADMM
	情况①0.69			
时间 t(s)	情况②0.72	0.75	0.54	27.42
	情况③0.68			

从表 6.3 中可以看出:ADMM 所需要运行的时间最长,需要 27.42 s. I-ADMM,IST-ADMM 和矩阵 LASSO 3 种算法的运行时间在一个数量级上,都在 1 s 以内.

在本节中我们提出了一种高效的 I-ADMM 算法,用于求解考虑稀疏干扰的量子态估计问题,并证明了所提算法的收敛性.所提出的 I-ADMM 算法非精确地求解出密度矩阵和稀疏干扰的子问题,同时通过加入调节因子来改变拉格朗日乘子的更新步长.数值仿真实验结果表明,与 IST-ADMM,ADMM 和矩阵 LASSO 算法相比,所提 I-ADMM 算法能够以较低采样率、较快收敛速度、较高精度估计出密度矩阵.

6.2　改进 ADMM 算法及其高维量子态估计

一个 n 量子位的量子系统的状态密度矩阵 ρ 是一个在希尔伯特空间里的 $d\times d$(其中 $d=2^n$)矩阵,具有 $2^n\times2^n=4^n$ 个参数,所以,所要估计的量子态参数数目是随着 n 的增长呈指数增加的,换句话说,一个标准的量子态估计需要 $O(d^2)$ 次的测量配置.实际实验中人们感兴趣的量子状态往往是纯态或者近似纯态的,此时 ρ 是一个秩为 r 低秩的厄米矩阵.利用这一先验信息,人们将 2006 年由 Candès、Donaho 等人提出的压缩传感理论应用到量子态估计中:先通过一个测量矩阵 A,将原始信号投影到低维空间;再通过求解一个优化问题,从少量的测量值中,精确重构出原始信号.压缩传感理论将测量次数减少为 $M(\ll d^2)$,一般定义测量率(也称为压缩率)$\eta=M/d^2$.在基于压缩传感的量子态估计中,有两个重要问题需要解决:

(1)测量次数至少为多少时可以保证所选出的测量矩阵 $A\in\mathbf{C}^{M\times d^2}$ 满足低秩 RIP 条

件,以至于能够在选中的少量测量数据中包含足够多的信息,重构出密度矩阵 ρ;

(2) 需要设计一个高效,并且鲁棒性强的重构算法,以便能够以压缩传感理论给出的最小测量率,达到高精度的优化问题的解.

对于问题(1),根据压缩传感相关理论,人们已经得到结论:当测量次数 M 满足理论研究出的下界条件时,就可以使观测矩阵 A 以很高的概率满足秩 RIP 理论.因此人们可以将测量次数 M 从 $O(d^2)$ 减少到比如 $O(dr\log d)$.但是,对于高维量子系统,如量子位 $n=8$ 以上时,即使是 $O(dr\log d)$ 的测量,待求解的优化问题所涉及参数数量仍然是相当高的;另外,在一般的参数估计实验中,$M \times d^2$ 的观测矩阵 A 是从完备的 $d^2 \times d^2$ 的观测矩阵中随机挑选 M 行生成的,这就意味着仍然需要先生成完备的 $d^2 \times d^2$ 的观测矩阵,当量子位 $n=11$ 时,该矩阵为 $2^{22} \times 2^{22}$ 维复数矩阵,需要占用内存为 2^{18} G,无论是从内存还是从时间上都难以实现.对于问题(2),基于压缩传感的量子态估计的凸优化算法,由于所涉及的参数维数太大,一般的算法很难有效求解.例如,Smith 等人将量子态估计问题总结为最小方差问题(LS)或者压缩感知问题,并用凸优化工具箱求解,但是对于高维量子系统,随着计算时间和存储空间的增加,重构难以实现.

针对问题(1),我们希望解决的问题是:能否直接按压缩传感理论给出下界条件的测量率来构造观测矩阵 A? 我们得到的答案是肯定的.我们直接构造 $M \times d^2$ 的观测矩阵 A,使得直接构造和随机挑选等价,这样的做法既可以同时节省内存和计算时间,又能够使得参数估计过程更接近实际量子态估计的实验操作情况,从而更好地为实际操作提供指导.针对问题(2),我们在本节中提出了更加快速高效的改进 ADMM 算法,主要在两方面具有进一步的性能提高:我们采用更为普遍的、考虑测量值中含有高斯白噪声的凸优化模型,降低高维量子状态的恢复难度,同时该模型也更符合实际情况;在算法收敛速度方面,我们利用 $A^* A = I$ 这一特殊条件,将 ADMM 算法中拉格朗日乘子更新的固定步长,变为可调步长,从而加快算法的收敛速度,减小迭代次数和计算时间.所提出算法的两方面的改进使得其在 11 个量子位估计的实验中显示出明显的优越性.

6.2.1 问题描述

考虑具有高斯分布噪声的量子状态估计问题可以描述为

$$
\begin{aligned}
&\min \| \rho \|_* + I_C(\rho) \\
&\text{s.t.} \| A(\rho) + e - b \|_2^2 \leqslant \delta
\end{aligned}
\tag{6.60}
$$

其中,$\| \cdot \|_*$ 为核范数,$\| \cdot \|_2$ 为 ℓ_2 范数,定义为 $\| \rho \|_* = \sum \sigma_i$,$\sigma_i$ 为矩阵奇异值,

$\delta > 0$ 为参数，$C := \{\rho \in \mathbf{C}^{d \times d} \mid \rho \geqslant 0, \mathrm{tr}(\rho) = 1, \rho^\dagger = \rho\}$ 为凸集，$I_C(\rho)$ 为示性函数，定义为

$$I_C(\rho) = \begin{cases} 0, & \text{若 } \rho \geqslant 0, \mathrm{tr}(\rho) = 1, \rho^\dagger = \rho \\ \infty, & \text{其他} \end{cases}$$

式(6.60)可以被转化为无约束基本追踪去噪问题：

$$\min \|\rho\|_* + I_C(\rho) + \frac{1}{2\gamma} \|A(\rho) - b\|_2^2 \tag{6.61}$$

其中，$\gamma > 0$ 为权重因子，当问题(6.60)和问题(6.61)的解完全相同时，γ 和 σ 是一一对应的．

6.2.2 改进 ADMM 算法设计

为了将问题(6.61)转化为双目标优化问题以适用 ADMM 算法，我们引入辅助变量 $e \in \mathbf{C}^m$，则测量值 $b = A(\rho) + e$，因此我们可以将量子态估计问题转化为带有量子态约束的凸优化问题，并分解为两个子问题，即最小化带量子态约束的密度矩阵核范数和最小化高斯噪声 ℓ_2 范数，可写为

$$\min \|\rho\|_* + I_C(\rho) + \frac{1}{2\gamma} \|e\|_2^2$$
$$\mathrm{s.t.}\, A(\rho) + e = b \tag{6.62}$$

其中，$\gamma > 0$ 为权重因子，$I_C(\rho)$ 为示性函数．

问题(6.62)的扩展拉格朗日方程为

$$\min \|\rho\|_* + I_C(\rho) + \frac{1}{2\gamma} \|e\|_2^2 - \langle y, A(\rho) + e - b\rangle + \frac{\alpha}{2} \|A(\rho) + e - b\|_2^2 \tag{6.63}$$

其中，$\alpha > 0$ 为惩罚参数，$y \in \mathbf{R}^m$ 为拉格朗日乘子，通过代入 ADMM 迭代框架可得

$$\begin{cases} e^{k+1} = \arg\min_e \left\{ \frac{1}{2\gamma} \|e\|_2^2 + \frac{\alpha}{2} \|A(\rho^k) + e - b - y^k/\alpha\|_2^2 \right\} \\ \rho^{k+1} = \arg\min_\rho \left\{ \|\rho\|_* + I_C(\rho) + \frac{\alpha}{2} \|A(\rho) + e^{k+1} - b - y^k/\alpha\|_2^2 \right\} \\ y^{k+1} = y^k - \kappa\alpha[A(\rho^{k+1}) + e^{k+1} - b] \end{cases} \tag{6.64}$$

其中，$\kappa > 0$ 为可调参数，用于调节拉格朗日乘子更新步长．

子问题(6.64a)为最小化关于 e 的最小二乘项,而子问题(6.64b)最小化非光滑核范数加上最小二乘项,并且带有量子态约束.

(1)对于子问题 e^{k+1} 的求解,可以通过微分求零点得到:

$$e^{k+1} = \frac{\gamma\alpha}{1+\gamma\alpha}\left[\frac{y^k}{\alpha} - A(\rho^k) + b\right] \tag{6.65}$$

(2)对于子问题 ρ^{k+1},固定 $e = e^{k+1}$ 和 $y = y^k$,但其中的示性函数 $I_C(\rho)$ 和二次项中的 A 使问题的精确求解十分困难.我们通过近邻梯度法进行近似求解可得

$$\rho^{k+1} = \arg\min_{\rho} \|\rho\|_* + I_C(\rho) + \frac{\alpha}{2\tau}\|\rho - \tilde{\rho}^k\|_F^2 \tag{6.66}$$

其中,$\tau > 0$ 为近邻步长.通过梯度下降求解可得

$$\tilde{\rho}^k := \rho^k - \tau A^\dagger[A(\rho) + e^{k+1} - b - y^k/\alpha] \tag{6.67}$$

值得强调的是括号的加入改变运算顺序,减少了高维矩阵参与乘法的次数,从而大大减少了计算量.

当量子态约束满足时,$\|\rho\|_*$ 为常数.因此可通过求解 $\min_{\rho \in C} \|\rho - \tilde{\rho}^k\|_F^2$ 获得最优解 $\rho^{k+1} = V\mathrm{diag}\{x_i\}V^\dagger$,求解过程与式(6.13)类似.

因此,我们提出的 Improved-ADMM 算法为

$$\begin{cases} e^{k+1} = [\gamma\alpha/(1+\gamma\alpha)][y^k/\alpha - A(\rho^k) + b] \\ \rho^{k+1} = V\mathrm{diag}\{x_i\}V^\dagger \\ y^{k+1} = y^k - \kappa\alpha[A(\rho^{k+1}) + e^{k+1} - b] \end{cases} \tag{6.68}$$

为保证算法全局收敛,式(6.67)中的参数 κ,τ 必须满足

$$\tau\lambda_{\max} + \kappa < 2 \tag{6.69}$$

其中,$\lambda_{\max} = 1$ 是 $A^\dagger A$ 的最大特征值.

到此我们可以总结改进的 ADMM 算法如下.

算法 6.2

(1)初始化变量 $\rho^0 = 0, e^0 = 0, y^0 = 0$ 和参数 $\tau, \gamma, \alpha, \kappa > 0, \tau\lambda_{\max} + \kappa < 2$,其中 $\lambda_{\max}$ 是 $A^\dagger A$ 的最大特征值;

(2)for $k = 1, 2, \cdots, \mathrm{do}$;

(3)计算 $e^{k+1} = \frac{\gamma\alpha}{1+\gamma\alpha}\left[\frac{y^k}{\alpha} - A(\rho^k) + b\right]$;

(4)计算 $\tilde{\rho}^k := \rho^k - \tau A^\dagger[A(\rho) + e^{k+1} - b - y^k/\alpha]$;

(5) 计算 $[\tilde{\rho}^k + (\tilde{\rho}^k)^\dagger]/2$ 的特征值,并将特征值 $a_i(i = 1, \cdots, d)$ 按照递减顺序分解到 $V\mathrm{diag}\{a_i\}V^\dagger$;

(6) 依次令 β 等于 $a_1, a_2, \cdots$ 以确定 t 满足 $\sum_{i=1}^{t}\max\{a_i - \beta, 0\} < 1$ 和 $\sum_{i=1}^{t+1}\max\{a_i - \beta, 0\} > 1$;

(7) 计算 $\beta = (1/t)\sum_{i=1}^{t} a_i$ 和 $x_i = \max\{a_i - \beta, 0\}, \forall i$;

(8) 更新 $\rho^{k+1} = V\mathrm{diag}\{x_i\}V^\dagger$;

(9) 更新 $y^{k+1} = y^k - \kappa\alpha[A(\rho^{k+1}) + e^{k+1} - b]$;

(10) end.

本小节提出的改进算法避免了计算高维矩阵 $A \in \mathbf{C}^{m \times d^2}$ 的伪逆 $(A^\dagger A)^{-1} A^\dagger$. 伪逆计算复杂度为 $O(d^6)$,改进 ADMM 算法的计算复杂度为 $O(md^2)$. 所以,所提出的算法大大降低了计算复杂度,同时稀疏存储节约存储空间.

6.2.3　11 量子位状态估计实验

本小节中,我们首先给出实验参数设置,然后使用所提出的改进 ADMM 算法,对高维密度矩阵进行估计的数值仿真实验.仿真实验的运行环境为 Matlab R2010b, 2.5 GHz Intel Core 2 i5-3210M CPU,内存 16 GB.

研究结果表明(Gross, 2011):当使用泡利基进行观测时,测量比率可以减少到 $O[(r\log d)/d]$. 特别地,当待恢复的密度矩阵 $\rho \in \mathbf{C}^{d \times d}$ 的秩为 1 时,若测量比率 η 满足 $\eta > \log d/[(1 + \xi)d]$,则可以 $P_s > d^{-\xi^2/[2\ln 2(1 + \xi/3)]}$ 的正确概率使问题(6.60)所获得的最优解 ρ^* 唯一且等于 ρ,其中,$\xi > 0$ 是平衡测量次数下界和正确概率的常数.

我们选择泡利矩阵生成观测矩阵 A. 当量子位 $n = 8, 9, 10, 11$ 时,令 $\xi = 0.05$,根据理论公式 $\eta > \log d/[(1 + \xi)d]$,测量比率下界分别为 $\eta = 2.98\%, 1.67\%, 0.93\%, 0.51\%$,对应的正确概率分别为 $P_s = 99.0\%, 98.9\%, 98.8\%, 98.7\%$. 考虑测量噪声等因素的影响,一般都要采用大于压缩传感给出的理论测量比率.我们分别设置为 $\eta = 3\%, 1.7\%, 1\%, 0.6\%$.

压缩传感理论解决的是测量比率下界值,提供了最少采样次数.不过,如何能够快速求解凸优化问题,以及正确获得密度矩阵的估计值 $\hat{\rho}$,使其能够逼近真实值 ρ 的精度,还取决于所设计的重构算法的效率.一个优化算法的性能越好,就越能够以接近压缩传感理论给出的测量比率下界,达到理论上期望的重构精度.反之,效率不好的算法,估计出的密度矩阵效果也不会好.为了实现高维量子状态估计,我们采用稀疏存储的方式以大幅度节约存储空间.在 $n=11$ 情况下,如果按照 $\eta=0.6\%$ 直接构造测量算符 A,那么,A 对应维数为 25166×2^{22} 的复数矩阵,当稀疏存储 A 时,需要存储空间 1.19 G,而完整存储时,需要 1573 G.

我们进行两组实验:实验一为无噪声情况下,当采样率 η 设置为基于压缩传感理论计算出的下界值时,采用所提改进的 ADMM 算法对量子位分别为 $n=8,9,10,11$ 情况下的密度矩阵的估计;实验二为考虑高斯噪声情况下,在量子位为 $n=11$ 时,对量子状态估计的实验.当使用泡利矩阵生成 A 时,$\lambda_{\max}(A^{\dagger}A)=1$.所提改进 ADMM 算法中包含四个参数,仿真实验中,四个参数设置如下:

(1) 梯度步长 $\tau=0.9$;

(2) 拉格朗日乘子更新步长因子 $\kappa=1.099$;

(3) 权重 $\gamma=1.0\times10^{-4}$;

(4) 惩罚参数 α:对于 $n=8,9,10,11$,惩罚参数分别为 $\alpha=8,14,30,30$.

真实密度矩阵生成方法同式(6.55).性能指标为估计出的密度矩阵 ρ 和真实密度矩阵 $\ddot{\rho}$ 之间的归一化距离 $D(\rho,\ddot{\rho})$,定义同式(6.56).仿真实验中,我们设置 $\mathrm{rank}(\rho)=1$,不过实际上所提出的改进 ADMM 算法对于 $\mathrm{rank}(\rho)>1$ 情况仍然是有效的.

6.2.3.1 无噪声情况下高维量子状态估计

采样率 η 是衡量测量实验复杂度的重要因素,采样率低意味着所需要的测量数目少,但同时也增加了估计的难度.我们首先用实验一验证,当采样率设置为下界值时,所提改进 ADMM 算法 6.2 能够有效恢复高维量子状态.在无干扰情况下,$n=8,9,10,11$ 时,相对应的采样率分别为 $\eta=3\%,1.7\%,1\%,0.6\%$,最大迭代次数为 60.

图 6.4 描述了估计出的密度矩阵 ρ 和真实密度矩阵 $\ddot{\rho}$ 之间的归一化距离 $D(\rho,\ddot{\rho})$($error=D(\rho,\ddot{\rho})$)(同式(6.56)定义)随迭代次数的变化情况(Zhang et al.,2017b),其中虚线代表 $error$ 的值为 0.05.具体的实验性能的对比结果如表 6.4 所示,其中采样率 η 的数值是根据压缩传感理论公式 $\eta>\log d/[(1+\xi)d]$ 计算出来的最小下界值.

表 6.4　无噪声情况下 $n=8,9,10,11$ 量子状态估计性能对比

	量子位 n			
	8	9	10	11
采样率 $\eta(\%)$	3	1.7	1	0.6
$D(\rho,\ddot{\rho})$	4.59×10^{-2}	4.89×10^{-2}	4.96×10^{-2}	4.54×10^{-2}
迭代次数	13	19	25	33
时间(s)	3.42	11.61	31.70	99.26

从表 6.4 中可以看出,当 $n=8,9,10,11$,采样率为 $\eta=3\%,1.7\%,1\%,0.6\%$ 时,所提出的改进 ADMM 算法可以达到 $D(\rho,\ddot{\rho})<0.05$ 的精度估计出 ρ. 实验中所取的采样率设置为压缩传感理论的下界值. 所花费的估计计算时间分别为 3.42 s,11.61 s,31.70 s 和 99.26 s. 实验结果展现出所提改进 ADMM 算法高效快速重构密度矩阵的能力.

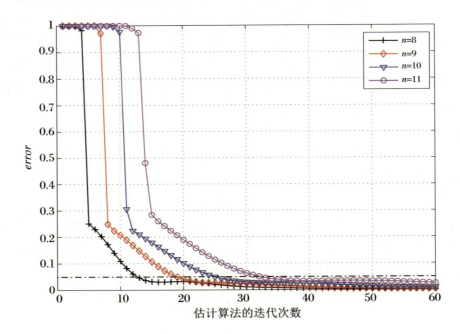

图 6.4　无噪声情况下 $n=8,9,10,11$ 量子状态估计结果

6.2.3.2　含噪声情况下高维量子状态估计

实验二考虑测量值 b 中含有高斯噪声的情况,其中信噪比(SNR)为 70 dB. 令 $n=11$,$\eta=0.6\%$,最大迭代次数设置为 60. 实验结果如图 6.5 所示,其中虚线代表 $error=D(\rho,\ddot{\rho})$ 的值为 0.05. 从图 6.5 中可以看出,考虑测量中含有高斯噪声时,所提出的改进 ADMM 算法能够以 60 次迭代、230.78 s、$D(\rho,\ddot{\rho})=0.11$ 的精确度重构 $n=11$ 的高维量子状态.

本小节我们在考虑测量过程存在噪声的情况下,提出一种改进 ADMM 算法,该算法能够以较低采样率和较少时间求解高维量子状态估计问题. 所提算法非精确求解密度矩阵相关子问题以保证满足量子态约束,加入步长因子调节拉格朗日乘子更新步长,通过改变运算顺序降低计算复杂度. 采样率设置为下界值时,仿真实验分别考虑有无噪声情况下,高效快速地重构出高维密度矩阵.

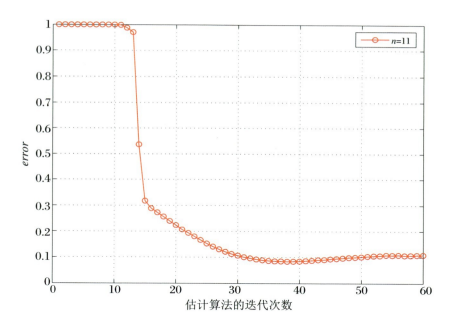

图 6.5　考虑高斯噪声的 $n = 11$ 量子状态估计结果

6.3　量子状态滤波器

　　本节主要研究同时考虑状态本身含有稀疏干扰和测量过程含有高斯噪声时, 基于压缩感知的量子状态滤波问题, 将该问题转化为关于密度矩阵的核范数、稀疏干扰的 ℓ_1 范数、高斯噪声的 ℓ_2 范数, 并且带有量子态约束的多目标凸优化问题, 基于 Proximal Jacobian ADMM (简称 PJ-ADMM) 算法提出量子状态滤波器, 估计出稀疏干扰和高斯噪声以便滤除状态和测量干扰, 从而实现密度矩阵的精确重构, 对所提滤波器的收敛性进行严格证明.

6.3.1　问题描述

　　实际量子状态测量中, 对于量子状态本身的稀疏干扰和测量过程中的高斯噪声同时存在的情况,假设噪声为高斯噪声,忽略任何一种干扰,都将影响量子状态密度矩阵的估计精度.我们受控制理论中滤波器启发,设计出一种同时估计量子态、状态干扰,以及测量噪声的量子状态滤波算法,实现密度矩阵的精确重构.

由于目标变量有三个,单独采用 ADMM 算法比较难保证算法的收敛性,因此在量子态密度矩阵的应用中,我们引入 PJ-ADMM 算法:通过给每个子问题添加邻近项来保证其收敛性,提供了一种求解三个目标变量凸优化问题的新思路.值得注意的是,ADMM 和 PJ-ADMM 都是一种计算框架,其思路是将大的全局问题分解为较小和较容易求解的几个子问题,并通过协调子问题的解来得到全局问题的解.每一个子问题如何有效求解,需要根据子问题具体形式来确定.由于所引入的 PJ-ADMM 算法应用于含有噪声干扰的量子状态滤波器中,我们也将所提算法称为量子态滤波(Quantum State Filter,简称 QSF)ADMM 算法,即 QSF-ADMM 算法.

量子状态的滤波问题可描述为从含有高斯噪声 $e \in \mathbf{R}^m$ 的 m 个线性测量结果 b 中,重构出 $d \times d$ 的低秩密度矩阵 ρ,并且该密度矩阵中含有稀疏干扰 $S \in \mathbf{R}^{d \times d}$.

定义线性操作算符 $A: \mathbf{C}^{d \times d} \to \mathbf{C}^m$,则测量公式写为

$$b = A(\rho + S) + e \tag{6.70}$$

待估计的低秩密度矩阵 ρ、稀疏干扰 S、高斯噪声 e 均耦合在测量结果 b 中.同时除了干扰和噪声影响之外,由于只获得了 $m(\ll d^2)$ 个线性测量值,所以 b 的信息也是不完全的.另外密度矩阵 ρ 必须满足量子态约束.

我们把量子状态的滤波问题转化为一个多目标凸优化问题:

$$\begin{aligned} &\min \|\rho\|_* + \gamma \|S\|_1 + (\theta/2)\|e\|_2^2 \\ &\text{s.t.} A(\rho + S) + e = b \\ &\rho \in C \end{aligned} \tag{6.71}$$

其中,$\gamma > 0$ 和 $\theta > 0$ 为正则化参数,ρ 为待估计密度矩阵,$\|\cdot\|_*$ 为核范数,定义为 $\|\rho\|_* = \sum s_i$,s_i 为矩阵奇异值.$\|\cdot\|_1$ 为 ℓ_1 范数,$\|\cdot\|_2$ 为 ℓ_2 范数,量子态约束 $C := \{\rho \geq 0, \mathrm{tr}(\rho) = 1, \rho^\dagger = \rho\}$ 为凸集,$\rho^\dagger$ 为 ρ 的共轭转置,$\rho \in C$ 表示满足量子态约束.

在问题(6.71)中,通过最小化 $\|\rho\|_*$ 和 $\|S\|_1$ 迫使密度矩阵低秩且干扰 S 稀疏,最小化 $\|e\|_2^2$ 范数为消除高斯噪声的常用方法.若不考虑稀疏干扰 S,则问题(6.71)就退化为仅考虑测量高斯噪声的量子态估计问题,若不考虑高斯噪声 e,则问题(6.71)就退化为仅考虑状态干扰的量子态估计问题.

求解问题(6.71)是具有挑战性的,因为三个变量低秩密度矩阵 ρ,稀疏干扰 S 和高斯噪声 e,耦合在目标函数 $\|\rho\|_* + \gamma \|S\|_1 + (\theta/2)\|e\|_2^2$ 和测量约束 $b = A(\rho + S)$

$+e$ 中. 另外, 密度矩阵 ρ 必须满足量子态约束, 这使得问题求解变得更为复杂. 我们将提出一种高效的并且严格证明收敛的量子状态滤波器, 该滤波器可以在迭代估计出密度矩阵 ρ 的同时, 滤除稀疏干扰 S 和高斯噪声 e.

6.3.2 滤波器设计思路

我们所提出的量子状态滤波器工作流程如图 6.6 所示, 其中, k 为迭代次数, q^{-1} 为一步延迟. 图 6.6 的顶部描述了测量 (measurement) 过程为 (6.70). 系统密度矩阵 ρ 受到稀疏矩阵 S 的干扰并通过测量模块得到 $A(\rho + S)$, 然后, 高斯噪声 e 叠加到结果中, 产生测量矢量 $b = A(\rho + S) + e$. 量子状态滤波器将从被两种干扰影响的测量值 b 中估计出量子状态 ρ^{k+1}, 同时滤除稀疏干扰 S 和高斯噪声 e.

在所提出的量子状态滤波器的第 $k+1$ 次迭代中, 来自前一次迭代的输出 ρ^k, S^k, e^k, 被分别输入到所设计出的 ρ, S 和 e 的线性算符 (linear operator) 模块中, 分别获得中间值 $\tilde{\rho}^k, \tilde{S}^k, \tilde{e}^k$. 然后, $\tilde{\rho}^k$ 被输入到投影算子 (projection operator) 中; 投影算子将 $\tilde{\rho}^k$ 投影到量子态约束集 C 内, 这样输出 ρ^{k+1} 是正半定和迹为 1 的厄米矩阵. 与此同时, $\tilde{S}^k$ 被输入到软阈值收缩模块 (soft thresholding operator) 中, 以便获得稀疏输出 S^{k+1}. 噪声 $\tilde{e}^k$ 直接等于新的高斯噪声的估计值 e^{k+1}.

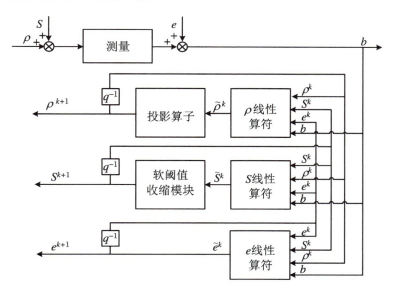

图 6.6　量子状态滤波器工作流程

随着迭代次数的增加,量子态滤波器逐渐地从测量矢量 b 中消除高斯噪声 e,并且将稀疏信号 S 和密度矩阵 ρ 分离,从而实现量子状态估计.

6.3.3 滤波器算法设计

首先通过引入拉格朗日函数,从而将其转化为具有可分结构和无约束的凸优化问题.式(6.71)的部分增广拉格朗日函数为

$$L_\alpha = \| \rho \|_* + \gamma \| S \|_1 + \frac{\theta}{2} \| e \|_2^2 - \langle y, A(\rho + S) + e - b \rangle$$

$$+ \frac{\alpha}{2} \| A(\rho + S) + e - b \|_2^2, \quad \rho \in C \tag{6.72}$$

其中,$\alpha > 0$ 为惩罚参数,$y \in \mathbf{R}^m$ 为拉格朗日乘子.

需要强调的是,拉格朗日乘子 y 一定是实数向量,因为在每次优化迭代过程中密度矩阵都是满足量子态约束的,所以 $A(\rho)$ 一定为实数向量,进一步可知 $A(\rho + S) + e - b$ 为实数向量.

在第 $k+1$ 次迭代中,我们采用 PJ-ADMM 算法并行地更新原始变量 ρ, S 和 e,然后更新对偶变量 y.具体来说,对于某个原始变量,我们固定其余原始变量,并且最小化部分拉格朗日函数与邻近项之和.更新完所有原始变量后,采用梯度上升法更新对偶变量 y.所以,量子状态滤波问题为

$$\rho^{k+1} = \arg\min_{\rho \in C} \Big\{ \| \rho \|_* + \langle y^k, A(\rho + S^k) + e^k - b \rangle$$
$$+ \frac{\alpha}{2} \| A(\rho + S^k) + e^k - b \|_2^2 + \frac{1}{2} \| \rho - \rho^k \|_{P_1}^2 \Big\} \tag{6.73a}$$

$$S^{k+1} = \arg\min_{S} \Big\{ \gamma \| S \|_1 + \langle y^k, A(\rho^k + S) + e^k - b \rangle$$
$$+ \frac{\alpha}{2} \| A(\rho^k + S) + e^k - b \|_2^2 + \frac{1}{2} \| S - S^k \|_{P_2}^2 \Big\} \tag{6.73b}$$

$$e^{k+1} = \arg\min_{e} \Big\{ \frac{\theta}{2} \| e \|_2^2 + \langle y^k, A(\rho^k + S^k) + e - b \rangle$$
$$+ \frac{\alpha}{2} \| A(\rho^k + S^k) + e - b \|_2^2 + \frac{1}{2} \| e - e^k \|_{P_3}^2 \Big\} \tag{6.73c}$$

$$y^{k+1} = y^k - \kappa\alpha [A(\rho^{k+1} + S^{k+1}) + e^{k+1} - b] \tag{6.73d}$$

其中，$\frac{1}{2}\parallel\rho-\rho^k\parallel^2_{P_1}$，$\frac{1}{2}\parallel S-S^k\parallel^2_{P_2}$和$\frac{1}{2}\parallel e-e^k\parallel^2_{P_3}$分别为在每个子问题后附加的邻近项，$\kappa>0$为调节拉格朗日乘子更新步长的参数.通过调节$\kappa$，可以选择合适的对偶更新步长，获得更快的收敛速度.

为保证收敛性并获得较低计算复杂度的显示解，我们对式(6.73)进行如下数学上的处理：

(1) 对于ρ相关子问题(6.73a)，求解难度主要来自于二次项$(\alpha/2)\rho^\dagger A^\dagger\rho$. 我们通过令$P_1=\tau_1 I-\alpha A^\dagger A$，其中，$\tau_1>0$，来抵消子问题(6.73a)中的项$(\alpha/2)\rho^\dagger A^\dagger\rho$，同时加入$(\tau_1/2)\rho^\dagger\rho$.

(2) 对于S相关子问题(6.73b)，我们令$P_2=\tau_2 I-\alpha A^\dagger A$，其中，$\tau_2>0$，来获得显示解.

(3) 对于e相关子问题(6.73c)，该问题具有显示解，因此我们令$P_3=\tau_3 I$，其中，$\tau_3>0$.

因此，为保证收敛性并获得较低计算复杂度的显示解，分别选择

$$\begin{cases} P_1=\tau_1 I-\alpha A^\dagger A \\ P_2=\tau_2 I-\alpha A^\dagger A \\ P_3=\tau_3 I \end{cases} \tag{6.74}$$

其中，$\tau_1>0$，$\tau_2>0$，$\tau_3>0$为梯度步长.

根据式(6.74)的设置，问题(6.73)可以改写为

$$\begin{cases} \rho^{k+1}=\arg\min\limits_{\rho\in C}\left\{\parallel\rho\parallel_*+\frac{\alpha}{2}\left\|A(\rho+S^k)+e^k-b-\frac{y^k}{\alpha}\right\|^2_2+\frac{1}{2}\parallel\rho-\rho^k\parallel^2_{P_1}\right\} \\[2mm] S^{k+1}=\arg\min\limits_{S}\left\{\gamma\parallel S\parallel_1+\frac{\alpha}{2}\left\|A(\rho^k+S)+e^k-b-\frac{y^k}{\alpha}\right\|^2_2+\frac{1}{2}\parallel S-S^k\parallel^2_{P_2}\right\} \\[2mm] e^{k+1}=\arg\min\limits_{e}\left\{\frac{\theta}{2}\parallel e\parallel^2_2+\frac{\alpha}{2}\left\|A(\rho^k+S^k)+e-b-\frac{y^k}{\alpha}\right\|^2_2+\frac{1}{2}\parallel e-e^k\parallel^2_{P_3}\right\} \\[2mm] y^{k+1}=y^k-\kappa\alpha[A(\rho^{k+1}+S^{k+1})+e^{k+1}-b] \end{cases}$$

$$\tag{6.75}$$

其中，$\frac{1}{2}\parallel\rho-\rho^k\parallel^2_{P_1}$，$\frac{1}{2}\parallel S-S^k\parallel^2_{P_2}$和$\frac{1}{2}\parallel e-e^k\parallel^2_{P_3}$分别为在每个子问题后附加的邻近项，$\parallel\cdot\parallel^2_{P_i}$的定义为$\parallel x_i\parallel^2_{P_i}=x_i^\mathsf{T}P_i x_i$，$P_i\geqslant0$为邻近项参数，选择合适的邻近项参数，可以降低求解难度和计算复杂度.

对于ρ和S子问题，由于不存在闭式解，通过令$P_1=\tau_1 I-\alpha A^\dagger A$，$P_2=\tau_2 I-\alpha A^\dagger A$，

可以抵消子问题中的二次项 $(\alpha/2)\rho^{\dagger}A^{\dagger}A\rho$,并通过加入 $\rho^{\dagger}\rho$,来线性化惩罚项,使子问题存在闭式解. 由于 e 子问题具有显示解,因而令 $P_3 = \tau_3 I$, $\tau_1 > 0$, $\tau_2 > 0$, $\tau_3 > 0$ 为梯度步长,$\kappa > 0$ 为拉格朗日乘子可调步长参数.

根据上述 P_i 参数选取,式(6.75)可改写为

$$
\begin{cases}
\rho^{k+1} = \arg\min\limits_{\rho \in C}\left\{ \|\rho\|_* + \dfrac{\tau_1}{2}\|\rho - \widetilde{\rho}^k\|_F^2 \right\} \\[2mm]
S^{k+1} = \arg\min\limits_{S}\left\{ \gamma\|S\|_1 + \dfrac{\tau_2}{2}\|S - \widetilde{S}^k\|_F^2 \right\} \\[2mm]
e^{k+1} = \arg\min\limits_{e}\left\{ \dfrac{\theta + \alpha + \tau_3}{2}\|e - \widetilde{e}^k\|_2^2 \right\} \\[2mm]
y^{k+1} = y^k - \kappa\alpha[A(\rho^{k+1} + S^{k+1}) + e^{k+1} - b]
\end{cases}
\tag{6.76}
$$

其中,$\|\cdot\|_F$ 为 Frobenius 范数,定义为 $Q \in \mathbf{C}^{m\times n} = q_{ij}$, $\|Q\|_F = \sqrt{\sum\limits_{i=1}^{m}\sum\limits_{j=1}^{n}(q_{ij})^2}$.

这里我们定义中间变量

$$\widetilde{\rho}^k := \rho^k - (\alpha/\tau_1)A^{\dagger}[A(\rho^k + S^k) + e^k - b - y^k/\alpha] \tag{6.77a}$$

$$\widetilde{S}^k := S^k - (\alpha/\tau_2)A^{\dagger}[A(\rho^k + S^k) + e^k - b - y^k/\alpha] \tag{6.77b}$$

$$\widetilde{e}^k := \{\tau_3 e^k - \alpha[A(\rho^k + S^k) - b - y^k/\alpha]\}/(\theta + \alpha + \tau_3) \tag{6.77c}$$

下面分别讨论密度矩阵 ρ、稀疏干扰 S、高斯噪声 e 三个子问题的求解:

1. 对密度矩阵 ρ 子问题的求解

由量子态约束 $\rho \geqslant 0$, $\mathrm{tr}(\rho) = 1$, $\rho^{\dagger} = \rho$,可得 $\|\rho\|_* = \mathrm{tr}(\rho) = 1$. 因此式(6.76)中的 ρ^{k+1} 子问题可被简化为一个半定规划问题(SDP):

$$\min\left\|\rho - \frac{\widetilde{\rho}^k + (\widetilde{\rho}^k)^{\dagger}}{2}\right\|_F^2 \tag{6.78}$$

$$\mathrm{s.t.}\ \rho \geqslant 0, \mathrm{tr}(\rho) = 1$$

此式具有闭式解.

通过求解式(6.78)中的 $[\widetilde{\rho}^k + (\widetilde{\rho}^k)^{\dagger}]/2$ 的特征值 $a_i (i = 1, \cdots, d)$,并对其分解获得 $V\mathrm{diag}\{a_i\}V^{\dagger}$,其中,$V \in \mathbf{C}^{d\times d}$ 为酉矩阵,特征值 a_i 按照降序排列,即 $a_1 \geqslant a_2 \geqslant \cdots \geqslant a_d$. 此时式(6.78)的最优解为满足约束条件的特征值分解:

$$\rho^{k+1} = V\mathrm{diag}\{x_i\}V^{\dagger} \tag{6.79}$$

其中,$\{x_i, i = 1, \cdots, d\}$ 为 ρ^{k+1} 的特征值,通过求解优化问题:

$$\min \frac{1}{2} \sum_{i=1}^{d} (x_i - a_i)^2 \tag{6.80}$$

$$\text{s. t.} \sum_{i=1}^{d} x_i = 1, x_i \geqslant 0, \forall i$$

来获得 $x_i (i = 1, \cdots, d)$.

此优化问题的部分拉格朗日函数为

$$L(\{x_i\}, \beta) := \frac{1}{2} \sum_{i=1}^{d} (x_i - a_i)^2 + \beta \Big(\sum_{i=1}^{d} x_i - 1 \Big), \quad x_i \geqslant 0, \ \forall i \tag{6.81}$$

其中,$\beta \in \mathbf{R}$ 为拉格朗日乘子.

根据凸优化理论,如果 β 是最优拉格朗日乘子,则以 $\{x_i\}$ 为变量求 $L(\{x_i\}, \beta)$,可化为

$$\min \frac{1}{2} \sum_{i=1}^{d} (x_i - a_i + \beta)^2 \tag{6.82}$$

$$\text{s. t.} \ x_i \geqslant 0, \forall i$$

求得最优解 $x_i = \max\{a_i - \beta, 0\}, \forall i$.

由于有迹为 $1 : \sum_{i=1}^{d} x_i = 1, x_i > 0, \forall i$ 的约束,该约束等价于满足条件

$$\sum_{i=1}^{d} \max\{a_i - \beta, 0\} = 1 \tag{6.83}$$

可以根据约束(6.83)来求出 β:首先依次令 $\beta = a_t (t = 1, \cdots, d)$ 计算满足约束 (6.83)的项数 t,由此确定 β 所属的最优区间为 $[a_{t+1}, a_t]$;再根据 $\sum_{i=1}^{t} (a_i - \beta) = 1$ 可以求解出

$$\beta = \Big(\sum_{i=1}^{t} a_i - 1 \Big) / t \tag{6.84}$$

最后,可以得到

$$\begin{cases} x_i = a_i - \beta, & \forall i \leqslant t \\ x_i = 0, & \forall i \geqslant t + 1 \end{cases} \tag{6.85}$$

2. 对稀疏干扰 S 子问题的求解

具有软阈值显示解:

$$S^{k+1} = shrink_{\gamma/\tau_2}(S^k - \widetilde{S}^k) \tag{6.86}$$

其中,$shrink_{\gamma/\tau_2}$是一个基于元素的软阈值收缩算符,即给定任何标量 s 有

$$shrink_{\gamma/\tau_2}(s) := \max\{|s - \gamma/\tau_2|, 0\}\mathrm{sign}(s - \gamma/\tau_2)$$

3. 对高斯噪声 e 子问题的求解

根据最优理论解得

$$e^{k+1} = \tilde{e}^k \tag{6.87}$$

为保证所提出的量子状态滤波算法的全局收敛性,梯度步长参数选取必须满足条件

$$\begin{cases} \tau_1 > \dfrac{3\alpha}{2-\kappa} \\[3mm] \tau_2 > \dfrac{3\alpha}{2-\kappa} \\[3mm] \tau_3 > \alpha\left(\dfrac{3}{2-\kappa} - 1\right) \end{cases} \tag{6.88}$$

所提出的完整的 QSF-ADMM 算法求解过程如下.

算法 6.3

(1) 获取实验系统的输出信号 b,构造观测矩阵 A;

(2) 初始化变量 $\rho^0 = 0, S^0 = 0, e^0 = 0, y^0 = 0$,选取参数 $\kappa > 0, \gamma > 0, \alpha > 0, \theta > 0$,以及满足式(6.88)的 τ_1, τ_2, τ_3;

(3) 根据式(6.77a)分别计算 $\tilde{\rho}^k := \rho^k - (\alpha/\tau_1)A^\dagger[A(\rho^k + S^k) + e^k - b - y^k/\alpha]$;

(4) 计算 $[\tilde{\rho}^k + (\tilde{\rho}^k)^\dagger]/2$ 的特征值 $a_i (i = 1, \cdots, d)$,并将特征值 $a_i (i = 1, \cdots, d)$ 按照递减顺序分解到 $V\mathrm{diag}\{a_i\}V^\dagger$;

(5) 依次令 β 等于 $a_1, a_2, \cdots$ 以确定 t 满足 $\sum_{i=1}^{t}\max\{a_i - \beta, 0\} < 1$ 和 $\sum_{i=1}^{t+1}\max\{a_i - \beta, 0\} > 1$,根据式(6.84) 和式(6.85)计算出 ρ^{k+1} 的特征值 $\{x_i, i = 1, \cdots, d\}$;

(6) 计算 $\beta = (1/t)\sum_{i=1}^{t} a_i$ 和 $x_i = \max\{a_i - \beta, 0\}, \forall i$;

(7) 根据式(6.79)计算 $\rho^{k+1} = V\mathrm{diag}\{x_i\}V^\dagger$;

(8) 根据式(6.77b)计算 $\tilde{S}^k := S^k - \alpha/\tau_2 A^\dagger[A(\rho^k + S^k) + e^k - b - y^k/\alpha]$;

(9) 根据式(6.86)更新 $S^{k+1} = shrink_{\gamma/\tau_2}(S^k - \tilde{S}^k)$;

(10) 根据式(6.77c)计算 $\tilde{e}^k := \dfrac{\tau_3 e^k - \alpha[A(\rho^k + S^k) - b - y^k/\alpha]}{\theta + \alpha + \tau_3}$;

(11) 根据式(6.87)计算 $e^{k+1} = \tilde{e}^k$;

(12) 更新 $y^{k+1} = y^k - \kappa\alpha\left[A(\rho^{k+1} + S^{k+1}) + e^{k+1} - b\right]$;

(13) end.

注:所提算法可以并行求解 ρ, S 和 e 相关子问题.最主要的计算量来自于 $\tilde{\rho}^k$ 和 $\tilde{S}^k$ 的计算,两者复杂度均为 $O(md^2)$.而 ρ 相关子问题中用到的特征值分解,复杂度为 $O(d^3)$,因为 $m = \eta d^2$,所以 $O(d^3)$ 复杂度小于 $O(md^2) = O(\eta d^4)$.

注:在量子状态滤波器问题(6.73)中,如果我们选择 $P_1 = 0, P_2 = 0$ 和 $P_3 = 0$,那么问题就会退化为传统的 Jacobian ADMM 算法.然而,研究表明,一般情况下,当原始变量数目大于 2 时,传统的 ADMM 算法不能保证全局收敛性.在 6.3.4 小节中,我们将证明当 P_1, P_2 和 P_3 选择合适时,量子状态滤波器问题(6.73)可以保证收敛到问题(6.71)的全局最优解.

6.3.4　算法收敛性证明

本小节中,我们将在定理 6.2 中给出量子态滤波器问题(6.73)的收敛条件,并且严格证明所提出的量子滤波器算法能够收敛到问题(6.71)的最优解.

为了简化符号,我们定义一个三元原始变量 $x^k := (\rho^k, S^k, e^k)$ 和一个四元原始对偶变量 $u^k := (\rho^k, S^k, e^k, y^k)$.证明的主要思想是:推导出 u^k 收敛于 $u^* := (\rho^*, S^*, e^*, y^*)$,其中,$\rho^*, S^*, e^*$ 和 y^* 是问题(6.71)的原始对偶最优解.

为了表达方便,我们定义一个矩阵多元组:

$$G_x := (P_1 + \alpha A^\dagger A, P_2 + \alpha A^\dagger A, P_3 + \alpha I) \tag{6.89}$$

$$G := (P_1 + \alpha A^\dagger A, P_2 + \alpha A^\dagger A, P_3 + \alpha I, I/(\alpha\kappa)) \tag{6.90}$$

其中,I 表示 $d \times dd$ 单位矩阵,$\alpha > 0, \kappa > 0, P_1 + \alpha A^\dagger A > 0, P_2 + \alpha A^\dagger A > 0, P_3 + \alpha I > 0$,$A^\dagger$ 为 A 的共轭转置.那么,G_x 和 G 中所有矩阵都是正定的,对于四元组 $G = (H_1, H_2, H_3, H_4)$ 和 (ρ, S, e, y) 与 (ρ', S', e', y'),我们定义积运算:

$$G = (\rho, S, e, y) = (H_1\rho, H_2 S, H_3 e, H_4 y) \tag{6.91}$$

内积运算:

$$\langle(\rho, S, e, y), (\rho', S', e', y')\rangle_G = \langle\rho, \rho'\rangle_{H_1} + \langle S, S'\rangle_{H_2} + \langle e, e'\rangle_{H_3} + \langle y, y'\rangle_{H_4} \tag{6.92}$$

因为 G_0, G_1 和 G_2 均为正定矩阵,所以我们可以定义范数为

$$\| (\rho, S, e, y) \|_G = \sqrt{ \| \rho \|_{H_1}^2 + \| S \|_{H_2}^2 + \| e \|_{H_3}^2 + \| y \|_{H_4}^2 } \qquad (6.93)$$

在证明过程中,我们首先在引理 6.1 中给出原始对偶解到最优解之间的距离 $\| u^k - u^* \|_{G_2}^2$ 的下界;然后,在引理 6.2 中,我们证明参数选择适当时可以保证这个距离的下降 $\| u^k - u^* \|_{G_2}^2 - \| u^{k+1} - u^* \|_{G_2}^2$ 是充分大的;最后,在定理 6.2 中,我们证明原始对偶解的极限点是唯一的并且是最优的.

引理 6.1 对于量子状态滤波器问题(6.73),如果 $\alpha > 0, \kappa > 0, P_1 + \alpha A^\dagger A > 0, P_2 + \alpha A^\dagger A > 0, P_3 + \alpha I > 0$,那么,我们可以得到对于所有 $k \geqslant 1$,存在

$$\| u^k - u^* \|_{G_2}^2 - \| u^{k+1} - u^k \|_{G_2}^2 \geqslant h(u^k, u^{k+1}) \qquad (6.94)$$

其中

$$h(u^k, u^{k+1}) = \frac{2 - \kappa}{\kappa^2 \alpha} \| y^k - y^{k+1} \|_2^2 + \| x^k - x^{k+1} \|_{G_x}^2$$
$$+ \frac{2}{\kappa} (y^k - y^{k+1})^\dagger (A, A, I)(x^k - x^{k+1}) \qquad (6.95)$$

证明 问题(6.71)的拉格朗日函数为

$$L(\rho, S, e, y) = \| \rho \|_* + \gamma \| S \|_1 + \frac{\theta}{2} \| S \|_2^2 - \langle y, A(\rho + S) + e - b \rangle, \quad \rho \in C \qquad (6.96)$$

令 (ρ^*, S^*, e^*, y^*) 为问题(6.71)的任意原始对偶最优解.根据凸优化理论,该问题的 KKT 条件为(ⅰ)原始可行性:

$$A(\rho^* + S^*) + e^* = b \qquad (6.97)$$

和(ⅱ)稳定性:

$$(\rho^*, S^*, e^*) = \arg \min_{\rho, S, e} L(\rho, S, e, y^*) \qquad (6.98)$$

由式(6.98)可知,优化变量 ρ, S 和 e 是可分离的,因此,对于 ρ 我们有

$$\rho^* = \arg \min_{\rho \in C} \| \rho \|_* - \langle y^*, A(\rho) \rangle \qquad (6.99)$$

根据量子态必须满足的条件 $\rho \in C$,意味着 $\rho = \rho^\dagger, \rho > 0$ 且 $\mathrm{tr}(\rho) = 1$,因此可以得到 $\| \rho \|_* = \mathrm{tr}(\rho) = 1$.由此我们可以忽略式(6.99)中的核范数,将问题转化为

$$\rho^* = \arg \min_{\rho \in C} - \langle y^*, A(\rho) \rangle \qquad (6.100)$$

由此可得关于 ρ 的最优条件为

$$\langle \rho^* - \rho, A^\dagger(y^*) \rangle \geqslant 0, \quad \forall \rho \in C, \rho^* \in C \tag{6.101}$$

对于 S 我们有

$$S^* = \arg\min_S \gamma \| S \|_1 - \langle y^*, A(S) \rangle \tag{6.102}$$

并由此得到关于 S 的最优条件为

$$A^\dagger(y^*) \in \gamma \partial \| S^* \|_1 \tag{6.103}$$

对于 e 我们有

$$e^* = \arg\min_e \frac{\theta}{2} \| e \|_2^2 - \langle y^*, e \rangle \tag{6.104}$$

因此,关于 e 的最优条件为

$$\theta e^* = y^* \tag{6.105}$$

问题(6.71)的 KKT 条件总结为式(6.97)、式(6.101)、式(6.103)和式(6.105).
根据 $\| \rho \|_* = \mathrm{tr}(\rho) = 1$,问题(6.73a)等价于

$$\hat{\rho} = \arg\min_\rho \left\{ \frac{\alpha}{2} \| A(\rho + S^k) + e - b - y^k/\alpha \|_2^2 + \frac{1}{2} \| \rho - \rho^k \|_{P_1}^2, \rho \in C \right\} \tag{6.106}$$

问题(6.106)的最优条件为

$$\langle \rho - \rho^{k+1}, \alpha A^\dagger[A(\rho^{k+1}) + A(S^k) + e^k - b - y^k/\alpha] + P_1(\rho^{k+1} - \rho) \rangle, \quad \forall \rho \in C \tag{6.107}$$

因为 $\rho \in C$,根据式(6.107)我们可以得到

$$\langle \rho^* - \rho^{k+1}, \alpha A^\dagger[A(\rho^{k+1}) + A(S^k) + e^k - b - y^k/\alpha] + P_1(\rho^{k+1} - \rho) \rangle \tag{6.108}$$

因为 $\rho \in C$,所以

$$\langle \rho - \hat{\rho}, \hat{\rho} - \rho^k + \tau_1 A^\dagger[A(\rho^k - \hat{\rho}) + A(S^k - \hat{S}) - \hat{y}/\alpha] \rangle \geqslant 0 \tag{6.109}$$

由式(6.105)和 $\rho^{k+1} \in C$,我们可以得到

$$\langle \rho^* - \rho^{k+1}, A^\dagger(y^*) \rangle \geqslant 0 \tag{6.110}$$

将式(6.109)乘以 α/τ_1,并与式(6.110)相加,然后代入

$$\hat{y} = y^k - \alpha[A(\rho^{k+1} + S^{k+1}) + e^{k+1} - b]$$

可以得到式(6.73a)的最优条件为

$$\langle A(\rho^{k+1} - \rho^*), \hat{y} - y^* - \alpha[A(S^k - S^{k+1}) + e^k - e^{k+1}]\rangle$$
$$+ (\rho^* - \rho^{k+1})^\dagger P_1(\rho^k - \rho^{k+1}) \geqslant 0 \tag{6.111}$$

类似地,子问题(6.73b)中 S 的最优条件为

$$-\alpha A^\dagger[A(\rho^k) - A(S^{k+1}) + e^k - b - y^k/\alpha] - P_2(S^{k+1} - S^k)$$
$$\in \gamma\partial \parallel S^{k+1} \parallel_1 \tag{6.112}$$

结合式(6.112)和式(6.102),代入 $\hat{y} = y^k - \alpha[A(\rho^{k+1} + S^{k+1}) + e^{k+1} - b]$,并且根据 $\partial\parallel \cdot \parallel_1$ 为单调操作符,我们可以得到

$$\langle A(S^{k+1} + S^*), \hat{y} - y^* - \alpha[A(\rho^k - \rho^{k+1}) + e^k - e^{k+1}]\rangle$$
$$+ (S^* - S^{k+1})^\dagger P_2(S^k - S^{k+1}) \geqslant 0 \tag{6.113}$$

对于问题(6.73c),最优条件为

$$\theta e^{k+1} = y^k - \alpha[A(\rho^k) + A(S^k) + e^k - b] + P_3(e^k - e^{k+1}) \tag{6.114}$$

用式(6.104)减去式(6.113),并代入定义 $\hat{y} = y^k - \alpha[A(\rho^{k+1} + S^{k+1}) + e^{k+1} - b]$,可以得到

$$\theta(e^{k+1} - e^*) = \hat{y} - y^* - \alpha[A(\rho^k - \rho^{k+1}) + A(S^k - S^{k+1}) + P_3(e^k - e^{k+1})] \tag{6.115}$$

在式(6.115)两边同时乘以 $e^{k+1} - e^*$,可得

$$\langle e^{k+1} - e^*, \hat{y} - y^* - \alpha[A(\rho^k - \rho^{k+1}) + A(S^k - S^{k+1}) + P_3(e^k - e^{k+1})]\rangle$$
$$= \theta \parallel e^{k+1} - e^* \parallel_2^2 \geqslant 0 \tag{6.116}$$

将上述三个不等式(6.111)、(6.113)和(6.116)相加,我们可以得到

$$\langle A(\rho^{k+1} - \rho^*) + A(S^{k+1} - S^*) + (e^{k+1} - e^*), \hat{y} - y^*\rangle$$
$$+ (\rho^{k+1} - \rho^*)^\dagger(P_1 + \alpha A^\dagger A)(\rho^{k+1} - \rho^k) + (S^{k+1} - S^*)^\dagger(P_2 + \alpha A^\dagger A)(S^{k+1} - S^k)$$
$$+ (e^{k+1} - e^*)^\dagger(P_3 + \alpha I)(e^{k+1} - e^k)$$
$$\geqslant \alpha\langle (A, A, I)(x^{k+1} - x^*), (A, A, I)(x^k - x^{k+1})\rangle \tag{6.117}$$

另外我们考虑式(6.73d)中的不等式:

$$(A, A, I)(x^{k+1} - x^*) = A(\rho^{k+1} - \rho^*) + A(S^{k+1} - S^*) + (e^{k+1} - e^*)$$
$$= \frac{1}{\kappa\alpha}(y^k - y^{k+1}) \tag{6.118}$$

进一步简化可得

$$A\rho^{k+1} + AS^{k+1} + e^{k+1} - b = \frac{1}{\kappa\alpha}(y^k - y^{k+1}) \tag{6.119}$$

再考虑问题(6.71)的原始可行性条件

$$A\rho^* + AS^* + e^* - b = \frac{1}{\kappa\alpha}(y^k - y^{k+1}) \tag{6.120}$$

同时,我们已知

$$\hat{y} - y^* = (\hat{y} - y^{k+1}) + (y^{k+1} - y^*) = \frac{\kappa - 1}{\kappa}(y^k - y^{k+1}) + (y^{k+1} - y^*)$$

$$\tag{6.121}$$

根据式(6.120)和式(6.121),不等式(6.117)可以被重写为

$$\left\langle \frac{1}{\kappa\alpha}(y^k - y^{k+1}), (y^{k+1} - y^*) \right\rangle + (\rho^{k+1} - \rho^*)^\dagger (P_1 + \alpha A^\dagger A)(\rho^{k+1} - \rho^k)$$

$$+ (S^{k+1} - S^*)^\dagger (P_2 + \alpha A^\dagger A)(S^{k+1} - S^k)$$

$$+ (e^{k+1} - e^*)^\dagger (P_3 + \alpha I)(e^{k+1} - e^k)$$

$$\geqslant \frac{1-\kappa}{\alpha\kappa^2} \| y^k - y^{k+1} \|_2^2 + \frac{1}{\kappa}(y^k - y^{k+1})^\dagger (A, A, I)(x^k - x^{k+1}) \tag{6.122}$$

根据 u^{k+1}, u^k, u^* 和 G 的定义,式(6.122)等价于

$$(u^k - u^{k+1})^\dagger G(u^{k+1} - u^*)$$

$$\geqslant \frac{1-\kappa}{\alpha\kappa^2} \| y^k - y^{k+1} \|_2^2 + \frac{1}{\kappa}(y^k - y^{k+1})^\dagger (A, A, I)(x^k - x^{k+1}) \tag{6.123}$$

将等式

$$\| u^k - u^* \|_G^2 - \| u^{k+1} - u^* \|_G^2 - \| u^k - u^{k+1} \|_G^2$$

$$= 2(u^k - u^{k+1})^\dagger G(u^{k+1} - u^*) \tag{6.124}$$

代入式(6.123)中,我们可以得到式(6.94),从而完成证明.

引理 6.2 对于量子态滤波器问题(6.73),如果 $\kappa > 0, \alpha > 0$,且矩阵 P_1, P_2 和 P_3 按照如下条件选择:

$$\begin{cases} P_1 > \alpha\left(\dfrac{1}{\xi_1} - 1\right)A^\dagger A \\[2mm] P_2 > \alpha\left(\dfrac{1}{\xi_2} - 1\right)A^\dagger A \\[2mm] P_3 > \alpha\left(\dfrac{1}{\xi_3} - 1\right)I \\[2mm] \xi_1 + \xi_2 + \xi_3 < 2 - \kappa, \quad \xi_i > 0, \ i = 1,2,3 \end{cases} \tag{6.125}$$

那么存在一个常量 $\eta > 0$ 使得

$$h(u^k - u^{k+1}) \geqslant \eta \parallel u^k - u^{k+1} \parallel_G^2 \tag{6.126}$$

从而得到

$$\parallel u^k - u^* \parallel_G^2 - \parallel u^{k+1} - u^* \parallel_G^2 \geqslant \eta \parallel u^k - u^{k+1} \parallel_G^2 \tag{6.127}$$

证明 由 Cauchy-Schwarz 不等式我们可以得到

$$\frac{2}{\kappa}(y^k - y^{k+1})^\dagger (A,A,I)(x^k - x^{k+1})$$

$$= \frac{2}{\kappa}(y^k - y^{k+1})^\dagger \times A(\rho^k - \rho^{k+1}) + A(S^k - S^{k+1}) + (e^k - e^{k+1})$$

$$\geqslant \frac{\xi_1 + \xi_2 + \xi_3}{\alpha\kappa^2} \parallel y^k - y^{k+1} \parallel_2^2 + \frac{\alpha}{\xi_1} \parallel A(\rho^k - \rho^{k+1}) \parallel_2^2$$

$$- \frac{\alpha}{\xi_2} \parallel A(S^k - S^{k+1}) \parallel_2^2 - \frac{\alpha}{\xi_3} \parallel A(e^k - e^{k+1}) \parallel_2^2 \tag{6.128}$$

将式（6.128）代入 $h(\cdot)$ 的定义式（6.95），可以得到

$$h(u^k - u^{k+1}) \geqslant \frac{2 - \kappa - \xi_1 - \xi_2 - \xi_3}{\alpha\kappa^2} \parallel y^k - y^{k+1} \parallel_2^2$$

$$+ (\rho^k - \rho^{k+1})^\dagger \left[P_1 + \alpha\left(1 - \frac{1}{\xi_1}\right)A^\dagger A \right](\rho^k - \rho^{k+1})$$

$$+ (S^k - S^{k+1})^\dagger \left[P_2 + \alpha\left(1 - \frac{1}{\xi_2}\right)A^\dagger A \right](S^k - S^{k+1})$$

$$+ (e^k - e^{k+1})^\dagger \left[P_3 + \alpha\left(1 - \frac{1}{\xi_3}\right)I \right](e^k - e^{k+1}) \tag{6.129}$$

式（6.124）中的条件可以保证 $P_1 + \alpha(1 - (1/\xi_1))A^\dagger A > 0$，$P_2 + \alpha(1 - (1/\xi_2))A^\dagger A > 0$，$P_3 + \alpha(1 - (1/\xi_3))I > 0$，且 $2 - \kappa - \xi_1 - \xi_2 - \xi_3 > 0$. 因此，从式（6.129）中我们可以

找到某个 $\eta > 0$ 使得式(6.126)成立. 再根据引理 6.1 中的式(6.94), 可以直接得到式(6.127).

引理 6.2 中提供了设置参数的准则. 如果选择量子态滤波器(6.74)中的矩阵为 $P_1 = \tau_1 I - \alpha A^\dagger A, P_2 = \tau_3 I - \alpha A^\dagger A, P_3 = \tau_3 I$, 那么根据式(6.125)我们可以得到

(1) $\tau_1 > -(\alpha/\xi_1)A^\dagger A$;

(2) $\tau_2 > -(\alpha/\xi_2)A^\dagger A$;

(3) $\tau_3 > \alpha/\xi_3$;

(4) $\xi_1 + \xi_2 + \xi_3 < 2 - \kappa$.

根据引理 6.1 和引理 6.2, 我们可以得到量子状态滤波问题(6.73)的全局收敛性.

定理 6.2 对于量子状态滤波问题(6.73), 如果选择 $\alpha > 0, \kappa > 0$, 且矩阵 P_1, P_2 和 P_3 满足条件(6.125), 那么序列 $\{u^k\}$ 一定可以收敛到问题(6.71)的最优解 u^*.

证明 根据式(6.127)右边的非负性, 我们有:

(1) $\| u^k - u^* \|^2_{G_2}$ 是单调递减的, 从而收敛于非负常数;

(2) $\| u^k - u^{k+1} \|_{G_2} \to 0$;

(3) $\{u^k\}$ 在紧致域内.

由(2)可知, 当 $k \to 0$ 时, 一定有 $\rho^k - \rho^{k+1} \to 0, S^k - S^{k+1} \to 0$ 和 $e^k - e^{k+1} \to 0$ 成立, 且当 $k \to \infty$ 时 $y^k - y^{k+1} \to 0$.

根据式(6.73d)中的更新公式, 由 $y^k = y^{k-1} - \kappa\alpha[A(\rho^k + S^k) + e^k - b]$, 表明 $A(\rho^k + S^k) + e^k - b \to 0$.

由(3)可知, u^k 包含一个子序列 $\{u^{k_j}\}$, 该序列可以收敛到 $\bar{u} = (\bar{\rho}, \bar{S}, \bar{e}, \bar{y})$, 因此, $\bar{u} = (\bar{\rho}, \bar{S}, \bar{e}, \bar{y})$ 是 $\{u^k = (\rho^k, S^k, e^k, y^k)\}$ 的一个极限点, 其中, $A(\bar{\rho} + \bar{S}) + \bar{e} - b = 0$, 并且由于 ρ^k 在优化过程中始终满足凸集 C, 所以 $\bar{\rho} \in C$.

考查任意极限点 $\bar{u} = (\bar{\rho}, \bar{S}, \bar{e}, \bar{y})$ 的特性. 我们可以将式(6.107)中的 (ρ^k, S^k, e^k, y^k) 和 $(\rho^{k+1}, S^{k+1}, e^{k+1}, y^{k+1})$ 替换为 $(\bar{\rho}, \bar{S}, \bar{y})$, 并且利用已知 $A(\bar{\rho} + \bar{S}) + \bar{e} - b = 0$, 由式(6.107)我们可以得到

$$\langle A^\dagger(\bar{y})(\bar{\rho} - \rho)\rangle \geqslant 0, \quad \forall \rho \in C \tag{6.130}$$

类似地, 式(6.112)表明

$$A^\dagger(\bar{y}) \in \gamma\partial \| \bar{S} \|_1 \tag{6.131}$$

$$\theta(\bar{e}) = \bar{y} \tag{6.132}$$

根据 $\bar{\rho} \in C$ 和 $A(\bar{\rho} + \bar{S}) + \bar{e} - b = 0$,式(6.130)和式(6.131)意味着任意极限点 $\bar{u} = (\bar{\rho}, \bar{S}, \bar{e}, \bar{y})$ 满足问题(6.71)的 KKT 条件:式(6.97)、式(6.101)、式(6.103)和式(6.105),因此是问题(6.71)的最优解.为了完成证明,我们还需要表明原始对偶序列 $\{u^k = (\rho^k, S^k, e^k, y^k)\}$ 为任意两个极限点.正如前面所述,$\bar{u}_1$ 和 $\bar{u}_2$ 都是问题(6.71)的最优解.因此,式(6.94)中的 u^* 可以替换为 $\bar{u}_1$ 和 $\bar{u}_2$.由此可以推导出 $\| u^{k+1} - \bar{u}_i \|_{G_2}^2 \leqslant \| u^k - \bar{u}_i \|_{G_2}^2 (i=1,2)$,因此有 $\lim_{k \to \infty} \| u^k - \bar{u}_i \|_{G_2}^2 = v_i (i=1,2)$,其中,$v_1$ 和 v_2 为两个常数.利用等式

$$\| u^k - \bar{u}_1 \|_G^2 - \| u^k - \bar{u}_2 \|_G^2 = -2 \langle u^k, \bar{u}_1 - \bar{u}_2 \rangle_G + \| \bar{u}_1 \|_G^2 - \| \bar{u}_2 \|_G^2$$

$$(6.133)$$

并且分别取极限 $u^k \to \bar{u}_1$ 和 $u^k \to \bar{u}_2$,我们可以得到

$$v_1 - v_2 = -2 \langle \bar{u}_1, \bar{u}_1 - \bar{u}_2 \rangle_G + \| \bar{u}_1 \|_G^2 - \| \bar{u}_2 \|_G^2 = - \| \bar{u}_1 - \bar{u}_2 \|_G^2$$

$$(6.134)$$

并且

$$v_1 - v_2 = -2 \langle \bar{u}_2, \bar{u}_1 - \bar{u}_2 \rangle_G + \| \bar{u}_1 \|_G^2 - \| \bar{u}_2 \|_G^2 = - \| \bar{u}_1 - \bar{u}_2 \|_G^2$$

$$(6.135)$$

因此,我们可以得到 $\| \bar{u}_1 - \bar{u}_2 \|_{G_2}^2 = 0$.这表明 $\{u^k = (\rho^k, S^k, e^k, y^k)\}$ 的极限点是唯一的.至此,完成证明.

注:虽然也有过类似的定理证明(Deng et al.,2017),但是当将 PJ-ADMM 算法应用到量子态滤波器中时,证明必须根据特殊的量子态特征进行调整.线性约束中的测量矩阵是复数域的,同时待估计的量子状态密度矩阵 ρ 也是复数域的,而且必须满足量子约束,即 $\rho^\dagger = \rho$,$\rho \geq 0$,和 $\mathrm{tr}(\rho) = 1$;ρ 相关的子问题是含有约束的优化问题,这些要求在证明过程中使用带有约束问题的最优条件,这些都使得证明过程更加复杂和困难.

6.3.5 仿真实验及其结果分析

本小节中我们将用仿真实验验证所提出的量子状态滤波器算法在快速收敛、低采样率以及低计算复杂度方面的优越性.在仿真实验中,测量向量产生于 $b = A(\ddot{\rho} + \ddot{S}) + \ddot{e}$,其中,$\ddot{\rho}$ 为待恢复的密度矩阵真实值,$\ddot{S}$ 为稀疏干扰矩阵,$\ddot{e}$ 为高斯噪声.真实密度矩

$\ddot{\rho}$ 的产生公式与式(6.55)相同：$\rho^* = \dfrac{\psi_r \psi_r^\dagger}{\mathrm{tr}(\psi_r \psi_r^\dagger)}$，其中 ψ_r 是一个复数域 $d \times r$ 的 Wishart 矩阵，其元素服从随机高斯分布.仿真实验运行环境为 Matlab R2016b, 2.5 GHz Intel Core 2 i5-3210M CPU,内存 6 GB.

实验过程中,我们设置 $d = 2^n$,其中,$n = 5$ 并且 $r = 2$.干扰矩阵 $\ddot{S} \in \mathbf{R}^{d \times d}$ 含有 $d^2/10$ 个非零元素,这些元素的位置是随机的,幅值满足高斯分布 $N(0, \|\rho\|_F / 100)$.高斯噪声 $\ddot{e}$ 由 Matlab 命令 randn$(n, 1)$ 乘以适当选择的常数生成,以获得期望的信噪比.我们以 dB 为单位来测量 b 的信噪比(SNR),SNR 定义为

$$\mathrm{SNR}(b) = 20\log\left(\frac{\|b - E(b)\|_2}{\|\dot{e}\|_2}\right) \tag{6.136}$$

其中,$E(b)$ 代表 b 的平均值.实验中,设置 $\mathrm{SNR}(b) = 60$ dB.

线性操作符 A 由泡利矩阵生成,因此有 $AA^\dagger = I$ 成立.于是我们可以得到 $\lambda_{\max}(AA^\dagger) = 1$,设置权重为 $\gamma = 1/\sqrt{d}$,$\theta = 1$.

同样我们采用三个性能指标来衡量对量子状态的估计结果.第一个是估计出的密度矩阵 ρ 和真实密度矩阵 $\ddot{\rho}$ 之间的归一化距离 $D(\rho, \ddot{\rho})$,定义为式(6.56)：$D(\rho, \ddot{\rho}) = \dfrac{\|\rho - \ddot{\rho}\|_F^2}{\|\ddot{\rho}\|_F^2}$;第二个是估计出的密度矩阵 ρ 和最优解 ρ^* 之间的归一化距离 $D(\rho, \rho^*)$,定义为式(6.57)：$D(\rho, \rho^*) = \dfrac{\|\rho - \rho^*\|_F^2}{\|\rho^*\|_F^2}$;第三个是保真度(fidelity),定义为式(6.58)：$fidelity = \mathrm{tr}\left(\sqrt{\sqrt{\ddot{\rho}}\,\rho\,\sqrt{\ddot{\rho}}}\right)$,保真度的范围是 $[0,1]$,并且当两个矩阵完全相等时,保真度为 1.

我们将 PJ-ADMM 与两个现有的算法 ADMM(Li,Cong,2014)和 IST-ADMM(Zhang et al.,2017a),进行比较.正如我们已经讨论过的那样,ADMM 不能保证收敛到最优解;而 IST-ADMM 只能处理 $r = 1$ 的情况.在本节仿真实验中设定的 $r = 2$ 的情况下,IST-ADMM 不能保证解满足正定性.

根据定理 6.2 给出的理论结果,参数 τ_1, τ_2, τ_3 和 κ 必须满足式(6.88)和 $\kappa > 0$.在实验中,惩罚参数固定 $\alpha = 100$,而 τ_1, τ_2, τ_3 和 κ 赋予不同的数值,以便验证不同参数的变化对估计性能的影响.ADMM 和 IST-ADMM 的参数是通过手动调整到最佳状态的.所有算法的终止条件为 $k > k_{\max}$,其中 $k_{\max} = 1000$.

6.3.5.1 不同采样率对算法性能影响的实验

采样率是一个衡量量子态滤波中估计性能的重要因素. 一个低采样率意味着测量的数量远低于密度矩阵中元素的个数 d^2. 但是,采样率越低,越难以准确恢复密度矩阵. 我们将 ADMM 和 IST-ADMM 与所提出的 PJ-ADMM 算法在 $\kappa = 0.1, \tau_1 = \tau_2 = 158$,以及 $\tau_3 = 58$ 情况下的量子态估计性能进行对比,在不同采样率下,运行直到 $k_{\max} = 1000$. 采样率从 $\eta = 0.2$ 增加到 $\eta = 0.6$,增量步长为 0.05.

图 6.7 为不同采样率对算法性能影响的实验结果,其中横坐标为采样率,纵坐标为估计出的密度矩阵 ρ 和真密度矩阵 $\ddot{\rho}$ 之间的归一化距离性能指标 $D(\rho, \ddot{\rho})$.

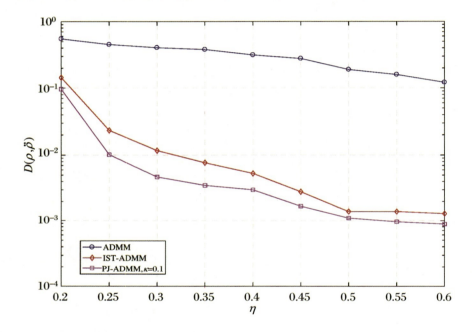

图 6.7 不同采样率下 3 种算法估计的结果

从图 6.7 和表 6.5 中可以看出,虽然 IST-ADMM 的估计性能也不错,不过在 3 种优化算法中,所提出的 PJ-ADMM 算法无论从性能 $D(\rho, \ddot{\rho})$ 和保真度上都是最优的.

6.3.5.2 三种算法收敛性能的对比实验

为了验证所提算法的收敛性能,我们在固定采样率 $\eta = 0.4$ 情况下,分别采用估计出的密度矩阵 ρ 和最优解 ρ^* 之间的归一化距离 $D(\rho, \rho^*)$ 的性能指标,以及估计出的密度矩阵 ρ 与真实密度矩阵 $\ddot{\rho}$ 之间的归一化距离 $D(\rho, \ddot{\rho})$,对三种算法的收敛性进行对比实验.

表 6.5　不同采样率下三种算法估计的性能对比

	$\eta = 0.4$		$\eta = 0.6$	
	$D(\rho, \ddot{\rho})$	$fidelity(\%)$	$D(\rho, \ddot{\rho})$	$fidelity(\%)$
PJ-ADMM	0.003	98.42	8.845×10^{-4}	99.17
IST-ADMM	0.0053	97.00	0.0013	98.60
ADMM	0.3144	71.10	0.1217	88.90

三种算法在性能 $D(\rho, \rho^*)$ 下的收敛速度的对比结果如图 6.8 所示,其中,横坐标为迭代次数,纵坐标为性能 $D(\rho, \rho^*)$,从图 6.8 中可以看出:

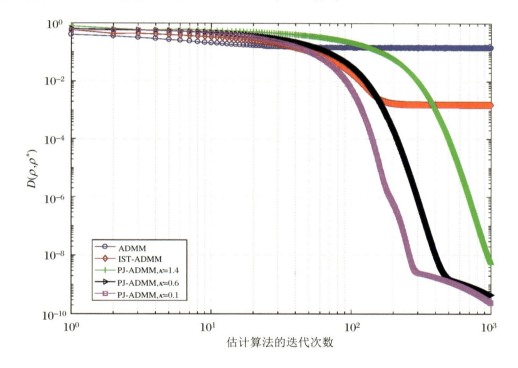

图 6.8　三种算法在指标 $D(\rho, \rho^*)$ 下的收敛性能

　　(1) 在 100 次迭代以内,三种算法对最优解逼近的速度是差不多的,但是 100 次迭代之后,所提出的算法显示出明显快速收敛的优越性;

　　(2) 对于所提出的 PJ-ADMM 算法,不同的 κ 值会导致不同的收敛速度. 根据实验我们观察到较小的 κ 值,比如 $\kappa = 0.1$,当算法运行 1000 次时,PJ-ADMM,IST-ADMM

和 ADMM 的 $D(\rho,\rho^*)$ 值分别为 2.31×10^{-10}，1.58×10^{-3} 和 0.145，所提出的算法具有更好的收敛性能.

三种算法在性能 $D(\rho,\ddot{\rho})$ 下的收敛速度的对比结果如图 6.9 所示，其中，横坐标为迭代次数，纵坐标为性能 $D(\rho,\ddot{\rho})$，从图 6.9 中可以看出：

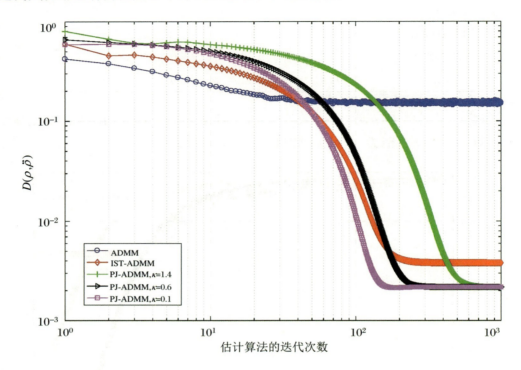

图 6.9　三种算法在指标 $D(\rho,\ddot{\rho})$ 下的收敛性能

（1）所提出的 PJ-ADMM 算法仍然是三种算法中性能最好的；

（2）对于取不同的 κ 值，性能略有不同，当 $\kappa = 0.1$ 时，比大于其值的情况都要更早地下降到最优值，不过在迭代次数在 200 左右都能达到最优值；

（3）与性能指标为 $D(\rho,\rho^*)$ 相比，本次实验中的估计状态与真实状态的误差只能达到 10^{-3} 数量级，而与最优状态的误差能够达到 10^{-10} 数量级，此时 IST-ADMM 算法在 200 次迭代以后，就保持在 10^{-3} 数量级不再继续增加逼近精度.

由此可以得出结论：

（1）所提出的优化算法可以无限地逼近最优状态，不过最优状态与真实状态之间也还是存在一定距离的；

（2）对带有噪声和干扰的 5 量子位的状态进行滤波，需要 200 次左右的迭代，就能够获得最好的对最优状态的逼近.

我们还比较了三种算法在 200 次迭代后的运行时间,其中的 PJ-ADMM 算法参数取三种情况:① $\kappa = 0.1$;② $\kappa = 0.6$;③ $\kappa = 1.4$.结果见表 6.6.

表 6.6　三种优化算法 200 次迭代的运行时间

算法	PJ-ADMM	IST-ADMM	ADMM
	情况① 1.36		
时间 t(s)	情况② 1.25	1.46	62.56
	情况③ 1.18		

从表 6.6 中可以看出,ADMM 的计算复杂度较高,用时最长,性能最低;PJ-ADMM 和 IST-ADMM 的计算复杂度相似,在性能上,所提出的算法更加优越.

6.4　三种不同方法的数值仿真性能对比实验

在本章中我们主要提出了三种不同的对量子态的优化算法:

(1) 含有稀疏干扰下的不精确的 I-ADMM 算法;

(2) 含有高斯噪声下的改进的 Improved-ADMM 算法;

(3) 量子态滤波 QSF-ADMM 算法.

本节实验中,我们将在 3 量子位状态的估计中,对这三种算法的性能进行对比实验.

我们在固定采样率分别为 37.5%,75%,100% 下,观察三种算法的估计误差随迭代次数的增加的变化趋势.三种算法均涉及的可调参数包括:① 梯度下降步长 τ_i;② 拉格朗日乘子更新步长 κ;③ 平衡低秩和误差项的权重 γ;④ 惩罚参数 α.实验中所用到的参数设置分别为 $\gamma = 0.0001$,$\alpha = 1$,当 $\eta = 37.5\%,75\%,100\%$ 时,κ 分别为 1.451,1.465,1.665,量子态滤波算法中设置 τ_2 分别为 0.28,0.24,0.20 和 τ_1,τ_3 均为 0.6;针对稀疏干扰的 I-ADMM 算法中设置 τ_2 分别为 0.28,0.24,0.20,τ_1 均为 0.6;针对高斯噪声的 Improved-ADMM 算法中设置 τ 为 0.6.

估计误差 error 随迭代次数的变化如图 6.10 所示,图 6.11 是图 6.10 的局部放大图.

从实验结果我们可知:

(1) 三种算法均具有较快的收敛速度,且均能够达到较高的量子状态重构精度.随着迭代次数的增加,估计误差不断减小,在 3 量子位最小采样率 37.5% 下,QSF-ADMM,I-ADMM 和 Improved-ADMM 三种算法分别需要 6,7,9 次迭代,以及 0.0067 s、0.0548 s 和 0.0436 s 达到超过 95% 的估计精度,其中,Improved-ADMM 算法是三种算法中所用迭代次数最多的,但是,虽然无论采样率是多少,随着迭代次数的增加,Improved-ADMM 算法的收敛速度相较于其他两种算法都更快.

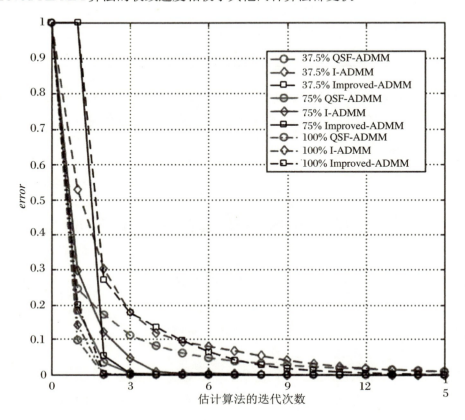

图 6.10   不同采样率下三种算法的估计误差曲线

(2) 局部放大图 6.11 中的蓝色点画横线为误差 0.05,从中可以看出,相同的算法随着采样率的增加,所需迭代次数减少. 例如对于采样率为 37.5%,75%,100% 的 Improved-ADMM 算法,分别需要 11,3,2 次迭代,以及 0.0466 s、0.0311 s 和 0.0304 s 达到超过 99% 的估计精度.

(3) 在固定采样率为 37.5%,同时算法迭代次数为 15 的情况下,三种算法估计误差,以及所需时间如表 6.7 所示,从中可以看出,三种算法均可以快速高效地达到低于 0.05 的估计误差.

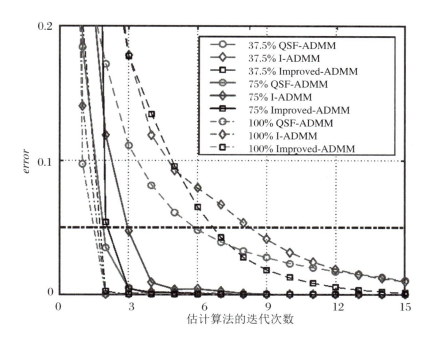

图 6.11　图 6.10 的局部放大图

表 6.7　三种不同算法的估计性能对比

性能/算法	QSF-ADMM	I-ADMM	Improved-ADMM
误差	0.0117	0.0098	0.0095
时间（s）	0.0108	0.0606	0.0462

6.5　五种不同方法的数值仿真性能对比实验

在数值实验中,我们对一个 5 量子位状态进行估计,实验设计为两部分:

(1) 考察所提出算法的优越性,对三种算法与现有算法进行对比实验.

(2) 考察在不同采样率下,本节三种算法对量子状态密度矩阵的重构性能.仿真实验中测量值向量由 $b = A(\ddot{\rho} + \ddot{S}) + \ddot{e}$ 产生,其中 $\ddot{\rho}$ 为待恢复密度矩阵的真实值,$\ddot{S}$ 为稀疏干扰矩阵,$\ddot{e}$ 为高斯噪声.真实密度矩阵 $\ddot{\rho}$ 通过 $\ddot{\rho} = \psi_r \psi_r^{\dagger}/\mathrm{tr}(\psi_r \psi_r^{\dagger})$ 生成,其中 ψ_r 是一个复数域 $d \times r$ 的 Wishart 矩阵,其元素服从随机高斯分布,同时保证 $\ddot{\rho}$ 为纯态,即

rank$(\ddot{\rho})=1$. 干扰矩阵 $\ddot{S}\in\mathbf{R}^{d\times d}$ 含有 $d^2/10$ 个非零元素,且非零元素的位置是随机的,幅值满足高斯分布 $N(0,\|\rho\|_F/100)$. 高斯噪声信噪比 SNR 为 70 dB. A 由泡利矩阵构造,从而有 $AA^{\dagger}=I$, $\lambda_{max}(AA^{\dagger})=1$. 仿真实验运行环境为 Matlab 2018a, 2.8 GHz Inter Core i5-8400M CPU, 内存 8 GB.

估计出的密度矩阵 ρ 的性能通过将其与真实密度矩阵 $\ddot{\rho}$ 之间的归一化误差衡量, $error$ 定义为: $error=\|\rho-\ddot{\rho}\|_F^2/\|\ddot{\rho}\|_F^2$.

实验固定采样率 $\eta=50\%$ 和迭代次数 1000, 对比分析 ADMM 算法、IST-ADMM 算法与本节提出的三种算法对状态密度矩阵的恢复精度和收敛性能. 由于 FP-ADMM 算法精度与 IST-ADMM 算法相近,但其计算复杂度要高得多,所以在实验中没有进行对比. 根据算法的收敛要求,仿真实验中五种算法的最优参数设置如表 6.8 所示,图 6.12 为五种算法估计误差 $error$ 随迭代次数的变化.

表 6.8　五种算法对比实验中最优参数设置

		算法			
	ADMM	IST-ADMM	QSF-ADMM	I-ADMM	Improved-ADMM
κ	Null	Null	0.5	1	1.106
γ	0.5	Null	0.1768	0.1768	0.1768
α	Null	100	100	1	9
τ_1	0.1	0.6	200	0.5	0.62
τ_2	0.1	Null	200	0.5	Null
τ_3	Null	Null	100	Null	Null
θ	Null	Null	1	Null	Null

从图 6.12 中可以得出:

(1) 在选择合适的参数下,五种算法均可以收敛. 从迭代次数方面分析,五种算法中 I-ADMM 算法以最少迭代次数达到低于 0.001 的估计误差,同时相较于 QSF-ADMM、I-ADMM 和 Improved-ADMM 算法收敛速度较快,与理论分析相符. ADMM、IST-ADMM、QSF-ADMM、I-ADMM、Improved-ADMM 五种算法迭代 1000 次,在花费的时间分别为 136.8394 s、2.6363 s、2.6418 s、3.3794 s、2.8032 s 的情况下,误差值分别达到 0.0819, 0.0058, 0.0007, 0.00017 和 0.0010. 本节三种算法和 IST-ADMM 算法所需时间在同等数量级,且远低于 ADMM 算法.

(2) 固定迭代次数为 1000, ADMM、IST-ADMM、QSF-ADMM、I-ADMM、Improved-ADMM 五种算法对状态密度矩阵的恢复误差精度分别为 0.0819, 0.0058, 0.0007, 0.0006, 0.0010. 可得本节三种算法均有更低的估计误差界,明显优于 ADMM 算法,也优于 IST-ADMM 算法.

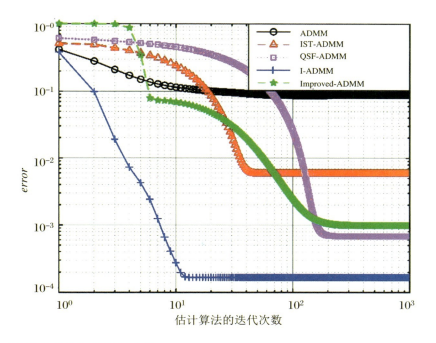

图 6.12　五种算法的状态估计误差对比

所以可以得出,本节所提出的三种算法有更优的估计误差精度,同时也具有较好的收敛性能.

6.6　12 量子位密度矩阵的精确重构

由于所提出的各种优化都是矩阵运算,所以在编程以及实际的计算机的实现中,包括计算机的数值仿真实验中,不同的运算次序等实现上都有很多技巧,有可能极大地节省运算时间,或节省运算中所需要的内存,加快量子态的估计速度.这样就有可能实现对高量子位的估计.

一般小型台式工作站的工作内存是 16 GB,当量子位数大于 11 时,运算过程中的内存就大于 16 GB,在小型台式工作站中就无法实现.不过,通过一些数学上的变换技巧,有可能实现 12 位的量子态估计.本节中,我们给出一些算法运算过程中的技巧,在普通小型台式工作站上实现 12 位的量子态的估计,并对性能进行对比分析.

对量子态估计的情况是针对含有输出噪声的情况,对问题(6.63)进行优化求解:

$$\min \| \rho \|_* + I_C(\rho) + \frac{1}{2\gamma} \| e \|_2^2 - \langle y, A(\rho) + e - b \rangle + \frac{\alpha}{2} \| A(\rho) + e - b \|_2^2$$

$$(6.137)$$

我们对 6.2 节中所提出的 I-ADMM 算法进行了稍微的改进,将式(6.68)修改为

$$\begin{cases} e^{k+1} = [\gamma\alpha/(1+\gamma\alpha)][-y^k/\alpha - A(\rho^k) + b] \\ \rho^{k+1} = D_\tau(\rho_1^{k+1}) \\ y^{k+1} = y^k - \kappa\alpha[A(\rho^{k+1}) + e^{k+1} - b] \end{cases} \quad (6.138)$$

其中,$\rho_1^{k+1} = \rho^k - \tau A^\dagger[A(\rho) + e^{k+1} - b + y^k/\alpha]$,在 k 次迭代结束后,对 ρ_1^{k+1} 进行投影处理:$\rho_1^{k+1} = 1/[\rho_1^{k+1} + (\rho_1^{k+1})^\dagger]$;$D_\tau(\cdot)$ 为奇异值收缩算子:$D_\tau(X) = US_\lambda V^{\mathrm{T}}$,$US_tV^{\mathrm{T}}$ 为 X 的奇异值分解,$S_\lambda(X)$ 是在具体矩阵元上的分段软阈值算子:

$$[S_\lambda(X)]_{ij} = \begin{cases} x_{ij} - \lambda, & 若 \ x_{ij} > \lambda \\ x_{ij} + \lambda, & 若 \ x_{ij} < \lambda \\ 0, & 其他 \end{cases}$$

对照算法的表达式可以发现,改进算法(6.136)与 I-ADMM 算法(6.68)的主要不同在于对拉格朗日乘子 y 的补偿项的符号上,(6.68)中是以加号补偿的,(6.138)中是以减号补偿的.

本节中,我们首先给出实验参数设置,然后使用 6.2 节中所提出的改进 ADMM 算法,对高维密度矩阵进行估计数值仿真实验.仿真实验的运行环境为 3.60 GHz Intel Core 2 i7-4790 CPU,内存 16 GB.

采用两个性能指标来衡量对量子状态的估计结果.第一个是估计出的密度矩阵 $\ddot{\rho}$ 和真实密度矩阵 ρ 之间的归一化距离 $D(\rho, \ddot{\rho})$,定义与式(6.56)相似:

$$D(\rho, \ddot{\rho}) = \frac{\| \ddot{\rho} - \rho \|_2^2}{\| \rho \|_2^2} \quad (6.139)$$

第二个是保真度,定义与式(6.58)相同:

$$fidelity = \mathrm{tr}\left(\sqrt{\sqrt{\ddot{\rho}} \rho \sqrt{\ddot{\rho}}}\right) \quad (6.140)$$

保真度的范围是 $[0,1]$,并且当两个矩阵完全相等时,保真度为 1.

真实密度矩阵 $\ddot{\rho}$ 的产生公式与式(6.55)相同:

$$\rho^* = \frac{\psi_r \psi_r^\dagger}{\mathrm{tr}(\psi_r \psi_r^\dagger)} \quad (6.141)$$

其中，ψ_r 是一个复数域 $d \times r$，具有独立同分布、其元素服从方差为 1 的随机高斯矩阵.

不失一般性，我们设置待恢复的密度矩阵 $\rho \in \mathbf{C}^{d \times d}$ 的秩为 1，此时根据压缩传感理论，当测量比率 η 满足 $\eta > \log d / [(1 + \xi)d]$ 时，则可以 $P_s > d^{-\xi^2 / [2\ln 2(1 + \xi/3)]}$ 的正确概率获得问题的最优解 ρ^* 唯一且等于 $\hat{\rho}$，其中，$\xi > 0$ 是平衡测量次数下界和正确概率的常数.

我们选择泡利矩阵生成观测矩阵 A. 当量子位 $n = 8, 9, 10$ 和 11 时，令 $\xi = 0.05$，根据理论公式 $\eta > \log d / [(1 + \xi)d]$，测量比率下界分别为 $\eta = 2.98\%, 1.67\%, 0.93\%$ 和 0.51%，对应的正确概率 P_s 均大于 98%. 我们同样分别设置理论上的测量次数下界为 $\eta = 3.0\%, 1.7\%, 1.0\%$ 和 0.6%.

在有噪声情况下，当采样率 η 设置为基于压缩传感理论计算出的下界值时，采用所提改进的式(6.138)，对量子位分别为 $n = 8, 9, 10, 11$ 和 12 情况下的密度矩阵的估计. 实验中噪声强度 SNR = 40 dB. 仿真实验中的其他四个参数设置为：① 梯度步长 $\tau = 0.9$；② 拉格朗日乘子更新步长因子 $\kappa = 1.099$；③ 权重 $\gamma = 1.0 \times 10^{-4}$；④ 惩罚参数 α：对于 $n = 8, 9, 10, 11$ 和 12，惩罚参数分别为 $\alpha = 8, 14, 30, 30$ 和 30.

实验结果如图 6.13 所示，其中横坐标为估计的迭代次数，纵坐标为 $1 - D(\rho, \ddot{\rho}) = \dfrac{\|\hat{\rho} - \rho\|_2^2}{\|\rho\|_2^2}$，这样计算出来的是一个接近 1 的数值. 不同量子位下的量子态的估计性能对比如表 6.9 所示.

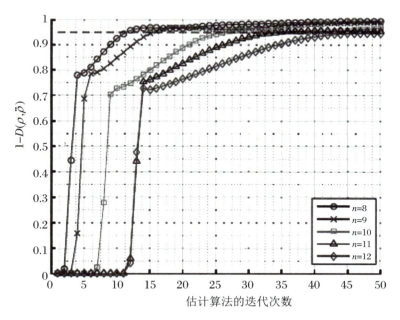

图 6.13　8~12 量子位的状态估计实验结果

表 6.9　$n = 8,9,10,11$ 和 12 量子状态估计性能对比

	量子位 n				
	8	9	10	11	12
采样率 η	3%	1.7%	1%	0.6%	0.3%
保真度	0.991	0.988	0.987	0.986	0.985
迭代次数	12	16	27	35	46
时间(s)	0.59	1.78	7.95	35.03	226.43

图 6.13 中的前 3 组数据,与图 6.4 中的实验结果是相似的,之所以画在此,是为了与 $n = 12$ 的情况进行性能对比,从图 6.13 中可以看出,随着量子位数的增加,性能指标开始上升以及达到期望性能指标所需要的迭代次数都是增加的.为了更加仔细地进行各方面性能的对比,我们将表 6.4 也重新写了一次.

从表 6.9 中可以看出,当 $n = 8,9,10,11$ 和 12,采样率设置为压缩传感理论的下界值 $\eta = 3\%,1.7\%,1\%,0.6\%$ 和 0.3% 时,所提出的改进 ADMM 算法可以达到保真度大于 98% 的精度估计出 ρ.

在实验中所取的采样率理论下界值的情况下,本节实验对 $n = 8,9,10,11$ 和 12,所花费的估计时间分别为 0.59 s,1.78 s,7.95 s,35.0 s 和 226.43 s,而表 6.4 中对 $n = 8,9,10,11$ 的估计时间分别需要 3.42 s,11.61 s,31.70 s 和 99.26 s,并且还是在无噪声情况下的估计结果,本节中实验具有 SNR = 40 dB 的噪声.当然,实验时间减少的另一个原因也需要考虑,那就是本节实验所采用的计算机的速度性能增强了.图 6.4 中的实验采用的计算机小型工作站的型号为 2.5 GHz Intel Core 2 i5-3210M CPU,内存 16 GB,本节中的实验采用的计算机小型工作站的型号为 3.60 GHz Intel Core 2 i7-4790 CPU,内存 16 GB.两者内存是一样的,都是 16 GB,只是本节中的运行速度(频率)由 2.5 GHz 上升为 3.60 GHz.所以随着计算机的运行速度以及相关性能的不断提高,人们可以实现更高量子位的估计,所花费的工作时间也会越来越短.

需要强调的是,本节实验是在 2017 年完成的(Li,Zhang et al.,2017),在普通的台式小型工作站上,将一个 8 量子位的量子密度矩阵的重构时间减少到 0.59 s,仅需 12 次迭代,就达到了 99.1% 的保真度.而在 2014 年以前,对一个 8 量子位的量子密度矩阵重构的信息处理时间需要花费一个星期(Hou et al.,2016).我们所提出的高效快速的优化算法,将 8 量子位的量子密度矩阵的重构时间缩短为原来的一百万分之一.这也是当时人们使用台式电脑所能实现的最短时间.

6.7　14 量子位密度矩阵的精确重构

本节中我们同样对含有测量噪声的量子密度矩阵估计,采用在 6.2 节中所开发出的改进的 ADMM 算法,来进行高于 12 量子位的重构的应用.在量子位数大于 12 以后,即使采用压缩传感理论所需要的小于 0.3% 的采样率,所获取的系统输出值的数量也远远大于 16 GB,所以,只能采用大型计算机.当然,如果同时采用图形处理器(GPU),而不是中央处理器(CPU),那么,状态重构所需要的时间还会进一步缩短.我们借助于中国科学技术大学信息科学技术学院计算中心的大型计算机,在 2019 年实现了 3 小时内对 14 量子位的状态密度矩阵的估计(Hu et al.,2019),这是当时所报道出的最短时间.

6.7.1　基于 CUDA 加速的量子态重构计算

随着显卡的发展,GPU 越来越强大,而且 GPU 为显示图像做了优化.在计算上已经超越了通用的 CPU.如此强大的芯片如果只是作为显卡就太浪费了,为充分发挥 GPU 高维矩阵运算等方面的性能优势,英伟达(NVIDIA)公司研究者们为满足现实中日益增长的计算需要设计出了一种全新的计算框架——统一计算设备架构(Compute Unified Device Architecture,简称 CUDA),让显卡可以用于图像计算以外的方面.NVIDIA 是 1993 年成立的一家人工智能计算公司,总部位于美国加利福尼亚州圣克拉拉市.美籍华人 Jensen Huang(黄仁勋)是创始人兼 CEO.1999 年,NVIDIA 定义了 GPU,重新定义了现代计算机图形技术,并彻底改变了并行计算.

统一计算设备架构是一种由 NVIDIA 推出的通用并行计算架构,该框架为研究者们提供了一个软硬件协调兼容、完善并行计算的解决方案,提供了硬件的直接访问接口,不必像传统方式一样必须依赖图形 API 接口来实现 GPU 的访问,给大规模的数据计算应用提供了一种比 CPU 更加强大的计算能力,使得 CPU 和 GPU 能够相互协同工作,极大地提高了计算机的运行效率.CUDA 充分利用 GPU 的高速内存带宽,从而加快计算机对复杂问题的计算速度,特别是大规模的并行计算问题.

CUDA 是一个新的基础架构,这个架构可以使用 GPU 来解决商业、工业以及科学方面的复杂计算问题.它包含了 CUDA 指令集架构(ISA)以及 GPU 内部的并行计算引

擎. 开发人员可以使用 C 语言来为 CUDA™架构编写程序,所编写出的程序可以在支持
CUDA™的处理器上以超高性能运行,使开发者能够在 GPU 的强大计算能力的基础上
建立起一种效率更高的密集数据计算解决方案. CUDA 的 GPU 编程语言基于标准的 C
语言,因此任何有 C 语言基础的用户都可以很容易地开发 CUDA 的应用程序. CUDA 支
持 linux 和 Windows 操作系统. 进行 CUDA 开发需要依次安装驱动、toolkit、SDK 三个
软件.

我们在量子态估计的算法实现中,采用的是 Matlab 软件,它与 CUDA 是兼容的,并
含有相应的内置函数支持所需的 GPU 并行运算,具体做法可以通过调用 gpuArray 函数
将 CPU 数据类型转变成 gpuArray 类型(即转移到 GPU 环境中),针对该类型的数据,实
验平台将自动调用 GPU 硬件进行运算. 仿真实验在一张 GTX 1080Ti 型显卡(11 GB 显
存)上进行.

在 Matlab 环境下可以通过调用 gpuArray 函数将 CPU 数据类型转变成 gpuArray
类型(即转移到 GPU 环境中),针对该类型的数据,计算过程将自动调用 GPU 进行运算.
但是注意,并不是所有的 GPU 都能在 Matlab 中进行加速,目前只有 NVDIA 的显卡才
能满足要求且 Matlab2012 以后的版本才加入了 GPU 加速工具箱. 下面简要说明如何在
Matlab 中使用 GPU 加速.

第一步,在 Matlab 命令窗口运行 gpuDevice 指令,查看自己电脑显卡型号及相关
属性:

》gpuDevice

以本实验机为例,正常情况下 Matlab 会输出如下结果显示具备 GPU 加速功能:

CUDADevice-属性:

> Name:'GeForce GTX 1080'
>
> Index:1
>
> ComputeCapability:'6.1'
>
> SupportsDouble:1
>
> DriverVersion:9.1000
>
> ToolkitVersion:9.1000
>
> MaxThreadsPerBlock:1024
>
> maxShmemPerBlock:49152
>
> MaxThreadsPerBlockSize:[1024 1024 64]
>
> MaxGridSize:[2.1475e+09 65535 65535]
>
> SIMDWidth:32

TotalMemory：$8.5899\mathrm{e}+09$

AvailableMemory：

MultiprocessorCount：20

ClockRateKhz：1733500

ComputeMode：'Default'

GPUOverlapsTransfers：1

KernelExecutionTimeout：1

CanMapHostMemory：1

DeviceSupported：1

DeviceSelected：1

第二步，CPU 和 GPU 间数据交换，将数据从 CPU 中搬入 GPU，使用函数 gpuArray，用法 M = gpuArray(M)；当数据在 GPU 中计算完成后，将计算结果传输至 CPU 中存储，使用函数 gather，用法 M = gather(M)．

这里需要强调的是，gpuArray 类型的数据是要存储在 GPU 中的，而计算机的显存内存一般没有那么大，尽管 Matlab 和 CUDA 为我们做了许多显存管理工作，但是我们在实验中一定要确保需要在 GPU 环境中处理的数据大小不大于显存的容量，否则将导致实验失败．

我们采用的 GPU 加速实验是分别在两个实验平台上进行的：实验平台 1 和实验平台 2．两个实验平台主要是在 CPU 的性能上有所不同．

实验平台 1 的性能为：处理器 Intel © Core™ i7-8700K CPU，主频 3.70 GHz，内存 16 GB，显卡 NVIDIA GeForce GTX 1080，显存 8 GB，CUDA 核心 2560，图形时钟 1607 MHz，带宽 320.32 GB/s．

我们根据改进 ADMM 算法的特点：测量矩阵 A 的维度随着量子位数的增大而增大．待估计的量子状态的维数越大，存储测量矩阵 A 所占内存就越大，例如当量子位数是 12 时，存储 A 矩阵的 Matlab 文件大小为 800.08 MB；当量子位数是 13 时，存储 A 矩阵的 Matlab 文件大小为 3.84 GB；当量子位数是 14 时，存储 A 矩阵的 Matlab 文件达到了惊人的 11.69 GB．程序将 A 矩阵存储到 Matlab 文件时会对原有的数据进行压缩，所以当 Matlab 文件中存储的数据加载到工作空间时，该数据会占用比 Matlab 文件更大的内存空间，由此可见，高维量子状态估计实验对计算机硬件的要求很苛刻．

在进行量子位数是 12 及以上的量子状态估计实验中，我们不得不对测量矩阵进行分开存储，这导致对方程的迭代处理也必须分块进行．而进行 5～11 量子位实验时，量子态重构时的迭代方程无需分块操作，可以直接在 GPU 中进行．

对量子位数高于 12 的测量矩阵 A 问题的解决方法有两个:

(1) 将 A 矩阵按行分块,依次送进计算机 GPU 中运行,存储运行后结果,释放该子矩阵占用的 GPU 显存空间,再导入下一个分块矩阵.这样做虽然可以使得量子位数是 12 的量子态重构迭代计算成功地在 GPU 中运行,但是分块操作增加了 GPU 操作指令数,进而降低了程序执行的效率,完成一次重构实验的时间达到了 700 多秒,远远超过了程序在 CPU 中运行的平均耗时,无法体现出 GPU 计算的优越性.

(2) 涉及测量矩阵 A 的运算都在 CPU 中进行,这样就可以避免将数据量较大的 A 矩阵存储在 GPU 中.迭代中的占用内存较少的奇异值分解操作可以在 GPU 中运行.

在实验平台 1 上对 5~12 量子位,采用 CPU 和 GPU 的量子态重构的时间比较结果如图 6.14 所示,具体的重构性能结果如表 6.10 所示.

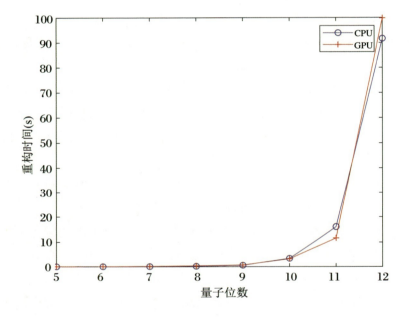

图 6.14　采用 CPU 和 GPU 的量子态重构的时间比较(实验平台 1)

从表 6.10 中可以看出,当量子位数小于 9 时,GPU 的重构时间比 CPU 的重构时间要长,这是因为将数据从 CPU 内存传输到 GPU 端时存在较高的通信耗时,当待估计的量子系统维数较低时,这种开销会占据运行的大部分时间,无法显现 GPU 计算加速的优越性.当量子位数是 10,11 和 12 时,GPU 的加速性能开始显现.另外基于 CPU 和基于 GPU 的算法重构质量差异不大.

表 6.10　5～12 量子位状态在实验平台 1 上的重构结果

量子位	CPU		GPU		加速比
	重构时间(s)	保真度	重构时间(s)	保真度	
5	0.0244	97.35%	0.0399	99.73%	0.6115
6	0.0439	98.63%	0.0543	99.78%	0.8085
7	0.0866	97.64%	0.1623	99.36%	0.5336
8	0.1843	98.10%	0.3702	99.46%	0.4978
9	0.5698	98.90%	0.6802	98.98%	0.8377
10	3.3849	98.83%	3.1733	98.78%	1.0667
11	16.1053	98.90%	11.6748	99.30%	1.3795
12	91.6548	98.65%	99.7923	99.43%	0.9185

实验平台 2 的性能为:处理器 Intel Xeon E312xx (Sandy Bridge),主频 2.0 GHz,内存 32 GB,显卡 NVIDIA GeForce GTX 1080Ti.

在实验平台 2 上对 5～12 量子位,采用 CPU 和 GPU 的量子态重构的时间复杂度比较结果如图 6.15 所示,具体的重构性能结果如表 6.11 所示.

表 6.11　5～12 量子位状态在实验平台 2 上的重构结果

量子位	CPU		GPU		加速比
	重构时间(s)	保真度	重构时间(s)	保真度	
5	0.3421	98.63%	0.2371	99.73%	1.4429
6	0.7834	98.63%	0.4010	99.78%	1.9536
7	2.5755	97.54%	1.5666	99.38%	1.6440
8	3.8124	98.26%	1.9639	99.48%	1.9412
9	6.4985	98.85%	2.4483	99.52%	2.6543
10	45.2906	98.84%	11.7065	98.94%	3.8695
11	99.8853	98.91%	25.1892	98.86%	3.9654
12	537.0658	98.89%	367.8295	98.90%	1.4601

对比实验平台 1 和实验平台 2 的结果不难发现,计算机性能对量子态重构实验重构时间的影响很大.实验平台 1 除了 GPU 以外整体性能要高于实验平台 2,对比两者的实验结果,无论实验是在 CPU 还是在 GPU 上进行,平台 1 的重构效果要远远优于平台 2.平台 1 中的 CPU 性能十分优越,故而 GPU 加速效果不是特别显著;相比之下,平台 2 中的 CPU 性能较为一般,随着重构实验的量子位数的增加,GPU 加速的效果愈加显著,最

好时加速比接近 4 倍.

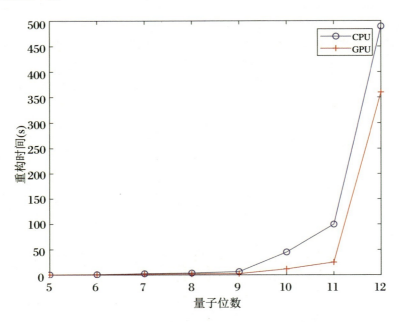

图 6.15　采用 CPU 和 GPU 的量子态重构的时间比较(实验平台 2)

不是任何运算操作都适合在 GPU 中进行,一般来说,由于自身架构等因素,CPU 更擅长于处理判断、逻辑控制、分支等结构并且含有强大的算术逻辑单元(ALU),具有通用的计算能力;而 GPU 更适合逻辑简单的运算,即用大量数据或者用同一数据多次调用同一公式或者计算过程,计算公式本身并不复杂但执行的次数较多,这是 GPU 先天的优势.

6.7.2　14 量子位状态重构的应用

从量子态估计的过程中可以看出,量子态估计过程中包含大量的矩阵运算,所以特别适用于计算机的并行计算.当待估计的量子系统维数很大时,大维度的矩阵运算将进一步突显并行计算的优势.此时,具有良好的加速效果和高速浮点运算性能特点的 GPU 计算可以为我们提供帮助.

到 2016 年为止,有报道的有关量子态估计的最高位数是 14,花费 4 小时(Hou et al.,2016).我们在 2019 年实现了 3 小时内的 14 量子位的估计(Hu et al.,2019).下面为该实验的具体结果.我们的实验是在实验平台 1 中的 GPU 上完成的.因为实验中需要设计的参数很多,加上所设置的迭代次数的不同,所花费的时间不同.我们给出详细的参数设置下,9~14 量子位状态估计的重构误差 *error* 与迭代次数的关系曲线如图 6.16 所示,具体参数设置和实验性能如表 6.12 所示,实验中的量子态为纯态,也就是秩为 1,没有添加噪声.

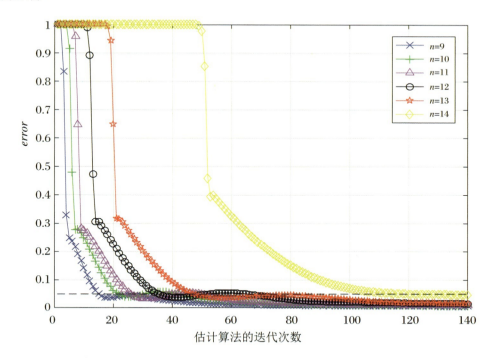

图 6.16　9~14 量子位重构误差随迭代次数的变化曲线

表 6.12　9~14 量子位重构实验参数及其性能

	量子位 n					
	9	10	11	12	13	14
测量比率(%)	1.7	1	0.6	0.3	0.2235	0.0819
迭代次数	15	24	27	35	48	129
误差	0.0472	0.0494	0.0491	0.0472	0.0481	0.0497
保真度(%)	98.67	98.83	98.83	98.91	98.88	98.79
时间(s)	1.081	5.468	22.454	130.878	1185	10840
lamda	24	26	28	30	32	34
svn_No	50	80	100	100	150	300

从表 6.12 中可以看出,我们的算法在测量比率为压缩传感理论的下限值的情况下,

量子态 ρ 的重构误差小于 5%. 值得注意的是, 当 $n=10,11,12,13$ 和 14 时, 测量比率分别为 $1\%,0.6\%,0.3\%,0.2235\%$ 和 0.0819%. 算法的重构误差分别为 $4.94\mathrm{e}-2$, $4.91\mathrm{e}-2,4.72\mathrm{e}-2,4.81\mathrm{e}-2$ 和 $4.97\mathrm{e}-2$, 对应的重构时间分别为 $5.47\,\mathrm{s},22.45\,\mathrm{s}$, $130.88\,\mathrm{s},1185\,\mathrm{s}$ 和 $10840\,\mathrm{s}$. 在对 14 量子位状态进行估计时, 花费 $3.0111\,\mathrm{h}$, 达到 98.79% 的精度.

我们将所提出的高效快速的优化算法应用到 $12\sim14$ 量子位的量子态密度矩阵的重构应用中, 实验所花费的时间及测量次数在 2016 年的量子态估计算法中是最少的, 并且通过对算法中个别参数的修改, 可以较容易延伸到更高维的量子态重构实验中.

6.8 小　　结

一个维数为 $d\times d$ 的量子密度矩阵, 具有 d^2 个元素, 量子层析是通过对待估计的量子态密度矩阵的系统的输出值进行 d^2 次 (完备) 测量, 然后根据输出值与密度矩阵之间的数学关系, 建立 d^2 个方程, 求解出密度矩阵. 实际上, 量子层析存在 3 个难以解决的关键问题: ① 在求解一个量子状态密度矩阵时, 必须考虑密度矩阵自身必须满足的幺正、共轭, 且迹为 1 的条件. 此时, 需要求解一个带有密度矩阵约束条件的优化问题, 但可能出现解不存在的情况. ② 再加上还必须考虑实际系统测量值中含有测量噪声或 (和) 状态扰动, 这就导致即使采用优化算法, 也不一定存在解析解. ③ 维数中的 d 与量子位数 n 之间的关系为 $d=n^2$, 求解方程的个数随着量子位数的增加而指数增长, 导致重构量子态密度矩阵的计算时间也随着量子位数的增加而指数增长, 这给高量子位的密度矩阵的重构带来了时间上的巨大负担, 比如 2014 年以前, 8 量子位密度矩阵重构的计算处理时间需要一个星期.

这些问题多年来影响了量子系统应用中的高量子态的制备与估计, 严重阻碍了高精度量子状态反馈控制系统的实现.

我们解决这 3 个问题的方案是: 首先, 把量子层析问题转化为满足量子态约束条件的量子态密度矩阵估计的核优化问题, 并且, 根据实际的具体情况, 将大的全局问题分解为几个子问题, 然后: ① 利用近邻梯度法, 将不可解的子问题得到不精确的解析解, 提出了一种更加快速的非精确交替方向方法乘法器; ② 在①的基础上通过利用不动点方程, 提出了既可以解决归一化误差, 又可以处理大的噪声的不动点交叉方向算法; ③ 提出一种交替方向乘数法结合迭代收缩阈值算法, 以及高效重建混合量子态的方法, 避免了大型矩阵的逆矩阵的计算,进一步减少了计算时间和所需内存空间,以及计算机处理数据的复杂度,将量子态层析中常用的最小二乘的 $O(d^6)$ 计算复杂度,以及工作固定点的 $O(d^4)$,减少到所提出算法的 $O(d^2)$ 计算复杂度,量子态估计的计算时间,也呈 4 个数量级的减少.所提方法在 2017 年将 8 量子位的状态重构时间减少到 0.59 s,仅用 12 次迭代,就达到 99.1% 的保真度,将 8 量子位的状态重构时间缩短为原来的一百万分之一.这也是当时人们使用台式电脑所能实现的最短的时间.计算时间之所以能够缩短为原来的一百万分之一,其中所采用的测量次数的大幅度的减少,起了重要作用,即第 3 个问题的解决方案.实际上,当减少采用次数后,方程数远小于待估计参数,解是不唯一的.2006 年,压缩传感理论的出现,解决了最优解存在可能性的条件,以及最小的采样率,不过在每一个量子态重构中,能够达到多少采样率,完全取决于所设计出的优化算法的效率.我们所提出的优化算法,能够以压缩传感理论给出的最小采样率,实现高性能的量子密度矩阵的快速重构,在 8 量子位状态的重构中,我们仅需采用 3% 的完备测量次数;在 10,11 和 12 量子位状态的高精度的重构中,我们所采用的测量次数的采样率仅分别为 1%,0.6% 和 0.3%,这些都是压缩传感理论给出的相应量子位数下的最小采样率.这就是我们在量子态估计研究中所获得的最突出的贡献和成果.

第 7 章

核磁共振实验中基于压缩传感的
量子态重构

本章将所提出的量子态估计方法应用于核磁共振(NMR)仪的密度矩阵的估计中,在对核磁共振仪的量子状态的估计过程中,用于状态估计所需要的数据是在核磁共振仪上测量处理后获得的.核磁共振仪中状态信息的测量过程是对核自旋系综状态的间接测量过程,人们需要通过多次测量重复制备的初态来获得足够的测量数据,再对这些测量数据处理后,获得重构状态所需要的数据.另外本章还专门对量子状态估计的最优测量算符集进行研究.

7.1　NMR 实验中的测量

核磁共振是指外磁场中不同的原子核吸收特定频率的射频脉冲从低能态跃迁到高

能态的现象.由于原子核携带电荷,当原子核自旋时,会由自旋产生一个磁矩,这一磁矩的方向与原子核的自旋方向相同,大小与原子核的自旋角动量成正比.根据量子力学原理,原子核磁矩与外加磁场之间的夹角并不是连续分布的,而是量子化的,其取向种类由原子核的自旋量子数决定,原子核的每一种取向都代表了核在该磁场中的一种能量状态.当原子核在外加磁场中吸收外加射频场能量后,就会发生能级跃迁,导致原子核磁矩与外加磁场的夹角发生变化,若原子核磁矩与外加磁场方向不同,则原子核磁矩会绕外磁场方向旋转,这一现象类似陀螺在旋转过程中转动轴的摆动,称为进动,进动频率与外加射频场振荡频率相同,此振荡频率称为系统原子核的拉莫尔(Larmor)共振频率,振荡的强度则反映了核自旋磁矩在平面上的分量大小,人们可以通过测量振荡信号推出样品量子态的信息,人们常用来做 NMR 实验的原子核有: ^{1}H, ^{11}B, ^{13}C, ^{17}O, ^{19}F, ^{31}P.

NMR 状态测量实际上是一个系综上的间接测量过程,其过程如图 7.1 所示.图 7.1(a)为分子中原子核由于能级裂分形成的能级耦合相干项,分子在外加射频场作用下发生耦合相干项的核磁共振,此耦合相干项即为观测力学量 P;图 7.1(b)为系统在力学量 P 上的核磁共振引起原子核磁矩进动.

图 7.1(c)进动在样品表面缠绕的感应线圈中引起震荡的感应电流信号 $s(t)$,其强度为 $s(t) = \sum K \mathrm{e}^{\mathrm{i}\Omega_i t} \mathrm{e}^{-t/T_2}$,其中 Ω_i 为共振频率,K 为电流强度单位: $K = M_0/P_0$,M_0 为实验中的固定射频场宏观磁化强度矢量,P_0 为在样品溶液本征态情况下测得的以 M_0 为单位的共振峰信号的积分;图 7.1(d)中为通过对信号 $A(\omega)$ 进行傅里叶变换(FT)得到的吸收峰信号 $A(\omega)$ 的频谱图.由于弛豫效应,感应信号 $s(t)$ 的强度会随时间衰减,称 $s_i(t)$ 为时间响应的自由感应衰减(Free Induction Decay,简称 FID)信号,在多数的液体样品中,自由感应衰减的形式是振幅呈指数衰减的振荡信号;由于系统状态的信息不能从时域的电流信号 $s(t)$ 中直接读出,人们需要通过傅里叶变换将时域电流信号转化为频域的频谱,对 $s(t)$ 进行傅里叶变换得到的频域信号为

$$
\begin{aligned}
S(\omega) &= \frac{1}{\sqrt{2\pi}} \int_0^\infty s(t) \exp\{-\mathrm{i}\omega t\} \mathrm{d}t = \frac{1}{\sqrt{2\pi}} \int_0^\infty \mathrm{e}^{\mathrm{i}\Omega t} \mathrm{e}^{-t/T_2} \mathrm{e}^{-\mathrm{i}\omega t} \mathrm{d}t \\
&= \frac{\mathrm{e}^{\mathrm{i}\Omega t} \mathrm{e}^{-t/T_2} \mathrm{e}^{-\mathrm{i}\omega t}}{-\mathrm{i}(\omega - \Omega) - T_2^{-1}} \bigg|_0^\infty = \frac{1}{\mathrm{i}(\omega - \Omega) + T_2^{-1}}
\end{aligned}
\tag{7.1}
$$

其中,T_2 是横向弛豫时间.

从式(7.1)中可以看出,时域信号经过傅里叶变换获得的频域信号,包含重叠在一起的实部信号 $A_i(\omega)$ 和虚部信号 $B_i(\omega)$.从图 7.1(d)中可以看出: $A(\omega)$ 的谱线包含 2 条共振峰 A_1 和 A_2,说明图 7.1(c)信号中包含 2 个共振频率 Ω_1, Ω_2.NMR 实验中通常仅考察实部信号 $A_i(\omega)$ 即可推断观测力学量 P 的均值信息.

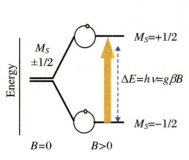

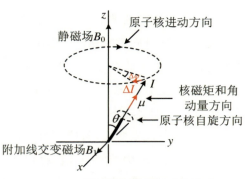

(a) 原子核于能级裂分形成的能级耦合相干项　　(b) 原子核在射频场下的进动

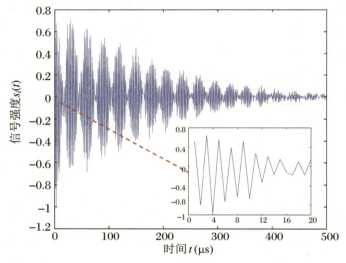

(c) 感应线圈中读出的自由衰减时间信号

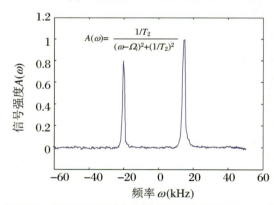

(d) 信号 $s(t)$ 通过傅里叶变换得到的频域信号实部 $A(\omega)$ 的频谱图

图 7.1　核磁共振测量过程示意图

式(7.1)的右边可以分解为 $[\mathrm{i}(\omega - \Omega_i) + T_2^{-1}]^{-1} = A_i(\omega) + \mathrm{i}B_i(\omega)$，$A_i(\omega)$ 和 $B_i(\omega)$ 分别称为频域信号 $S_i(\omega)$ 的实部和虚部：$A_i(\omega) = \dfrac{1/T_2}{(\omega - \Omega_i)^2 + (1/T_2)^2}$，$B_i(\omega) = \dfrac{\omega - \Omega_i}{(\omega - \Omega_i)^2 + (1/T_2)^2}$，信号 $A_i(\omega)$ 和 $B_i(\omega)$ 随频率 ω 的图像如图7.2所示.

图7.1(d)实部信号 $A_i(\omega)$ 的横坐标频率，代表了可以令被测系综中原子核发生共振的一个频率段，在实际 NMR 实验时，每次测量对样品施加的射频脉冲中包含了多个共振频率，每个共振频率对应了一个单独的共振峰 A_i 和投影观测量 P_i，因此频谱图中可能包含多条共振峰，如图7.1(d)所示，对应多个观测量 P_i 的测量值 $\langle P_i \rangle$，这些可以同时测得的观测量构为一个测量组，用 $\{P_i\}_k$ 表示：$\{P_i\}_k = \{P_1, P_2, \cdots, P_w\}_k$. 其中，序号 k 代表第 k 组，w 表示测量组中的观测数量，对应的测量值为 $\{\langle P_i \rangle\}_k = \{\langle P_1 \rangle, \langle P_2 \rangle, \cdots, \langle P_w \rangle\}_k$. 图7.1(b)中每个共振峰 A_i 都对应系综中的核自旋状态 ρ 的一个投影观测量 P_i，设状态 ρ 在 P_i 上的投影概率为 $\langle P_i \rangle$，理论上 $\langle P_i \rangle$ 与 ρ 满足关系 $\langle P_i \rangle = \mathrm{tr}(P_i\rho)$，在 NMR 谱仪的测量实验中，$\langle P_i \rangle$ 的值可以由图7.1(d)中共振峰谱线 $A(\omega)$ 计算出来：

$$\langle P_i \rangle = \int_{\Omega_i - \Delta\omega}^{\Omega_i + \Delta\omega} A_i(\omega)\,\mathrm{d}\omega \tag{7.2}$$

其中，Ω_i 为共振峰对应的共振频率；$\Delta\omega$ 为人为选定的固定范围值，保证所选共振峰的全部信号都包含在频率范围 $[\Omega_i - \Delta\omega, \Omega_i + \Delta\omega]$ 内.

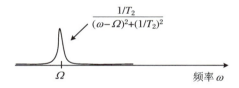

(a) 实部，该曲线为吸收信号，在 $\omega = \Omega$ 处有最大值

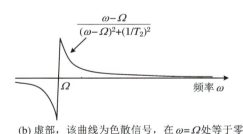

(b) 虚部，该曲线为色散信号，在 $\omega = \Omega$ 处等于零

图7.2　频域信号的实部和虚部

7.2 NMR 的量子逻辑门操作

7.2.1 单量子逻辑门

在 NMR 实验中,样品中的核自旋可以作为量子比特,利用射频脉冲和自由演化可以实现量子比特的操控,例如,通过在自旋体系上施加一系列设计好的射频脉冲操作,并使其经过时间 τ 的自由演化,实现绕轴的旋转实验.利用 NMR 实现量子状态操控,最常用的是量子逻辑门操作.

在脉冲 NMR 中存在射频脉冲的情况下,单量子比特系统的自旋哈密顿量可以写为

$$H = \omega_0 I_z + \omega_1 \big[I_x \cos(\omega_{rf} t + \varphi) + I_y \sin(\omega_{rf} t + \varphi) \big] \tag{7.3}$$

其中,$\omega_0 = -\gamma B_0$,$\omega_1 = -\gamma B_1$ 分别为原子核和静磁场的拉莫尔共振频率;B_0 和 B_1 分别代表静磁场与射频场的强度;γ 为磁旋比;ω_{rf} 为射频场含时项的频率;I_x,I_y 和 I_z 为自旋 $1/2$ 粒子的角动量算符,其与泡利算符相差一个系数 $1/2$,即 $I_z = \sigma_z/2$.

对式(7.3)变换旋转坐标系,对应幺正操作 $U = \mathrm{e}^{-iI_z \omega_{rf} t}$,得到消去含时项的旋转哈密顿量为

$$H = (\omega_0 - \omega_{rf}) I_z + \omega_1 (I_z \cos\phi + I_y \sin\phi) \tag{7.4}$$

在共振情形($\omega_0 = \omega_{rf}$)下,将脉冲相位设为 $\phi = 0$,相互作用图景下的哈密顿量变为

$$H = \omega_1 I_x \tag{7.5}$$

NMR 实验是通过在自旋体系上施加一系列设计好的射频脉冲操作,使其经过时间 τ 的自由演化,来实现绕轴的旋转,比如,当需要在 x 轴方向旋转 $\theta = \omega_1 \tau$ 时,可以施加作用

$$U(\tau) = R_x(\theta) = \mathrm{e}^{-i\omega_1 I_x \tau} \tag{7.6}$$

以此方式可以实现绕 x 轴任意角度的旋转.同样的方法可以实现绕 y 轴的旋转.用 $R_x(\theta)$ 表示绕 x 轴旋转角度 θ 的操作,绕 z 轴的旋转可以通过几个绕 x 和 y 轴的旋转组

合来实现:

$$R_z(\theta) = R_x\left(\frac{\pi}{2}\right)R_y(\theta)R_x\left(-\frac{\pi}{2}\right) \tag{7.7}$$

这样就可以利用核磁共振实现单量子比特的任意旋转操作. 这些操作都可以对应于一定的幺正变换, 因此通过它们能直接构造普适的单量子逻辑门.

7.2.2 多量子逻辑门

对于多量子比特而言, 还需要考虑内部哈密顿量中多个原子核的相互作用. NMR 体系中的核并非孤立地存在, 核自旋与核自旋之间必定发生相互作用, 一般可有直接或间接耦合, 直接耦合是不同核磁矩之间产生直接的偶极-偶极相互作用; 间接耦合是以电子为媒介的相互作用, 又称为 J 耦合, 其强度 J 取决于核的种类并随耦合化学键数目的增多而减小. 在液体 NMR 实验中, 偶极-偶极相互作用被平均掉, 只剩下 J 耦合的作用. NMR 体系与环境的耦合一般忽略不计. 对于一个 n 耦合自旋系统, 在复合旋转坐标系中其内部哈密顿量的最简单的形式为

$$H_{\text{int}} = \hbar 2\pi \sum_{i<j} J_{ij} I_z^i I_z^j \tag{7.8}$$

其中, $\hbar$ 为约化普朗克常量, I_z^i 表示第 i 个原子核在 z 方向上的核自旋分量, J_{ij} 是核 i 和 j 间的 J 耦合强度. 对于被施加多个射频脉冲的自旋来说, 其外部哈密顿量为

$$H_{\text{ext}} = \sum_{i,r} -\hbar\omega_1^r \left\{\cos\left[(\omega_{\text{rf}}^r - \omega_0^i)t + \varphi^r\right]I_x^i + \cos\left[(\omega_{\text{rf}}^r - \omega_0^i)t + \varphi^r\right]I_y^i\right\} \tag{7.9}$$

因此在复合旋转坐标系中, NMR 系统的哈密顿量 $H = H_{\text{int}} + H_{\text{ext}}$.

以两量子比特为例, 在内部哈密顿作用下, 固定一个演化时间 τ, 可以通过操作

$$U = \begin{vmatrix} e^{-i\pi\tau J_{12}/2} & 0 & 0 & 0 \\ 0 & e^{+i\pi\tau J_{12}/2} & 0 & 0 \\ 0 & 0 & e^{+i\pi\tau J_{12}/2} & 0 \\ 0 & 0 & 0 & e^{-i\pi\tau J_{12}/2} \end{vmatrix} \tag{7.10}$$

来实现核自旋从 0 空间与 1 空间中的演化. 同样, 利用此思想可以实现受控非门 (CNOT)

$$U_{\text{CNOT}} = \begin{vmatrix} 1 & 0 & 0 & 0 \\ 0 & 1 & 0 & 0 \\ 0 & 0 & 0 & 1 \\ 0 & 0 & 0 & -1 \end{vmatrix} \tag{7.11}$$

$$U_{\text{CPHASE}} = \begin{vmatrix} 1 & 0 & 0 & 0 \\ 0 & 1 & 0 & 0 \\ 0 & 0 & 1 & 0 \\ 0 & 0 & 0 & -1 \end{vmatrix} \tag{7.12}$$

在实现受控非门或受控相位门后,根据射频脉冲改变外部哈密顿 H_{ext} 中的相位 ϕ^{T},就可以实现双比特量子逻辑门$\left(\text{例如 } I \otimes R_{x,y}\left(\dfrac{\pi}{2}\right) \text{、} R_{x,y}\left(\dfrac{\pi}{2}\right) \otimes I\right)$. 对于 n 量子比特,其任意幺正操作 U 都可以分解成多比特操作和单比特旋转操作,利用受控非门或受控相位门与射频脉冲旋转操作,就可以实现多比特逻辑门.

7.3 NMR 测量算符组与泡利算符变换

实际 NMR 测量的结果是基于投影算符 P 的测量均值$\{P\}$,若测到全部测量配置,利用完整状态层析可以直接重构出系统状态. 然而在 CS 状态重构时,由于 P 不是泡利矩阵直积构成的算符,不能直接构建采样矩阵代入量子态估计的优化问题中,需要先考察其是否满足压缩传感理论的重构条件. 在实际处理数据时,考察压缩传感理论重构条件的步骤可以省去,因为每个 NMR 测量组中的$\{P_i\}$可以线性变换为同等数量的泡利型算符$\{M_i\}$,而泡利型算符$\{M_i\}$已被证明满足压缩传感理论重构的 RIP 条件. 为了简化重构过程,我们先将测得的$\{P_i\}$和$\{\langle P_i \rangle\}$线性变换为满足 RIP 条件的泡利型算符$\{M_i\}$和$\{\langle M_i \rangle\}$,再代入 CS 优化问题中进行状态估计.

所选择的具有完备正交基的测量算符 $M_i(i = 1,2,\cdots,4^n)$ 是通过泡利矩阵 I,X,Y,Z 的直积$\otimes$来构造的,其中

$$I = \begin{bmatrix} 1 & 0 \\ 0 & 1 \end{bmatrix}, \quad X = \begin{bmatrix} 0 & 1 \\ 1 & 0 \end{bmatrix}, \quad Y = \begin{bmatrix} 0 & -i \\ i & 0 \end{bmatrix}, \quad Z = \begin{bmatrix} 1 & 0 \\ 0 & -1 \end{bmatrix} \tag{7.13}$$

为了简便起见,本节中省略直积符号"$\otimes$",例如 4 比特泡利测量算符 $M_{28} = IXYZ$ 就表示"$M_{28} = I \otimes X \otimes Y \otimes Z$". 在 NMR 实验中为了方便记录与表达,通常将测得的结果 P_i 和$\langle P_i \rangle$变换为泡利测量算符形式 M_i 和$\langle M_i \rangle$,此变换以测量组为单位:$\{P_1, P_2, \cdots, P_w\}_k \rightarrow \{M_1, M_2, \cdots, M_w\}_k$. 以 2 比特系统为例,设某组测量得到的 2 个力学量$\{P_i\}$为

$XI + XZ$ 和 $XI - XZ$,对应测量值 $\{XI + XZ\}$ 和 $\{XI - XZ\}$,I 和 X,Y,Z 分别代表单位矩阵和 x,y,z 泡利矩阵,通过线性变换很容易得到泡利型算符 XI 和 XZ 及其对应的测量均值 $\langle XI \rangle$ 和 $\langle XZ \rangle$.

设 P_i 和 M_j 分别表示算符组 $\{P_1,P_2,\cdots,P_w\}_k$ 和 $\{M_1,M_2,\cdots,M_w\}_k$ 中的第 i 和第 j 个元素,算符 P_i 和 M_j 对应的关系为

$$\langle M_j \rangle = \sum_i \langle P_i \rangle H_{ij} \tag{7.14}$$

其中,H_{ij} 表示矩阵 H 中的元素,H 称为变换矩阵,其每一列都代表了从 $\{P_1,P_2,\cdots,P_w\}_k$ 到 $\{M_1,M_2,\cdots,M_w\}_k$ 的一种线性变换.

测量值 $\langle P_i \rangle$ 和 $\langle M_j \rangle$ 间的变换关系为

$$\langle M_j \rangle = \sum_i \langle P_i \rangle H_{ij} \tag{7.15}$$

通过重复多次测量和变换,人们可以得到不同泡利测量算符 $\{M_j\}$ 及其对应的测量值集合 $\{\langle M_i \rangle\}$.设被测核自旋状态 ρ 的量子比特数为 n,集合 $\{M_j\}$ 包含 m 个测量算符,$m \in \mathbf{N}^*$ 且 $m \leqslant 4^n$,当 $m = 4^n$ 时,人们可以直接利用量子层析精确地重构出状态的密度矩阵 ρ;当 $m < 4^n$ 时,测量配置不完备,人们需要利用某种优化算法,根据 $\{M_j\}$ 和 $\{\langle M_i \rangle\}$ 得到密度矩阵 ρ 的近似估计 ρ'.

利用量子层析估计实际 NMR 实验的状态.设 n 比特系统状态 ρ,状态层析所需的总测量次数为 $d^2 = 4^2 = 16$,例如 $n = 2$ 时,16 次测量所对应的完备测量算符为 $\{M_i\} = \{II, IX, IY, IZ, XI, XX, XY, XZ, YI, YX, YY, YZ\}$,其中,$I,X,Y,Z$ 分别表示单位算符和泡利算符的 x,y,z 分量,"YZ"表示由 Y,Z 的直积构成的测量算符. 在 NMR 实验中通过重复获得全部测量算符 $\{M_i\}$ 对应的均值为 $\{\langle M_i \rangle\}$ 后,可以利用量子层析计算出系统状态 ρ 的估计值 $\widetilde{\rho}$:

$$\widetilde{\rho} = \frac{1}{2^n} \sum_{i=1}^{4^n} (\langle M_i \rangle \cdot M_i) \tag{7.16}$$

若测量系统足够大且不考虑误差时 $\langle M_i \rangle = \mathrm{tr}(M_i \cdot \rho)$,估计状态将完美符合真实状态 $\widetilde{\rho} = \rho$.但在实际 NMR 测量中,由于弛豫、不均匀射频场、环境、重复测量等,不可避免地会带来一定的误差,因此估计状态 $\widetilde{\rho}$ 和真实状态 ρ 间存在一定差距.

7.4 基于 NMR 实际测量数据和 CS 的量子态重构

本节我们采用实际 NMR 实验数据, 对 4 比特量子状态进行重构, 并针对 NMR 测量组, 给出以组为单位的采样方案, 基于 CS 和 FP-ADMM 算符进行 NMR 量子态估计, 并通过对比实验分析我们方案估计方法的优势.

7.4.1 实验数据获取

实验数据为基于溶液样本的核磁共振测量数据, 实验中仪器为超导核磁共振波谱仪, 溶液样本成分为碘三氟乙烯 $^{13}C^{19}F_3I$ (Iodotrifluoroethylene), 包含约 10^{20} 个分子构成的 4 比特原子核自旋态系综, 其中 4 个量子比特分别对应 1 个碳原子核 ^{13}C 和 3 个氟原子核 $^{19}F_1$, $^{19}F_2$, $^{19}F_3$, 样本所处环境为室温 303 K, 此 4 比特样品的核磁共振参数如表 7.1 所示, 实验所用的核磁共振仪如图 7.3 所示.

图 7.3 Bruker DRX－400 核磁共振仪

表 7.1　实验中使用的 4 比特样品的核磁共振参数

	^{13}C	^{19}F$_1$	^{19}F$_2$	^{19}F$_3$
^{13}C	15479.7 Hz			
^{19}F$_1$	− 297.7 Hz	− 33122.4 Hz		
^{19}F$_2$	− 275.7 Hz	64.6 Hz	− 42677.7 Hz	
^{19}F$_3$	39.1 Hz	51.5 Hz	− 129.0 Hz	− 56445.8 Hz

表 7.1 中给出 303 K 温度下样品参数:对角线中数据为对应原子核的共振频率 ω_0,对角线下侧数据为两粒子间的 J 耦合参数.在外磁场 B_0 的液样本中,不同比特位的任意两原子核间 Larmor 频率之差远大于它们的耦合作用,因此这 4 比特量子态的内部哈密顿近似为

$$H_{\mathrm{NMR}} = - \sum_i \omega_0^i I_z^i + \sum_{i<j}^4 J_{ij} I_z^i I_z^j \tag{7.17}$$

式(7.17)右侧第一项表示原子核本身的哈密顿,第二项表示原子核间相互作用哈密顿,其中,ω_0^i 为粒子 i 的共振频率,I_x,I_y,I_z 表示粒子的角动量算符,等于相应泡利算符的 $1/2$,J_{ij} 表示 i,j 两粒子间的 J 耦合参数.

原子核自旋态的制备:实验中我们使用了选择性跃迁饱和技术(施加选择性的脉冲射频调整热平衡下的基态的布居数)制备出赝纯态:$\rho_0 = \dfrac{1-\varepsilon}{16} I + \varepsilon |\psi\rangle\langle\psi|$.其中,$\varepsilon$ 表示极化度,实验中 $\varepsilon \approx 10^{-5}$ 为常温下核磁系统中粒子的极化度,$|\psi\rangle$ 为任意纯态,ρ 在核磁共振体系体现出的性质与纯态 $|\psi\rangle$ 相同,测量结果等同于在纯态 $|\psi\rangle$ 上的测量结果,因此认为实验制备出的量子状态即为 $\rho = |\psi\rangle\langle\psi|$.

NMR 测量过程如 7.3 节所述,最终测量数据为测量均值 $\langle P \rangle$.因为 NMR 测量过程整体等同于对状态 ρ 在观测力学量 P 上的投影测量,因此 $\langle P \rangle$ 与状态 ρ 理论上满足关系

$$\langle P \rangle = \mathrm{tr}(P\rho) \tag{7.18}$$

重复进行多次测量,得到不同投影算符 $\{P_i\}$ 的测量值 $\{\langle P_i \rangle\}$($i=1,\cdots,M$)后,人们可以基于 $\{P_i\}$,$\{\langle P_i \rangle\}$ 和优化算法计算出系统状态的估计值 ρ'.

需要说明的是,每次实际 NMR 测量实验会读取频率从低到高的所有共振信号,信号中包含了多个共振频率不同的可直接观测的力学量 $\{P_j\}$(原子核耦合相干项)的信息,经过傅里叶变换后可以得到所有力学量 $\{P_j\}$ 的频谱图与测量值 $\{\langle P_j \rangle\}$,因此将可以同次测得的力学量分为一个 NMR 测量组,例如 2 比特系统完整的测量配置数为 16,每组测量可以得到 2 个力学量上的测量值,实际测量组数为 8.但在实际测量特别是高比特量子

231

位时，由于被测样品分子成分差异以及实际操作方案，不同测量组中可能包含相同的力学量，因此总测量组数与完整测量配置数并非简单的倍数关系，例如本实验中所用的 4 比特"碘三氟乙烯"（Iodotrifluoroethylene），其完整的测量配置数为 256，每组测量包含 16 个力学量，但总测量组数却为 44.

7.4.2 NMR 量子状态重构方案

基于 CS 理论对量子态 ρ 进行重构的一个前提是：ρ 密度矩阵的秩 r 远小于其维度 $d = 2^n$. 在实际 NMR 实验（尤其是量子计算方面的实验）中，待重构的量子态大多为纯态或近似纯态，满足低秩条件，因此，CS 理论可应用于实际 NMR 量子态 ρ 的重构.

实验基于压缩传感理论与 FP-ADMM 算法对 NMR 量子态进行重构，基于 CS 的量子态重构过程实际上是求解凸优化问题

$$
\begin{aligned}
&\min \| \rho \|_* \\
&y = A \cdot \mathrm{vec}(\rho)
\end{aligned} \tag{7.19}
$$

其中，$\| \rho \|_*$ 表示 ρ 的核范数，A 是由随机采样的观测算符 O_i 构成的采样矩阵，y 是由对应观测值的 $\langle O_i \rangle$ 构成的采样矢量，$\mathrm{vec}(\rho)$ 表示任意矩阵 ρ 中各列按顺序首尾相连变换成的纵矢量.

考虑到实际 NMR 实验的特殊测量方式，为了符合实际，我们选择以观测算符组 $\{O_j^k\}$ 和对应的 $\{\langle O_j^k \rangle\}$ 为单位进行采样. 设随机采样到的观测组数为 g，总测量组数为 v，定义采样率为

$$
\eta_g = g/v \tag{7.20}
$$

采样率 η_g 不同于一般 CS 重构实验中的采样率 η_m，η_m 表示采样的测量算符 M_i 的数目 m 与总数目 d^2 的比值，即 $\eta_m = m/d^2$.

为了不失一般性，假设随机采样到的观测组为第 $1 \sim g$ 组. 此时 A 和 y 可以表示为

$$
A = \begin{bmatrix} \mathrm{vec}(\{O_j^1\})^{\mathrm{T}} \\ \mathrm{vec}(\{O_j^2\})^{\mathrm{T}} \\ \vdots \\ \mathrm{vec}(\{O_j^g\})^{\mathrm{T}} \end{bmatrix} / \sqrt{d} \tag{7.21}
$$

$$
y = (\{\langle O_j^1 \rangle\}, \{\langle O_j^2 \rangle\}, \cdots, \{\langle O_j^g \rangle\})^{\mathrm{T}} \tag{7.22}
$$

其中，$\mathrm{vec}(\{O_j^k\})^{\mathrm{T}}$ 表示将 $\{O_j^k\}$ 中 d 个观测算符 O_j^k 分别化为横矢量，并按顺序纵向排

列：$\mathrm{vec}(\langle O_j^k\rangle)^T=[\mathrm{vec}(O_1^k)^T\quad \mathrm{vec}(O_2^k)^T\quad \cdots\quad \mathrm{vec}(O_d^k)^T]^T$，$y$ 是由对应测量组中观测值依顺序排列构成的纵矢量. 需要注意的是，由于观测组 $\{O_j^k\}$ 中总观测算符 O_i 是过完备的，由式(7.21)和式(7.22)中的 A 和 y 构成的凸优化问题(7.19)中可能含有重复的方程，但不会影响问题(7.19)的求解，因此可以直接对观测算符 O_i 进行采样，而不需要将 O_i 变换为测量算符 M_i.

利用随机采样的 $\{O_j^k\}$ 和 $\langle O_j^k\rangle$ 构建凸优化问题(7.19)后，需要求解才能得到 ρ 的重构密度矩阵 $\tilde{\rho}$.

在求解之前，必须考虑以下两个问题：凸优化问题(7.19)是否具有最优解 $\hat{\rho}$？若存在，最优解 $\hat{\rho}$ 是否等于真实密度矩阵 ρ？Candès 对上述问题做出了回答：如果采样矩阵 A 满足限制等距条件(Restricted Isometry Property，简称 RIP)，那么凸优化问题(7.19)就具有唯一最优解，且等于真实密度矩阵. Liu 给出证明，当采用泡利算符直积构成的测量算符 $\{M_i\}$ 时，若随机采样的测量算符数 $m\geqslant O(dr\log^6 d)$，采样矩阵 A 就以极大概率满足 RIP. Gross 等人进一步给出如下结论：当随机采样的测量算符数 m 满足 $m\geqslant O((1+\beta)rd\log d)$ 时，优化问题(7.19)具有唯一最优解 $\hat{\rho}$，且 $\hat{\rho}$ 等于密度矩阵 ρ 的概率为 $P_s\geqslant 1-d^{-\beta}$，其中参数 β 是与 P_s 相关的正实数. 在本小节的重构实验中，因为 $\{O_j^k\}$ 与 $\{M_i^k\}$ 中的算符之间满足线性变换关系，假设在采样测量组数为 g 时，如果由 $\{M_i^k\}$ 构成的采样矩阵 A 满足 RIP 条件，那么由 $\{O_j^k\}$ 构成的 A 必然同样满足，这意味着此时由 $\{O_j^k\}$ 构成的 A 对应的凸优化问题(7.19)必然具有唯一且等于 ρ 的最优解 $\hat{\rho}$，利用本节所采用的方法能够精确重构出 ρ.

那么，如何选择采样测量组数 g 的值，才能保证由 $\{O_j^k\}$ 构成的 A 满足 RIP？此问题难以从理论上给出明确的答案，因为实验中的 $\{O_j^k\}$ 包含重复或线性相关观测算符，无法从理论上对 $\{O_j^k\}$ 构成的 A 进行定量分析. 我们将在 7.4.3 小节中根据实验结果对此问题进行分析和讨论.

在求解凸优化问题(7.19)时，本小节中选择保真度 f 作为重构结果的性能指标，保真度 f 定义为

$$f=\mathrm{tr}(\hat{\rho}\rho^\dagger)/\sqrt{\mathrm{tr}(\hat{\rho}^2)\mathrm{tr}(\rho^2)} \tag{7.23}$$

其中，$f\in[0,1]$ 代表 $\hat{\rho}$ 和 ρ 的接近程度，$\hat{\rho}$ 和 ρ 越接近，f 越大，当 $\hat{\rho}$ 和 ρ 正交时，$f=0$；当 $\hat{\rho}$ 完全等于 ρ 时，$f=1$.

7.4.3 对比实验与结果分析

我们设计 NMR 实验,分别制备 $n=2,3,4$ 比特的 3 个不同状态 $|\psi_2\rangle, |\psi_3\rangle$ 和 $|\psi_4\rangle$ 作为待重构的目标量子态. $|\psi_2\rangle, |\psi_3\rangle$ 和 $|\psi_4\rangle$ 的态矢量分别为

$$|\psi_2\rangle = |00\rangle \tag{7.24}$$

$$|\psi_3\rangle = \frac{4}{5}|000\rangle - \frac{3}{5}|001\rangle \tag{7.25}$$

$$|\psi_4\rangle = \frac{1}{\sqrt{2}}|0101\rangle + |1010\rangle \tag{7.26}$$

其中,$|0\rangle = \begin{pmatrix} 1 \\ 0 \end{pmatrix}$ 和 $|1\rangle = \begin{pmatrix} 0 \\ 1 \end{pmatrix}$ 分别对应基态和激发态的原子核,$|00\rangle = |0\rangle \otimes |0\rangle$,$|\psi_2\rangle$ 为本征态,$|\psi_3\rangle$ 和 $|\psi_4\rangle$ 为叠加态,$\rho_2 = |\psi_2\rangle\langle\psi_2|$,$\rho_3 = |\psi_3\rangle\langle\psi_3|$,$\rho_4 = |\psi_4\rangle\langle\psi_4|$ 表示对应状态的密度矩阵.

实验装置为核磁共振波谱仪 Bruker AV-400(9.4 T),实验中的量子态 $|\psi_2\rangle, |\psi_3\rangle$ 和 $|\psi_4\rangle$ 对应的样品分别为氯仿(Trichloromethane)、氟丙二酸二乙酯(Diethyl Fluoromalonate)(溶于 2H-氯仿)和碘三氟乙烯(Trifluoroiodoethylene)(溶于 d-氯仿).量子态制备过程如下:在室温 303 K 下,将样品溶液置于核磁共振波谱仪 Bruker AV-400 (9.4 T)中,利用采用饱和性跃迁技术,在样品溶液中特定的原子核制备为赝纯态(Pseudo-Pure State,简称 PPS),然后通过调节外加脉冲射频场,操纵赝纯态使之最终演化为目标状态 $|\psi_2\rangle, |\psi_3\rangle$ 和 $|\psi_4\rangle$.本实验方案中投影算符 $\{P_i\}$ 与泡利型算符 $\{M_i\}$ 间映射 $\mathcal{H}$ 的变换矩阵 H 为

$$H = \frac{1}{8}\begin{pmatrix} +1 & -1 & -1 & +1 & +1 & -1 & -1 & +1 \\ +1 & -1 & -1 & +1 & -1 & +1 & +1 & -1 \\ +1 & -1 & +1 & -1 & +1 & -1 & +1 & -1 \\ +1 & -1 & +1 & -1 & -1 & +1 & -1 & +1 \\ +1 & -1 & -1 & -1 & -1 & -1 & -1 & +1 \\ +1 & -1 & -1 & +1 & -1 & +1 & -1 & +1 \\ +1 & +1 & -1 & -1 & +1 & +1 & -1 & -1 \\ +1 & +1 & +1 & +1 & -1 & -1 & -1 & -1 \end{pmatrix} \tag{7.27}$$

为了精确重构 $|\psi_2\rangle, |\psi_3\rangle$ 和 $|\psi_4\rangle$ 的密度矩阵,需要在实验中重复制备 $|\psi_2\rangle, |\psi_3\rangle$ 和

$|\psi_4\rangle$并进行测量,以获取完备的测量数据.在 NMR 实验装置中,测量$|\psi_2\rangle$,$|\psi_3\rangle$和$|\psi_4\rangle$所需的总观测组数 v 分别为$v_2 = 6, v_3 = 16$ 和 $v_4 = 44$,此数值也是实验中重复制备的次数;$|\psi_2\rangle$,$|\psi_3\rangle$和$|\psi_4\rangle$对应观测组中的观测算符数 d 分别为$d_2 = 4, d_3 = 8$ 和 $d_4 = 16$,因此,$|\psi_2\rangle$,$|\psi_3\rangle$和$|\psi_4\rangle$的观测算符 O_i 的总数量分别为$6\times 4 = 24, 16\times 8 = 128, 44\times 16 = 704$,此数据明显大于理论的完备测量算符数 d^2(分别为 $16, 64, 256$,对应 $n = 2, 3, 4$).

基于 CS 理论和实际测量数据对$|\psi_2\rangle$,$|\psi_3\rangle$和$|\psi_4\rangle$进行重构之前,需要选择合适的采样测量组数 g,以保证足够大的重构成功率.我们首先考察测量组数 g 对重构性能的影响,由于$|\psi_2\rangle$,$|\psi_3\rangle$和$|\psi_4\rangle$的量子位数不同,为了方便对比,以采样率 η_g 代替测量组数 g 作为考察变量.我们用以下三种方法,在不同采样率下分别对$|\psi_2\rangle$,$|\psi_3\rangle$和$|\psi_4\rangle$进行重构:

(1)随机采样观测组$\{O_i^k\}$,采用 FP-ADMM 算法求解;

(2)随机采样观测组$\{O_i^k\}$,采用 LS 算法求解;

(3)随机采样测量算符 M_i,采用 FP-ADMM 算法求解.

需要说明的是,方法(3)仅作为对比实验,用于对比考察本小节重构方法与一般 CS 的重构性能,并不适用于实际 NMR 量子态的重构.在采用方法(3)重构之前,需要先测得所有测量算符$\{M_i\}$对应的测量值$\{\langle M_i\rangle\}$,然后从中进行随机采样,此时考察变量为采样率 η_m. $\eta_g, \eta_m \in [0,1]$.对量子态$|\psi_2\rangle$,$|\psi_3\rangle$和$|\psi_4\rangle$,η_g 的采样间隔 $\Delta\eta_g$ 分别取 $1/6$,$1/16$ 和 $2/44$;η_m 的采样间隔固定为 $\Delta\eta_m$.为了使实验结果更具有普遍性,在每个采样率下重复进行 100 次重构,取 100 次保真度的平均值作为最终保真度 f.三种重构方法对应的保真度与采样率的关系曲线如图 7.4 所示.其中,$|\psi_2\rangle$,$|\psi_3\rangle$和$|\psi_4\rangle$的曲线分别为蓝色点划线、红色虚线和黑色实线,三种重构方法分别以三角形、圆形和方形标注加以区分.

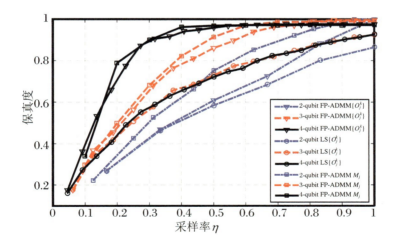

图 7.4 三种重构方法对应的保真度与采样率的关系曲线

对比图 7.4 中保真度曲线可以看出:

(1) 随着采样率的增加,不论 FP-ADMM 算法还是 LS 算法对状态重构的性能都是提高的;

(2) 在状态重构的性能效果上,FP-ADMM 算法显然优于 LS 算法;

(3) $\{O_i^k\}$ 和 M_i 两种采样方式,均具有较好的重构性能,在量子位较小($n=2$)时,$\{O_i\}_k$ 采样方式的重构性能差于 M_i 采样方式,但当量子位增加($n=3,4$)时,前者的重构性能与后者变得接近,当 $n=4$ 时,两种采样方式的重构几乎相同,可见,随着量子位增加($n \geqslant 4$),测量组 $\{O_i\}_k$ 采样方式的重构性能将越发彰显.

为了进一步分析本节提出的重构方法的性能,我们对方法(1)在不同采样率下保真度的均方差进行研究.均方差不仅能反映保真度的离散程度,还能反映对应采样率下重构成功率的大小.我们以保真度 $f \geqslant 0.95$ 作为重构成功的标准.当平均保真度大于等于 0.95 时,均方差越小,保真度分布越集中,重构成功率越高,反之,均方差越大则重构成功率越低.图 7.5 为重构方法(1)在不同采样率下的 100 次重构平均保真度与均方差,其中,$|\psi_2\rangle$,$|\psi_3\rangle$ 和 $|\psi_4\rangle$ 的平均重构保真度分别用蓝色点线与三角形,红色虚线与左三角形,以及黑色实线与右三角形标出,误差棒长度表示 100 次重构的保真度均方差,$|\psi_2\rangle$,$|\psi_3\rangle$ 和 $|\psi_4\rangle$ 的均方差分别用蓝色点划线与星号"$*$"、红色虚线与加号"$+$",以及黑色实线与短横线"$-$"标出.

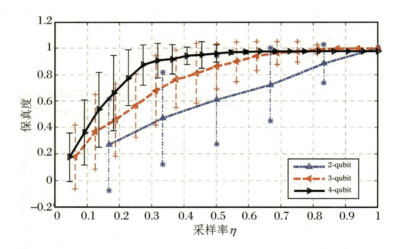

图 7.5 重构方法(1)在不同采样率下的 100 次重构平均保真度与均方差

从图 7.5 中可以看出,采用本小节所提出的重构方法对实际 NMR 量子态 $|\psi_2\rangle$,$|\psi_3\rangle$ 和 $|\psi_4\rangle$ 进行重构时,保真度均方差随着采样率增加呈减小趋势.在相同采样率下,随

着量子位数的增加,保真度均方差减小,重构成功率增大.在 $n=2$ 时,观测组数 g 取 5 (采样率 η_g 为 0.833)时,平均重构保真度仅为 0.8827,小于 0.95,均方差为 0.1442,此时重构成功率 P_s 仅为 59%,可见 $n=2$ 情况未能体现出基于 CS 理论进行量子态重构的优势,为了保证重构成功率足够大,必须取观测组数 $g=6$(采样率 η_g 为 1.0).当 $n=3,4$,采样率取 0.75 和 0.50 时,平均重构保真度超过 0.95 并基本保持稳定,对应均方差分别为 0.0771 和 0.0657,此时均方差足够小,重构成功率 P_s 分别为 89% 和 97%.

量子态 $|\psi_2\rangle$,$|\psi_3\rangle$ 和 $|\psi_4\rangle$ 的重构密度矩阵如图 7.6 所示,其中,图 7.6(a) 为采用量子态层析法重构的密度矩阵,实际采样率均为 $\eta_m=1$;图 7.6(b) 为采用本小节所提出的重构方法:基于 CS 理论和 FP-ADMM 算法重构的密度矩阵.在重构之前假设对被重构状态一无所知,为了保证足够大的重构成功率,根据图 7.6 的实验结果,分别选择 $|\psi_2\rangle$,$|\psi_3\rangle$ 和 $|\psi_4\rangle$ 的重构采样率 η_g 为 $\eta_{g2}=1.0$,$\eta_{g3}=0.75$ 和 $\eta_{g4}=0.50$.图 7.6(a) 和图 7.6(b) 中 3 幅图从左到右分别对应 $|\psi_2\rangle$,$|\psi_3\rangle$ 和 $|\psi_4\rangle$ 的重构密度矩阵.由于 $|\psi_2\rangle$,$|\psi_3\rangle$ 和 $|\psi_4\rangle$ 的理论密度矩阵中元素的虚部均为 0,图 7.6 仅给出重构密度矩阵的实部部分,忽略其虚部部分.图 7.6(a) 和图 7.6(b) 中重构密度矩阵的保真度如表 7.2 所示.

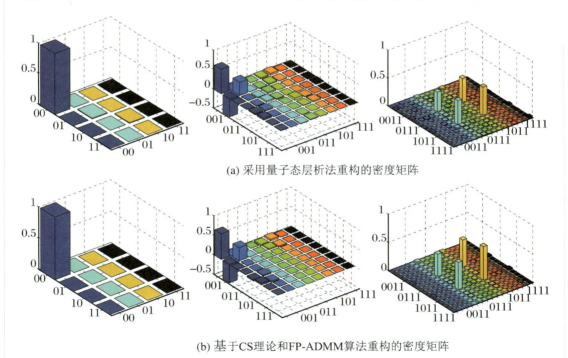

(a) 采用量子态层析法重构的密度矩阵

(b) 基于CS理论和FP-ADMM算法重构的密度矩阵

图 7.6 量子态 $|\psi_2\rangle$、$|\psi_3\rangle$ 和 $|\psi_4\rangle$ 的重构密度矩阵

表 7.2　图 7.5 中重构密度矩阵对应的保真度

重构方法	f_1	f_2	f_3
量子态层析法	0.9942	0.9838	0.9606
基于 CS 理论和 FP-ADMM 算法	0.9999	0.9896	0.9679

对 $|\psi_2\rangle$, $|\psi_3\rangle$ 和 $|\psi_4\rangle$,量子态层析的重构保真度分别为 0.9942,0.9838,0.9606,其保真度的值略小于 1,这是由于制备和测量过程中不可避免地存在干扰与噪声,导致实际制备的状态与测量的数据均与理想情况存在偏差.图 7.6(b) 中重构结果的保真度分别为 0.9999,0.9896 和 0.9679.对比表 7.2 中数据可以看出,基于 CS 理论的量子态重构甚至略优于量子态层析,即基于 CS 理论的量子态重构能够一定程度上过滤实际测量数据中的噪声和干扰.此实验结果验证了本节给出的实际 NMR 量子态重构方法的有效性,且随着实际 NMR 量子位数的增加,本节重构方法的有效性会越发彰显,对于实际 NMR 实验中高比特量子态的重构具有指导意义.

7.5　量子状态估计的最优测量算符集

本节对量子状态估计所需的最少测量次数可进行进一步的探究.

7.5.1　最优测量算符集

完整的量子状态估计所需的测量次数随着系统量子位的增加呈指数增长,这使得高维度量子态的重构具有相当大的挑战.人们想尽办法用尽量少的测量来尽可能实现高精确的估计、设计估计器、提出优化算法等.除了从技巧和优化出发之外,也早有人提出过这样的问题:对于一个未知量子状态,仅仅知道部分信息(例如秩等于 1、是纯态等),那么精确估计其状态所需最少测量次数是否存在? 若存在,最少测量次数是多少? 这些测量该如何实现?

对于第一个问题,答案是肯定的.在实际实验中,对状态的全同副本进行重复测量时,前面的测量结果一般会作为下次测量的先验信息,即前面的测量结果会影响到后续观测算符的选择,这就是所谓的自适应测量.利用自适应测量,能够进一步减少量子态重构所需的观测数目.2004 年时,芬克尔斯坦就基于自适应思想提出一种测量 $3d-2$ 个 POVM 算符来重构任意量子纯态的方案(Finkelstein,2004),此方案中观测算符不是由固定的基矢量构成的完备观测算符.对任意 n 个 2 能级量子位构成的量子系统,由泡利算符构成一组 d^2 个完备的观测算符,这些观测算符均满秩且两两正交.选择泡利观测算符来进行自适应测量,能够减少量子态估计的测量次数,人们利用其中 $1/d$ 个算符能够精确测得状态密度矩阵中的全部对角元素(本征值),在此基础上,仅需从剩余算符选择少量进行测量,即可获得状态的全部信息.

这样能够实现状态精确重构的最少一组测量算符集合,被称为状态重构的最优测量算法集,对应的算符数量为最少测量次数.

定义在 d 维希尔伯特空间上的 n 比特纯态 $\rho=|\psi\rangle\langle\psi|$,$\rho$ 为 $d\times d$ 矩阵($d=2^n$),其中态矢量 $|\psi\rangle$ 可以写成

$$|\psi\rangle=\sum_{i=0}^{d-1}c_i|e_i\rangle \tag{7.28}$$

其中,$c_i\in\mathbf{C}$,且 $\sum_{i=0}^{d-1}|c_i|^2=1$,$\{|e_i\rangle|i=0,\cdots,d-1\}$ 为 d 维希尔伯特空间的正交基(同时也是本征态).

取希尔伯特空间上的一组线性无关的观测量 $M=\{M_1,M_2,\cdots,M_m\}$,实验中所获得的测量值即为不同观测量 M_j 上的投影均值 $\langle M_j\rangle$:

$$\langle M_j\rangle=\langle\psi|M_j|\psi\rangle=\mathrm{tr}(\rho M_j) \tag{7.29}$$

其中,$M_j(j=1,\cdots,m)$ 是 I,X,Y,Z 的直积构成的泡利观测量:

$$\{M_{i_1,i_2,\cdots,i_n}=\sigma_{i_1}\otimes\sigma_{i_2}\otimes\cdots\otimes\sigma_{i_n},\sigma_{i_k}=I,X,Y,Z;k=1,2,\cdots,n\} \tag{7.30}$$

设至少需要 m 个泡利观测算符及其对应测量值才能精确重构出 ρ 的密度矩阵,称 m 为重构 ρ 所需的最少测量次数,这样的一组泡利观测算符 $M=\{M_1,M_2,\cdots,M_m\}$ 称为 ρ 的一个最优观测算符集合.

假设 $M=\{M_1,M_2,\cdots,M_{d^2}\}$ 表示 d 维量子态 ρ 的一组完备观测算符集合,其中包含 d^2 个线性无关的观测算符 $M_j(j=1,2,\cdots,m)$,M 可以看作对应希尔伯特空间的一组完备基.观测算符 M_j 具有如下谱分解:

$$M_j=\sum_n a_n P_n \tag{7.31}$$

其中,P_n 为 M_j 的本征值 a_n 的本征空间的投影算符.

任意完备观测算符集合都可由多组不同的投影算符构成,设组数最少为 w,当 $d>2$ 时,$w=3$,例如,2 维希尔伯特空间中一组完备观测算符集合 $M_P = \{I,X,Y,Z\}$,其中,I 为二阶单位算符,X,Y,Z 为二阶泡利算符:

$$I = \begin{bmatrix} 1 & 0 \\ 0 & 1 \end{bmatrix}, \quad X = \begin{bmatrix} 0 & 1 \\ 1 & 0 \end{bmatrix}, \quad Y = \begin{bmatrix} 0 & -i \\ i & 0 \end{bmatrix}, \quad Z = \begin{bmatrix} 1 & 0 \\ 0 & -1 \end{bmatrix} \quad (7.32)$$

定义正交投影算符 $P_{|i\rangle} = |i\rangle\langle i|$,态矢量 $|D\rangle = (|0\rangle + |1\rangle)/\sqrt{2}$,$|A\rangle = (|0\rangle - |1\rangle)/\sqrt{2}$,$|R\rangle = (|0\rangle + i|1\rangle)/\sqrt{2}$,$|L\rangle = (|0\rangle - i|1\rangle)/\sqrt{2}$,对式(7.32)进行变换可得:$I = P_{|0\rangle} + P_{|1\rangle}$,$X = P_{|D\rangle} - P_{|A\rangle}$,$Y = P_{|R\rangle} - P_{|L\rangle}$,$Z = P_{|0\rangle} - P_{|1\rangle}$,显然,$M_P$ 中的泡利矩阵组成的观测算符是由 $\{|0\rangle,|1\rangle\}$,$\{|D\rangle,|A\rangle\}$ 和 $\{|R\rangle,|L\rangle\}$ 3 组二阶正交基构成的.

对 d 维量子态 ρ 进行测量,实际上是测量 ρ 在一组观测算符 M 上的投影均值,一般情况下,每次测量可以测得一个观测算符 M_j 对应的投影均值 $\langle M_j(\rho)\rangle$:

$$\langle M_j(\rho)\rangle = \mathrm{tr}(\rho M_j) \quad (7.33)$$

为了估计密度矩阵 ρ,需要重复测量 ρ 在多个观测算符上的投影均值来获得足够多的信息. d 维量子态 ρ 的完备观测算符集合 M 对应的投影均值集合为

$$\langle M(\rho)\rangle = \{\langle M_1(\rho)\rangle, \langle M_2(\rho)\rangle, \cdots, \langle M_{d^2}(\rho)\rangle\} \quad (7.34)$$

$\langle M(\rho)\rangle$ 中共有 d^2 个投影均值. 由于量子态 ρ 满足条件 $\mathrm{tr}(\rho)=1$,式(7.34)中对应单位算符的投影均值 $\langle I(\rho)\rangle$ 必然为 1,不需要测量,因此完备测量的总次数为 d^2-1.

根据测量均值与对应的观测算符来精确重构出密度矩阵 ρ 的过程,即为量子状态估计. 不考虑测量过程中噪声带来的误差,当所选择的泡利观测算符集合是完备的,对 ρ 的测量是信息完备测量,此时 ρ 的密度矩阵的计算公式为

$$\rho = \frac{1}{d}\sum_{i=1}^{d^2}\langle M_i\rangle M_i \quad (7.35)$$

定义 7.1 唯一确定性(Uniquely Determined,简称 UD):当所选择的观测算符集合不完备时,对 ρ 的测量是信息不完备测量,设此时观测算符集合为 $M' = \{M_1, M_2, \cdots, M_m\}(m<d)$. 如果存在另一个 d 维量子态 $\rho'(\rho'\neq\rho)$ 满足 $\langle M'(\rho')\rangle = \langle M'(\rho)\rangle$,则此量子态 ρ 不能够被观测算符集合 M' 唯一确定,此时无法精确估计出 ρ;如果不存在这样的 ρ' 满足 $\langle M'(\rho')\rangle = \langle M'(\rho)\rangle$,那么称量子态 ρ 能够被观测算符集合 M' 唯一确定,在采用合适的优化算法的前提下,可以根据 M' 和 $\langle M'(\rho)\rangle$ 精确重构出 ρ 的密度矩阵.

这是一个十分简单的定义,还可以引出另一个定义.

定义 7.2　纯态的唯一确定性概念(Uniquely Determined among all Pure States,简称 UDP):不存在另一个纯态满足 $\langle M'(\rho')\rangle = \langle M'(\rho)\rangle$,被测一方能够被观测算符集合 M' 完全确定.反之,如果观测算符集合 M' 能够唯一确定某个状态,那么观测算符集合 M' 和对应测量值,就能够完整重构出 ρ 的状态.根据此性质,可以证明一个算符集是否是一个给定量子态的最优测量算符集.

基于信息完备测量的量子态估计至少需要 d^2-1 次测量,测量算符数 m 随着量子维度数 d 的增加呈指数增长,对于高量子位状态而言,其重构所需的测量工作量极其庞大.利用部分测量进行状态估计,能够有效减少测量次数,但前提是保证所选观测算符能够唯一确定被估计状态.已有的研究表明,当 ρ 为任意 d 维纯态时,只需不超过 $m = 4d-5$ 个观测算符就能够唯一确定 ρ(Chen et al.,2013).压缩传感理论指出:当量子状态 ρ 为纯态或者近似纯态时,只需从 d^2 个测量配置中随机采样 $m = O(rd\log d)$ 个,就能以极大概率准确地恢复出 ρ.然而我们在研究中发现,上述两种减少测量配置数的方法中,前者在选择对应的观测算符方案上存在较大困难,而后者 CS 理论在系统维度 d 较小($d \leqslant 3$),或者 ρ 的密度矩阵极为稀疏时,重构效果并不理想.

事实上,对于量子纯态尤其是本征态和密度矩阵较为稀疏的叠加态,我们可以设计合适的方案,使用远少于 $m = 4d-5$ 和 $m = O(rd\log d)$ 的观测次数来实现任意比特位量子纯态有效重构.下一小节中将对此进行详细介绍.

7.5.2　稀疏密度矩阵的最优测量算符集

本小节我们分析两类稀疏密度矩阵量子态:本征态与 2-叠加态(由两种本征态构成的叠加态,简称 2-叠加态)重构所需的最少测量次数(最优测量算符集),并分别给出最优测量配置集的构造方法.

对于一个 n 比特的纯态 ρ,设至少需要 m 个由泡利基的观测量及其直积构成的测量值才能精确重构出 ρ 的密度矩阵,称 m 为重构 ρ 的最少测量配置数,这样的一组所需要的观测量 $M = \{M_1, M_2, \cdots, M_m\}$ 称为 ρ 的一个最优测量配置集合.

定理 7.1(本征态重构的最少测量次数)　设 $\rho = |\psi\rangle\langle\psi|$ 为 n 比特本征态,那么精确重构 ρ 所需的最少测量次数为 $m_{\min} = n$,所对应的最小采样率为 $\eta_{\min} = n/d^2$.

证明　测量配置集 M 能够精确重构纯态 ρ 的一个充分条件是:M 和对应测量值集 $\langle M \rangle$ 能够在纯态中唯一确定 ρ,即不存在其他任何纯态具有相同的测量值集 $\langle M \rangle$.因此证明定理 7.1 只需要证明存在大小为 n 的测量配置集 M 能够唯一确定 ρ.

当 $\rho = |\psi\rangle\langle\psi|$ 为本征态时,根据式(7.28)可知,$|\psi\rangle \in \{|e_i\rangle \mid i = 0, \cdots, d-1\}$ 有 2^n

种不同情况,对$|\psi\rangle$的有效观测量M_j显然属于如下大小为2^n的观测量集合:

$$\{M_{i_1,i_2,\cdots,i_n} = \sigma_{i_1} \otimes \sigma_{i_2} \otimes \cdots \otimes \sigma_{i_n}, \sigma_{i_k} \in \{I, Z\}; k = 1, 2, \cdots, n\} \quad (7.36)$$

设$|e_i\rangle = |x_1 x_2 \cdots x_n\rangle$,其中$|x_i\rangle$代表二维矢量$|0\rangle$或$|1\rangle$,根据式(7.29)和式(7.31)容易得到测量值的表达式为

$$\langle M_j \rangle_i = \langle e_i | M_j | e_i \rangle$$
$$= (\langle x_1 | \sigma_{i_1} | x_1 \rangle) \cdot (\langle x_2 | \sigma_{i_2} | x_2 \rangle) \cdot \cdots \cdot (\langle x_n | \sigma_{i_n} | x_n \rangle) \quad (7.37)$$

由于式(7.37)右边因式$\langle x_k | \sigma_{i_k} | x_k \rangle$的值为$+1$或$-1$,所以测量值仅为$+1$或$-1$两种情况.对于两个任意本征态$|e_k\rangle$,$|e_j\rangle$,若$\langle e_k | M_i | e_k \rangle \neq \langle e_j | M_i | e_j \rangle$,那么称算符$M_i$是对$|e_k\rangle$,$|e_j\rangle$的一个分类.容易看出,式(7.37)中任意算符$M_j$都是对本征态集合$\{|e_i\rangle | i = 0, \cdots, d-1\}$中元素的一个分类.显然,任意算符$M_j$可以将本征态$\{|e_i\rangle | i = 0, \cdots, d-1\}$划分为相等的两部分,在此基础上,可以找到另一个算符M_k,满足M_j和M_k将$\{|e_i\rangle | i = 0, \cdots, d-1\}$划分为4个等量的部分,并以此类推,必然存在$n$个算符将$\{|e_i\rangle | i = 0, \cdots, d-1\}$中的元素划分为$2^n$部分,也即是说,这$n$个算符可以将$\{|e_i\rangle | i = 0, \cdots, d-1\}$中的每个本征态都唯一确定.另外,当算符$M_k$数小于$n$时,显然无法区分.证毕.

根据定理7.1,可以给出任意n比特本征态的一个最优测量配置集:

$$M_E^{(n)} = \{ \underbrace{I\cdots IZ}_{n-1} I \cdots \underbrace{IZI}_{n-2} \underbrace{I\cdots IZI}_{n-3} I \cdots IZII \cdots \underbrace{I\cdots IZ}_{n-2} \underbrace{I\cdots I}_{n-1} \} \quad (7.38)$$

$M_E^{(n)}$中包含n个测量算符.需要注意的是最优测量配置集并不唯一,$M_E^{(n)}$仅是其中之一.根据M_E很容易得到$n = 5$时任意本征态$\rho_1^{(5)}$的一个最优测量配置集为$M_E^{(5)} = \{IIIIZ \ IIIZI \ IIZII \ IZIII \ ZIIII\}$.

定理7.2(2-叠加态重构的最少测量次数) 设ρ是由2个本征态构成的n比特叠加态,对状态ρ进行重构所需的理论最少测量次数为$m_{\min} = d+1$,所对应的最小采样率为$\eta_{\min} = (d+1)/d^2$.

证明 当$\rho = |\psi\rangle\langle\psi|$为2-叠加态时,设$|\psi\rangle = \sum\limits_{i=0}^{d-1} c_i |e_i\rangle$,其中除$c_k, c_j \neq 0$外,其他参数均为$0$,因此

$$\rho = (c_k | e_k \rangle + c_j | e_j \rangle)(\bar{c}_k \langle e_k | + \bar{c}_j \langle e_j |) \quad (7.39)$$

密度矩阵ρ中元素可以分为对角元素和非对角元素两类.设测量配置集M和对应测量值集$\langle M \rangle$在纯态中唯一确定ρ,显然M能唯一确定ρ的所有元素.

我们先分析对角元素,假设M_e为M的一个子集且M_e能对ρ的对角元素唯一确定,

显然 $M_e \subset \{M_{i_1,i_2,\cdots,i_n} = \sigma_{i_1} \otimes \sigma_{i_2} \otimes \cdots \otimes \sigma_{i_n}, \sigma_{i_k} \in \{I, Z\}; k = 1, 2, \cdots, n\}$，设 $M_e = \{M_{e1}, \cdots, M_{eq}\}$ 包含 q 个不同算符，根据式(7.29)可得

$$\langle M_{ei} \rangle = \mathrm{diag}(M_{ei}) \cdot \mathrm{diag}(\rho) \tag{7.40}$$

其中，$\mathrm{diag}(\rho)$ 表示 ρ 的对角元素构成的矢量，其中包含 2^n 个未知数 $|c_i|^2$.

由于矢量 $\mathrm{diag}(M_{ei})$ 两两正交，当 i 取不同值时，式(7.35)构成对 $\mathrm{diag}(\rho)$ 中 2^n 个未知数的一个方程组，考虑到这 2^n 个未知数之间有约束条件 $\sum_{i=0}^{d-1} |c_i|^2 = 1$，因此需要 $2^n - 1$ 个方程才能唯一解出 $\mathrm{diag}(\rho)$，因此 $q = 2^n - 1$，对应的最优测量算符集为 $M_e = \{M_{i_1,i_2,\cdots,i_n} = \sigma_{i_1} \otimes \sigma_{i_2} \otimes \cdots \otimes \sigma_{i_n}, \sigma_{i_k} \in \{I, Z\}; k = 1, 2, \cdots, n; M_{i_1,i_2,\cdots,i_n} \neq I \otimes I \otimes \cdots \otimes I\}$.

下面分析非对角元素，将式(7.34)代入式(7.29)中整理得到

$$\langle M_i \rangle = |c_k|^2 \langle \psi_k | M_i | \psi_k \rangle + |c_j|^2 \langle \psi_j | M_i | \psi_j \rangle + c_k \bar{c}_j \langle \psi_j | M_i | \psi_k \rangle$$
$$+ \bar{c}_k c_j \langle \psi_k | M_i | \psi_j \rangle \tag{7.41}$$

其中，$|c_k|^2$ 和 $|c_j|^2$ 代表对角元素，可以由 M_e 测得，$c_k \bar{c}_j$ 和 $\bar{c}_k c_j$ 代表对角元素，$c_k \bar{c}_j = (\bar{c}_k c_j)^\dagger$，其位置可以通过 $|c_k|^2$ 和 $|c_j|^2$ 唯一确定，只需要分别测量实部 $\mathrm{real}(c_k \bar{c}_j)$ 和虚部 $\mathrm{imag}(c_k \bar{c}_j)$，显然，$\mathrm{real}(c_k \bar{c}_j)$ 和 $\mathrm{imag}(c_k \bar{c}_j)$ 至少需要 2 个泡利算符 M_j 才能唯一确定.

综上，唯一确定 2-叠加态 ρ 所需的最少测量配置数为 $m_{\min} = q + 2 = d + 1$. 证毕.

根据定理 7.2，可以给出 2-叠加态的一个最优测量配置集：

$$M_S^{(n)} = M_e \bigcup M_n \tag{7.42}$$

其中，$M_e = \{M_{i_1,i_2,\cdots,i_n} = \sigma_{i_1} \otimes \sigma_{i_2} \otimes \cdots \otimes \sigma_{i_n}, \sigma_{i_k} \in \{I, Z\}; k = 1, 2, \cdots, n; M_{i_1,i_2,\cdots,i_n} \neq I \otimes I \otimes \cdots \otimes I\}$ 对应对角元素，$M_n = \{M_x, M_y\}$ 对应非对角元素，且 M_x, M_y 由不为零参数 $|c_k|^2$ 和 $|c_j|^2$ 的序号 k, j 决定.

7.5.3　任意纯态的最优测量算符集

本小节中我们给出任意 n 量子位纯态重构所需的最少测量次数. 在选择泡利观测算符的情况下，我们给出基于两步测量方法的任意量子纯态估计所需的最少测量次数，并给出此结果的严格证明. 同时，提供一种任意 n 量子位纯态的最优观测算符集的构建方法，并通过仿真实验对基于最优观测算符集的纯态重构效果进行了验证.

设待估计状态 $\rho = |\psi\rangle\langle\psi|$ 为叠加态,且 $|\psi\rangle = \sum_{i=0}^{d-1} c_i |e_i\rangle$ 的本征系数 c_i 中有且仅有 l 个不为 0,即 ρ 中仅有 $l \times l$ 个非零元素时,称 ρ 为 l- 叠加态($2 \leqslant l \leqslant d$).需要注意的是,在测量之前我们并不知道 l 的具体数值及其在 ρ 中对应的非零元素位置.当对 ρ 进行测量时,先测出 l 的值及其对应的非零元素位置能够有效指导后续非对角元素对应观测算符的选择.

我们先分析对 ρ 中对角元素进行测量时,所需最少测量次数 m_q^s 与系统维度 d 之间的关系.

引理 7.1   设待估计量子态为 $\rho = |\psi\rangle\langle\psi|$,在选择泡利观测算符的情况下,如果 ρ 为 n 比特 l-叠加态,当 $2 \leqslant l \leqslant d$ 时,精确重构 ρ 的对角元素所需的最少测量次数为 $m_q^s = d - 1$.

证明   假设 M_e 为式(7.36)中 M 的一个子集且 M_e 能对 ρ 的对角元素唯一确定,根据定理 7.1 的证明过程,显然有 $M_e \subset M_{\mathrm{diag}}$.设 $M_e = \{M_{e1}, \cdots, M_{em_q^s}\}$ 包含 m_q^s 个不同算符,根据式(7.33)可得:

$$\langle M_{et}(\rho) \rangle = \mathrm{diag}(M_{et}) \cdot \mathrm{diag}(\rho) \tag{7.43}$$

其中,$t = 1, 2, \cdots, m_q^s$,$\mathrm{diag}(\rho)$ 表示提取 ρ 的全部对角元素构成的矢量.由于 l 的具体数值以及对应非零对角元素未知,$\mathrm{diag}(\rho)$ 中包含 d 个未知数 $|c_i|^2$,且这 d 个未知数之间有约束条件 $\sum_{i=0}^{d-1} |c_i|^2 = 1$.由于矢量 $\mathrm{diag}(M_{et})$ 两两正交,当 t 取不同值时,将 M_{et} 代入式(7.42)中可以得到一个关于 $\mathrm{diag}(\rho)$ 中 d 个未知数 $|c_i|^2$ 的方程组,其中观测算符 $M_0 = II \cdots I$ 显然不需要代入(由于约束条件 $\sum_{i=0}^{d-1} |c_i|^2 = 1$),$\langle M_0 \rangle = \mathrm{diag}(M_0) \cdot \mathrm{diag}(\rho)$ 必然等于 1.为了解出这 d 个未知数,至少还需要 $d - 1$ 个方程,由此易得 $m_q^s = d - 1$.证毕.

由上述 $d - 1$ 个不同观测算符构成的集合 M_e 为

$$M_e = M_{i_1, \cdots, i_n} = \sigma_{i_1} \otimes \cdots \otimes \sigma_{i_n}, \sigma_{i_k} \in \{I, Z\}; k = 1, 2, \cdots, n;$$
$$M_{i_1, i_2, \cdots, i_n} \neq I \otimes \cdots \otimes I \tag{7.44}$$

下面我们将讨论对 ρ 中非对角元素进行测量时,所需最少测量次数 m_k^s 与量子位数 n 之间的关系.

引理 7.2   设待估计量子态 $\rho = |\psi\rangle\langle\psi|$ 为 n 比特 l-叠加态且 $l \geqslant 2$,在选择泡利观测算符的情况下,如果已知 ρ 的全部 l 个对角元素,那么确定 ρ 的全部 $l(l-1)$ 个非对角元素所需的最少测量次数为 $m_k^s = 2(l-1)$.

证明　当 $\rho = |\psi\rangle\langle\psi|$ 为 l-叠加态时,设 $|\psi\rangle = \sum_{i=0}^{d-1} c_i |e_i\rangle$ 中有且仅有 l 个非零参数 $c_{k_1}, \cdots, c_{k_l}$,其他参数均为 0,故有

$$\rho = (c_{k_1}|e_{k_1}\rangle + \cdots + c_{k_l}|e_{k_l}\rangle)(\bar{c}_{k_1}\langle e_{k_1}| + \cdots + \bar{c}_{k_l}\langle e_{k_l}|) \tag{7.45}$$

将式(7.45)代入式(7.33)中,整理后可得

$$\langle M_i(\rho)\rangle = \underbrace{|c_{k_1}|^2\langle e_{k_1}|M_i|e_{k_1}\rangle + \cdots + |c_{k_l}|^2\langle e_{k_l}|M_i|e_{k_l}\rangle}_{I}$$

$$+ I \begin{cases} \underbrace{c_{k_1}\bar{c}_{k_2}\langle e_{k_2}|M_i|e_{k_1}\rangle + \cdots + c_{k_1}\bar{c}_{k_l}\langle e_{k_l}|M_i|e_{k_1}\rangle +}_{I-1} \\ \underbrace{c_{k_l}\bar{c}_{k_1}\langle e_{k_1}|M_i|e_{k_l}\rangle + \cdots + c_{k_l}\bar{c}_{k_{l-1}}\langle e_{k_{l-1}}|M_i|e_{k_l}\rangle}_{I-1} \end{cases} \tag{7.46}$$

其中,等式右边前 l 项为对角元素,可以由 M_e 测得,后 $l(l-1)$ 项为非对角元素.

如果 d 个对角元素 $|c_i|^2$ 已知,那么 l 个非零参数 $c_{k_1}, \cdots, c_{k_l}$ 的编号已知,设 l 个非零对角元素为 $c_{k_t} = a_{k_t} + \mathrm{i}b_{k_t}$($t = 1, \cdots, l$, $a_{k_t}, b_{k_t} \in \mathbf{R}$).要测得 $l(l-1)$ 个非对角元素,实际上仅需确定参数 a_{k_t}, b_{k_t} 的值.由于全局相位不影响量子态的密度矩阵,不妨设 c_{k_1} 的虚部为零,即 $c_{k_1} = a_{k_1} = \sqrt{|c_{k_1}|^2}$,此时未知量 a_{k_i}, b_{k_i} 各有 $l-1$ 个,未知数总数为 $2(l-1)$.

对于非对角元素,相关的泡利观测算符集可由观测算符集相减得到:

$$M_{\mathrm{non}} = M - M_{\mathrm{diag}} \tag{7.47}$$

用 M_n($n = d+1, \cdots, d^2$)表示 M_{non} 中观测算符,当 n 取不同值时,将 M_n 代入式(7.46)中可以得到一个关于 $2(l-1)$ 个未知量 a_{k_i}, b_{k_i} 的方程组.为了解出这 $2(l-1)$ 个未知量,至少还需要 $2(l-1)$ 个方程,即 $2(l-1)$ 个观测算符,且这 $2(l-1)$ 个方程构成的方程组中包含全部 $2(l-1)$ 个未知量,由于矢量 $\mathrm{diag}(M_n)$ 两两正交,必然存在这样一组 $2(l-1)$ 个观测算符,满足上述要求,$m_k^s = 2(l-1)$.证毕.

综上所述,采用自适应测量方法估计任意纯态时,先选择密度矩阵对角元素相关的观测算符,然后基于测量结果选择合适的非对角元素观测算符进行测量.根据引理 7.1 和引理 7.2,可得关于任意量子 l-叠加态重构的定理 7.3.

定理 7.3　假设待估计量子态为 ρ,在选择泡利观测算符的情况下,如果 $\rho = |\psi\rangle\langle\psi|$ 为任意 n 比特 l-叠加态($2 \leqslant l \leqslant d$),那么精确重构 ρ 的所需的最少观测算次为 $m_{\min}^s = m_q^s + m_k^s = d + 2l - 3$,对应的理论最小采样率为 $\eta_{\min}^s = (d + 2l - 3)/d^2$.由于 l 的范围为 $2 \leqslant l \leqslant d$,根据 $m_{\min}^s = d + 2l - 3$,容易得到 $m_{\min}^s$ 的范围为 $d + 1 \leqslant m_{\min}^s \leqslant 3d - 3$.$\eta =$

m/d^2.

任意 n 比特 l-叠加态 ρ 的最优观测算符集的一种构造方案为

$$M_S^{(n)} = M_e \bigcup M_{2(l-1)} \tag{7.48}$$

其中,观测算符集 M_e 对应对角元素,如式(7.44)所示,观测算符集 $M_{2(l-1)}$ 对应非对角元素,其具体内容则依赖于 M_e 在对角元素上的测量结果.

表 7.3 为 3 种不同状态重构方法:UDP、CS 和最优观测算符集合所需的观测次数 m 与对应采样率 η,其中最优观测算符集合对应观测次数 m 分别取最大值 $m=3d-3$ 与最小值 $m=d+1$.

表 7.3　UDP、CS 和最优观测算符集合所需的观测次数 m 与对应采样率 η

	UDP	CS	最优观测算符 集合最大值	最优观测算符 集合最小值
m	$4d-5$	$O(d\log d)$	$3d-3$	$d+1$
η	$(4d-5)/d^2$	$O(d\log d)/d^2$	$(3d-3)/d^2$	$(d+1)/d^2$

UDP、CS 和最优观测算符集合的 3 种方法所需的观测次数 m 随比特位 n 的变化曲线如图 7.7 所示,对应的 3 种采样率 η 随比特位 n 的变化曲线如图 7.8 所示.

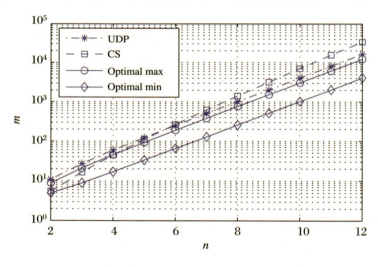

图 7.7　观测次数 m 随比特位 n 的变化曲线

对比表 7.3 中数据可以看出,无论 l 如何取值,最优观测算符集合所需的观测次数 m 总小于 UDA 所需数目,此结果说明:采用本小节的量子态估计方法能够有效减少量子态重构所需的观测次数. 从图 7.7 和图 7.8 的实验结果中可以看出, 当比特位 $n=2$ 时, 最优观测算符集合对应 m 的最大值、最小值分别为 9 和 5, 其数目分别随着 n 的增加指数增长, 最终稳定在 3 倍左右差距.

对比图 7.7 中的四条曲线可以看出, 当 l 值较小 ($l=1,2$) 时, 3 种状态重构方法中, 两步测量法所需观测次数最少, 具有明显优势; 当 l 值较大 ($l \approx d$) 时, 在 n 值较小时 ($n \leqslant 4$), 基于 CS 的方法需观测次数少于 UDA 和两步测量法, 但随着 n 值增加 ($n>4$), 两步测量法所需观测次数将少于 CS 和 UDP 方法. 从图 7.8 中可以看出, 当 n 取值较大 ($n=12$) 时, 两步测量方法所需采样率比 CS 和 UPD 方法小了近一个数量级. 此结果表明, 本小节给出的基于两步测量法的量子态重构方法, 相比 UDP 和 CS 方法大幅减少了所需的观测次数, 此结果可以指导实际实验中量子纯态估计中观测算符的选择.

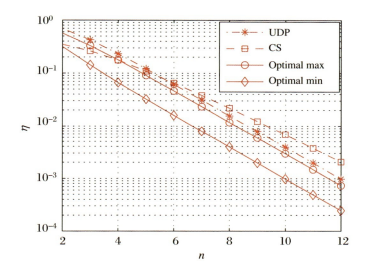

图 7.8　采样率 η 随比特位 n 的变化曲线

7.5.4　基于最优测量算符集的量子态重构

7.5.4.1　量子态重构仿真实验

本小节我们通过仿真实验, 考察基于最优观测算符集合的量子态估计方法的效果. 在基于最优观测算符集合对量子态进行估计时, 如果不考虑测量过程中的噪声, 最优观测算符集合能够包含被测状态的全部信息,因此,可以采用信息完全情况下的重构方式:直接代入重构式(7.35)中进行计算.然而,在实际的状态重构中,不可避免地存在测量噪声和误差,当采用最优观测算符集时,必须考虑实际测量中的噪声和误差.为了消除噪声的影响,可以在估计前增加噪声过滤步骤,即通过设置阈值过滤掉测量中的部分噪声,另外在计算过程中基于密度矩阵的物理性质对结果进行优化.基于最优观测算符集合的估计过程为:

(1) 首先用 M_e 对量子态对角元素进行测量,测量时设置一个噪声阈值 S,对任意由 $\langle M_j(\rho) \rangle = \mathrm{tr}(\rho M_j)$ 计算得到的 $|c_i|^2$,如果 $|c_i|^2 \leqslant S$,则认为 $|c_i|^2$ 为噪声,并令 $|c_i|^2 = 0$,如果 $|c_i|^2 > S$,则认为 $|c_i|^2$ 为有效值;

(2) 根据测得的 $|c_i|^2$ 值,选择合适的 $2(l-1)$ 个观测算符对非对角元素进行测量,计算测量结果;

(3) 采用信息不完全情况下状态估计:选择合适的优化算法,在满足密度矩阵正定、迹等于1、厄米性的约束下,将测量结果代入优化公式中进行计算,得到状态估计结果.

仿真实验中,随机选择 $n=4$ 量子位不同 l 值的任意纯态 ρ,此时 l 的范围为 $2 \leqslant l \leqslant 16$,通过测量结果构建最优观测算符集并对状态进行重构.假设测量噪声是方差为 $\varepsilon = 0.01$ 的高斯白噪声,分别选择 $l=4,8,12,16$,设定阈值 $S=0.05$,重构过程中优化算法选择的最小二乘法.实验中重构密度矩阵 $\hat{\rho}$ 和实际密度矩阵 ρ 之间的保真度 f 为:$f = \mathrm{tr}(\hat{\rho}\rho^{\dagger})/\sqrt{\mathrm{tr}(\hat{\rho}^2)\mathrm{tr}(\rho^2)}$,$f \in [0,1]$.

基于自适应测量的 $n=4$ 量子位不同纯态重构估计结果如图 7.9 所示,其中图 7.9(a)、图 7.9(b)、图 7.9(c)、图 7.9(d) 对应 $l=4,8,12,16$ 的叠加态,观测次数分别为 $m_a=21$,$m_b=29$,$m_c=37$,$m_d=45$,理论完备观测次数 $d^2-1=4^n-1=255$,对应采样率分别为 $\eta_a=8.20\%$,$\eta_b=11.33\%$,$\eta_c=14.45\%$,$\eta_d=17.58\%$.图 7.9(a)、图 7.9(b)、图 7.9(c)、图 7.9(d) 对应的状态估计保真度分别为 $f_a=99.94\%$,$f_b=98.56\%$,$f_c=97.42\%$,$f_d=97.14\%$.

从图 7.9 中可以看出,在 $n=4$ 比特情况下,对比 4 种估计结果,随着 l 增加,对应的采样率逐渐增大,而估计保真度逐渐减小,可见随着 l 增加,由于观测次数增加,测量噪声引起的误差也增大.4 种不同纯态的状态估计保真度均在 98% 以上,此方法在仅用不超过观测次数的情况下,得到较高保真度的估计结果,此结果说明基于最优观测算符集合的量子态估计方法能够较好地实现量子纯态的估计.

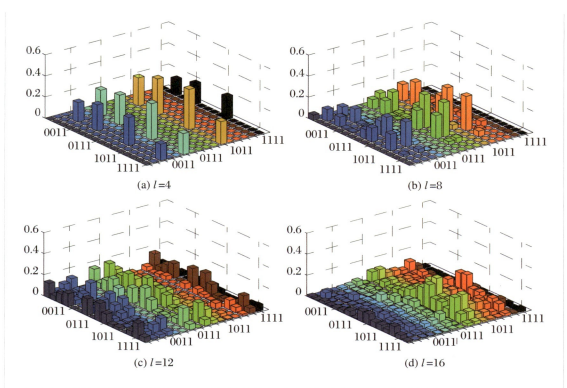

(a) $l=4$ (b) $l=8$

(c) $l=12$ (d) $l=16$

图 7.9　基于两步测量方法的 $n=4$ 量子位任意 $l=4,8,12,16$ 纯态重构估计结果

7.5.4.2　基于 NMR 实际测量数据的量子态重构

本小节我们对实际 NMR 实验中的 4 比特本征态和 2-叠加态进行基于最优测量配置的状态重构,重构所用测量值为实际 NMR 实验测量数据.实验对象为室温 303 K 下的碘三氟乙烯 $^{13}C^{19}F_3I$(Iodotrifluoroethylene)溶液,分子中的 1 个碳原子核 ^{13}C 和 3 个氟原子核 ^{19}F 组成一个 4 比特量子态,并标记 ^{13}C 为第 1 比特,$^{19}F_1$,$^{19}F_2$,$^{19}F_3$ 分别为第 2,3,4 比特.

NMR 实验中我们采用饱和性跃迁技术制备一个 4 比特的赝纯态(Pseudo-Pure State,简称 PPS):$\rho_0 = \dfrac{(1-\varepsilon)}{16} I^{\otimes 4} + \varepsilon |0000\rangle\langle 0000|$,然后通过调节外加射频场使 ρ_0 演化为需要的状态.实验中我们制备的本征态和 2-叠加态分别为

$$\rho_1 = |\,0000\rangle\langle 0000\,| \tag{7.49}$$

$$\rho_2 = \frac{1}{2}(|\,0101\rangle + |\,1010\rangle)(\langle 0101\,| + \langle 1010\,|) \tag{7.50}$$

对本征态 ρ_1,我们根据式(7.28)选择 4 比特本征态的最优测量配置集:

$$M_E^{(4)} = \{ IIIZ\ IIZI\ IIZI\ ZIII \} \tag{7.51}$$

对叠加态 ρ_2,首先根据式(7.38)中 M_e 进行测量,确定其参数 $k = 6, j = 11$,然后选择 $M_x = XXXX, M_y = YXXX$,得到最优测量配置集

$$
\begin{aligned}
M_S^{(4)} = \{ & IIIZ\ IIZI\ IIZZ\ IZII\ IZIZ\ IZZI\ IZZZ\ ZIII\ ZIIZ\ ZIZI\ ZIZZ\ ZZII\ ZZIZ \\
& ZZZI\ ZZZZ\ XXXX\ YXXX \}
\end{aligned}
\tag{7.52}
$$

集合 $M_S^{(4)}$ 中共有 17 个测量算符,需要注意的是 M_x, M_y 的选择不唯一.

根据 $M_E^{(4)}$ 和 $M_S^{(4)}$ 及其对应测量值,我们对状态 ρ_1, ρ_2 进行重构.因为观测量数较少,我们选择直接重构方式计算 ρ_1, ρ_2 的密度矩阵,重构公式为 $\hat{\rho} = \dfrac{1}{2^n} \sum_{i=1}^{m} (\langle M_i \rangle \cdot M_i)$,其中 m 为实际测量次数,本实验中分别为 4 和 17,M_i 代表式(7.51)和式(7.52)中的观测量,对应的测量结果为 $\langle M_i \rangle$.

实验中用保真度 f 表示重构效果,$f = \mathrm{tr}(\hat{\rho}\rho^{\dagger})/\sqrt{\mathrm{tr}(\hat{\rho}^2)\mathrm{tr}(\rho^2)}$, $f \in [0,1]$,其中 $\hat{\rho}$ 和 ρ 分别为实际重构密度矩阵和理论密度矩阵.ρ_1, ρ_2 基于实际 NMR 测量数据的重构密度矩阵如图 7.10 所示,其中图 7.10(a)和图 7.10(b)分别对应本征态 ρ_1 和 2-叠加态 ρ_2,测量配置数对应的采样率分别为 $\eta_1 = 1.56\%$, $\eta_2 = 6.64\%$,表 7.4 为最少测量配置数和压缩传感理论测量配置数与采样率的对比.重构结果的保真分别为 $f_1 = 1, f_2 = 0.9935$.

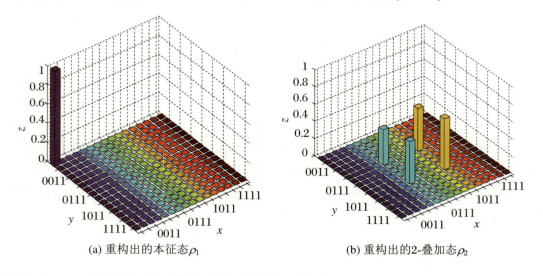

(a) 重构出的本征态 ρ_1 (b) 重构出的2-叠加态 ρ_2

图 7.10 ρ_1, ρ_2 基于最优测量配置集 $M_E^{(4)}$ 和 $M_S^{(4)}$ 的重构密度矩阵

	ρ_1		ρ_2	
	m	η	m	η
CS 理论	45	17.58%	45	17.58%
最少测量配置	4	1.56%	17	6.64%

在本小节 NMR 状态重构实验中,测量 4 比特系统的完备观测量需要 44 次制备和射频读数过程,我们将 ρ_1,ρ_2 的最优测量配置集 $M_E^{(4)}$ 和 $M_S^{(4)}$ 转换为对应的 NMR 测量组,分别对应的最少组数为 2 与 5,对应的实际测量比率为 4.55% 和 11.36%.实验结果表明,利用最优测量配置集可以精确重构出实际 NMR 实验中本征态和 2-叠加态,并大大减少实际 NMR 实验中测量的工作量.

7.6　小　　结

本章针对从核磁共振仪的实验中获取的真实实验数据,结合实验的具体获得输出值的情况,专门研究了 NMR 实验中的测量、量子逻辑门操作以及 NMR 测量算符组与泡利算符变换,并采用所提出的优化算法,基于 NMR 实际测量数据和压缩传感理论,设计了 NMR 量子状态重构方案,进行了对比实验与结果分析.本章提出并证明了一种量子状态估计的最优测量算符集,给出了稀疏密度矩阵的最优测量算符集,以及任意纯态的最优测量算符集,并基于最优测量算符集,采用 NMR 实际测量数据,进行了量子态重构.本章研究为采用所提出的优化算法以及最优测量算符集,将量子态估计在实际量子系统中的实现,给出了范例.

第 8 章

在线量子态估计算法

　　我们从第 8 章开始研究在线量子状态估计.前面的各章所进行的量子状态层析、量子态估计,以及量子态滤波,都是对一个固定的量子状态的重构,在量子态重构中所采样的优化算法都是离线执行的,换句话说,都对相同状态的全同副本,在不同(完备)的测量基下进行重复测量所获得的全部数据,不断重复地代入所设计出的优化算法中,进行反复迭代一般在 20 次左右,逼近到系统中的原始真状态.这种量子态的重构,在量子态制备等应用中,能够达到期望的目标.不过,当需要对变化的量子态进行估计或重构,甚至在每一个采样时刻,需要对量子系统的控制过程中随时间变化的量子状态进行实时在线地估计或重构,那么,量子层析以及离线量子态估计和滤波是不能胜任的.这就要求我们能够实现在线的量子态估计,开发出在线量子态估计的优化算法.离线与在线优化算法的主要区别在于两点:一是离线是对一个固定状态进行的重构,而在线是对一个随时间变化的状态函数进行跟踪;二是离线可以通过多次反复迭代来逼近原固定量子状态,而在线需要在每一个采样时刻,经过一次计算(迭代),就能够以高精度重构出该 k 时刻的量子状态,所以在线量子态重构,对在线优化算法的效率要求更高,更加具有挑战性.

　　实际上,我们对在线量子态优化算法的开发也是有一个过程的,在第 8 章中,在实现的在线量子态估计的过程中,所采用的优化算法实际上是离线优化算法,只是当将它们应用在较低量子位,比如一个量子位的在线估计中时,只需要最多估计两次,就一定能够获得高精度的估计结果,所以,当以估计精度来控制迭代次数时,离线的优化算法也是可以应用于在线量子态估计中的.我们之所以可以将离线算法应用于在线量子态估计的另一个原因是,我们在第6章所设计出的高效快速的离线优化算法的迭代公式中,实际上借鉴了在线优化算法的思想,所以获得了极好的估计效果,这使得我们能够成功地将其应用于实现高量子位的估计中.通过第8章的研究,我们对在线估计所特有的实验方面的原理与效果有了比较清楚的认识,那就是连续弱测量,包括如何基于连续弱测量,进行一个量子位动态测量算符的构造过程,以及向高量子位进行推广.另外就是在线动态估计中,测量窗口长短对估计性能的影响.所以在第9章中我们将重点放在真正的在线优化算法的推导、在线动态测量算符的设计,以及实验中的测量窗口的研究.在解决了这些问题的基础上,第10章的重点集中在不同的快速高效的在线优化算法的开发上.

8.1 基于连续弱测量的实时量子态估计

由于弱测量的非完全破坏性,人们能够实现对系统的连续弱测量.在连续弱测量中,由于观测量往往并非正交,不同观测量之间对应信息有所重叠,因此,保证信息完备所需观测量数目往往大于 d^2.量子态实时估计是指基于对量子态的连续弱测量结果来实时估计系统的状态.利用连续弱测量中非正交观测量往往无法直接计算出系统的状态,必须利用合适的算法,根据测量值来计算出满足条件的最优值,以作为量子状态估计的结果.相对于离线的对固定量子态的估计,主要用于量子态制备等应用中,量子态实时估计是量子系统状态反馈控制的前提,是真正实现高精度量子闭环控制的保障,具有重要的理论与实际应用价值.

本章讨论处于连续弱测量下的开放量子系统,对连续弱测量的物理实现进行描述,对连续弱测量下的 n-qubit 量子系统模型进行推导,并对低量子位的量子系统进行在线量子态估计的数值仿真实验.

8.1.1 连续弱测量的量子系统模型

量子连续弱测量是指连续不断地对所选的量子系统进行弱测量,这是一个动态的过程,人们可以根据测量结果获得被测系统的输出信息.基于连续弱测量所获得的系统信息,可以用于包括量子态制备在内的多种应用,从系统控制的角度来看,我们的主要目标是用于获取量子状态的估计,为将来用于量子状态反馈控制器的设计与实现做准备.

以处于真空磁场中的原子核系综 $\rho(t)$ 为例,对被测系统 $\rho(t)$ 的连续弱测量的过程如图 8.1 所示,其中采用一个探测系统,它是一束连续的激光束.设激光束中光子初态为 $|\phi\rangle$,输入的探测光子 $|\phi\rangle$ 与原子核系综 $\rho(t)$ 之间产生耦合纠缠,输出纠缠中的探测激光.利用零差探测器进行连续测量,输出的探测激光,在标准的相位空间变量 $X = \sum i \mid i\rangle\langle i\mid$ 上进行测量.由于探测系统和被测系统间相互作用的时间和强度很弱,测量对系统状态的反作用可以忽略.

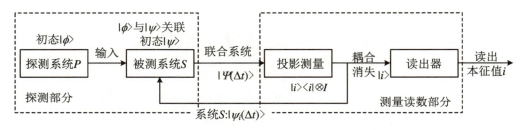

图 8.1 量子连续弱测量过程与系统结构图

当对被测系统 S 进行弱测量时,需要制备探测系统 P,探测系统 P 作为输入量与被测系统 S 发生耦合成为联合系统 $S\otimes P$.设探测系统 P 的初态为 $|\phi\rangle$,被测系统 S 的初态为 $\rho_0 = |\psi\rangle\langle\psi|$,联合系统 $S\otimes P$ 的初态为 $|\Psi\rangle = |\psi\rangle\otimes|\phi\rangle$.经过 Δt 时间的联合演化后, $|\Psi\rangle$ 变为 $|\Psi(\Delta t)\rangle$,将其作为探测部分的输出送入测量读数部分进行读数,读数过程表现为利用投影算符 $\pi_i = \mid i\rangle\langle i\mid$ 对探测系统 P 进行投影测量,读出结果为探测系统 P 在希尔伯特空间上本征态 $|i\rangle$ 的本征值.由于弱测量过程在实质上是对探测系统 P 进行投影测量,通过根据联合系统在弱测量前后状态的关系式,可以获得整个测量过程前后被测系统 S 状态变化的关系式,其中包含着对被测系统 S 状态的测量算符中的内容,也就是式(2.27)中的 M_i,它是由探测系统 P 的初态 $|\phi\rangle$、读出的投影算符 $\pi_i = \mid i\rangle\langle i\mid$,以及联合系统的演化算符 $U(\Delta t)$ 构成的广义测量算符.通过连续的弱测量,我们可以获得一

个测量算符的序列为 $\{M_i(\Delta t)\}$，其中，Δt 表示弱测量所需的极短时间间隔，i 表示对应的读数。对输出激光测量的结果读数 i 的概率为 $P(i|\rho(t)) = \mathrm{tr}[M_i^\dagger M_i \rho(t)]$。探测过程存在散列噪声(shot noise)，散列噪声会导致实际测量值 $y(t)$ 中存在高斯分布的误差，用均值为 0 的 Weiner 过程 $W(t)$ 表示噪声对测量结果的影响，于是 $\rho(t)$ 在观测算符 M_i 上的测量值 $y(t)$ 可以表示为

$$y(t) = \mathrm{tr}[M_i \rho(t)] + \sigma W(t) \tag{8.1}$$

在如图 8.1 所示的连续弱测量系统中，仅靠某一个时刻 t 的测量值 $y(t)$ 不能完整估计出系统的状态 $\rho(t)$，因为 $y(t)$ 仅包含了 $\rho(t)$ 的一部分信息。根据量子层析原理，人们需要一组信息完全的测量值，才能完整地估计出状态的密度矩阵 $\rho(t)$，因此必须利用不同时刻的测量值来估计系统状态。

量子系统随时间演化的动力学轨迹也被称为量子轨迹(quantum trajectory)，量子轨迹通常用量子系统主方程表示。基于连续弱测量的量子态估计要求对系统施加含时的控制量，以使连续弱测量能够得到完备的状态信息。对于处于动力学演化中的量子系统，估计前必须考虑动力学演化的影响，如果系统中除了状态外任何参数均已知，那么人们可以根据参数建立系统的动力学模型，利用动力学模型来计算测量对当前状态的影响，从而实现量子态的实时估计。

8.1.1.1 马尔可夫量子系统模型

在薛定谔绘景下，当忽略弱测量造成的反作用以及随机噪声时，系统是马尔可夫(Markovian)演化。被测系统的动力学轨迹可以用 Lindblad 型主方程表示为

$$\dot{\rho}(t) = \mathcal{L}_t[\rho(t)] = -\frac{\mathrm{i}}{\hbar}[H,\rho(t)] - \sum\left[\frac{1}{2}L^\dagger L\rho(t) + \frac{1}{2}\rho(t)L^\dagger L\right] + \sum L\rho(t)L^\dagger$$

$$\tag{8.2}$$

其中，$\mathcal{L}_t[\rho(t)]$ 为超算符，算符 L 表示由测量或环境造成的耗散与退相干。

设式(8.2)的解为

$$\rho(t) = \mathcal{V}_t[\rho(0)] = \mathcal{V}_t\rho(0)\mathcal{V}_t^\dagger \tag{8.3}$$

其中，$\mathcal{V}_t[\rho(0)]$ 为超算符，表示对 $\rho(0)$ 的运算，$\dfrac{\mathrm{d}\mathcal{V}_t}{\mathrm{d}t} = \mathcal{L}\mathcal{V}_t \Rightarrow \mathcal{V}_t = \mathcal{T}\left(\exp\displaystyle\int_0^T \mathcal{L}_s \mathrm{d}S\right)$，$\mathcal{T}$ 为时序算符(time-ordering operator)。

由于系统状态为马尔可夫演化，为了便于计算，将薛定谔绘景下的弱测量过程等转化为海森伯绘景下，此时，转变为采用随时间演化的测量算符 $M_i(t)$ 来连续测量一个恒

定量子初态的过程.

当超算符 $\mathcal{L}_t$ 不含时,也就是不施加任何含时控制场时,海森伯绘景下观测算符 $M_i(t)$ 的演化方程为

$$
\begin{aligned}
\dot{M}_i(t) &= \mathcal{L}_t^\dagger[M_i(t)] \\
&= \frac{\mathrm{i}}{\hbar}[H, M_i(t)] + \sum\left[\frac{1}{2}M(t)L^\dagger L + \frac{1}{2}L^\dagger L M(t)\right]\sum L^\dagger M(t)L
\end{aligned}
\tag{8.4}
$$

式(8.4)的解为

$$
M_i(t) = \mathcal{V}_t^\dagger[M_i(0)]
\tag{8.5}
$$

特别地,如果实验中测量为理想的无破坏测量,对系统影响可忽略,即 $L=0$,且明确系统哈密顿 H 不含时(但是含恒定外加控制场),此时薛定谔绘景下的系统动力学演化可以用刘维尔-冯·诺依曼(Liouville-von Neumann)方程描述:

$$
\dot{\rho} = -\frac{\mathrm{i}}{\hbar}[H, \rho(t)]
\tag{8.6}
$$

方程(8.6)的解为

$$
\rho(t) = \mathcal{V}_t[\rho(0)] = \exp(-\mathrm{i}Ht)\rho(0)\exp(\mathrm{i}Ht)
\tag{8.7}
$$

此时超算符为 $\mathcal{V}_t = \exp(-\mathrm{i}Ht)$.

如果不考虑散粒噪声,即式(8.1)中 Weiner 过程 $W(t)$ 对任意 t 均有 $W(t)=0$,那么薛定谔绘景下的弱测量过程等价于在海森伯绘景下,采用随时间演化的测量算符 $M_i(t)$ 连续测量一个恒定的量子态 $\rho(0)$ 的过程.海森伯绘景下随时间演化的测量算符 $M_i(t)$ 的表达式为

$$
M_i(t) = \mathcal{V}_t^\dagger[M_i(0)] = \exp(\mathrm{i}Ht)M_i\exp(-\mathrm{i}Ht)
\tag{8.8}
$$

测量算符 $M_i(t)$ 所对应的量子系统的测量值为

$$
y(t) = \mathrm{tr}[M_i\rho(t)] = \mathrm{tr}[M_i(t)\rho_0]
\tag{8.9}
$$

如果超算符 $\mathcal{L}_t$ 含时,那么由于超算符 $\mathcal{L}_t$ 与 $\mathcal{V}_t$ 不对易,在海森伯绘景下,测量算符 $M_i(t)$ 的演化方程不同于式(8.8),而是

$$
\dot{M}_i(t) = V_t^\dagger\{\mathcal{L}_t^\dagger[M_i(0)]\}
\tag{8.10}
$$

由于计算较为复杂,很难直接给出式(8.10)求解的表达式.多伊奇(Deutsch)等人在研究中给出一种数值计算的分段恒定值求解法(piecewise constant):假设在任意时间段

t_i 内,哈密顿量与超算符 $\mathcal{L}_{t_i}$ 恒定,如果 t_i 足够小,那么测量算符满足 $(M_i] = (M_0]\mathcal{V}_{t_i}$,其中 $\mathcal{V}_{t_{i+1}} = e^{\mathcal{L}_{t_i,\delta t}}\mathcal{V}_{t_i}$.

需要注意的是,海森伯绘景下测量算符 $M_i(t)$ 为随时间演化的非正交测量算符,不同于经典层析的正交观测完备数量为 d^2,不同时刻的 $M_i(t)$ 彼此非正交观测且相互不独立,因此,测量输出所包含系统状态的信息完备时,测量次数要大于 d^2.另外,由于系统本身状态未知,在不施加任何控制时,仅靠弱测量几乎不可能测得系统的完备信息,因为连续的弱测量也会对系统状态造成一定的破坏影响.

8.1.1.2 随机量子系统模型

测量中引入的噪声不可避免地会带来对量子态的估计误差,有时会得到非物理的状态估计值 $\hat{\rho}(t)$,此时可以使用最小二乘、极大似然等优化方法,获得在满足物理约束条件下的合理估计.为了实现量子系统的反馈控制,在估计出系统的状态后,还需要获取系统的动力学方程,并在此基础上施加一个合适的控制量.假设外加控制量为 $u(t)$,控制哈密顿为 H_C,此时系统哈密顿变为

$$H(t) = H_S + H_P + H_{\text{int}} + u(t)H_C \tag{8.11}$$

根据 $\rho(t+\mathrm{d}t) = A_0\rho(t)A_0^\dagger + A_1\rho(t)A_1^\dagger$,可以得到此情况下系统的动力学方程为

$$\rho(t+\mathrm{d}t) - \rho(t) = -\frac{\mathrm{i}}{\hbar}[H,\rho(t)]\mathrm{d}t + \left[c\rho(t)c^\dagger - \left(\frac{1}{2}c^\dagger c\rho(t) + \frac{1}{2}\rho(t)c^\dagger c\right)\right]\mathrm{d}t$$
$$+ \sqrt{\gamma\eta}[c\rho + \rho c^\dagger - \langle c + c^\dagger\rangle]\rho(t)\mathrm{d}W \tag{8.12}$$

简化后可得

$$\mathrm{d}\rho(t) = -\frac{\mathrm{i}}{\hbar}[H,\rho(t)]\mathrm{d}t + D[c]\rho(t)\mathrm{d}t + \sqrt{\gamma\eta}H[c]\rho(t)\mathrm{d}W \tag{8.13}$$

其中,$D[c]$ 为超算符,它是测量过程带来的确定性的 Lindblad 形式的漂移项,代表测量过程带来的确定的退相干作用:$D[c]\rho = c\rho c^\dagger - \left(\frac{1}{2}c^\dagger c\rho + \frac{1}{2}\rho c^\dagger c\right)$;$H[c]$ 也为一个超算符,它是测量过程带来的随机扩散项,是对量子系统状态产生的干扰,也称为反向效应(back-action):$H[c]\rho = c\rho + \rho c^\dagger - \langle c + c^\dagger\rangle\rho$;$\gamma$ 是装置的测量强度;η 为测量效率.

式(8.13)又被称为基于连续测量的随机主方程.若忽略右边第三项 $\sqrt{\gamma\eta}H[c]\rho(t)\mathrm{d}W$,则化为单项耗散的非条件性一般形式主方程:$\mathrm{d}\rho(t) = -\frac{\mathrm{i}}{\hbar}[H(t),\rho(t)]\mathrm{d}t + D[c]\rho(t)\mathrm{d}t$.

8.1.2　量子系统状态的实时估计

8.1.2.1　问题描述

本小节研究封闭二能级量子系统状态的演化轨迹与对应实时估计状态的轨迹,以及在所设计的外加控制磁场作用下,纯态到纯态演化轨迹的实时估计问题.

假设一个 1/2 自旋粒子系统 S,其状态 $\rho(t)$ 作为被实时估计的对象,系统处于 z 方向上恒定的外加磁场 B_z 与 x 方向上的控制磁场 $B_x = A\cos\phi$ 中,薛定谔绘景下系统的初始状态为 $\rho(0)$,随时间 t 演化的状态用 $\rho(t)$ 表示.对系统 S 施加连续的弱测量,初始弱测量观测算符为 M_i,不考虑散列噪声,忽略测量对系统造成的破坏(即假设弱测量的强度 $\lambda = 0$).被测系统在磁场 B_z 中的本征频率为 $\omega_0 = \gamma B_z$,其中 γ 是粒子系统的自旋磁比,$\Omega = \gamma A$ 为系统的 Rabi 频率,$\Omega \in \mathbf{R}$.

单比特自旋系统 S 的哈密顿量为

$$H = H_0 + u_x H_x \tag{8.14}$$

其中,$H_0 = -\dfrac{\hbar}{2}\omega_0\sigma_z$ 为自由哈密顿,$\sigma_z = \begin{pmatrix} 1 & 0 \\ 0 & -1 \end{pmatrix}$ 为 z 方向的泡利算符,$H_x = -\dfrac{\hbar\Omega}{2}(\mathrm{e}^{-\mathrm{i}\phi}\sigma^- + \mathrm{e}^{\mathrm{i}\phi}\sigma^+)$ 为控制哈密顿,$\sigma^- = \begin{pmatrix} 0 & 0 \\ 1 & 0 \end{pmatrix}$,$\sigma^+ = \begin{pmatrix} 0 & 1 \\ 0 & 0 \end{pmatrix}$,$u_x$ 为不含时的恒定控制量,$u_x \in \mathbf{R}^+$.

根据弱测量结果对系统状态 $\rho(t)$ 进行实时估计,必须解决的问题是,由于系统的演化造成弱测量结果在不同时刻对应不同的状态,而单独一个测量结果并不足以完整估计出系统的状态.

对于单比特自旋系统 S,由于测量影响和噪声都忽略不计,可以看做封闭系统,显然系统演化是马尔可夫的,其动力学为最简单的刘维尔-冯·诺依曼方程(8.6).当噪声忽略不计时,测量结果可通过式(8.1)中测量结果 $y(t)$ 表示,其中仅考虑初始测量算符 M_i 和状态 $\rho(t)$ 之间的关系.

在实时估计系统的状态 $\rho(t)$ 下,可以先将系统动力学方程转换为海森伯绘景下的模型,此时被估计状态恒定为 $\rho(0)$.海森伯绘景下随时间演化的测量算符 $M_i(t)$ 如式(8.8)所示,假定实验中连续弱测量读数的时刻为 t_j,两相邻时刻的间隔为 Δt.从零时刻开始记录测量值 $y(t_j)$,在每次弱测量后,记录 $\{y(t_j)\}$ 与对应 $\{M_i(t_j)\}$,通过将状态重构问题转化为代数上求最优解问题,利用合适的优化算法对优化问题进行求解,即可得到对初始量子状态 $\rho(0)$ 密度矩阵的重构 $\tilde{\rho}(0)$. 然后,在将每一次获得的系统在 t 时刻的初始状态,代入系统动力学方程中,通过系统演化到 t 时刻来获得 t 时刻的系统状态. 这是人们最早实现量子态在线实时估计的设计思路和做法,这种方案对随时间变化系统的状态制备是非常好的,但是,若想把在 t 时刻所估计出的状态用于量子反馈控制器的设计中,这种做法显然不合适,因为我们希望直接估计出的状态就是 t 时刻的系统状态,而不总是系统的初态,所以,在我们的在线实时状态估计中,我们直接采用薛定谔绘景下的动力学方程,此图景下的系统状态是随时间变化的 $\rho(t)$.

8.1.2.2　封闭系统单比特量子态的实时估计

本小节我们进行数值仿真实验,对不考虑测量噪声影响的连续弱测量下二能级系统状态进行实时估计,并分析实时估计结果的性能. 主要是想考察在进行实时量子态估计的过程中,不同初始测量算符和系统自身状态初始值的选取,以及有无控制量对状态估计效果的影响.

设实验中单比特自旋系统的初态为 $\rho(0)=(3/4\quad -\sqrt{3}/4;\ \sqrt{3}/4\quad 1/4)$,所对应的 Bloch 球上的坐标为 $(\sqrt{3}/2,0,1/2)$. 实验中,各个参数的选取分别为 $\frac{\hbar}{2}\omega_0=\Omega=2.5\times 10^{-18}$,控制场初始相位 $\phi=0$,取弱测量时间间隔 $\Delta t=0.4\times\frac{\hbar}{2}\omega_0=1\times10^{-18}$ s ≈ 4 a.u.,控制量 u_x 分别取三种不同值:$u_{x1}=0, u_{x2}=0.5, u_{x3}=1$,每一种控制量下,分别选择两种测量算符 $M_z=\sigma_z=\begin{pmatrix}1 & 0\\ 0 & -1\end{pmatrix}, M_x=\sigma_x=\begin{pmatrix}0 & 1\\ 1 & 0\end{pmatrix}$.

在量子态实时估计过程中,我们根据压缩传感理论,采用 2 范数估计器,将密度矩阵 ρ 的重构问题转化为一个核范数的优化问题:$\min\|\rho\|_*$,s.t. $y=A\cdot\mathrm{vec}(\rho)$,其中,$\|\rho\|_*$ 表示 ρ 的核范数,y 是由 m 个测量值构成的矢量,称为采样矢量,A 是由测量矩阵构成的采样矩阵,$\mathrm{vec}(X)$ 为变换算符,表示任意矩阵 X 的每一列按顺序首尾相连变换成的矢量. 上述核范数优化问题等价于在正定约束下,目标为 ρ 的 2 范数最小的优化问题:

$$\min\|A\cdot\mathrm{vec}(\rho)-y\|_2$$
$$\text{s.t. } \mathrm{tr}(\rho)=1,\ \rho\geqslant 0 \tag{8.15}$$

式(8.15)也被称为非负最小二乘优化方法. 研究表明,非负最小二乘优化方法也属于压缩传感优化方法. 基于压缩传感完全重构矩阵的充分条件:① 密度矩阵 ρ 为低秩矩阵;② 采样矩阵 A 满足限制等距条件(Restricted Isometry Property,简称 RIP),再根据

当前测量配置，y 和 A 可以表示为

$$y = (\langle M_{k_1} \rangle \quad \langle M_{k_2} \rangle \quad \cdots \quad \langle M_{k_m} \rangle)^{\mathrm{T}} \tag{8.16}$$

$$A = (\mathrm{vec}(M_{k_1})^{\mathrm{T}} \quad \mathrm{vec}(M_{k_2})^{\mathrm{T}} \quad \cdots \quad \mathrm{vec}(M_{k_m})^{\mathrm{T}})^{\mathrm{T}} \tag{8.17}$$

其中，M_{k_i} 为任意某个测量算符，$\langle M_{k_i} \rangle$ 为对应的测量值.

根据压缩传感理论，如果连续弱测量算符构成的采样矩阵 A 满足限制等距条件，那么可以利用少量随时间演化的测量算符 $\{M_i(t_i)\}$ 及其对应测量值 $\{y(t_i)\}$，对系统状态进行实时的估计. 在基于压缩传感对量子态进行重构时，需要利用合适的优化算法来求解式(8.15)的优化问题，得到满足约束条件的最优矩阵 $\tilde{\rho}$，$\tilde{\rho}$ 即为利用压缩传感重构出的密度矩阵.

在我们对状态进行重构的实验中，所采用的非负最小二乘方法是满足使用压缩传感理论的条件，实验中忽略迭代计算过程所耗费的时间. 定义实验中保真度公式为

$$f(t) = \mathrm{tr}\left(\sqrt{\tilde{\rho}(t)^{\frac{1}{2}} \rho(t) \tilde{\rho}(t)^{\frac{1}{2}}} \right) \tag{8.18}$$

其中，$\rho(t)$ 表示 t 时刻下的真实密度矩阵，$\tilde{\rho}(t)$ 为对应的实时估计密度矩阵.

图 8.2 为不同参数下的真实状态 $\rho(t)$ 与实时估计状态 $\tilde{\rho}(t)$ 在 Bloch 球中的演化轨迹，其中红色实线对应真实状态运行的轨迹，蓝色虚线对应实时估计状态轨迹，"o"表示真实状态的初态 $\rho(0)$，"*"表示实时估计状态的初态 $\tilde{\rho}(0)$，图 8.2(a)、图 8.2(b)、图 8.2(c)分别对应外加磁场控制量取 $u_{x1} = 0, u_{x2} = 0.5, u_{x3} = 1$，左右两图分别对应观测算符 M_z 与 M_x.

从图 8.2 中可以看出：

(1) 当 $t = 0$ 时，实时估计状态的初态 $\tilde{\rho}(0)$ 是由真实状态的初态 $\rho(0)$ 上的测量值计算得到的，因此图 8.2(a)、图 8.2(b)、图 8.2(c)中对应相同观测算符 M_z 或 M_x 的实时估计状态的初态 $\tilde{\rho}(0)$ 是相同的，对应的保真度分别为 $f_z(0) = 0.7906, f_x(0) = 0.9354$.

(2) 当外加磁场控制量 $u_{x1} = 0$ 时，系统处于自由演化状态，其演化轨迹为 x-y 平面上的一个圆，在测量算符 M_z 的作用下，所对应的估计结果为实际量子系统的状态 $\rho(t)$ 向 $z = 0$ 轴上投影所得到的混合态，而 M_x 所对应估计结果为 $\rho(t)$ 向 $z = 0$ 的 x-y 平面上的投影轨迹. 图 8.2(a)中所选择的测量算符 M_z, M_x 与系统自由哈密顿量 H_0 重合或正交，使得所进行的连续测量值无法测得系统状态足够有效的信息，不能实现对状态的精确实时估计.

(3) 当外加磁场控制量 $u_{x2} = 0.5$ 或 $u_{x3} = 1$ 时，系统的演化轨迹为 Bloch 球上与 x-y 平面具有一定夹角的圆，此时所选观测算符 M_z, M_x 与系统哈密顿量既不重合也不正交，能够得到量子态的精确估计结果.

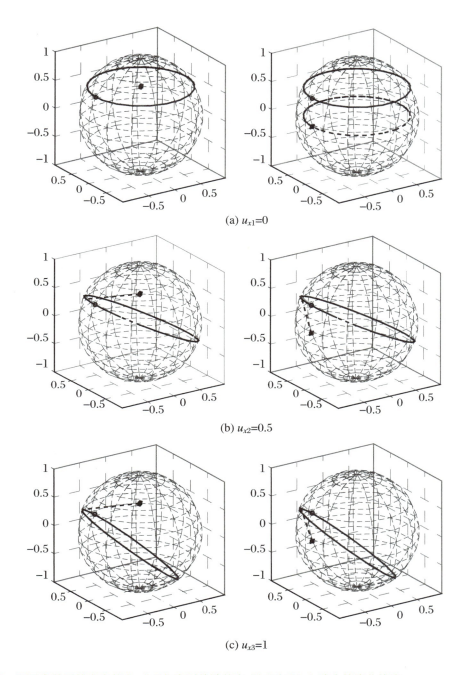

(a) $u_{x1}=0$

(b) $u_{x2}=0.5$

(c) $u_{x3}=1$

图 8.2　不同参数下的真实状态 $\rho(t)$ 与实时估计状态 $\tilde{\rho}(t)$ 在 Bloch 球中的演化轨迹

（4）所估计出的状态轨迹与实际系统的状态轨迹均在 $t_1=\Delta t$ 及之后的时刻重合，更加精确地说，是在 t_1 时刻起，可以开始得到精确的实时估计结果. 此结果表明，在基于压缩传感理论和连续弱测量对二能级系统进行状态重构时,仅需 2 次连续测得的测量值,就可以实时估计出系统的状态.

8.1.2.3　开放系统单比特量子态的实时估计

本小节我们将考虑待估计状态的系统 S 为开放的,同时噪声带来的耗散与测量带来的退相干均不可忽略的情况,此时系统 S 为开放量子系统,对其状态的实时估计必须考虑噪声和测量带来的状态改变.本小节中实验将重点考察开放量子系统中的 3 个重要参数对状态估计的效果所产生的影响,这些参数包括:外加控制量、相互作用强度 ξ,以及算符 L 的不同选取.

我们从易到难分成两种情况来进行讨论.

1. 不考虑噪声的影响

此时系统 S 仅受到弱测量带来的退相干作用.

在此情况下,S 的动力学是一个马尔可夫开放量子系统,系统演化方程为式(8.2):

$$\dot{\rho}(t) = \mathcal{L}_t[\rho(t)] = -\frac{i}{\hbar}[H, \rho(t)] - \sum\left[\frac{1}{2}L^\dagger L\rho(t) + \frac{1}{2}\rho(t)L^\dagger L\right] + \sum L\rho(t)L^\dagger$$

其中,算符 L 表示连续弱测量对系统 S 动力学演化的影响算符.

因为此时系统只受到弱测量的影响,设 $M_{j\perp}$ 是 M_j 的正交算符,$M_{j\perp}$ 与 M_j 构成一组完备算符 $(M_j)^2 + (M_{j\perp})^2 = I$.再根据第 2 章中有关弱测量过程中对联合系统的演化算符 $U(\Delta t)$ 的表达式(2.30),以及对弱测量算符 M_i 的表达式(2.31),可以推导出本节情况下的弱测量算符 M_i 的表达式为

$$M_i = I\langle i \mid \phi\rangle - [R\lambda/2 + i\lambda H_S\langle i \mid H_p \mid \phi\rangle] \tag{8.19}$$

其中,$R = (\xi\Delta t)H_S^2\langle i \mid H_P^2 \mid \phi\rangle/2$,为厄米算符且满足 $U(\Delta t) = I\otimes I - i\lambda H - R\Delta t/2$,当 $i = j$ 时,设 $\langle j \mid \phi\rangle = 1$,于是可以求出

$$M_j = I - (\xi R/2 + i\xi H_S)\Delta t \tag{8.20}$$

对应的可得

$$M_{j\perp} = M_{i\neq j} = \sqrt{R\Delta t} \tag{8.21}$$

根据上述公式容易得到

$$L^\dagger L = R \tag{8.22}$$

考虑系统 S 在演化过程中存在两种情况:与探测系统联合演化以及自身随时间的自由演化,系统 S 的动力学演化过程还可以描述为

$$\rho(t + dt) = A_0 \rho(t) A_0^\dagger + A_1 \rho(t) A_1^\dagger \tag{8.23}$$

其中

$$\begin{cases} A_0 = M_j + \mathrm{i}(1-\xi)H_S \Delta t + L \cdot W = I - (L^\dagger L/2 + \mathrm{i}H_S)\mathrm{d}t + L \cdot W \\ A_1 = M_{i \neq j} + L \cdot \mathrm{d}W = L\sqrt{\mathrm{d}t} + L \cdot W \end{cases}$$

$$\tag{8.24}$$

因此在超算符 $\mathcal{L}_t$ 不含时,转换为海森伯绘景下,此时由式(8.4)可得

$$\dot{M}_i(t) = \frac{\mathrm{i}}{\hbar}[H_S, M_i(t)] + L\rho(t)L^\dagger - \frac{1}{2}[L^\dagger L M_i(t) + M_i(t)L^\dagger L] \tag{8.25}$$

如果把系统 S 的式(8.23)看成微分式(8.2)的解析,那么式(8.25)的一种解析式为

$$M_i(t + dt) = A_0^\dagger M_i(t) A_0 + A_1^\dagger M_i(t) A_1 \tag{8.26}$$

这样,就可以根据式(8.26)计算出 $M_i(t)$ 不同时刻的值,然后采用与8.1.2.2 小节类似的办法,求解出系统 S 的实时估计值.

设单比特自旋系统 S 的初态为 $\rho(0) = (3/4 \quad -\sqrt{3}/4; \quad -\sqrt{3}/4 \quad 1/4)$,对应 Bloch 球坐标为 $(\sqrt{3}/2, 0, 1/2)$. 实验中的参数:$\frac{\hbar}{2}\omega_0 = \Omega = 2.5 \times 10^{-18}$,控制场初始相位 $\phi = 0$,取弱测量时间间隔 $\Delta t = 0.4 \times \frac{\hbar}{2}\omega_0 = 1 \times 10^{-18}$ s ≈ 4 a.u.. 其他参数还包括控制量 u_x、系统和辅助系统的相互作用强度 ξ,以及算符 L. 在退相干作用下,不同参数下真实状态 $\rho(t)$ 和实时估计状态 $\tilde{\rho}(t)$ 在 Bloch 球中随时间演化轨迹的实验结果如图 8.3 所示. 实验中分别选用了 3 组不同实验参数值,它们分别为:

(1) $u_{x1} = 0, \xi = 0.3, L_z = \sigma_z, L_x = \sigma_x$;

(2) $u_{x2} = 2, \xi = 0.3, L_z = \sigma_z, L_x = \sigma_x$;

(3) $u_{x3} = 2, \xi = 0.5, L_z = \sigma_z, L_x = \sigma_x$.

图 8.3 中的左图所对应的情况为 $L_z = \sigma_z$;右图所对应的情况为 $L_x = \sigma_x$;红色实线为真实状态的轨迹,蓝色虚线对应实时估计状态的轨迹;"o"表示真实状态的初态 $\rho(0)$,"$*$"表示实时估计状态的初态 $\tilde{\rho}(0)$. 图 8.3(a)、图 8.3(b)、图 8.3(c)分别对应外加磁场控制量取 $u_{x1} = 0, u_{x2} = 0.5, u_{x3} = 1$,左右两图分别对应观测算符 M_z 与 M_x. 观测算符 M 对状态估计的影响作用与算符 L 是相似的,所以在本小节实验中,我们选取相同的观测算符 M 与算符 L,重点考察算符 L 对量子态估计的影响.

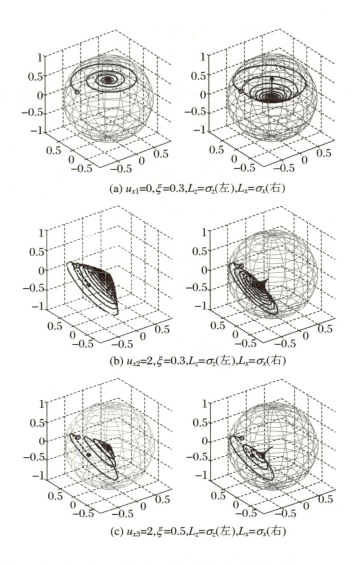

(a) $u_{x1}=0, \xi=0.3, L_z=\sigma_z(左), L_x=\sigma_x(右)$

(b) $u_{x2}=2, \xi=0.3, L_z=\sigma_z(左), L_x=\sigma_x(右)$

(c) $u_{x3}=2, \xi=0.5, L_z=\sigma_z(左), L_x=\sigma_x(右)$

图 8.3 退相干作用下真实状态 $\rho(t)$ 和实时估计状态 $\tilde{\rho}(t)$ 随时间演化轨迹

从图 8.3 中可以看出：

（1）当 $u_{x1}=0$ 且算符 L 与系统内部哈密顿 H_0 重合或垂直时，系统无法实现实时状态估计；当不重合或垂直时，仅需两次测量值就能实现精确估计并一直保持实时状态估计.

（2）当施加外部控制量时，即使系统内部的算符 L 与系统哈密顿重合或垂直，外加控制量的作用也能够使得系统状态的演化轨迹不再与系统哈密顿重合或垂直，因而同样仅需两次测量值就能够获得高精度的在线量子态的估计.

（3）相互作用 E_m 的影响，使得系统的演化运动的轨迹从初始状态，在耗散等相互作用的影响下，逐渐向球心衰减，直至最终到达球心。随着 E_m 的增加，到达球心的轨迹长度变短，时间变短。

（4）开放量子系统中控制量 ξ 决定了系统演化路径的方向和轨迹；相互作用强度 ξ 体现系统退相干的速度，决定状态演化轨迹的长短。

2. 考虑噪声影响下的情况

此时系统 S 同时受到弱测量带来的退相干作用和噪声以及耗散的影响，需要在式 (8.24) 上加噪声，作为随机演化方程 (8.13) 的解析式，然后用与之前类似方法求出实时估计结果。

我们做了两种情况下的数值实验，实验中，各个参数设置为：测量效率 $\eta = 1$，信噪比 (Signal Noise Ratio, 简称 SNR) 为 50，dW 由具有方差为 0.02 的随机噪声产生，控制量 $u_{x4} = 2$，相互作用强度 $\xi = 0.5$，L 算符分别为 $L = L_z = \sigma_z$，$L = L_x = \sigma_x$。实验噪声与测量影响时实际演化轨迹和实时估计轨迹如图 8.4 所示，其中，图 8.4(a) 为 $L = L_z = \sigma_z$ 情况，图 8.4(b) 为 $L = L_x = \sigma_x$ 情况，图中的红色实线为系统实际状态演化轨迹，蓝色虚线为在线估计的状态轨迹。

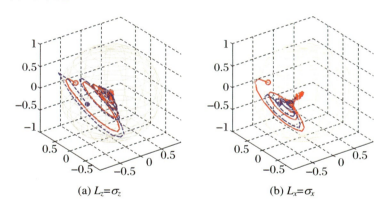

(a) $L_z = \sigma_z$ (b) $L_x = \sigma_x$

图 8.4　退相干和耗散作用下真实状态 $\rho(t)$ 和实时估计状态 $\bar{\rho}(t)$ 随时间演化轨迹

从图 8.4 中可以看出，当存在随机噪声 dW 时，估计结果中不可避免地出现误差，并且具有一定的随机波动性，不过在此情况下的估计结果也能达到相当高的精度，保真度在 0.98 以上。这意味着，即使考虑到连续弱测量的反作用和噪声的影响，我们的实时估计方案对于开放量子系统的实时状态估计依旧是有效的。

仔细观察在其他参数保持不变，在 L 算符分别取 $L = L_z = \sigma_z$，$L = L_x = \sigma_x$ 情况下的实验结果如图 8.4 所示，还是可以看出两者之间的差别。为了更加深入地考察两种情况下的不同影响,我们做出了两种实验情况下的保真度随测量次数的变化曲线,如图 8.5 所示,从中可以看出,对于 $L = L_z = \sigma_z$ 的情况,当测量次数超过 30,系统保真度就能够达到很高的精度.相比较而言,对于 $L = L_x = \sigma_x$ 的情况,对量子态的在线效果不如 $L = L_z = \sigma_z$ 的情况,不过此时没有出现非物理情况.之所以出现非物理情况,是因为对随机噪声的滤波比较困难,需要对其进行专门的研究.

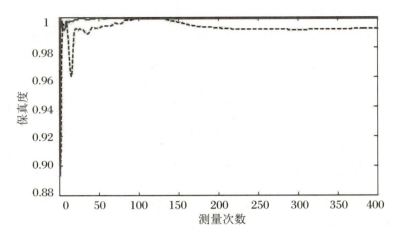

图 8.5　两种 L 算符的估计保真度随测量次数的变化曲线

8.2　基于交替方向乘子法的在线量子态估计算法

8.2.1　引言

　　一个量子系统可以根据是否与外界环境有相互作用分为封闭量子系统和开放量子系统,对量子状态进行测量会使量子状态引入随机性而成为随机开放量子系统.量子层析是最常用的量子状态估计方法,其通过对量子状态的大量全同副本进行多次测量,进而重构量子态的密度矩阵来恢复量子状态信息.一个 n 比特量子系统可用维数为 $d \times d$ ($d = 2^n$)的密度矩阵描述,并且密度矩阵满足半正定、单位迹的厄米矩阵约束.该系统的

完备测量次数为 4^n,随量子位数增加呈指数增长.但由于处于纯态或近似纯态的量子密度矩阵是低秩稀疏的,即秩 $r \ll d$,奇异值大部分为 0,因此我们可以利用压缩传感理论降低量子态测量次数.压缩传感理论指出只要测量矩阵满足限制等距特性,就可以由最少 $m = O(rd\log d) \ll d^2$ 个测量值并通过求解一个最优化问题来精确重构密度矩阵,实际中我们一般采用泡利矩阵构造测量矩阵.同时,在实际量子测量中测量噪声是不可避免的,为提高量子状态密度矩阵的恢复精度,我们需要实现对量子状态的估计.

在线算法也称流算法,针对以流形式到达的数据,无需等待全部输入完成,以序列化的方式实时处理数据,即时计算结果,因而在线算法不依赖于数据集的大小,适用于处理大规模数据.2012 年,Wang 等人基于随机优化理论和交替方向乘子法提出一种在线 ADMM 算法,但该算法在每次迭代中都需要解决一个精确的非线性优化并且无法求解非光滑损失优化问题.在线 ADMM 算法将每次迭代对全局的优化替换为对一个数据样本的优化,2013 年,Suzuki 将两大类在线学习算法包括在线临近梯度法(Online Proximal Gradient,简称 OPG)和正则对偶平均法(Regularized Dual Averaging,简称 RDA)应用到 ADMM 框架上,分别得到两种在线 ADMM 算法,并分别证明了算法的收敛性及其速率(Suzuki,2013).2013 年,Ouyang 等人也提出一种随机 ADMM 算法(Ouyang et al.,2013),在线学习和随机优化密切相关,基本上可以互换.

本小节以单比特随机开放量子系统为研究对象,对量子系统进行间接连续的弱测量,并提出一种基于在线临近梯度法的在线 ADMM 算法来实现量子态在线估计.

8.2.2 基于压缩传感理论的在线量子态估计模型

8.2.2.1 随机开放量子系统的连续弱测量算符

基于连续弱测量的量子态在线估计过程包括引入探测系统和被控量子系统发生耦合关联,并在 t 时刻进行弱测量操作,进而获得含有被测系统信息的测量值,再通过优化算法进行状态估计,并通过施加一定控制调节量来获得该时刻被测系统状态的估计值.弱测量是指被测系统和探测场之间的相互作用相对于系统参数很弱,测量过程对被测系统产生的影响很小.通过不断的连续弱测量,实现对演化的量子系统状态的在线估计.

在线测量过程中,作用在被测系统上的测量算符不再是定常矩阵,而是随时间变化的测量算符 M_t.在薛定谔绘景下,通过推导,对于 2 能级量子系统进行弱测量时,测量算符组仅包含 $M_0(\Delta t)$ 和 $M_1(\Delta t)$ 两个算符,可以构造相应的弱测量算符 $M_0(\Delta t)$ 和 $M_1(\Delta t)$ 分别为

$$M_0(\Delta t) = I - [L^\dagger L/2 + \mathrm{i}H(t)]\Delta t$$

$$M_1(\Delta t) = L \cdot \sqrt{\Delta t} \tag{8.27}$$

其中, L 为合适的相互作用有界算符, $L^\dagger$ 为 L 的共轭转置, $L = \xi\sigma$, ξ 为系统相互作用强度且满足 $\xi^2 = \xi_0$, σ 为泡利矩阵, Δt 为相互作用时间, $H(t)$ 为系统总哈密顿量.

连续弱测量过程中测量算符的演化方程为 $M_{t+\Delta t} = M_0(\Delta t)^\dagger M(t) M_0(\Delta t) + M_1(\Delta t)^\dagger M(t) M_1(\Delta t)$. 通过令 $t = \Delta t \cdot k$, 可以得到测量算符的离散演化方程为

$$M_{k+1} = M_0(\Delta t)^\dagger M_k M_0(\Delta t) + M_1(\Delta t)^\dagger M_k M_1(\Delta t) \tag{8.28}$$

其中, $k = 1, 2, \cdots, N$, N 为仿真实验系统的演化次数.

我们可以得到离散形式的随机开放量子系统演化方程为

$$\rho(k+1) = [M_0(\Delta t) + \sqrt{\eta} L \cdot \mathrm{d}W]\rho(k)[M_0(\Delta t) + L \cdot \mathrm{d}W]^\dagger$$

$$+ [M_1(\Delta t) + \sqrt{\eta} L \cdot \mathrm{d}W]\rho(k)[M_1(\Delta t) + L \cdot \mathrm{d}W]^\dagger \tag{8.29}$$

其中, $\rho(k)$ 为 k 时刻的量子状态密度矩阵, $0 < \eta \leqslant 1$ 为系统测量效率, $\mathrm{d}W$ 为测量输出带来的噪声, 是一维 Wiener 过程, 满足 $E(\mathrm{d}W) = 0$, $E[(\mathrm{d}W)^2] = \Delta t$.

8.2.2.2 在线量子态估计模型

基于量子连续弱测量和压缩传感理论可知, 在线量子态估计过程虽然是测量一次, 估计一次, 但是, 随着测量次数的增加, 人们获得的量子系统的测量数据是不断增加的, 所以要想真正达到高精度的在线量子态的估计, 一定需要利用好所获得的系统每一次的测量值. 借助于宏观系统的在线量子态估计理论, 我们对量子态的在线估计, 也需要根据每一个采样上所获得的系统输出的测量值, 对其进行排序和利用: 虽然每一个时刻只获得一个测量值, 但是把每一个带有量子态部分信息的测量值随着所取得测量值的不断增加, 集合起来组成一个数据序列, 代入量子态与系统输出值之间的关系式, 就有可能根据每一次变化的测量值, 获得高精度的量子状态的重构. 这个数据序列中有几个关键因素, 其中之一就是所选取的数据序列的长度 m. 基于量子层析, 对一个量子态的估计, 需要完备的测量次数, 也就是 $d \times d = 2^n \times 2^n = 4^n$. 换句话说, 在实时在线的量子态估计中, 从第一次开始获取数据, 从理论上说, 当测量数据低于完备测量数据时, 是不可能获得正确的量子态估计结果的, 除非系统状态满足压缩传感理论的条件. 然而随时间变化的量子状态, 往往不可能总是纯态, 所以, 在线估计量子状态, 所需要的测量序列的长度 m 一定是大于完备测量次数的. 另外, 根据离线量子态估计的研究成果, 重复采用一定数量的测量值, 对一个量子态重构的优化迭代次数, 一般需要 15 次以上. 所以, 对一个在线实时估计的量子状态的最小测量序列长度, 一般需要完备测量次数, 加上一定的次数, 这个次数一

般在 15 左右. 在 8.1 节中, 我们是对一个量子位的在线估计, 由于一个量子位的完备测量次数是 $2^1 \times 2^1 = 4$, 一个量子位的量子态一定是纯态, 所以, 根据压缩传感理论, 最多需要 50%, 也就是 2 次测量, 就一定能够高精度估计出随时间自由演化的量子态的变化轨迹. 但是当量子位数变得更高时, 情况就变得比较复杂. 我们需要在设定一个测量序列长度的基础上, 构造一个测量序列.

为此, 我们在连续测量过程中, 需要根据测量算符构造 k 时刻的测量矩阵为

$$A(k) = \begin{cases} [\text{vec}(M_1), \text{vec}(M_2), \cdots, \text{vec}(M_k)]^{\dagger}, & k \leqslant m \\ [\text{vec}(M_{k-m+1}), \cdots, \text{vec}(M_{k-1}), \text{vec}(M_k)]^{\dagger}, & k > m \end{cases} \tag{8.30}$$

其中, $\text{vec}(\cdot)$ 表示将一个矩阵按列的方向组合成一个列向量.

在测量次数小于 m 的情况下, 采样矩阵的维数为测量次数 k, 当测量次数大于 m 后, 采样矩阵的维数保持为 m, 并且每增加一次新的测量列向量, 我们就舍弃最前面的一次测量向量. 采样矩阵相当于一个窗口大小为 m 的滑动窗口, 采用先进先出的策略.

为方便描述, 我们仅讨论 $k > m$ 的情况. 对应于测量矩阵 $A(k)$ 的测量值为 $b(k)_{m \times 1} = (y_{k-m+1}, \cdots, y_{k-1}, y_k)^{\text{T}}$. 考虑测量过程中含有噪声的情况, 通过引入辅助变量 $e(k)_{m \times 1} = (e_{k-m+1}, \cdots, e_{k-1}, e_k)^{\text{T}}$, 并假设噪声服从高斯分布, 则可以通过计算采样矩阵 M_k 和 k 时刻真实的密度矩阵 $\rho(k)$ 的内积来构造测量值:

$$y_k = \langle \rho(k), M_k \rangle + e_k = \text{vec}(M_k)^{\dagger} \text{vec}[\rho(k)] + e_k \tag{8.31}$$

同时为了简化, 令 $A(k)\rho(k)$ 表示 $A(k)\text{vec}[\rho(k)]$, 即有 $b(k) = A(k)\rho(k) + e(k)$.

在线量子状态估计问题可描述为:

从 k 时刻含有高斯噪声 $e(k)$ 的测量值 $b(k)$ 中, 仅通过一次迭代重构出当前时刻的密度矩阵 $\rho(k)$, 同时, 所构造出的量子密度矩阵必须满足量子态的约束. 当测量矩阵 A 满足限制等距条件 $(1-\delta)\|\rho\|_{\text{F}} \leqslant \|A\hat{\rho}\|_2 \leqslant (1+\delta)\|\rho\|_{\text{F}}$ 时, 其中 $\delta \in (0,1)$ 为等距常数, $\|\cdot\|_{\text{F}}$ 为 Frobenius 范数, ρ 为真实的密度矩阵, $\hat{\rho}$ 为估计密度矩阵.

本小节我们将对求解在线量子状态估计问题的优化算法进行推导.

在测量过程中含有噪声的情况下, 在线量子状态估计问题可以转化为带有约束的凸优化问题:

$$\min \|\hat{\rho}\|_* + (1/(2\gamma))\|e\|^2 \tag{8.32}$$
$$\text{s.t. } A(k)\hat{\rho}(k) + e(k) = b(k), \hat{\rho} \in C$$

其中, $\gamma > 0$ 为正则化参数, $\|\cdot\|_*$ 为核范数, 定义为 $\|X\|_* = \sum x_i$, x_i 为矩阵 X 的奇

异值.量子态约束 $C := \{\hat{\rho} \geq 0, \mathrm{tr}(\hat{\rho}) = 1, \hat{\rho}^\dagger = \hat{\rho}\}$ 为凸集,$\hat{\rho}^\dagger$ 表示 $\hat{\rho}$ 的共轭转置,$\hat{\rho} \in C$ 表示满足量子态约束.最小化 $\|\hat{\rho}\|_*$ 使密度矩阵低秩,最小化 $\|e\|^2$ 范数是为了滤除高斯噪声.

引入示性函数

$$I_C(\rho) = \begin{cases} 0, & \text{若 } \rho \geq 0,\ \mathrm{tr}(\rho) = 1, \rho^\dagger = \rho \\ \infty, & \text{其他} \end{cases}$$

则式(8.32)可重写为

$$\min \|\hat{\rho}\|_* + I_C(\hat{\rho}) + (1/(2\gamma))\|e\|^2$$
$$\text{s.t.} A(k)\hat{\rho}(k) + e(k) = b(k)$$

(8.33)

8.2.3 基于在线邻近梯度的 ADMM 算法

8.2.3.1 在线邻近梯度下降法

对于无约束的凸优化问题,当目标函数可微时,可以采用梯度下降法求解;当目标函数不可微时,可以采用次梯度下降法求解;当目标函数中同时包含可微项与不可微项时,常采用邻近梯度下降法求解.上述三种梯度算法均属于离线批处理类型算法,在大规模的数据问题中,每次迭代都需要计算整个数据集梯度,因而需要较大的计算代价和存储空间.在线邻近梯度法(Online Proximal Gradient,简称 OPG)是随机优化算法与临近梯度算法的结合,是一种典型的随机优化方法,以单个或小批量采样数据来实现数据的实时处理.

考虑一个目标函数可分解为两部分的凸优化问题:

$$\min_x f(x) + g(x)$$

(8.34)

其中,x 为优化变量,$f(x)$ 为光滑可微凸损失函数,$g(x)$ 是不可微的凸函数,一般为正则项.

邻近梯度算法对其中的不可微项 $g(x)$ 保持不变,对可微项 $f(x)$ 在 k 步迭代值 x_k 处做一阶 Taylor 展开,并加入二阶邻近项,对式(8.34)的邻近梯度下降为

$$x_{k+1} = \arg\min_u g(u) + f(x_k) + \nabla f(x_k) T(u - x_k) + \frac{1}{2\tau} \| u - x_k \|_2^2$$

$$= \arg\min_u g(u) + \frac{1}{2\tau} \| u - [x_k - t \nabla f(x_k)] \|_2^2$$

$$= \mathrm{prox}_{\tau g}[x_k - \tau \nabla f(x_k)] \tag{8.35}$$

其中,τ 为梯度步长,$\mathrm{prox}_{\tau g}(\cdot)$ 为邻近算子.

当 $g(x)$ 为 0 时,邻近梯度算法退化为梯度下降算法;当 $g(x)$ 为示性函数时,邻近算子为投影算符;当 $g(x)$ 为 ℓ_1 范数时,邻近算子为软阈值收缩算子.

在线邻近梯度下降法中,$f(x)$ 可以为不可微凸函数,通过对其利用次梯度线性化处理,同时加入邻近项,可得

$$x_{k+1} = \arg\min_x \{ f_k^\mathrm{T} x + g(x) + [1/(2\eta_k)] \| x - x_k \|_2^2 \} \tag{8.36}$$

其中,次梯度 $f_k \in \partial f(x)|_{x=x_k}$ 为 $f(x)$ 在 k 步迭代值 x_k 处的近似,线性化处理的目的是简化计算.

式(8.36)中的 $[1/(2\eta_k)] \| x - x_k \|_2^2$ 为在 x_k 处的二次正则项,也称邻近项.通过加入此邻近项,可以使得 x_{k+1} 和 x_k 相距较近,同时随着迭代收敛,x_{k+1} 逐渐接近 x_k,邻近项逐渐趋近于 0,所以可认为邻近项的目的是加快收敛,同时不会影响最终结果;$\eta_k > 0$ 为邻近步长参数.

8.2.3.2 离线 ADMM 算法

交替方向乘子法,是一种结合对偶上升法可分离特性和增广拉格朗日法松弛收敛特性,能够有效解决可分离目标函数凸优化问题的计算框架,由 Gabay 和 Mercier 于 20 世纪 70 年代提出,并在大规模分布式机器学习和大数据优化等方面有广泛应用.考虑带有线性等式约束的可分离双目标函数凸优化问题:

$$\min f(x) + g(z)$$
$$\mathrm{s.\,t.}\ Ax + Bz = c \tag{8.37}$$

其中,$x \in \mathbf{R}^n$,$z \in \mathbf{R}^m$ 为优化变量,$A \in \mathbf{R}^{p \times n}$,$B \in \mathbf{R}^{p \times m}$,$c \in \mathbf{R}^p$,$f(x)$ 和 $g(z)$ 均为凸函数.

人们可以通过引入增广拉格朗日函数 $L(x, z, \lambda) = f(x) + g(z) - \lambda^\mathrm{T}(Ax + Bz - c) + (\alpha/2) \| Ax + Bz - c \|_2^2$,其中,$\lambda$ 为对偶项或拉格朗日乘子,$\alpha > 0$ 为惩罚参数,惩罚项可以松弛收敛条件,将 $L(x, z, \lambda)$ 函数中关于 $Ax + Bz - c$ 的一次项和二次项合并为

$$L(x, z, \lambda) = f(x) + g(z) + \alpha/2 \| Ax + Bz - c - \lambda^\mathrm{T}/\alpha \|_2^2 \tag{8.38}$$

此时,求解式(8.37)等价于求解式(8.38)的无约束最小化问题. ADMM 算法利用目标函数 $f(x)$ 和 $g(z)$ 的可分离特性,依次优化两个子问题更新原变量,最后通过梯度上升法更新拉格朗日乘子,进而获得式(8.37)最优解,此时优化求解问题变为

$$
\begin{cases}
x^{k+1} = \arg\min_x \{ f(x) + \alpha/2 \parallel Ax + Bz^k - c - \lambda^k/\alpha \parallel_2^2 \} & (8.39\text{a}) \\
z^{k+1} = \arg\min_z \{ g(z) + \alpha/2 \parallel Ax^{k+1} + Bz - c - \lambda^k/\alpha \parallel_2^2 \} & (8.39\text{b}) \\
\lambda^{k+1} = \lambda^k - \alpha(Ax^{k+1} + Bz^{k+1} - c) & (8.39\text{c})
\end{cases}
$$

ADMM 是一种计算框架,将大的全局问题分解为较小较易求解的子问题,并通过协调子问题的解,来得到全局问题的解. 每一个子问题如何有效求解,需要根据子问题具体形式确定. 我们将把在线邻近梯度法(OPG)与 ADMM 框架相结合,提出 OPG-ADMM 算法.

8.2.3.3 OPG-ADMM 在线算法

OPG-ADMM 算法是一种基于在线近邻梯度下降的在线 ADMM 算法. 对于式(8.37)的凸优化问题,OPG-ADMM 算法中关于正则项优化变量 z 和对偶项 λ 的更新法则与离线 ADMM 算法保持一致,主要区别是关于损失函数优化变量 x 的更新法则. 我们结合式(8.36)和式(8.39a)来对离线算法进行线性化处理,可得变量 x^{k+1} 的优化问题为

$$
x^{k+1} = \arg\min_x \left\{ f_k^{\mathrm{T}} x + \frac{\alpha}{2} \parallel Ax + Bz^k - c - \lambda^k/\alpha \parallel_2^2 + \frac{1}{2\eta_k} \parallel x - x_k \parallel_2^2 \right\}
$$

$$(8.40)$$

其中,$f_k \in \partial f(x)|_{x=x_k}$ 为次梯度,$[1/(2\eta_k)] \parallel x - x_k \parallel_2^2$ 为邻近项.

值得注意的是 Suzuki 论文(Suzuki,2013)中,当 $f(x)$ 不可微时,优化问题(8.39a)没有闭式解,类似于 Linear-ADMM 方法,邻近项选取为 $[1/(2\eta_k)] \parallel x - x_k \parallel_{G_k}^2$,其中 $G_k = \tau I - \alpha\eta_k A^\dagger A$ 为半正定矩阵,采取这样的取法可以抵消关于 A 的二次项 $(\alpha/2)x^{\mathrm{T}} A^\dagger Ax$,一阶线性化惩罚项,并加入邻近项 $[1/(2\eta_k)] \parallel x - x_k \parallel_2^2$,这样的处理,使得 $f(x)$ 经过线性化处理后的子问题存在显式解,且 G_k 使问题的求解增加约束项. 在 Ouyang 的随机 ADMM 算法中(Ouyang et al.,2013),通过对损失函数 $f(x)$ 一阶近似,并在增广拉格朗日函数后添加邻近项 $[1/(2\eta_k)] \parallel x - x_k \parallel_2^2$,但同样会在 $g(z)$ 子问题中引入邻近项.

我们所提出的量子态密度矩阵在线估计的基本设计思路为:

(1) 通过利用增广拉格朗日函数,将量子状态估计问题转变为无约束最优化问题.

量子状态的估计和滤波及其优化算法

（2）将密度矩阵子问题中非光滑的密度矩阵核范数，通过奇异值分解进行次梯度线性化；同时借助于邻近梯度下降法，将其转化为求解半定规划问题，根据凸优化理论，求出最优拉格朗日乘子以及待估计的密度矩阵的特征值.

8.2.4 量子态在线估计 OPG-ADMM 算法

对于量子状态估计问题式(8.33)，利用增广拉格朗日函数式(8.38)将其转化为无约束最优化问题：

$$\min \| \hat{\rho} \|_* + I_C(\hat{\rho}) + \frac{1}{2\gamma} \| e \|^2 + \frac{\alpha}{2} \| A(k)\hat{\rho}(k) + e(k) - b(k) - \lambda/\alpha \|_2^2$$

$$(8.41)$$

其中，$\alpha > 0$ 为惩罚参数，$\lambda \in \mathbf{R}^m$ 为拉格朗日乘子，值得强调的是此时的 k 不再是迭代次数，而是系统演化次数.

由式(8.41)可以将量子态估计的优化问题写为

$$
\begin{cases}
e(k+1) = \arg\min_e \left\{ \frac{1}{2\gamma} \| e \|_2^2 + \frac{\alpha}{2} \| A(k)\hat{\rho}(k) \right. \\
\qquad\qquad \left. + e - b(k) - \lambda(k)/\alpha \|_2^2 \right\} & (8.42a) \\
\hat{\rho}(k+1) = \arg\min_{\hat{\rho}} \left\{ g(k)^{\mathrm{T}}\hat{\rho} + I_C(\hat{\rho}) + \frac{1}{2\eta_k} \| \hat{\rho} - \hat{\rho}(k) \|_2^2 \right. \\
\qquad\qquad \left. + \frac{\alpha}{2} \| A(k)\hat{\rho} + e(k+1) - b(k) - \lambda(k)/\alpha \|_2^2 \right\} & (8.42b) \\
\lambda(k+1) = \lambda(k) - \kappa\alpha \left[A(k)\hat{\rho}(k+1) + e(k+1) - b(k) \right] & (8.42c)
\end{cases}
$$

其中，$\eta_k > 0$ 是步长参数，$\kappa > 0$ 为可调拉格朗日乘子步长可调参数，$g(k)^{\mathrm{T}}$ 为核范数的次梯度，$g(k) = \partial \| \hat{\rho} \|_*$，$e = A_k \mathrm{vec}(\hat{\rho}) - b(k)$.

由于核范数本身是非光滑凸函数，我们通过令 $X_{m \times n} = U_{m \times m} \sum_{m \times n} V_{n \times n}^{\mathrm{T}}$，对 X 的奇异值分解，其中，U 和 V 分别为左右奇异矩阵，则核范数 $\| X \|_*$ 的次梯度为 $\partial \| X \|_* = \{ UV^{\mathrm{T}} + W : U^{\mathrm{T}}W = 0, WV = 0, \| W \|_2 \leqslant 1 \}$，显然通过选择 $W = 0$ 来满足：$U^{\mathrm{T}}W = 0, WV = 0$，以及 $\| W \|_2 \leqslant 1$，使得 $\partial \| X \|_* = UV^{\mathrm{T}}$.

当量子状态密度矩阵满足约束条件 $\hat{\rho}^\dagger = \hat{\rho}$，对于厄米矩阵，有西矩阵 $U = V$ 成立，此时，可得 $g(k) = \partial \| \hat{\rho} \|_* = UV^{\mathrm{T}} = I$，其中 I 为 $d \times d$ 的单位矩阵.

下面我们将分别求解 $\hat{\rho}(k+1), e(k+1)$ 子问题.

(1) 观察式(8.42b)中的估计状态 $\hat{\rho}(k+1)$ 由三部分组成:

① 非光滑示性函数 $I_C(\hat{\rho})$,表示量子状态密度矩阵满足单位迹的厄米矩阵约束;

② 邻近项$[1/(2\eta_k)]\parallel \hat{\rho} - \hat{\rho}(k)\parallel_2^2$;

③ 关于优化变量的光滑项 $f(\hat{\rho}) = \{g(k)^{\mathrm{T}}\hat{\rho} + (\alpha/2)\parallel A(k)\hat{\rho} + e(k+1) - b(k) - \lambda(k)/\alpha\parallel_2^2\}$.

通过对 $f(\hat{\rho})$ 在 $\hat{\rho}(k)$ 值处做一阶近似,可得

$$\tilde{f}(\hat{\rho}) = f[\hat{\rho}(k)] + \nabla f[\hat{\rho}(k)][\hat{\rho} - \hat{\rho}(k)]$$

其中

$$\nabla f[\hat{\rho}(k)] = g(k) + \alpha A^{\dagger}(\{A[\hat{\rho}(k)] + e(k+1) - b(k)\} - \lambda(k)/\alpha)$$

由此可以将式(8.42b)重写为

$$\hat{\rho}(k+1) = \arg\min_{\hat{\rho}}\left\{ I_C(\hat{\rho}) + \tilde{f}(\hat{\rho}) + \frac{1}{2\eta_k}\parallel \hat{\rho} - \hat{\rho}(k)\parallel_2^2 \right\}$$

$$= \arg\min_{\hat{\rho}}\left\{ I_C(\hat{\rho}) + \frac{1}{2\eta_k}\parallel \hat{\rho} - \{\hat{\rho}(k) - \eta_k \nabla f[\hat{\rho}(k)]\}\parallel_2^2 \right\} \quad (8.43)$$

由邻近梯度下降法式(8.35)可知,示性函数 $I_C(\hat{\rho})$ 将邻近算子变成投影算符,所以式(8.43)的具体计算公式可以写为

$$\hat{\rho}(k+1) = \prod_{\hat{\rho}\in C}\{\hat{\rho}(k) - \eta_k \nabla f[\hat{\rho}(k)]\} \quad (8.44)$$

其中,$\prod_{\hat{\rho}\in C}(\cdot)$ 为投影算符,它将所估计状态限制在其可行域 $C := \{\hat{\rho}\geq 0, \mathrm{tr}(\hat{\rho}) = 1, \hat{\rho}^{\dagger} = \hat{\rho}\}$ 内.

通过令 $\tilde{\rho}(k) = \hat{\rho}(k) - \eta_k \nabla f[\hat{\rho}(k)]$,可以将式(8.44)等价于求解半定规划问题:$\min\parallel \hat{\rho} - [\tilde{\rho}^k + (\tilde{\rho}^k)^{\dagger}]/2\parallel_F^2, \mathrm{s.t.}\ \hat{\rho}\geq 0, \mathrm{tr}(\hat{\rho}) = 1$. 通过对$[\tilde{\rho}(k) + \tilde{\rho}(k)^{\dagger}]/2$ 特征值分解到 $V\mathrm{diag}\{a_i\}V^{\dagger}$,其中,$V\in \mathbb{C}^{d\times d}$ 为酉矩阵,特征值 a_i 按照降序排列:$a_1\geq a_2\geq\cdots\geq a_d$,此时,对式(8.44)中估计出的密度矩阵进行特征值分解,为

$$\hat{\rho}(k+1) = V\mathrm{diag}\{x_i\}V^{\dagger} \quad (8.45)$$

其中，$\{x_i, i = 1, \cdots, d\}$ 为 $\hat{\rho}(k+1)$ 的特征值，且满足和为 1 的约束条件.

特征值可以通过求解优化问题获得：$\min(1/2)\sum\limits_{i=1}^{d}(x_i - a_i)^2, \text{s.t.} \sum\limits_{i=1}^{d} x_i = 1, x_i \geqslant 0, \forall i$. 令拉格朗日函数为 $L(\{x_i\}, \beta) := (1/2)\sum\limits_{i=1}^{d}(x_i - a_i)^2 + \beta(\sum\limits_{i=1}^{d} x_i = 1), x_i \geqslant 0,$ $\forall i$，其中，$\beta \in \mathbf{R}$ 为拉格朗日乘子.

根据凸优化理论，如果 β 是最优拉格朗日乘子，则以 x_i 为变量求解优化问题：$\min(1/2)\sum\limits_{i=1}^{d}(x_i - a_i + \beta)^2, \text{s.t.} x_i \geqslant 0, \forall i$，可以求得最优解 $x_i = \max\{a_i - \beta, 0\},$ $\forall i$. 同时由于有 x_i 的和为 1 约束，由此可以求出 β 值. 具体的特征值 x_i 的求解过程为：首先依次令 $\beta = a_t (t = 1, \cdots, d)$ 计算满足约束的项数 t，由此确定 β 所属的最优区间为 $[a_{t+1}, a_t]$；再根据 $\sum\limits_{i=1}^{t}(a_i - \beta) = 1$ 可得 $\beta = (\sum\limits_{i=1}^{t} a_i - 1)/t$，由此可得

$$x_i = a_i - \beta, \ \forall i \leqslant t; \quad x_i = 0, \ \forall i \geqslant t+1 \tag{8.46}$$

（2）对于高斯噪声子问题（8.42a），其存在闭式解，通过一阶微分求零点可得解为

$$e(k+1) = \{\gamma\alpha[A(k)\hat{\rho}(k) - b(k) - \lambda(k)]/\alpha\}/(1 + \gamma\alpha) \tag{8.47}$$

式（8.45）和式（8.47）就是要求解的密度矩阵估计以及高斯噪声辅助变量的在线迭代公式.

在线量子态估计 OPG-ADMM 算法的求解步骤可以总结为表 8.1.

表 8.1　OPG-ADMM 算法步骤

初始化变量：$\hat{\rho}(0), e(0) = 0, \lambda(0) = 0$；选取参数 $\kappa > 0, \alpha > 0, \gamma > 0, \eta_k > 0$，系统演化次数为 N

1	For $k = 0, \cdots, $ do
2	获取 $k+1$ 时刻的弱测量系统的输出信号 $b(k+1)$，观测矩阵 $A(k+1)$
3	根据式（8.45）和式（8.46）计算 $\hat{\rho}(k+1)$
4	根据式（8.47）计算 $e(k+1)$
5	根据式（8.42c）计算 $\lambda(k+1)$
6	end

8.2.5　数值仿真实验及其结果分析

本小节对随机开放量子系统状态在线估计进行数值仿真实验. 考虑一个二能级量子

系统随时间进行自由演化,我们将采用所提出的 OPG-ADMM 算法,对系统状态进行所对应的在线估计的实验.数值仿真实验中,选择处于 z 方向恒定外加磁场 B_z 与 x 方向控制磁场 $B_x = A\cos\phi$ 中的 1/2 自旋粒子系统 S 的状态作为被估计对象,系统初始状态为 $\rho(0)$,随时间演化的状态为 $\rho(k)$.对系统 S 施加连续的弱测量,且外加恒定控制,初始观测算符为 $\sigma_z = (1\ \ 0; 0\ \ -1)$,系统相互作用强度 $\xi_0 = 0.25$,以及 L 算符 $L_z = \xi\sigma_z$,控制场初始相位 $\phi = 0$,测量效率选取 $\eta = 0.5$,连续弱测量时间间隔取 $\Delta t = 0.4 \times \dfrac{\hbar}{2}\omega_0 = 1 \times 10^{-18}$ s ≈ 4 a.u.. 实验中连续弱测量的总次数 $N = 100$,系统随机噪声 $\mathrm{d}W = \delta \cdot \mathrm{randn}(2,2)$,$\delta$ 为随机噪声幅值,选取为 0.02.仿真实验运行环境为 Matlab 2016a,2.2 GHz Inter Core i7-8750H CPU,内存 16 GB.

估计出的密度矩阵 $\hat{\rho}(k)$ 的性能通过与真实密度矩阵 $\rho(k)$ 之间的保真度 $fidelity(k)$ 衡量:$fidelity(k) = \mathrm{tr}\left(\sqrt{\sqrt{\hat{\rho}(k)}\,\rho(k)\sqrt{\hat{\rho}(k)}}\right)$,量子态在线估计 OPG-ADMM 算法中涉及的参数包括:惩罚参数 $\alpha = 14$,正则化参数 $\gamma = 0.001$,梯度步长参数 $\eta_k = 0.011$,拉格朗日乘子可调步长 $\kappa = 0.1$.数据窗口长度 $m = 30$,通过选取不同的密度矩阵估计量初始值 $\hat{\rho}(0)$,考察量子态在线估计算法在随机噪声干扰下的估计值 $\hat{\rho}(k)$ 对真值 $\rho(k)$ 的重构性能.当 $\hat{\rho}_1(0) = (0\ \ 1; 1\ \ 0)$ 以及 $\hat{\rho}_2(0) = (1\ \ 0; 0\ \ -1)$ 时,系统演化轨迹和保真度随演化次数 k 的变化曲线分别如图 8.6 和图 8.7 所示,其中三维 Bloch 球中红色轨迹为真实量子态演化轨迹,蓝色轨迹为在线估计值的演化轨迹.

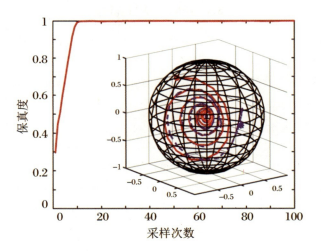

图 8.6　初始值为 $\hat{\rho}_1(0)$ 时状态演化轨迹和在线估计性能曲线

从图 8.6 和图 8.7 中的保真度曲线可以看出,在两种不同的初始值下,本小节所提在线估计算法均能够对系统的估计状态在 10 次估计后,达到超过 99% 的保真度估计精度.

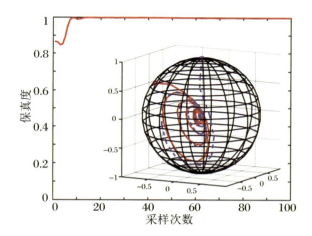

图 8.7　初始值为 $\hat{\rho}_2(0)$ 时状态演化轨迹和在线估计性能曲线

本节通过提出量子态在线估计 OPG-ADMM 算法和相应的量子态在线估计凸优化模型,对连续弱测量的单比特随机开放量子系统进行在线估计研究. 仿真实验表明所提算法可以实现量子态的精确在线估计.

8.3　n-qubit 系统的状态在线估计

本节主要研究 n-qubit 系统的状态在线估计问题. 首先利用单比特量子系统中所构造的弱测量算符,推导出 2-qubit 系统的弱测量算符,进而获得离散形式的系统状态的动力学方程,并将其推广至 n-qubit 系统,得出基于连续弱测量的量子系统状态演化的通用模型. 同时基于压缩传感理论来减少测量次数,然后利用最小二乘方法进行状态重构. 在数值仿真实验中,分别以 2-qubit 和 3-qubit 系统为例,研究多比特量子系统的状态在线估计的性能.

8.3.1　n 比特测量算符的推导及系统状态的演化方程

在图 8.1 中,我们给出了量子连续弱测量过程与系统结构图.有关弱测量过程及其关系式实际上在 2.3.3.1 小节中就已经给出.在此,再用语言做一些专门的解释.对一个单比特量子系统进行弱测量时,通过将一个已知的探测系统 P 与被测系统 S 相互作用,组成联合系统 H_c,然后通过对探测系统 P 的投影测量,获得测量之后的测量值,根据 P 的初始值、测量之后的值,可以写出联合系统测量之前与之后的关系式,这两个关系式中的参数除了探测系统 P 测量前后的状态,剩下的就是被测系统 S 测量前后的状态,将联合系统测量前后的关系式联立起来,就可以获得被测系统 S 测量前后状态的关系式,此关系式就是式(2.29):

$$|\Psi_i(\Delta t)\rangle = \frac{M_i}{\sqrt{\langle\psi|M_i^\dagger M_i|\psi\rangle}}|\psi\rangle \tag{8.48}$$

这个关系式是一个标准的一般测量关系式,其中 M_i 就是施加在被测系统上的测量算符.而通过弱测量所获得的这个测量算符并没有直接施加在被测系统上,而是通过对探测系统 P 的测量间接推导出来的:

$$M_i = \langle i\otimes I\cdot U(\Delta t)\cdot|\phi\rangle\otimes I \tag{8.49}$$

其中,测量算符 M_i 是由探测系统 P 测量前后的状态 $|\phi\rangle$ 和 $\langle i|$,以及联合系统的演化算符 $U(\Delta t)=\exp(-i\xi\Delta tH/\hbar)$ 组成的.

正是由于作用在被测系统 S 上的算符 M 并没有作用在 S 上,我们就没有对其进行测量,所以被测系统 S 中的状态并没有受到影响和破坏.

对于一个二能级量子系统,经过 Δt 时刻,可以推导出作用在被测系统上的弱测量算符一共只有两个:$m_0(\Delta t)$ 和 $m_1(\Delta t)$,分别为

$$m_0(\Delta t) = I - [L^\dagger L/2 + iH(t)]\Delta t$$
$$m_1(\Delta t) = L\cdot\sqrt{\Delta t} \tag{8.50}$$

其中,$I\in\mathbf{R}^{2\times2}$ 为单位算符,$L\in\mathbf{C}^{2\times2}$ 为相互作用有界算符,$L^\dagger$ 为 L 的共轭转置,$H\in\mathbf{C}^{2\times2}$ 为系统哈密顿量,$L=\xi\sigma$,ξ 为系统相互作用强度且满足 $\xi^2=\xi_0$,σ 为泡利矩阵,Δt 为连续弱测量的时间间隔.

根据式(8.50)以及完备算符条件,我们可以通过采用 m_0 与 m_1 的直积来构建出对 2-qubit 系统弱测量时,作用在被测系统上的弱测量算符为

$$\begin{cases} M_0(\Delta t) = m_0(\Delta t) \bigotimes m_0(\Delta t) \\ M_1(\Delta t) = m_0(\Delta t) \bigotimes m_1(\Delta t) \\ M_2(\Delta t) = m_1(\Delta t) \bigotimes m_0(\Delta t) \\ M_3(\Delta t) = m_1(\Delta t) \bigotimes m_1(\Delta t) \end{cases} \tag{8.51}$$

对应的离散形式的连续弱测量算符的演化方程为

$$\begin{aligned} M_{k+1} = {}& M_0(\Delta t)^\dagger M_k M_0(\Delta t) + M_1(\Delta t)^\dagger M_k M_1(\Delta t) \\ & + M_2(\Delta t)^\dagger M_k M_2(\Delta t) + M_3(\Delta t)^\dagger M_k M_3(\Delta t) \end{aligned} \tag{8.52}$$

其中,$k = 1, 2, \cdots, N$,N 为仿真实验中系统测量与估计过程的总次数.

如果在测量与估计的过程中考虑系统的随机噪声和测量效率问题,那么单比特量子系统的状态演化算符可以表示为

$$\begin{cases} a_0(\Delta t) = m_0(\Delta t) + \sqrt{\eta} L \cdot \mathrm{d}W \\ a_1(\Delta t) = m_1(\Delta t) + \sqrt{\eta} L \cdot \mathrm{d}W \end{cases} \tag{8.53}$$

其中,$\eta \in (0, 1]$ 为系统测量效率,$\mathrm{d}W$ 为系统在测量过程中产生的随机噪声.

在此基础上,对于 2-qubit 系统,其状态演化算符也可以通过采用 $a_0(\Delta t)$ 与 $a_1(\Delta t)$ 的直积来构建:

$$\begin{cases} A_0(\Delta t) = a_0(\Delta t) \bigotimes a_0(\Delta t) \\ A_1(\Delta t) = a_0(\Delta t) \bigotimes a_1(\Delta t) \\ A_2(\Delta t) = a_1(\Delta t) \bigotimes a_0(\Delta t) \\ A_3(\Delta t) = a_1(\Delta t) \bigotimes a_1(\Delta t) \end{cases} \tag{8.54}$$

因此,结合式(8.54)以及随机开放量子系统的随机主方程(8.13),并令 $t = k \cdot \Delta t$,则可以得到离散形式的 2-qubit 系统状态的演化方程为

$$\begin{aligned} \rho(k+1) = {}& A_0(\Delta t)\rho(k)A_0(\Delta t)^\dagger + A_1(\Delta t)\rho(k)A_1(\Delta t)^\dagger \\ & + A_2(\Delta t)\rho(k)A_2(\Delta t)^\dagger + A_3(\Delta t)\rho(k)A_3(\Delta t)^\dagger \end{aligned} \tag{8.55}$$

当基于连续弱测量对 n-qubit 随机开放量子系统的状态进行估计时,根据式(8.51)和式(8.54),可以构造出对应的弱测量算符和系统演化算符,分别为

$$\begin{cases} M_0(\Delta t) = \underbrace{m_0(\Delta t) \otimes \cdots \otimes m_0(\Delta t) \otimes m_0(\Delta t)}_{n} \\[2mm] M_1(\Delta t) = \underbrace{m_0(\Delta t) \otimes \cdots \otimes m_0(\Delta t) \otimes m_1(\Delta t)}_{n} \\[2mm] \quad\quad \vdots \\[2mm] M_{2^n-1}(\Delta t) = \underbrace{m_1(\Delta t) \otimes \cdots \otimes m_1(\Delta t) \otimes m_1(\Delta t)}_{n} \end{cases} \tag{8.56}$$

以及

$$\begin{cases} A_0(\Delta t) = \underbrace{a_0(\Delta t) \otimes \cdots \otimes a_0(\Delta t) \otimes a_0(\Delta t)}_{n} \\[2mm] A_1(\Delta t) = \underbrace{a_0(\Delta t) \otimes \cdots \otimes a_0(\Delta t) \otimes a_1(\Delta t)}_{n} \\[2mm] \quad\quad \vdots \\[2mm] A_{2^n-1}(\Delta t) = \underbrace{a_1(\Delta t) \otimes \cdots \otimes a_1(\Delta t) \otimes a_1(\Delta t)}_{n} \end{cases} \tag{8.57}$$

因此, n-qubit 系统中, 离散形式的测量算符的演化方程就可以表示为

$$\begin{aligned} M(k+1) = {}& M_0(\Delta t)^\dagger M_k(k) M_0(\Delta t) + M_1(\Delta t)^\dagger M_k(k) M_1(\Delta t) + \cdots \\ & + M_{2^n-1}(\Delta t)^\dagger M_k(k) M_{2^n-1}(\Delta t) \end{aligned} \tag{8.58}$$

离散形式的系统状态演化方程则可以表示为

$$\begin{aligned} \rho(k+1) = {}& M_0(\Delta t) \rho(k) M_0(\Delta t)^\dagger + M_1(\Delta t) \rho(k) M_1(\Delta t)^\dagger + \cdots \\ & + M_{2^n-1}(\Delta t) \rho(k) M_{2^n-1}(\Delta t)^\dagger \end{aligned} \tag{8.59}$$

8.3.2　基于压缩传感的量子态在线估计

随着系统状态的不断演化,测量次数在不断增加,使得量子状态估计过程的耗时也随之增加,因此,如何在测量次数不断增加的前提下,尽可能缩短估计过程、提高估计效率是现今的研究热点之一. 压缩传感理论可以有效减少状态估计过程中所需的测量数目,大幅度降低高比特量子系统的实现难度,该理论指出:如果量子系统的状态密度矩阵 A 是低秩矩阵,即 $r \ll d$,并且由连续弱测量算符构成的采样矩阵 A 满足限制等距条件,那么仅需要少量的随时间演化的测量算符 $M(t)$ 与对应的测量值 $y(t)$,就可以实现对系统状态的精确重构. 已有的研究表明当采用泡利算符对量子系统进行测量时,测量次

数 m 可以从 $O(d^2)$ 减少至 $O(rd\log d)$. 根据式(8.52)中的测量算符的演化方程,我们可以构造出随时间和测量过程不断变化的采样矩阵为

$$A = (\text{vec}(M(1))^{\mathrm{T}} \quad \text{vec}(M(2))^{\mathrm{T}} \quad \cdots \quad \text{vec}(M(m))^{\mathrm{T}}) \tag{8.60}$$

任一时刻的测量算符 $M(j)$ 所对应的测量值 $y(j)$ 可以表示为

$$y(j) = \langle \rho, M(j) \rangle = \text{tr}(\rho, M(j)), \quad j = 1,2,\cdots,m \tag{8.61}$$

那么,采样矩阵 A 所对应的测量值序列为

$$y = (y(1), y(2), \cdots, y(m))^{\mathrm{T}} \tag{8.62}$$

同理,只要采样矩阵 A 满足限制等距条件,我们仍然可以将密度矩阵的估计问题转化为如下具有正定约束的2范数优化问题,即

$$\hat{\rho} = \arg\min \| A \cdot \text{vec}(\rho) - y \|_2$$
$$\text{s.t.} \, \hat{\rho} = \rho, \, \rho \geqslant 0, \, \text{tr}(\rho) = 1 \tag{8.63}$$

来进行状态重构,其中,$\hat{\rho}$ 即为所求的估计密度矩阵.

然后利用最小二乘优化算法对上述凸优化问题进行求解,并采用保真度 $f(k)$,以及估计误差 $e(k)$ 作为性能指标来衡量状态估计的效果,保真度以及估计误差的计算公式分别定义为

$$f(k) = \text{tr}\left(\sqrt{\hat{\rho}(k)^{1/2} \rho(k) \hat{\rho}(k)^{1/2}}\right) \tag{8.64}$$

$$e(k) = \frac{\| \rho(k) - \hat{\rho}(k) \|_{\mathrm{F}}}{\| \rho(k) \|_{\mathrm{F}}} \tag{8.65}$$

其中,$\rho(k)$ 为 k 时刻下系统状态的真实密度矩阵,$\hat{\rho}(k)$ 为在线估计的密度矩阵,$\| X \|_{\mathrm{F}}$ 表示矩阵 X 的 Frobenius 范数.

8.3.3 数值仿真实验

本小节我们基于 Matlab 仿真平台进行开放量子系统状态在线估计的数值仿真实验,考虑系统的退相干效应和随机噪声,研究 2-qubit 系统的状态估计问题,并将其延伸至 n-qubit 系统,以 3-qubit 系统为例,研究多比特量子系统的状态在线估计.同时,通过对比分析,研究系统外加控制量,测量算符初始值以及采样率对状态在线估计效果的

影响.

8.3.3.1　系统自由演化下的状态密度矩阵

在本小节中,我们研究系统自由演化时的状态估计问题,通过对比系统的真实状态密度矩阵 $\rho(k)$ 与估计状态密度矩阵 $\hat{\rho}(k)$ 来分析状态在线估计的效果.在仿真实验中,2-qubit 系统的初态设置为 $\rho(0) = \rho0 \otimes \rho0$,其中,$\rho0 = (3/4 \quad -\sqrt{3}/4; -\sqrt{3}/4 \quad 1/4)$,单比特量子系统的自由哈密顿量为 $H_0 = \sigma_z = \begin{pmatrix} 1 & 0 \\ 0 & -1 \end{pmatrix}$,$L$ 算符设置为 $L = \xi\sigma_x = \xi \begin{pmatrix} 0 & 1 \\ 1 & 0 \end{pmatrix}$,其中,连续弱测量强度为 $\xi = 0.3$,测量效率为 $\eta = 0.5$,系统外加控制量设置为 $u_C = 1$,随机噪声 $\mathrm{d}W$ 的幅值设置为 0.02,测量时间间隔为 $\Delta t = 0.4 \times \dfrac{\hbar}{2}\omega_0 = 1 \times 10^{-18}\ \mathrm{s} \approx 4\ \mathrm{a.u.}$,测量算符初始值设置为 $M(0) = \rho \otimes \rho$,其中 $\rho = \mathrm{diag}((1,0))$,测量次数设置为 $m = 8$,即对应采样率为 $\beta = md^2 = 50\%$,总的采样次数设置为 $N = 200$.

图 8.8 是不同采样时刻下的系统状态密度矩阵,其中左边的图对应系统的真实状态密度矩阵 $\rho(k)$,右边的图对应系统的估计状态密度矩阵 $\hat{\rho}(k)$.

从图 8.8 中可以看出,系统在进行一次演化后,其真实状态密度矩阵与估计状态密度矩阵差异较大,无法估计出密度矩阵中的非对角线元素,仅一次测量无法获得状态重构的足够信息;当 $k = 8$ 时,此时的系统状态与初态不同,说明系统在外加控制量的作用下进行了自由演化,且真实状态的密度矩阵与估计密度矩阵几乎没有差别,此时的系统保真度为 99.5%,估计误差为 0.03%,所采用的最小二乘优化算法可以精确重构出系统状态;当 $k = 200$ 时,此时系统已经在规定时间内完成了所有演化,而真实状态的密度矩阵与估计状态的密度矩阵几乎相同,说明本小节所使用的优化算法可以进行稳定的状态重构.

为了说明本小节所推导的离散时间的状态演化方程对 n-qubit 系统具有普适性,我们还进行了 3-qubit 系统的状态估计仿真实验.在实验中,3-qubit 系统初态分别为 $\rho3 = \rho0 \otimes \rho0 \otimes \rho0$,测量算符的初始值设置为 $\rho3(0) = \rho \otimes \rho \otimes \rho$,测量次数设置为 $m = 30$,其他参数保持不变.图 8.9 为对应的状态估计的实验结果,其中左边的图对应系统的真实状态密度矩阵 $\rho(k)$,右边的图对应系统的估计状态密度矩阵 $\hat{\rho}(k)$.

从图 8.9 中可以看出,本小节所提出的离散形式的测量算符与系统状态的演化方程同样适用于 3-qubit 系统,基于连续弱测量和压缩传感理论可以高精度地重构出系统的状态密度矩阵.同时,也说明了这一模型具有普适性,可以用于实现 n-qubit 系统的状态估计.

量子状态的估计和滤波及其优化算法

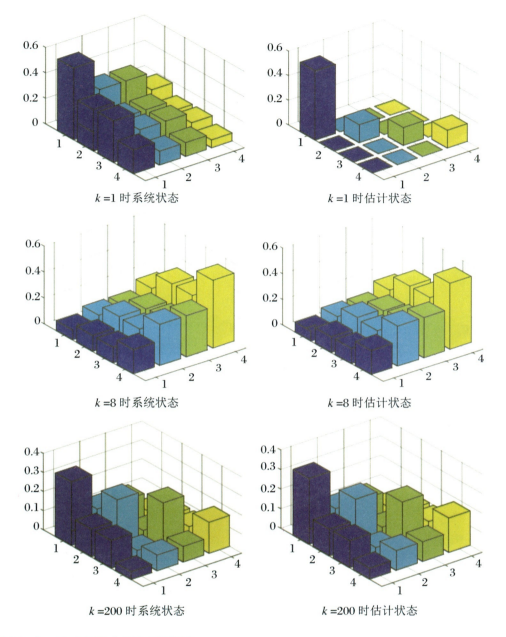

$k=1$ 时系统状态 $k=1$ 时估计状态

$k=8$ 时系统状态 $k=8$ 时估计状态

$k=200$ 时系统状态 $k=200$ 时估计状态

图 8.8　2-qubit 系统状态估计实验结果

283

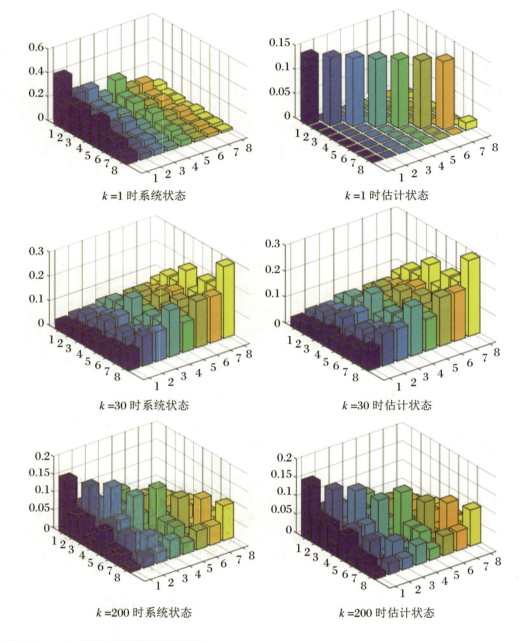

$k=1$ 时系统状态

$k=1$ 时估计状态

$k=30$ 时系统状态

$k=30$ 时估计状态

$k=200$ 时系统状态

$k=200$ 时估计状态

图 8.9　3-qubit 系统状态估计实验结果

8.3.3.2　外加控制量与测量算符初始值对状态估计的影响

本小节主要研究系统外加控制量与测量算符初始值对状态在线估计效果的影响,仿真实验结果如图 8.10 所示,其中图 8.10(a)为不同外加控制作用下的实验结果曲线,此时的测量算符初始值设置为 $M(0) = \text{diag}((1,0,0,0))$,其中蓝色方形线、红色圆形线以及黑色菱形线分别对应:① $u_C = 0$,$H_C = \sigma_x$;② $u_C = 1$,$H_C = \sigma_x$;③ $u_C = 1$,$H_C = \sigma_y$ 三种不同情况下的系统保真度曲线.图 8.10(b)为不同测量算符初始值下的实验结果曲线,此时系统的外加控制作用为 $u_C = 1$,$H_C = \sigma_x$,其中,红色圆形线、绿色三角形线、蓝色方形线、黑色菱形线和桃红叉形线分别对应初始测量算符取 $M(0) = \text{diag}((1,0,0,0))$,$M(0) = \text{diag}((0,0,0,1))$,$M(0) = \sigma_x \otimes \sigma_x$,$M(0) = \sigma_y \otimes \sigma_y$ 以及 $M(0) = \sigma_z \otimes \sigma_z$ 的系统保真度曲线.在仿真实验中,为了强调不同参数下的状态估计效果,将总的采样次数设置为 $N = 30$,而其他参数保持不变.

从图 8.10(a)中可以看出,当系统无外加控制作用时,连续弱测量无法获得状态重构的有效信息来进行状态重构;当系统有外加控制作用时,仅需要 8 次测量,就可以获得足够多的测量信息,并使得状态重构的精度高达 99.9%.从图 8.10(b)中可以看出,当测量算符初始值为其对应的本征态时,系统的保真度较高,可以高精度实现状态的在线估计;当采用泡利算符作为测量算符的初始值时,具有 y 轴分量的测量算符进行状态估计的保真度高于不具有 y 轴分量的测量算符的保真度.

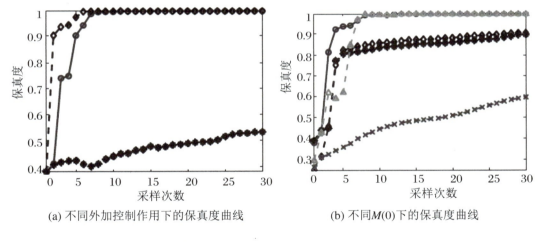

(a) 不同外加控制作用下的保真度曲线　　　　(b) 不同 $M(0)$ 下的保真度曲线

图 8.10　不同参数下系统状态估计的实验结果

8.3.3.3　采样率对状态在线估计的影响

采样率 β 是描述量子系统状态估计过程中测量操作复杂度的重要指标,低采样率说明估计过程仅需要较少的测量次数及其所对应的测量结果,但与此同时也会提高估计难度.对于低比特量子系统来说,由于自身密度矩阵的维数并不高,因此采样率并不能取一个非常小的数值,但是采样率取值的不同仍会影响到系统状态估计的精度.本小节中,我们主要研究不同采样率下的量子系统的状态在线估计问题,仿真实验曲线如图 8.11 所示,其中左图为系统保真度曲线,右图为估计误差曲线.

表 8.2 列出了采样率分别在 $0.375,0.5,0.75$ 和 1 情况下,所获得的状态在线估计的数值结果,其中所记录的保真度和估计误差分别为测量次数达到采样率时最低保真度和最大估计误差.在实验中,外加控制作用设置为 $u_C = 1, H_C = \sigma_x$,测量算符初始值设置为 $M(0) = \mathrm{diag}((1,0,0,0))$,其他参数保持不变.

表 8.2　不同采样率下状态在线估计的数值结果

	采样率 β			
	0.375	0.5	0.75	1
保真度 f	71.81%	99.26%	99.98%	99.99%
估计误差 e	$1.6\mathrm{e}-2$	$7.44\mathrm{e}-4$	$4.3\mathrm{e}-5$	$2.1\mathrm{e}-5$

从图 8.11 和表 8.2 中可以看出,在利用连续弱测量和压缩传感理论对 2-qubit 系统进行状态在线估计下,当采样率为 0.375 时,保真度只有 0.7181;当采样率 $\beta \geqslant 50\%$ 时,系统状态估计的保真度就超过了 99%,且估计误差小于 0.1%,可以高精度地实现量子系统的状态估计.

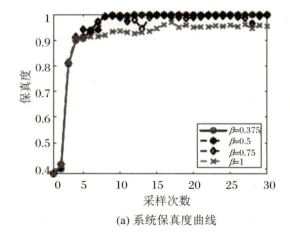
(a) 系统保真度曲线

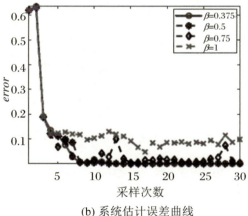
(b) 系统估计误差曲线

图 8.11　不同采样率下的状态估计实验结果

8.4　小　　结

　　本章我们对单比特量子以及 n-qubit 系统的状态在线估计问题进行了研究,基于单比特量子系统中所推导出的弱测量算符,给出了 2-qubit 系统的离散形式的测量算符和状态的演化方程,并将其扩展到 n-qubit 系统中,给出了具有普适性的演化方程.同时,基于压缩传感理论有效减少了状态重构所需的测量次数,并利用最小二乘优化算法实现了量子系统状态的精确重构.仿真实验结果表明,当系统具有外加控制量时,连续弱测量可以获得状态重构的有效信息,进而在线估计出系统状态.并且,在合适的测量算符初始值下,当采样率 $\beta \geqslant 50\%$ 时,可以 99% 的保真度实现 2-qubit 系统的状态在线估计.同时,3-qubit系统的状态估计实验结果也表明,本章所提出的方法与系统模型同样适用于多比特量子系统,为实现高比特量子系统的状态在线估计提供了方向.

第 9 章

随机开放量子系统的在线量子态估计

在 9.1 节中,我们详细地推导了单量子位的随机开放量子系统状态在连续弱测量过程中,间接获得被测量子状态的动态测量算符,采用 CVX 凸优化工具箱,对单量子比特系统状态进行在线估计的多个实验及其结果分析.本章中还对带有自适应学习速率的矩阵指数梯度在线量子态估计算法,以及基于卡尔曼滤波的在线量子态估计优化算法进行了开发研究.

9.1 单比特量子系统的状态在线估计

根据系统是否与环境相互作用,可以将量子系统分为封闭量子系统和开放量子系统.封闭量子系统是一个孤立的、与外界无相互作用或能量交换的系统.开放量子系统与环境相互作用,比如对量子状态进行测量,会产生诸如耗散、消相干等现象,给量子状态的演化引入随机性成为随机开放量子系统.由于量子状态无法通过直接测量的结果来获得,因此需要进行量子态重构.量子层析就是一种确定未知量子状态的方法,它是通过反复制备相同的量子态,对量子态进行完备的测量结果建立量子态信息的完整描述.通过估计量子系统的状态,人们能够有效地获得系统的当前信息,并由此设计相应的调控方案.为了能够准确估计出量子的状态,人们需要测得该状态在一组完备观测量上对应的观测值(投影均值).

对于 n 比特量子系统而言,一个维数为 d 的量子密度矩阵的完备观测量的数目为 $d \times d = 2^n \times 2^n = 4^n$.通常情况下,量子层析是通过对重复制备的状态进行破坏性的投影(强)测量,来得到 d^2 个完备的观测结果,因此随着量子位 n 的增加,完整层析所需的测量次数呈指数增长.压缩传感理论为降低量子状态估计中的测量次数问题提供了新的解决问题的理论.该理论指出,如果一个量子系统密度矩阵的秩 r 远小于其维度 d,那么只需要根据少量随机观测量的测量值,就可重构出系统状态的密度矩阵.Gross 证明了在以泡利测量算符进行观测时,仅需要 $O(rd \log d)$ 个观测量上的测量值,就可以保证重构出密度矩阵 ρ.将压缩传感引入量子态估计可以极大减少所需的测量次数,提高状态估计的效率.根据观测算符、所对应的测量值、压缩传感理论以及优化算符来重构密度矩阵 ρ 的过程,就是量子状态的估计过程.

我们考虑测量带来的退相干效应以及演化过程中的随机噪声的开放量子系统,采用对估计状态影响较小,并连续不断地实时进行的间接连续弱测量来实现量子态的在线估计.通过引入探测系统与被测系统发生关联,然后通过对探测系统进行直接投影测量,根据测量结果来推断被测系统的信息.在测量与估计的过程中,系统状态随时间演化又成为新的状态,再对系统演化后的状态进行估计,重复此过程来实现在线的量子态估计.同时,我们还基于压缩传感理论,采用最小二乘优化算法,将本节所提出的在线量子态估计方案,在一个量子位上进行系统仿真实现.实验中,系统中研究外加控制场、测量强度,以及弱测量观测算符对在线状态估计结果的影响进行了性能实验.

9.1.1　随机开放量子系统的连续弱测量

9.1.1.1　量子弱测量

本小节中所研究的随机开放量子系统的在线估计包括量子连续弱测量过程,以及基于压缩传感理论对连续弱测量所得到的测量值进行优化处理,进而实现在线估计的过程.对被测系统 S 的一次完整弱测量操作过程如图 8.1 所示,为了便于进一步的分析,我们在本章中画为图9.1,其中,量子弱测量是通过引入一个探测系统 P 与被测系统 S 发生短时间的关联,来使探测系统 P 包含被测系统 S 的部分信息,然后对探测系统 P 进行强测量,再根据此强测量结果来推断出被测系统 S 的信息(Wiseman,Miburn,2010).图9.1 中左边虚框为探测部分,右边虚框为测量读出部分.不同于投影测量等强测量会造成被测系统的瞬时塌缩,弱测量是一个非瞬时的测量过程,对量子系统造成的影响较弱.

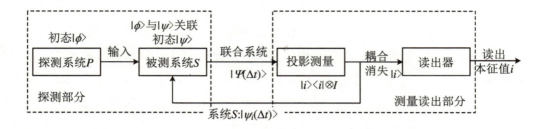

图 9.1　量子连续弱测量过程的结构图

在图 9.1 的量子连续弱测量过程中,当对被测系统 S 进行弱测量时,需要制备探测系统 P,探测系统 P 作为输入量与被测系统 S 发生耦合成为联合系统 $S \otimes P$.设探测系统 P 的初态为 $|\phi\rangle$,被测系统 S 的初态为 $\rho_0 = |\psi\rangle\langle\psi|$,$H_S$ 和 H_P 为 S 和 P 哈密顿量,联合系统 $S \otimes P$ 的哈密顿为 $H = H_P \otimes H_S$.联合系统 $S \otimes P$ 的初态为 $|\Psi\rangle = |\phi\rangle \otimes |\psi\rangle$.经过 Δt 时间的联合演化后,$|\Psi\rangle$ 变为 $|\Psi(\Delta t)\rangle$,将其作为探测部分的输出送入测量读数部分进行读数,读数过程表现为利用投影算符 $\pi_i = |i\rangle\langle i|$ 对探测系统 P 进行投影测量,读出结果为探测系统 P 在希尔伯特空间上本征态 $|i\rangle$ 的本征值.在弱测量过程中,当探测系统 P 与被测系统 S 间的相互作用强度 ξ 和作用时间 Δt 都足够小时,弱测量强度 $\lambda = \xi\Delta t \to 0$,测量对被测系统 S 的影响明显减弱.因此,当量子系统测量过程满足 $\xi\Delta t \to 0$ 条件时,即为量子弱测量.

量子连续弱测量是指对量子系统进行连续不断的弱测量,我们根据弱测量的输出结果与量子系统之间的关系,可以推导出作用在被测系统上的实时测量算符,并根据测量算符与密度矩阵之间的关系重构出量子状态.在测量和量子态重构的过程中,该量子状态会随时间演化成为新的状态,此时需要对新的状态重新进行弱测量,进而重构出新的量子状态,重复此过程,可以得到系统状态的连续演化轨迹.这样一个连续不断的弱测量动态过程,称为量子连续弱测量.

在量子弱测量过程中,联合系统初态 $|\Psi\rangle$ 经过 Δt 的演化时间后变为 $|\Psi(\Delta t)\rangle$ 且满足关系

$$|\Psi(\Delta t)\rangle = U(\Delta t)|\Psi\rangle = U(\Delta t)(|\phi\rangle \otimes |\psi\rangle) \tag{9.1}$$

量子状态的估计和滤波及其优化算法

其中，$U(\Delta t)$ 为联合系统的联合演化算符：

$$U(\Delta t) = \exp(-i\xi\Delta t H/\hbar) \qquad (9.2)$$

其中，ξ 表示相互作用强度（单位 1/s）.

由于弱测量过程实质上是对探测系统 P 进行投影测量，根据正交投影测量公式，可得联合系统第 i 个本征值所对应的状态 $|\Psi_i(\Delta t)\rangle$ 为

$$|\Psi_i(\Delta t)\rangle = (|i\rangle\langle i|\otimes I \cdot U(\Delta t)|\phi\rangle\otimes|\psi\rangle)/\Theta_i \qquad (9.3)$$

其中，Θ_i 为标准化参数，$\Theta_i = \sqrt{\langle\Psi(\Delta t)|\Pi_i|\Psi(\Delta t)\rangle}$，代表测得结果为 $|i\rangle$ 的概率.

弱测量过程的读出部分会导致探测系统 P 与被测系统 S 之间的耦合消失，此时探测系统会塌缩到本征态 $|i\rangle$，被测系统 S 的状态变为 $|\psi_i(\Delta t)\rangle$，根据完备正映射原理（D'Ariano et al.，2004）可知，联合系统在 Δt 时间后的状态还可以表示为

$$|\Psi_i(\Delta t)\rangle = |i\rangle\otimes|\psi_i(\Delta t)\rangle \qquad (9.4)$$

比较式（9.3）和式（9.4），可以得出整个测量过程前后被测系统 S 状态变化的关系式为

$$|\psi_i(\Delta t)\rangle = (\langle i|\otimes I \cdot U(\Delta t)|\phi\rangle\otimes|\psi\rangle)/\Theta_i \qquad (9.5)$$

为了表示方便，定义 Kraus 算符 M_i 为

$$M_i = \langle i|\otimes I \cdot U(\Delta t)|\phi\rangle\otimes I \qquad (9.6)$$

标准化参数 Θ_i 可由 M_i 表示为

$$\Theta_i = \sqrt{\langle\psi|M_i^\dagger M_i|\psi\rangle} \qquad (9.7)$$

将式（9.6）和式（9.7）代入式（9.5），我们可以得到整个测量过程前后被测系统 S 状态变化的关系式为

$$|\psi_i(\Delta t)\rangle = \frac{M_i}{\sqrt{\langle\psi|M_i^\dagger M_i|\psi\rangle}}|\psi\rangle \qquad (9.8)$$

由式（9.8）可以看出，如果将整个弱测量过程看做对被测系统 S 的一次测量操作，那么 Kraus 算符 M_i 就是此测量操作对系统 S 的测量算符，它是由探测系统 P 的初态 $|\phi\rangle$，读出的投影算符 $\pi_i = |i\rangle\langle i|$，以及联合系统的演化算符 $U(\Delta t)$ 构成的广义测量算符. 根据算符 M_i，以及系统 S 初态 $|\psi\rangle$ 就可以重构出测量后系统 S 的状态 $|\psi_i(\Delta t)\rangle$.

在量子态在线实时估计中，一次测量操作无法获得重构量子态的足够信息，需要一组信息，也就是不同时刻的连续测量值才能完整估计出系统 S 的状态密度矩阵，因此在

进行在线估计状态之前就需要求出连续弱测量下随时间变化的测量算符 $M_i(t)$.

9.1.1.2　基于连续弱测量的测量算符与量子态演化方程

基于连续弱测量的量子态在线估计过程如图 9.2 所示,其中,通过引入的探测系统 P 与被测系统 S 的状态发生耦合关联,在 t 时刻进行弱测量操作,来获得含有系统 S 状态信息的测量值和间接作用在量子态上的测量算符,以及系统的输出值.量子系统的状态在系统中随时间做自由演化而在不断变化,通过连续弱测量,可以连续不断地对系统随时间演化的状态所产生的输出值进行不断的测量,每测量一次系统的输出值,根据输出值与量子密度矩阵之间的关系,采用在线优化算法对量子态进行一次估计和重构,随着测量值的不断增加,所重构出的量子态估计值就能够跟踪上变化的自由演化的系统状态,实现对量子态的在线实时估计.

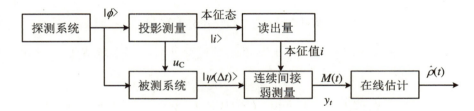

图 9.2　基于连续弱测量的量子态在线估计过程

在薛定谔绘景下,图 9.2 中被测量子系统随机主方程(SME)可以写为

$$\rho(t+dt) - \rho(t) = -\frac{i}{\hbar}[H(t), \rho(t)]dt$$
$$+ \sum \left\{ L\rho(t)L^\dagger - \left[\frac{1}{2}L^\dagger L\rho(t) + \frac{1}{2}\rho(t)L^\dagger L\right]\right\}dt \quad (9.9)$$
$$+ \sqrt{\eta}\sum[L\rho(t) + \rho(t)L^\dagger]dW$$
$$\rho_0 = \rho(0)$$

其中,$\rho(t)$ 为密度矩阵,$\hbar$ 为普朗克常量,通常取 $\hbar=1$,$H(t)=H_S+H_P+u(t)H_C$,$H(t)$ 为总哈密顿量,H_S 为被测系统哈密顿量,H_P 为探测系统哈密顿量,H_C 为控制哈密顿量,$u(t)$ 是外加控制调节量,η 是测量效率,且满足 $0 < \eta \leqslant 1$. 令 $D[L,\rho]=L\rho L^\dagger - \left(\frac{1}{2}L^\dagger L\rho + \frac{1}{2}\rho L^\dagger L\right)$,表示测量过程带来的退相干作用,表现为 Lindblad 形式的漂移项;令 $H[L,\rho]=L\rho + \rho L^\dagger$,表示测量过程带来的随机扩散项,表现为对量子系统状态产生的干扰,也称为反向效应(back-action).在零差测量情况下,dW 为零差测量时测量输

出带来的噪声,是一维 Wiener 过程,满足 $E(\mathrm{d}W)=0,E\big[(\mathrm{d}W)^2\big]=\mathrm{d}t$.

基于连续弱测量下的测量算符不再是一组常值矩阵,它变成一组随时间变化的测量算符 $M_i(t)$,我们首先需要推导出随时间变化的测量算符 $M_i(t)$.

在弱测量过程中,对式(9.2)中的 $U(\Delta t)$ 在 $\xi\Delta t\to 0$ 时进行 Talyor 展开并舍去三阶以上微小量,可得

$$U(\Delta t)\approx I\otimes I-\mathrm{i}\xi\Delta tH-(\xi\Delta t)^2H^2/2 \tag{9.10}$$

将式(9.10)代入 Kraus 算符 M_i 中,同时也进行 Talyor 展开,并舍去三阶以上微小量,可得弱测量算符 $M_i(t)$ 的表达式为

$$M_i(\Delta t)\approx I\langle i|\phi\rangle-\mathrm{i}\xi\Delta tH_S\langle i|H_P|\phi\rangle-(\xi\Delta t)^2H_S^2\langle i|H_P^2|\phi\rangle/2 \tag{9.11}$$

若令 $r_i=(\xi\Delta t)H_S^2\langle i|H_P^2|\phi\rangle/2=L^\dagger L(i=1,2,\cdots,d)$,则弱测量算符 $M_i(t)$ 的一般形式为

$$M_i(\Delta t)=I\langle i|\phi\rangle-\big[r_i\lambda/2+\mathrm{i}\lambda H_S\langle i|H_P|\phi\rangle\big] \tag{9.12}$$

令 $i=j$,即 $\langle j|\phi\rangle=1$,此时弱测量算符 $M_i(t)$ 为

$$M_j(\Delta t)=I-(\xi r_{i=j}/2+\mathrm{i}\xi H_S)\Delta t \tag{9.13}$$

根据完备算符条件可知

$$M_{i\neq j}(\Delta t)=M_{j\perp}(\Delta t)=\sqrt{r_{i\neq j}\Delta t} \tag{9.14}$$

其中,$M_{j\perp}$ 是 M_j 的正交算符,且满足 $(M_{j\perp})^2+(M_j)^2=I$.

对于二能级量子系统进行连续弱测量时,测量算符组中仅包含 $M_0(\mathrm{d}t)$ 和 $M_1(\mathrm{d}t)$ 两个算符,通过选择合适的算符 L,可以构建出相应的弱测量算符 $M_0(\mathrm{d}t)$ 与 $M_1(\mathrm{d}t)$ 分别为

$$\begin{aligned}M_0(\mathrm{d}t)&=M_j+\mathrm{i}(1-\xi)H_S\Delta t=I-\big[L^\dagger L/2+\mathrm{i}H(t)\big]\mathrm{d}t\\ M_1(\mathrm{d}t)&=M_{i\neq j}=L\cdot\sqrt{\mathrm{d}t}\end{aligned} \tag{9.15}$$

式(9.15)中的弱测量算符就是作用在量子系统状态上的算符,因为量子系统状态是随时间动态变化的,此算符也是随时间变化的.根据构建的弱测量算符,以及系统动力学方程,在不考虑系统随机噪声与测量效率情况下,可得连续弱测量过程中测量算符的动态演化方程为

$$M_i(t+\mathrm{d}t)=M_0^\dagger M_i(t)M_0+M_1^\dagger M_i(t)M_1,\quad i=0,1 \tag{9.16}$$

从量子系统的连续弱测量过程可以看出,测量过程实际上包含了量子系统随时间的

演化,所以弱测量算符 $M_0(\mathrm{d}t)$ 中包含了系统总哈密顿量 $H(t)$. 若在测量过程中考虑系统随机噪声与测量效率,则系统状态密度矩阵的演化算符可以写为

$$A_0 = M_0(\mathrm{d}t) + \sqrt{\eta}L \cdot \mathrm{d}W = I - [L^\dagger L/2 + \mathrm{i}H(t)]\mathrm{d}t + \sqrt{\eta}L \cdot \mathrm{d}W$$
$$A_1 = M_1(\mathrm{d}t) + \sqrt{\eta}L \cdot \mathrm{d}W = L \cdot \sqrt{\mathrm{d}t} + \sqrt{\eta}L \cdot \mathrm{d}W \qquad (9.17)$$

根据系统演化算符,可得离散形式的随机开放量子系统演化方程为

$$\rho(t + \mathrm{d}t) = A_0\rho(t)A_0^\dagger + A_1\rho(t)A_1^\dagger \qquad (9.18)$$

9.1.2 基于压缩传感的量子态在线估计

压缩传感(Compressed Sensing,简称 CS)理论指出,如果量子状态的密度矩阵 ρ 为低秩矩阵,那么只需要 $O(rd\log d)$ 量级的随机观测量的测量值,并通过将系统状态的估计问题转化为一个优化问题来重构出密度矩阵,其中 d 和 r 分别为状态密度矩阵 ρ 的维度与秩.

在进行量子态在线估计时,根据测量算符的动态演化方程(9.16),可以随着时间的演化,在连续测量过程中顺序获得一组测量矩阵 $M = \{M_i, i = 1, 2, \cdots, m(m \leqslant d^2)\}$,并构成采样矩阵 A:

$$A = (\mathrm{vec}(M_{i_1})^\mathrm{T} \quad \mathrm{vec}(M_{i_2})^\mathrm{T} \quad \cdots \quad \mathrm{vec}(M_{i_m})^\mathrm{T})^\mathrm{T} \qquad (9.19)$$

通过计算密度矩阵 ρ 与采样矩阵 A 的 m 个内积值

$$y_j = \langle \rho, M_j \rangle = \mathrm{tr}(\rho M_j), \quad j = 1, 2, \cdots, m \qquad (9.20)$$

可以获得基于连续弱测量的量子系统的理论测量值 $y = (y_1, y_2, \cdots, y_m)$. 需要强调的是,实际应用时,系统输出的测量值是直接从实际量子装置上获得的. 人们就是仅根据从量子系统中获得的输出值来重构出量子状态密度矩阵的. 在进行优化算法开发的理论研究中,测量值是通过理论关系式(9.20)来获得的.

由于测量过程为有限 m 次测量,所以存在估计误差:

$$e = y - A\rho \qquad (9.21)$$

实际上,式(9.21)中的误差往往也代表量子态重构的估计误差. 此误差越小,表明算法的重构性能越高.

由压缩传感理论可知,只要采样矩阵 A 满足限制等距条件:

$$(1-\delta)\parallel\rho\parallel_{\mathrm{F}}\leqslant\parallel A\hat{\rho}\parallel_2\leqslant(1+\delta)\parallel\rho\parallel_{\mathrm{F}} \tag{9.22}$$

其中,$\delta\in(0,1)$为等距常数,$\parallel\cdot\parallel_{\mathrm{F}}$为 Frobenius 范数.

此时在允许有估计误差存在时,可以通过求解满足带有约束条件的最优范数的问题唯一确定 d^2 个待估计的密度矩阵元素:

$$\hat{\rho}=\arg\min\parallel\rho\parallel_*$$
$$\mathrm{s.\,t.}\,\rho\geqslant 0,\mathrm{tr}(\rho)=1,\ \parallel y-A\mathrm{vec}(\rho)\parallel_2^2\leqslant\varepsilon \tag{9.23}$$

其中,$\parallel\rho\parallel_*$表示 ρ 的核范数,$\hat{\rho}$ 为利用压缩传感重构出的估计密度矩阵,ε 表示估计误差,$\mathrm{vec}(X)$为变换算符,表示任意矩阵 X 的每一列按顺序首尾相连变换成的矢量.

式(9.23)中的核范数优化问题等价于在正定约束下,目标为 ρ 的 2 范数最小的优化问题:

$$\hat{\rho}=\arg\min\parallel A\cdot\mathrm{vec}(\rho)-y\parallel_2$$
$$\mathrm{s.\,t.}\,\hat{\rho}=\rho,\ \rho\geqslant 0,\mathrm{tr}(\rho)=1 \tag{9.24}$$

我们采用非负最小二乘优化方法来进行量子密度矩阵的优化求解,求解过程中通过取性能指标函数

$$J(\rho)=\sum_{i=1}^{t}\big[y(i)-A\mathrm{vec}(\rho)\big]^2\big[y_t-A_t\mathrm{vec}(\rho)\big]^{\mathrm{T}}\big[y_t-A_t\mathrm{vec}(\rho)\big] \tag{9.25}$$

为最小值时,求得参数矢量 ρ 的估计值 $\hat{\rho}$.

在式(9.25)中对 ρ 求偏导,并令之为 0,可以得到最小二乘估计公式为 $\hat{\rho}=(A^{\mathrm{T}}A)^{-1}A^{\mathrm{T}}y$.

当密度矩阵优化问题具有正定约束条件时,仅仅通过对目标函数求偏导是无法得到满足条件的最优解的,本小节中我们采用 Matlab 环境下的 CVX 工具箱来求解式(9.25)中的凸优化问题.CVX 是一个采用最小二乘法来求解带有约束条件的凸优化问题工具箱,功能比较强大.我们在使用中的具体实现的求解步骤为:

(1) 定义目标变量 f_k,令其初值为 0,计算残差 $resid=A\cdot f_k-y_k$;

(2) 定义拉格朗日算子:$\lambda=A^{\mathrm{T}}\cdot resid$;

(3) 定义 P 为一组逻辑 1 的变量空间,Z 为一组逻辑 0 的变量空间,利用正集中的变量空间计算中间解 $z(P)=A(:,P)/(y_t(k))$;

(4) 确定中间解 z 为负值时的变量空间 $Q=(z\leqslant 0)\&P$;

(5) 根据 Q 的值计算新的目标变量 f_k,进而保证 f_k 非负:$\alpha=\min(f(Q)/(f(Q)-$

$z(Q)))$，$f_k = f_k + \alpha * (z - f_k)$；

（6）根据 f_k 的值重置 P 与 Z 的值，并重复上述步骤，直至达到循环终止条件；

（7）循环结束后，f_k 的值即为 k 时刻密度矩阵的估计值 $\hat{\rho}_k$．

在实时估计系统的状态 $\rho(t)$ 时，假定实验中连续弱测量读数的时刻为 t_k，两相邻时刻的间隔为 Δt．从零时刻开始记录测量值 $y(t_k)$，在每次弱测量后，将所记录的 $\{y(t_k)\}$ 与对应 $\{M_i(t_k)\}$，得到对应的采样矢量 y 与采样矩阵 A，构建如式（9.24）的优化问题，利用优化算法求解优化问题，得到 ρ 的重构密度矩阵 $\hat{\rho}$，$\hat{\rho}$ 即为量子态的实时估计结果．

9.1.3 数值仿真实验及其结果分析

本小节我们在 Matlab 环境下进行系统数值仿真实验，考虑随机开放量子系统的退相干效应和随机噪声，研究二能级量子系统状态的演化轨迹与所对应的实时估计状态，并通过性能对比实验，分析系统外加控制场、相互作用强度、弱测量观测算符等参数对状态实时估计效果性能的影响．

我们选择处于 z 方向恒定外加磁场 B_z 与 x 方向控制磁场 $B_x = A\cos\phi$ 中的 $1/2$ 自旋粒子系综 S 的状态 $\rho(t)$ 作为被估计对象，薛定谔绘景下系统的初始状态为 $\rho(0)$，随时间 t 演化的状态用 $\rho(t)$ 表示．对系统 S 施加连续的弱测量，初始观测算符为 M_{i0}，假设测量对系统造成的破坏较弱，即弱测量强度 $\lambda = \xi\Delta t \to 0$．考虑系统 S 具有随机噪声，该系统演化方程如式（9.18）所示．被测系统在磁场 B_z 中的本征频率为 $\omega_0 = \gamma B_z$，其中 γ 是粒子系综的自旋磁比，$\Omega = \gamma A$ 为系统的 Rabi 频率，$\Omega \in \mathbf{R}$．

实验中用保真度 f 来表示系统状态重构的效果，定义保真度的计算公式为

$$f(t) = \mathrm{tr}\left(\sqrt{\hat{\rho}(t)^{\frac{1}{2}}\rho(t)\hat{\rho}(t)^{\frac{1}{2}}}\right) \tag{9.26}$$

其中，$\rho(t)$ 表示 t 时刻下的真实密度矩阵，$\hat{\rho}(t)$ 为对应的实时估计密度矩阵．

单比特自旋系统 S 的哈密顿量为 $H = H_0 + u_x H_x$，其中，$H_0 = -\frac{\hbar}{2}\omega_0\sigma_z$ 为自由哈密顿，$\sigma_z = \begin{pmatrix} 1 & 0 \\ 0 & -1 \end{pmatrix}$ 为 z 方向的泡利算符，$H_x = -\frac{\hbar\Omega}{2}(\mathrm{e}^{-\mathrm{i}\varphi}\sigma^- + \mathrm{e}^{\mathrm{i}\varphi}\sigma^+)$ 为控制哈密顿，$\sigma^- = \begin{pmatrix} 0 & 0 \\ 1 & 0 \end{pmatrix}$，$\sigma^+ = \begin{pmatrix} 0 & 1 \\ 0 & 0 \end{pmatrix}$，$u_x$ 为常值控制量，$u_x \in \mathbf{R}^+$．在仿真实验中，我们选择单比特自旋量子系统的初态为 $\rho(0) = (3/4 \quad -\sqrt{3}/4; \quad -\sqrt{3}/4 \quad 1/4)$，对应 Bloch 球坐标为

$(\sqrt{3}/2, 0, 1/2)$. 实验参数取 $\dfrac{\hbar}{2}\omega_0 = \Omega = 2.5 \times 10^{-18}$, 控制场初始相位 $\phi = 0$, 取连续弱测量时间间隔 $\Delta t = 0.4 \times \dfrac{\hbar}{2}\omega_0 = 1 \times 10^{-18}$ s ≈ 4 a.u., 采样周期 $\Delta T = 0.1$, 控制量 u_x 分别取两种不同常值 $u_{x1} = 0$, $u_{x2} = 2$, 每种控制量下分别选择两种观测算符 $M_z = \sigma_z = \begin{bmatrix} 1 & 0 \\ 0 & -1 \end{bmatrix}$, $M_x = \sigma_x = \begin{bmatrix} 0 & 1 \\ 1 & 0 \end{bmatrix}$.

9.1.3.1　无外加控制作用下系统状态的自由演化轨迹实验

本小节主要研究单比特开放量子系统在无外加控制磁场作用下的状态自由演化实验. 图 9.3 为 $u_x = 0$ 时不同观测算符下系统真实状态 $\rho(t)$ 与实时估计状态 $\tilde{\rho}(t)$ 在 Bloch 球中的演化轨迹, 其中红色实线对应真实的状态, 蓝色虚线对应实时在线估计的状态, "o" 表示真实状态的初态 $\rho(0)$, "∗" 表示实时估计状态的初态 $\tilde{\rho}(0)$, 左右两图分别对应于采用观测算符 M_z 与 M_x 情况下的系统状态估计结果.

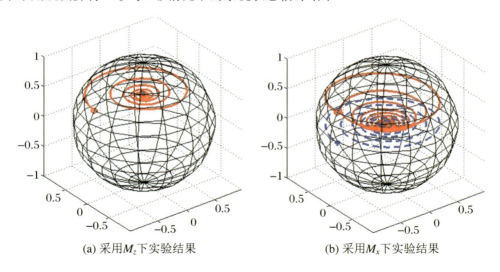

(a) 采用 M_z 下实验结果　　　　　　(b) 采用 M_x 下实验结果

图 9.3　无外加调节作用下系统的自由演化及状态估计结果

从图 9.3 中可以看出, 当系统外加调节量 $u_x = 0$ 时, 系统状态进行自由演化. 从图 9.3(a) 中可以看出, 当系统参数 $L = \sigma_z$, 测量算符取 M_z 时, 系统真实状态的自由演化轨迹为 x-y 平面上的向球内部耗散的螺旋线, 此时对量子态在线估计结果始终为 x-y 平面上的轨迹与 z 轴的交点, 无法实现对变化的量子态进行在线估计. 从图 9.3(b) 中可以看出, 当系统参数 $L = \sigma_x$, 测量算符取 M_x 时, 系统真实状态的演化轨迹为向球心的最大混合态收敛, 此时对量子态在线估计结果为系统演化轨迹在 x-y 平面上的投影(蓝色虚线).这两种情况分别为所选择的观测算符 M_z 或 M_x 与系统自由哈密顿量 H_0 为重合(平行)或正交,以至于连续测量无法获得系统状态的足够有效信息,因此无法实现对量子态的实时估计.

9.1.3.2 外加恒定值作用下的量子态实时估计实验

本小节研究随机开放量子系统在外加恒定值磁场作用下的状态演化与实时估计,以及相互作用强度对状态演化轨迹的影响的实验.图 9.4 为 $u_x = 2$ 时,不同参数下系统真实状态 $\rho(t)$,以及实时估计状态 $\hat{\rho}(t)$ 在 Bloch 球中的演化轨迹,图 9.4(a) 与图 9.4(b) 分别对应随机噪声 $dW = 0.02$,相互作用强度分别为 $\xi = 0.3$ 与 $\xi = 0.5$,左、右两图分别对应观测算符为 M_z 与 M_x 情况下的实验结果.

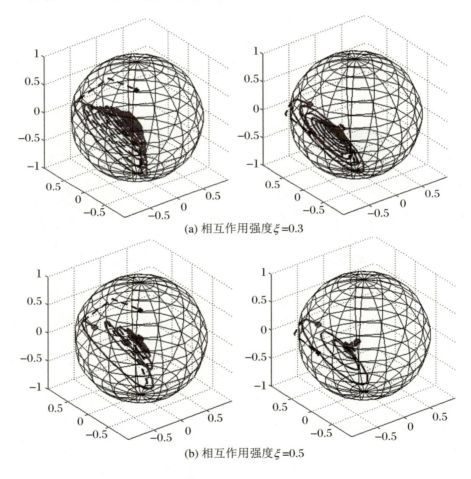

(a) 相互作用强度 $\xi = 0.3$

(b) 相互作用强度 $\xi = 0.5$

图 9.4 外加恒定控制作用下系统的状态演化轨迹

从图 9.4 中可以看出,当外加磁场控制量 $u_x = 2$ 时,系统的状态演化轨迹为 Bloch 球上与 x-y 平面具有一定夹角的圆弧,由于此时所选观测算符 M_z 或 M_x 与系统哈密顿不重合或正交,能够得到量子态的精确估计结果.从图 9.4(a)、图 9.4(b) 中还可以看出,改变环境对系统的影响强度,即相互作用强度 ξ 的大小,也会使系统的演化轨迹发生变化,强度越大,演化轨迹变化越快;另外,图中估计状态轨迹与实际状态轨迹均在 $t_1 = 2\Delta T$ 及之后任意时刻重合,也就是在 t_1 时刻,开始首次得到精确实时估计结果.此结果说明,当所选系统状态密度矩阵非对角元素具有虚部时,基于压缩传感理论和连续弱测量对单量子比特系统进行状态重构时,仅需 3 次连续测得的测量值,即可实时估计出系统的状态.

为了进一步说明随机开放量子系统中噪声对系统演化轨迹以及在线估计效果的影响,我们还进行了不同噪声幅值下的系统状态在线估计的仿真实验.不同随机噪声幅值下量子态在线估计的系统保真度曲线如图 9.5 所示,其中,绿色实线、蓝色虚线、红色点划线分别为随机噪声取 $\mathrm{d}W = 0.02, 0.06, 0.1$ 时的系统保真度曲线.

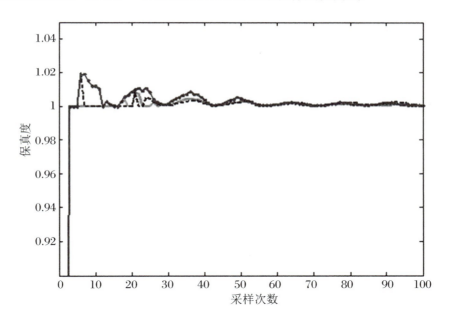

图 9.5 不同噪声幅值下量子态在线估计的系统保真度曲线

由图 9.5 可知,当开放量子系统的随机噪声较小时,系统保真度曲线仅有微小波动,量子态在线估计效果较好,可以保持在 99% 以上.

本小节在考虑随机开放量子系统的退相干效应和随机噪声问题的情况下,研究了基于压缩传感理论和连续弱测量的量子态实时估计.本小节研究的重要性在于通过实验,我们可以清楚了解,初始观测算符以及系统参数的选取,对在线量子态估计的性能是有很大影响的.观测算符与系统哈密顿不重合或正交时,连续测量可以获得系统的足够有效信息,进而实现量子态的精确实时估计,这种情况是需要靠外加控制量来实现的.换句话说,给量子系统外加了控制常值量,不论初始观测算符如何,都不会影响在线量子态的估计效果.

需要说明的是 CVX 工具箱中的算法实际上是离线算法,它需要对数据进行反复迭代,我们实际上是把离线算法在线用:在每一个采样周期里采用 CVX 多次迭代获得高精度的状态估计值.由于本小节实验中是对单量子位状态进行在线估计,即使是完备测量也只要两次,所以,采用 CVX 算法是能够实现的.随着量子位数的增加,采用 CVX 是不合适的,需要开发出真正的在每一个采样周期里,通过一次迭代,实时地估计出量子状态的在线优化算法.

9.2 带有自适应学习速率的矩阵指数梯度在线量子态估计算法

本节基于矩阵指数梯度的在线学习算法(Matrix Exponentiated Gradient algorithm,简称 MEG),设计自适应的学习速率,提出一种带有自适应学习速率的矩阵指数梯度(Adaptive Learning Rate Matrix Exponentiated Gradient,简称 ALR-MEG)在线量子态估计算法.通过建立 n 比特开放量子系统的离散演化模型,构造连续弱测量下的输出值序列,将量子态估计问题转化为含量子状态约束的凸优化问题,并引入表示真实状态与估计状态距离的、对数型 von Neumann 散度(量子相对熵)来保证量子态密度矩阵的半正定性,再通过对迭代结果进行迹为 1 投影,得到最终的量子态估计值.由于所提算法对对数形式的性能指标进行求导,得到指数型迭代公式,指数与对数运算的对称性保证了输出结果的厄米特性,因此避免了现有的在线量子态估计算法在每次估计中都需要求解一个半正定二次型问题(SDP),减少了计算量.另外,在迭代公式中采用自适应学习速率,提高了收敛速度.我们将所提算法应用于 1,2,3 和 4 量子位状态的估计,并与 8.2 节中提出的在线量子态估计算法 OPG-ADMM 进行性能对比.

9.2.1　连续弱测量下的开放量子系统

重写薛定谔绘景下一个 n 量子比特随机开放量子系统主方程(9.9)：

$$\rho(t+\Delta t)-\rho(t)=-\frac{\mathrm{i}}{\hbar}\big[H(t),\rho(t)\big]\Delta t$$
$$+\sum\Big\{L\rho(t)L^{\dagger}-\frac{1}{2}\big[L^{\dagger}L\rho(t)+\rho(t)L^{\dagger}L\big]\Big\}\Delta t$$
$$+\sqrt{\eta}\sum\big[L\rho(t)+\rho(t)L^{\dagger}\big]\mathrm{d}W \tag{9.27}$$

其中，$\rho(t)$ 为密度矩阵，Δt 为相互作用时间.

含有输出噪声的量子状态在线估计过程如图 9.6 所示，它由连续弱测量过程和量子状态在线估计器两部分组成，在单量子位系统的弱测量过程中，通过引入一个二能级探测系统 P，并将其与被测系统 S 组成联合系统，联合系统状态演化方程为 $|\Psi(\Delta t)\rangle=U(\Delta t)|\Psi\rangle=U(\Delta t)(|\phi\rangle\otimes|\psi\rangle)$，其中，$|\phi\rangle$ 和 $|\psi\rangle$ 分别为系统 P 和 S 的初始状态，$\otimes$ 表示 Kronecker 积，$U(\Delta t)=\exp(-\mathrm{i}\xi\Delta tH/\hbar)$ 为联合演化算符，$\xi>0$ 为系统相互作用强度. 联立联合演化算符 $U(\Delta t)$ 以及弱测量前后联合系统状态 $|\Psi(\Delta t)\rangle$ 变化关系式，可以推导出通过对一个二能级探测系统 P 的直接投影测量，间接作用在被测系统 S 上的弱测量算符. 基于二能级量子系统的弱测量算符，我们可以利用张量积计算多能级量子系统的弱测量算符(Harrz,Cong,2019).

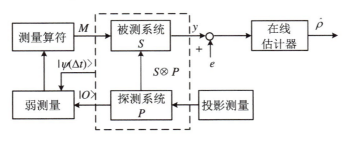

图 9.6　基于连续弱测量的量子状态在线估计过程

由连续弱测量过程可知，在每个采样时刻，我们可以获得一个含有测量噪声的测量值，在量子态随时间变化的情况下，每一个测量值也对应着一个动态变化的测量算符. 到目前为止，我们所研究的都是单量子比特的在线估计，本小节中，我们首先将单比特量子系统的在线弱测量过程，通过推导，推广得到 n 比特开放量子系统的测量算符.

9.2.2　n 比特开放量子系统离散演化模型

二能级量子系统的两个弱测量算符分别为 $m_0(\Delta t) = I - (L^\dagger L/2 + \mathrm{i}H(t))\Delta t$ 和 $m_1(\Delta t) = L \cdot \sqrt{\Delta t}$，其中，$H(t)$ 为总哈密顿量：$H(t) = H_0 + u_x H_x$，H_0 为系统自由哈密顿量，H_x 为外加控制哈密顿量，u_x 是外加在 x 方向上的控制强度；$L = \xi\sigma$，σ 为泡利算符：$\sigma_x = \begin{bmatrix} 0 & 1 \\ 1 & 0 \end{bmatrix}$，$\sigma_y = \begin{bmatrix} 0 & -\mathrm{i} \\ \mathrm{i} & 0 \end{bmatrix}$，$\sigma_z = \begin{bmatrix} 1 & 0 \\ 0 & -1 \end{bmatrix}$ 和 $I = \begin{bmatrix} 1 & 0 \\ 0 & 1 \end{bmatrix}$．$n$ 比特量子系统的弱测量算符可以通过 $m_0(\Delta t)$ 和 $m_1(\Delta t)$ 的张量积计算获得：

$$\begin{cases} M_1(\Delta t) = \underbrace{m_0(\Delta t) \otimes \cdots \otimes m_0(\Delta t) \otimes m_0(\Delta t)}_{n} \\ M_2(\Delta t) = \underbrace{m_0(\Delta t) \otimes \cdots \otimes m_0(\Delta t) \otimes m_1(\Delta t)}_{n} \\ \qquad\qquad\qquad\qquad \vdots \\ M_{2^n}(\Delta t) = \underbrace{m_1(\Delta t) \otimes \cdots \otimes m_1(\Delta t) \otimes m_1(\Delta t)}_{n} \end{cases} \qquad (9.28)$$

当考虑随机开放量子系统(9.27)中的随机噪声和弱测量效率时，二能级量子系统的演化算符为式(9.17)：$a_0(\Delta t) = m_0(\Delta t) + \sqrt{\eta}L \cdot \mathrm{d}W$ 和 $a_1(\Delta t) = m_1(\Delta t) + \sqrt{\eta}L \cdot \mathrm{d}W$，$n$ 比特量子系统的演化算符可以通过 $a_0(\Delta t)$ 和 $a_1(\Delta t)$ 的张量积计算获得：

$$\begin{cases} A_1(\Delta t) = \underbrace{a_0(\Delta t) \otimes \cdots \otimes a_0(\Delta t) \otimes a_0(\Delta t)}_{n} \\ A_2(\Delta t) = \underbrace{a_0(\Delta t) \otimes \cdots \otimes a_0(\Delta t) \otimes a_1(\Delta t)}_{n} \\ \qquad\qquad\qquad\qquad \vdots \\ A_{2^n}(\Delta t) = \underbrace{a_1(\Delta t) \otimes \cdots \otimes a_1(\Delta t) \otimes a_1(\Delta t)}_{n} \end{cases} \qquad (9.29)$$

根据式(9.27)的随机开放量子系统主方程以及式(9.29)的演化算符，通过令 $t = \Delta t \cdot k$，可以推导出离散型被测量子系统 S 的动态演化模型为

$$\rho_{k+1} = \sum_{i=1}^{2^n} A_i(\Delta t)\rho_k A_i(\Delta t)^\dagger \qquad (9.30)$$

其中，$k = 1, 2, \cdots, N$ 表示采样时间．

通过线性化变换可以将式(9.30)写为

$$\mathrm{vec}(\rho_{k+1}) = \left(\sum_{i=1}^{2^n} A_i(\Delta t) \bigotimes (A_i(\Delta t)^\dagger)^\mathrm{T}\right)\mathrm{vec}(\rho_k) \tag{9.31}$$

其中,$\mathrm{vec}(X)$表示将矩阵X的所有列组合串联为一个列向量,X^T表示矩阵X的转置.

连续弱测量过程中作用在被测系统状态上的测量算符的动态离散演化模型为

$$M_{k+1} = \sum_{i=1}^{2^n} M_i(\Delta t)^\dagger M_k M_i(\Delta t) \tag{9.32}$$

在薛定谔绘景下,每一采样时刻人们在系统S输出端获得的测量输出为y_i,这个测量值是采用宏观仪器测量获得的,所以理论上它一般等于测量算符作用在量子状态上平均值.设初始测量算符为M_1,离散化的量子系统状态为$\{\rho_i\}_{i=1}^k$,那么,每一采样时刻测量输出的计算公式为

$$y_i = \mathrm{tr}(M_1^\dagger \rho_i) = \mathrm{vec}(M_1)^\dagger \mathrm{vec}(\rho_i), \quad i = 1,2,\cdots,k \tag{9.33}$$

其中,$\mathrm{tr}(X)$表示矩阵X的主对角线元素之和.

实现对量子状态在线估计的优化算法的思路是,基于连续弱测量,在连续不断的每一个时间序列里,获得一个测量值,并通过利用前面已经获得的测量值,结合当前获得的输出值,构造出一组对当前时刻量子态估计的数据集和相应的采样矩阵,然后再结合测量值与密度矩阵之间的关系,重构出密度矩阵.所以,通过在线获取的测量值来实现对一个量子态估计的关键,在于构造出合适的测量值数据序列.将测量值序列用b_k表示,在每一个采样时刻获取一个测量值,从第二个时刻起,所获得的测量值序列由当前时刻获得的值与以前所有时刻获得的测量值构成,即k时刻的测量值序列$b_k = \{y_1, y_2, \cdots, y_k\}$,其中

$$y_i = \mathrm{tr}(M_{k-i+1}^\dagger \rho_k) = \mathrm{vec}(M_{k-i+1})^\dagger \mathrm{vec}(\rho_k), \quad i = 1,\cdots,k \tag{9.34}$$

根据式(9.34)测量数据序列的构造方法,测量值序列的长度会随着采样次数ρ_k的增加而增大,我们不能一味地增加测量值序列的长度,来增加计算机的运算负担,基于压缩传感理论,在一定的测量次数下,就可以获得较高的估计精度.同时考虑到估计精度以及在线处理的计算代价,在量子态在线估计中,我们需要限制并且固定一个测量值序列的长度,从第一次测量获取数据开始,直到达到给定的测量长度之后,每一次新获得的测量数据,将更新替代掉已有数据序列中的一个数据,从而始终保持估计数据序列限制在给定的长度里,我们称此为滑动窗口.由此可得实际量子态估计中所使用的、带有滑动窗口的测量值序列为

$$b_k = \begin{cases} (y_1,\cdots,y_{k-1},y_k)^\mathrm{T}, & k < l \\ (y_{k-l+1},\cdots,y_{k-1},y_k)^\mathrm{T}, & k \geqslant l \end{cases} \tag{9.35}$$

其中,l 为测量值序列的滑动窗口长度.

此时 b_k 是一个具有长度为 l 的动态滑动窗口的数据集,滑动窗口的更新策略为先进先出.根据式(9.34),我们构造与式(9.35)对应的采样矩阵为

$$A_k = \begin{cases} (\text{vec}(M_k),\cdots,\text{vec}(M_2),\text{vec}(M_1))^\dagger, & k < l \\ (\text{vec}(M_l),\cdots,\text{vec}(M_2),\text{vec}(M_1))^\dagger, & k \geqslant l \end{cases} \tag{9.36}$$

考虑到弱测量过程中不可避免地存在测量噪声,并结合式(9.35)和式(9.36),我们将测量值序列 b_k 重写为

$$b_k = A_k \text{vec}(\rho_k) + e_k \tag{9.37}$$

其中,$e_k \in \mathbf{R}^k(l<k)$ 或 $e_k \in \mathbf{R}^l(k\geqslant l)$ 为测量噪声,并被假设是均值为 0、协方差矩阵为 $\mathbf{R}$ 的高斯噪声.

到此,我们完成了对连续弱测量过程中的量子系统离散状态演化模型(9.31)的建立,以及测量值序列(9.37)的构造.

9.2.3 带有自适应学习速率的矩阵指数梯度在线量子态估计算法的推导

传统的矩阵指数梯度(MEG)学习算法,是应用于对称正定矩阵的矩阵核学习算法,它通过对数运算、误差修正、再指数运算的方式输出结果,确保了计算结果的正定性与自共轭性.该运算过程与量子态密度矩阵的物理约束条件相吻合.在对量子态在线估计中,我们需要同时考虑满足密度矩阵的物理约束条件、对动态变化的量子密度矩阵估计的实时性,算法的设计中需要考虑对计算状态空间距离的布雷格曼(Bregman)散度表达式的选择,以及学习速率的设置.本小节中,我们通过将 Bregman 散度转换为冯·诺依曼散度,重新定义量子态的测量更新中的损失函数,以及设计带有自适应的学习速率,来推导出在线量子态密度估计中的 ALR-MEG 算法.

9.2.3.1 von Neumann 散度

在量子态估计中,当 F 在定义域内是一个严格的凸函数,且 $f(\rho) = \nabla_\rho F(\rho)$,那么,关于量子密度矩阵 ρ 及其估计值 $\hat{\rho}$ 的 Bregman 散度的定义为

$$D_B(\hat{\rho},\rho) = F(\hat{\rho}) - F(\rho) + \text{tr}((\hat{\rho} - \rho)f(\rho)^\text{T}) \tag{9.38}$$

当取 $F(\rho) = \mathrm{tr}(\rho\log\rho - \rho)$ 时,Bregman 散度成为 von Neumann 散度(量子相对熵):

$$D_{\mathrm{V}}(\hat{\rho},\rho) = \mathrm{tr}(\hat{\rho}\log\hat{\rho} - \hat{\rho}\log\rho - \hat{\rho} + \rho) \tag{9.39}$$

在所研究的问题中,量子密度矩阵必须满足的条件为 $\mathrm{tr}(\hat{\rho}) = \mathrm{tr}(\rho) = 1$,将其代入式(9.39)中,可以得到简化后的量子相对熵表达式为

$$D_{\mathrm{V}}(\rho,\hat{\rho}) = \mathrm{tr}(\hat{\rho}\log\hat{\rho} - \hat{\rho}\log\rho) \tag{9.40}$$

9.2.3.2　量子态估计值的迭代更新

我们根据测量值序列的表达式(9.37),定义 k 时刻测量过程的损失函数为

$$L_k(\hat{\rho}) := \| A_k \mathrm{vec}(\hat{\rho}) + b_k \|_2^2 \tag{9.41}$$

此时,可以将量子态在线估计问题转化为一个包含 Bregman 散度以及以损失函数为修正项,并同时满足量子状态约束的优化问题(Mattingel,Boyd,2010):

$$\min_{\hat{\rho}} D_{\mathrm{B}}(\hat{\rho}_k,\hat{\rho}_{k-1}) + \eta_k L_k(\hat{\rho}) \tag{9.42}$$

$$\mathrm{s.t.}\,\hat{\rho} \geq 0, \mathrm{tr}(\hat{\rho}) = 1, \hat{\rho}^{\dagger} = \hat{\rho}$$

其中,$\hat{\rho}_k$ 表示待估计 k 时刻的密度矩阵;$\hat{\rho}_{k-1}$ 表示 $k-1$ 时刻密度矩阵估计值;$D_{\mathrm{B}}(\hat{\rho}_k, \hat{\rho}_{k-1})$ 表示 Bregman 散度,其作用是保留历史估计值的影响;$L_k(\hat{\rho})$ 表示 k 时刻的损失函数,其作用是更新当前时刻的估计值,使损失函数尽可能小;η_k 表示 k 时刻的学习速率,用于平衡 $D_{\mathrm{B}}(\hat{\rho}_k,\hat{\rho}_{k-1})$ 的作用强度.

首先考虑优化问题(9.42)中无约束情况下的求解问题,对于这样一个具有平方损失函数的优化问题,在每一步迭代过程中,我们要解决的问题是

$$\hat{\rho}_k = \arg\min_{\rho} D_{\mathrm{B}}(\rho,\hat{\rho}_{k-1}) + \eta_k L_k(\rho) \tag{9.43}$$

问题(9.43)是一个机器学习中经典的迭代问题,只要保证该问题是一个凸优化问题,便能通过令其导函数为零的方法直接求解,损失函数(9.41)是一个凸二次函数,von Neumann 散度是 Bregman 散度的一种特殊形式,且是严格的凸函数(de Domenico et al.,2015),因此,将式(9.40)代入式(9.43),可以得到

$$\hat{\rho}_k = \arg\min_{\rho} \mathrm{tr}(\rho\log\rho - \rho\log\hat{\rho}_{k-1}) + \eta_k L_k(\hat{\rho}) \tag{9.44}$$

问题(9.44)为一个凸优化问题,对其求导并令其导函数为零,可以获得方程

$$\hat{\rho}_k = \exp(\log \hat{\rho}_{k-1} - \eta_k L_k(\hat{\rho}_k)) \tag{9.45}$$

方程(9.45)是一个指数型函数,为非线性的,且等式两边均有待估计状态,无法直接得到 $\hat{\rho}_k$ 的闭式解.常用的解决方法是将 $\nabla L_k(\hat{\rho}_k)$ 近似为 $\nabla L_k(\hat{\rho}_{k-1})$(Khanna,Murthy,2018),从而得到 $\hat{\rho}_k$ 的解析解为

$$\hat{\rho}_k \approx \exp(\log \hat{\rho}_{k-1} - \eta_k \nabla L_k(\hat{\rho}_{k-1})) \tag{9.46}$$

式(9.46)中的 log 运算将对称的半正定矩阵映射到一个对称矩阵,加上一个对称的误差梯度修正,通过 exp 运算,将对称矩阵映射为一个对称的半正定矩阵,由此保证了运算过程中,只要 $k-1$ 时刻估计值 $\hat{\rho}_{k-1}$ 是对称的半正定矩阵,那么迭代产生的下一个 k 时刻的估计值 $\hat{\rho}_k$ 一定是对称的半正定矩阵.通过选择 von Neumann 散度,不需要经过任何其他处理,便可以通过式(9.46)获得估计值,同时还满足问题(9.42)中的约束条件: $\hat{\rho} \geq 0, \mathrm{tr}(\hat{\rho}) = 1, \hat{\rho}^\dagger = \hat{\rho}$.

对于式(9.46)中的学习速率,我们设计自适应学习速率:根据误差的变化情况,自动调整学习速率的大小,来进一步加快算法的收敛速度:

$$\eta_k = \begin{cases} 1.04 \eta_{k-1}, & SSE_k < SSE_{k-1} \\ 0.88 \eta_{k-1}, & SSE_k > SSE_{k-1} \\ \eta_{k-1}, & \text{其他} \end{cases} \tag{9.47}$$

其中, η_k 表示 k 时刻的学习速率,SSE_k 表示 k 时刻的平方误差 $L_k(\hat{\rho}_{k-1})$.

最后,我们考虑问题(9.42)中迹为 1 的约束,对式(9.46)的结果进行投影,得到最终的估计状态的迭代公式为

$$\hat{\rho}_k = \frac{\exp(\log \hat{\rho}_{k-1} - \eta_k \nabla L_k(\hat{\rho}_{k-1}))}{\mathrm{tr}(\exp(\log \hat{\rho}_{k-1} - \eta_k \nabla L_k(\hat{\rho}_{k-1})))} \tag{9.48}$$

式(9.48)就是我们推导出的带有自适应学习速率的矩阵指数梯度(ALR-MEG)在线量子态估计算法.

在算法的实际实现过程中,为了减少迭代的计算量,提高运行效率,我们对式(9.46)两边取对数,得到 $\log \hat{\rho}_k \approx \log \hat{\rho}_{k-1} - \eta_k \nabla L_k(\hat{\rho}_{k-1})$.此时通过令 $G_k = \log \hat{\rho}_k$,可以得到

$$G_k = G_{k-1} - \eta_k \nabla L_k(\hat{\rho}_{k-1}) \tag{9.49}$$

将式(9.49)代入式(9.48),可以得到

$$\hat{\rho}_k = \frac{\exp G_k}{\text{tr}(\exp G_k)} \tag{9.50}$$

算法在迭代过程最后一步对 G_k 进行指数运算,并进行迹为 1 的投影,得到 k 时刻密度矩阵的估计值.所提算法只需在第一次迭代时,对密度矩阵估计值计算 $\log \hat{\rho}_0$,而后每次迭代,对 G_k 指数运算即可,使得迭代的计算量大大降低,本小节所提的带有自适应学习速率矩阵指数梯度算法(ALR-MEG)的在线量子态估计优化算法步骤总结在表 9.1 中.

表 9.1 ALR-MEG 算法运行步骤

初始化: $\hat{\rho}_0$, $G_0 = \log \hat{\rho}_0$, 步长 η_0;滑动窗口长度 l	
1	for $k = 1, 2, \cdots, $ do
2	获取测量输出 b_k
3	根据式(9.41)计算 k 时刻的误差 $L_k(\hat{\rho}_{k-1}) := \| A_k \text{vec}(\hat{\rho}_{k-1}) + b_k \|_2^2$
4	根据式(9.47)计算更新 k 时刻的学习速率 $\eta_k = \begin{cases} 1.04\,\eta_{k-1}, & SSE_k < SSE_{k-1} \\ 0.88\,\eta_{k-1}, & SSE_k > SSE_{k-1} \\ \eta_{k-1}, & \text{其他} \end{cases}$
5	根据式(9.49)计算 $G_k = G_{k-1} - \eta_k \nabla L_k(\hat{\rho}_{k-1})$
6	根据式(9.50)计算 k 时刻的估计值 $\hat{\rho}_k = \dfrac{\exp G_k}{\text{tr}(\exp G_k)}$
7	end

本小节所提的 ALR-MEG 算法,从算法推导的过程中就保证了输出结果的半正定性与自共轭性.对比 8.2 节中所提出的 OPG-ADMM 算法,省去了对每次输出结果的半定规划(SDP)处理.在 OPG-ADMM 算法中,其学习速率 η_k 计算公式为

$$\eta_k = \tau/(\alpha\lambda_{\max} + c) \tag{9.51}$$

其中,τ 与 c 均为正值常量,$\lambda_{\max}$ 为 $A_k^\dagger A_k$ 的最大特征值.

由式(9.51)可以看出,OPG-ADMM 算法在更新学习速率的过程中,需要获得 $A_k^\dagger A_k$ 的最大特征值 $\lambda_{\max}$,这需要对 $A_k^\dagger A_k$ 进行奇异值分解.据式(9.36)可知,测量矩阵 A_k 的维度随窗口长度 l 的增加而增大,因而使得 OPG-ADMM 算法在窗口长度较长的情况下,耗时大大增加.而本小节所提的 ALR-MEG 算法中,主要的复杂度体现在对于 $\hat{\rho}_k$ 的对数运算与指数运算上,A_k 仅仅参与损失函数(9.41)中的乘法运算,且算法的学习速率

是根据实际情况自适应变化的,不受窗口长度的影响,因此在运行效率上优于 OPG-ADMM 算法.

9.2.4 量子态在线估计数值仿真实验及其结果分析

本小节我们将 ALR-MEG 算法与 8.2 节中提出的 OPG-ADMM 算法进行性能对比的数值仿真实验,比较不同参数在量子态在线重构中对性能的影响.我们将进行三个实验:

(1) 滑动窗口大小对性能影响的实验;

(2) 固定窗口长度下的性能对比实验;

(3) 两种算法耗时性能对比实验.

实验中量子系统的真实状态 ρ_k 由式(9.31)产生,测量矩阵 A_k 和测量值序列 b_k 分别由式(9.36)和式(9.37)构造.对于 n 比特量子系统模型,密度矩阵的初始值设为:$\rho_1^n = \underbrace{\rho \otimes \cdots \otimes \rho}_{n}$,其中,$\rho = [0.5,(1-\mathrm{i})/(\sqrt{8});(1+\mathrm{i})/(\sqrt{8}),0.5]$,密度矩阵估计值的初值根据 ALR-MEG 算法的初值要求设置为 $\hat{\rho}_1^n = I_d/d, d = 2^n$. 初始测量矩阵取值为 $M_1^n = \underbrace{\sigma_z \otimes \cdots \otimes \sigma_z}_{n}$. 实验中分别研究了 1,2,3 和 4 量子位下的算法性能,并着重研究 4 量子位系统两种算法性能表现.实验中设置系统相互作用强度为 $\xi = 0.5$;外加控制量强度为 $u_x = 2$;系统测量效率为 $\eta = 0.5$;随机噪声 $\mathrm{d}W$ 的幅值为 0.01;高斯噪声的信噪比为 60 dB. 对于估计值精度的衡量,本小节中采用了两种评价标准,一种是在纯态研究中常用的保真度,其定义为

$$fidelity(\rho_k, \hat{\rho}_k) := \mathrm{tr}(\sqrt{\sqrt{\hat{\rho}_k}\rho_k\sqrt{\hat{\rho}_k}}) \tag{9.52}$$

另一种性能指标为误差的归一化距离:

$$D(\rho_k, \hat{\rho}_k) := \| \rho_k - \hat{\rho}_k \|_{\mathrm{F}}^2 / \| \rho_k \|_{\mathrm{F}}^2 \tag{9.53}$$

其中,$\hat{\rho}_k$ 表示 k 时刻密度矩阵的估计值,ρ_k 表示 k 时刻密度矩阵的真实值.

本小节中还将重点比较 ALR-MEG 算法与 OPG-ADMM 算法在各项性能上的优劣.实验中 ALR-MEG 算法与 OPG-ADMM 算法的参数均已调至最优,运行环境为 Matlab 2016b,2.20 GHz InterCore i7 8750H CPU,内存 16 GB.

9.2.4.1 滑动窗口的大小对于算法影响的实验

在本实验中,我们针对 1,2,3 和 4 量子位,考察不同长度的滑动窗口对于算法性能的影响.实验中,系统的外加控制量强度 $u_x=2$,总采样次数设置为 $N=500$,滑动窗口的长度取值 $l=1,2,\cdots,100$,性能指标设置为保真度 $fidelity(\hat{\rho}_k,\rho_k)>0.90$.在每一种窗口长度下,记录不同量子位达到性能指标所需要的最小采样次数 $k_{\min}$.实验结果如图 9.7 所示,其中,图 9.7(a)为量子位分别为 1,2 和 3 时,不同滑动窗口下,达到性能指标所需要的最小采样次数;图 9.7(b)为 4 量子位时,不同滑动窗口下,达到性能指标所需要的最小采样次数.

从图 9.7 中我们可以看到,随着滑动窗口尺寸的不断增加,对于不同的量子位,最小采样次数 $k_{\min}$ 均不断减小,并趋于平缓.这意味着,本节所提出的 LR-MEG 算法对于不同的量子位有各自不同的最佳窗口长度,在 1,2,3 和 4 量子位下的最佳窗口长度分别为 11,13,16 和 80,所对应达到性能指标的最小采样次数分别为 11,20,23 和 101.

为了更好地体现两种算法对于密度矩阵全部元素的估计效果,我们对 4 量子位的状态估计进行了进一步研究,采用误差归一化距离 $D(\rho_k,\hat{\rho}_k)\leqslant0.01$ 的性能指标,滑动窗口的长度取值 $l=1,2,\cdots,100$,在每个窗口长度下重复 10 次实验,记录每个窗口长度下达到性能指标的 10 组最小采样次数 $k_{\min}$,并计算每个窗口长度下最小采样次数 $k_{\min}$ 的标准差.对比 ALR-MEG 与 OPG-ADMM 算法达到性能指标的最小采样次数随窗口长度的变化及标准差大小,实验结果如图 9.8 所示.

从图 9.8 的实验结果中可以得到以下结论:

(1)4 量子位下,随着窗口长度的增加,两种算法达到性能指标所需的采样次数逐渐递减,并在窗口长度达到一定值后趋于稳定,ALR-MEG 和 OPG-ADMM 算法最佳窗口长度分别为 83 和 81,但是两种算法达到稳定的采样次数分别为 89 和 153,这表明 4 量子位下,ALR-MEG 比 OPG-ADMM 有更快的收敛速度.

(2)对于每一个窗口长度,标准差表示随机噪声对于算法稳定性的影响,从图 9.8 中可以看出,对两种算法而言,窗口长度的增加都有助于降低标准差,增强算法的抗干扰能力,当 $k_{\min}$ 稳定,即窗口长度在 [80,100] 时,ALR-MEG 算法的标准差范围为 [0.41,8.80],标准差的均值为 5.07,而 OPG-ADMM 算法的标准差范围为 [5.82,24.03],标准差的均值为 12.55,这表明当 $k_{\min}$ 趋于稳定时,ALR-MEG 算法表现出比 OPG-ADMM 更优异的抗干扰能力.

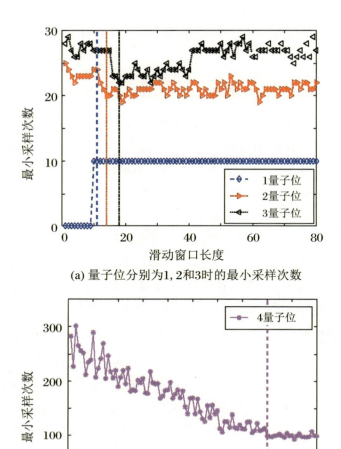

(a) 量子位分别为1, 2和3时的最小采样次数

(b) 量子位为4时的最小采样次数

图 9.7　滑动窗口大小对在线估计的影响

　　为了增强算法对噪声干扰的稳定性,我们选取比最佳窗口长度稍大一些的窗口进行接下来的实验,下面的所有实验中,1,2,3 和 4 量子位的窗口长度分别选取 13,16,16,88.

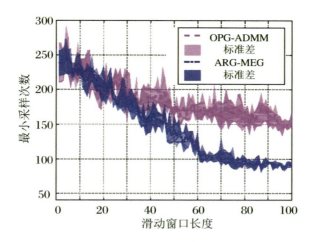

图 9.8   可变窗口长度下算法性能对比

9.2.4.2   固定窗口长度下的性能对比实验

本小节中,我们固定窗口长度,采用保真度大于 0.90 和归一化距离 $D(\rho_k, \hat{\rho}_k) \leqslant$ 0.01,两种性能指标,对比 ALR-MEG 算法和 OPG-ADMM 算法在不同量子位下达到目标精度所需的采样次数.实验结果如图 9.9 所示,横坐标为量子位数,纵坐标为达到性能指标所花费的采样次数.

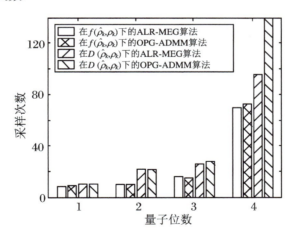

图 9.9   固定窗口长度的性能对比

从图 9.9 的实验结果中可以得到如下结论:

(1) 在最大采样次数 $N = 500$ 内,ALR-MEG 与 OPG-ADMM 算法均能达到目标精度,且随着量子位数的增加,达到目标精度所需的采样次数逐渐递增. 当用保真度衡量两种算法的性能时,两种算法所表现的性能差距不大.

(2) 随着量子位数的增加,达到 $D(\rho_k, \hat{\rho}_k) \leqslant 0.01$ 所需的采样次数不断增加. 两种算法在 1,2 和 3 量子位下的性能相差不大,但是在 4 量子位时,ALR-MEG 算法的采样次数小于 OPG-ADMM 算法. 针对 4 量子位两种算法的性能差异,我们进行了进一步的实验. 固定相同的窗口长度为 88,记录误差归一化距离随着采样次数的变化. 实验结果如图 9.10 所示.

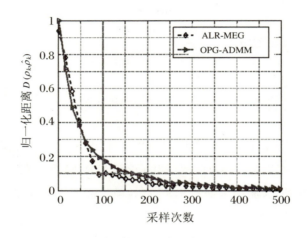

图 9.10　量子位归一化距离随采样次数变化的结果

从图 9.10 的实验结果中可以看到,在 4 量子位下,ALR-MEG 与 OPG-ADMM 算法达到目标精度所需采样次数分别为 106 与 166,且 ALR-MEG 比 OPG-ADMM 算法少 60 次采样达到目标精度. 当采样次数 $k = 100$ 时,ALR-MEG 与 OPG-ADMM 算法的归一化距离分别为 $(100, 0.08814)$ 和 $(100, 0.1665)$,当 $k = 100$ 时,真实的量子状态密度矩阵幅值为 $|\rho_{100}|$,如图 9.11(a) 所示,采用 ALR-MEG 与 OPG-ADMM 算法估计出的状态密度矩阵幅值分别如图 9.11(b)、图 9.11(c) 所示.

对比图 9.11(b) 与图 9.11(c) 可以看出,当 $k = 100$ 时,ALR-MEG 算法不仅更好地反映了主对角线元素的特征,而且对于非对角线元素,相比 OPG-ADMM 算法也有更好的估计效果,这是由于 ALR-MEGG 算法采用的是自适应的学习速率,其步长会根据误差的变化而变化,以更快地收敛.

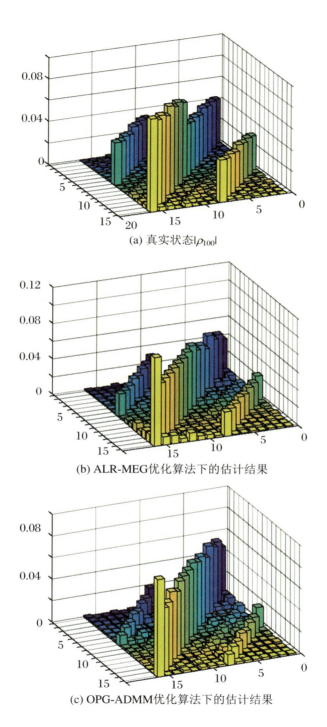

(a) 真实状态|ρ₁₀₀|

(b) ALR-MEG优化算法下的估计结果

(c) OPG-ADMM优化算法下的估计结果

图 9.11　真实状态以及 ALR-MEG、OPG-ADMM 优化算法下的估计结果

而 OPG-ADMM 算法的学习速率是通过求测量矩阵的最大奇异值而得到的,当测量矩阵选定时,其步长会按照固定的曲线递减,4 量子位的状态估计中,两种算法的学习速率随采样次数的变化曲线如图 9.12 所示.

从图 9.12 的实验结果中可以得到,ALR-MEG 算法的学习速率是一个先增加再递减的过程,而 OPG-ADMM 算法的学习速率是一个递减到定值的过程,这与采样次数达到窗口长度后,每次采样所使用的测量矩阵保持不变相对应.由于两种算法的梯度计算方式不同,学习速率的绝对值大小并没有意义,我们只需关注学习速率的变化趋势即可.在线估计问题中,我们将 $k-1$ 时刻产生的估计值,当作 k 时刻的真实值并计算误差来得到 k 时刻的估计值,但是由于演化造成的误差并不是一个单纯的递减过程,这使得 OPG-ADMM 算法的学习速率选择存在一定不足,也让 ALR-MEG 算法表现出更好的跟踪效果.

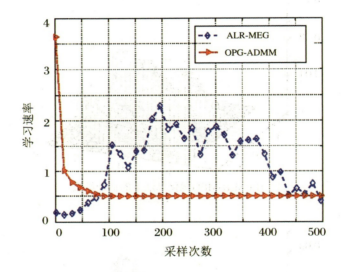

图 9.12　两种算法的学习速率随采样次数的变化

9.2.4.3　两种算法耗时性能对比实验

本小节中,我们对两种算法的计算时间进行了性能对比实验,实验结果如图 9.13 所示,其中,图 9.13(a)是量子位数分别为 1,2,3,4,固定窗口长度分别为 13,16,16,88 时,达到窗口长度后每估计一次所花费的计算时间;图 9.13(b)为 4 量子位下,采样 500 次,且在不同窗口长度下所花费的计算时间.

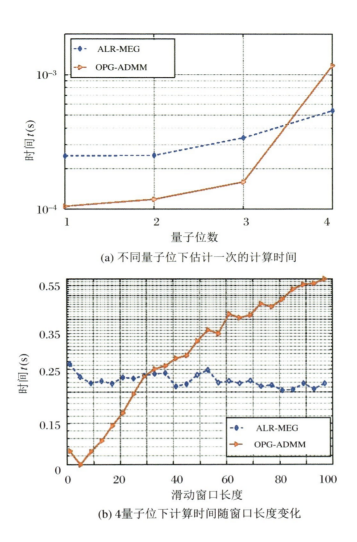

(a) 不同量子位下估计一次的计算时间

(b) 4量子位下计算时间随窗口长度变化

图 9.13　两种算法的计算时间对比

（1）从图 9.13(a)中可以看出，OPG-ADMM 算法在 1，2 和 3 量子位时，所花费的计算时间比 ALR-MEG 算法少，但 4 量子位时，OPG-ADMM 算法所需时间明显增加，并且超过 ALR-MEG 算法的用时.

（2）从图 9.13(b)中可以看出，在 4 量子位下，ALR-MEG 算法估计所花费的计算时间并不随窗口长度的变化而发生太大变化，而 OPG-ADMM 算法的计算时间随着窗口长度的增加而增加，该算法学习速率的计算需要对 $A_k^\dagger A_k$ 进行奇异值分解以求得其最大特征值 $\lambda_{\max}$，随着估计量子态位数的增加，窗口长度也增加，奇异值分解计算量也随之增加. 这使得 OPG-ADMM 算法的耗时也不断增加，如图 9.13(b)中红实线所示，而 ALR-MEG

算法在更高维的量子态在线估计上,因其估计计算时间不随窗口长度的增加而增长,如图 9.13(b)中蓝虚线所示,而表现出更好的性能.

对于连续弱测量下的动态量子系统状态估计问题,本节提出了一种带有自适应学习速率的矩阵指数梯度量子态在线估计算法 ALR-MEG.所提算法通过使用量子相对熵作为 Bregaman 散度参与迭代,省去了对输出结果的半定规划处理.设计自适应学习速率加快算法的收敛速度,并设置输出序列的滑动窗口进一步提高了估计效率.数值实验表明,所提方法在高量子位下,能以更少的采样次数与耗时达到高精度的量子态在线估计,显示出 ALR-MEG 算法在高量子位状态估计问题中的优越性.

9.3   基于卡尔曼滤波的在线量子态估计优化算法

一个 n 比特量子系统的状态可以由一个 $d \times d (d = 2^n)$ 的密度矩阵 ρ 描述,并且密度矩阵满足半正定、单位迹的厄米矩阵约束,通常的量子状态估计为基于瞬时投影(强)测量,需要对待测的量子状态制备大量的全同副本,并进行完备的 $d^2 - 1$ 次测量.量子状态估计因需要用到较多的测量数据,并通过多次迭代处理整个测量数据集来估计状态,一般都是离线进行的,而且多次测量和多次迭代只能估计出一个量子态.在线量子态估计不仅要考虑每次只能根据在线获取的一个数据进行状态估计,并且还要兼顾到系统的状态是随时间在线变化的,换句话说,在线量子态的估计,是对在线动态变化的目标量子态进行估计,这些要求对在线量子状态估计及其算法的实现,提出了巨大的挑战.实现在线估计的难点在于:对于 k 采样时刻的待估计的具有维度为 $d \times d$ 的状态密度矩阵 ρ_k,每次弱测量仅能获得一个关于 ρ_k 且含有噪声的测量输出值,同时估计出的状态还需要满足量子态本身的约束条件.

卡尔曼滤波(Kalman Filter,简称 KF)是一种经典的时域状态滤波算法,被广泛地应用于含有随机扰动和测量噪声的系统状态估计.本节我们将其应用到在线量子态估计中.由于每次估计出的量子状态必须同时满足量子态的约束条件(否则可能不是期望的量子态),而传统的卡尔曼滤波算法并没有包含任何约束信息,当在基于卡尔曼滤波的在线量子态估计的应用中加入量子态约束条件后,使得基于卡尔曼滤波的在线量子态估计算法很难求解.

本节中,我们将带有量子态约束条件的卡尔曼滤波优化问题,分解成两个凸优化子问题,先求解一个无约束条件下的基于在线卡尔曼滤波算法的量子测量更新的问题的解析解;然后,考虑量子约束条件,通过求解矩阵的投影,在量子测量更新的基础上,获得估计状态的解析解,巧妙地解决基于卡尔曼滤波的在线量子态估计的应用问题,实现了一种实时重构动态量子状态的在线卡尔曼滤波算法,我们称之为融合量子约束的卡尔曼滤波在线量子态估计优化算法(Online Quantum State Estimation based on Kalman Filter,简称 KF-OQSE).将所提的 KF-OQSE 在线算法应用于估计 4 量子位系统的状态密度矩阵,并与基于在线邻近梯度的交替方向乘子法(OPG-ADMM)和矩阵指数梯度下降法(MEG)做性能对比分析.

9.3.1　连续弱测量中的随机开放量子系统

一个 n 比特量子系统可以由薛定谔绘景下的连续随机开放量子系统主方程描述:

$$
\begin{aligned}
\rho(t+\Delta t)-\rho(t) = &-\frac{\mathrm{i}}{\hbar}[H,\rho(t)]\Delta t \\
&+\sum\left[L\rho(t)L^{\dagger}-\left(\frac{1}{2}L^{\dagger}L\rho(t)+\frac{1}{2}\rho(t)L^{\dagger}L\right)\right]\Delta t \\
&+\sqrt{\eta}\sum\left[L\rho(t)+\rho(t)L^{\dagger}\right]\mathrm{d}W
\end{aligned}
\tag{9.54}
$$

其中,$\rho(t)\in\mathbf{C}^{d\times d}$ 为量子状态密度矩阵;H 为系统总哈密顿量;Δt 为相互作用时间;$\hbar$ 为普朗克常数,通常设置为 $\hbar=1$;L 为 Lindblad 算符;$L^{\dagger}$ 表示 L 的共轭转置;η 为测量效率;$\mathrm{d}W$ 是零差测量时产生的随机噪声,满足 $E(\mathrm{d}W)=0,E\left[(\mathrm{d}W)^{2}\right]=Q$ 的 Wiener 过程.$L\rho(t)L^{\dagger}-(1/2)(L^{\dagger}L\rho(t)+\rho(t)L^{\dagger}L)$ 为线性 Lindblad 形式的漂移项,表现为测量过程带来的确定性退相干作用;$L\rho(t)+\rho(t)L$ 为测量过程对量子系统的反作用.

量子状态在线估计过程如图 9.6 所示,它由连续弱测量过程和量子状态在线估计器两部分组成,在 1 量子位系统的弱测量过程中,通过引入一个二能级探测系统 P,并将其与被测系统 S 组成联合系统,联合系统状态演化方程为 $|\Psi(\Delta t)\rangle=U(\Delta t)(|\phi\rangle\otimes|\varphi\rangle)$,其中,$|\phi\rangle$ 和 $|\varphi\rangle$ 分别为系统 P 和 S 的初始状态;$\otimes$ 表示 Kronecker 积,$U(\Delta t):=\exp(-\mathrm{i}\xi\Delta tH/\hbar)$ 为联合演化算符,$0<\xi\leqslant1$ 为系统相互作用强度.联立联合系统状态演化方程 $U(\Delta t)$ 以及弱测量前后联合系统状态 $|\Psi(\Delta t)\rangle$ 变化关系式,推导出通过对一个二能级探测系统 P 的直接投影测量,间接作用在被测系统 S 上的弱测量算符:$m_0(\Delta t)$ 和 $m_1(\Delta t)$.基于二能级量子系统的弱测量算符,我们可以利用张量积计算多能级量子系统的弱测量算符.

9.3.1.1 n 比特开放量子系统离散演化模型

对于一个二能级量子系统,它的弱测量算符为 $m_0(\Delta t) := I - (L^\dagger L/2 + \mathrm{i}H)\Delta t$ 和 $m_1(\Delta t) := L\sqrt{\Delta t}$,其中 $H = H_0 + u_x H_x$ 为系统总哈密顿量(H_0 为系统自由哈密顿量,u_x 为外加控制量强度,H_x 为外加控制哈密顿量);$L = \xi\sigma$,σ 为泡利算符,分别为 $\sigma_x = \begin{bmatrix} 0 & 1 \\ 1 & 0 \end{bmatrix}$,$\sigma_y = \begin{bmatrix} 0 & -\mathrm{i} \\ \mathrm{i} & 0 \end{bmatrix}$,$\sigma_z = \begin{bmatrix} 1 & 0 \\ 0 & -1 \end{bmatrix}$ 和 $I = \begin{bmatrix} 1 & 0 \\ 0 & 1 \end{bmatrix}$.$n$ 比特量子系统的弱测量算符可以由 $m_0(\Delta t)$ 和 $m_1(\Delta t)$ 的张量积计算为

$$
\begin{cases}
M_1(\Delta t) = \underbrace{m_0(\Delta t) \otimes \cdots \otimes m_0(\Delta t) \otimes m_0(\Delta t)}_{n} \\[2mm]
M_2(\Delta t) = \underbrace{m_0(\Delta t) \otimes \cdots \otimes m_0(\Delta t) \otimes m_1(\Delta t)}_{n} \\[2mm]
\quad\vdots \\[2mm]
M_{2^n}(\Delta t) = \underbrace{m_1(\Delta t) \otimes \cdots \otimes m_1(\Delta t) \otimes m_1(\Delta t)}_{n}
\end{cases}
\tag{9.55}
$$

考虑随机开放量子系统(9.55)中的随机噪声和弱测量效率,二能级量子系统的演化算符可以定义为 $a_0(\Delta t) = m_0(\Delta t) + \sqrt{\eta}L \cdot \mathrm{d}W$ 和 $a_1(\Delta t) = m_1(\Delta t) + \sqrt{\eta}L \cdot \mathrm{d}W$. n 比特量子系统的演化算符可以通过 $a_0(\Delta t)$ 和 $a_1(\Delta t)$ 的张量积计算为

$$
\begin{cases}
A_1(\Delta t) = \underbrace{a_0(\Delta t) \otimes \cdots \otimes a_0(\Delta t) \otimes a_0(\Delta t)}_{n} \\[2mm]
A_2(\Delta t) = \underbrace{a_0(\Delta t) \otimes \cdots \otimes a_0(\Delta t) \otimes a_1(\Delta t)}_{n} \\[2mm]
\quad\vdots \\[2mm]
A_{2^n}(\Delta t) = \underbrace{a_1(\Delta t) \otimes \cdots \otimes a_1(\Delta t) \otimes a_1(\Delta t)}_{n}
\end{cases}
\tag{9.56}
$$

根据式(9.54)的随机开放量子系统主方程以及式(9.56)的演化算符,通过令 $t = \Delta t \cdot k$,被测量子系统 S 的动态离散演化模型为

$$
\rho_{k+1} = \sum_{i=1}^{2^n} A_i(\Delta t)\rho_k A_i(\Delta t)^\dagger
\tag{9.57}
$$

其中,$k = 1, 2, \cdots, N$ 表示采样时间.

式(9.57)可以通过线性化变换为

$$
\mathrm{vec}(\rho_{k+1}) = \left(\sum_{i=1}^{2^n} A_i(\Delta t) \otimes (A_i(\Delta t)^\dagger)^{\mathrm{T}} \right) \mathrm{vec}(\rho_k)
\tag{9.58}
$$

其中,$\mathrm{vec}(X)$ 表示将矩阵 X 的所有列组合串联为一个列向量,X^{T} 表示矩阵 X 的转置.

连续弱测量过程中作用在被测系统状态上的测量算符的动态离散演化模型为

$$M_{k+1} = \sum_{i=1}^{2^n} M_i(\Delta t)^\dagger M_k M_i(\Delta t) \tag{9.59}$$

9.3.1.2 连续弱测量输出序列的构造

在薛定谔绘景下,每一采样时刻人们在系统 S 输出端获得的测量输出为 y_i.这个测量值是采用宏观仪器测量获得的,所以,理论上它一般等于测量算符作用在量子状态上的平均值,设初始测量算符为 M_1,离散化的量子系统状态为 $\{\rho_i\}_{i=1}^k$,那么,每一采样时刻测量输出的计算公式为

$$y_i = \mathrm{tr}(M_1^\dagger \rho_i) = \mathrm{vec}(M_1)^\dagger \mathrm{vec}(\rho_i), \quad i = 1, 2, \cdots, k \tag{9.60}$$

其中,$\mathrm{tr}(X)$ 表示矩阵 X 的主对角线元素之和.

对于每一采样时刻的量子状态密度矩阵 ρ_i($i = 1, 2, \cdots, k$)有 $d^2 = 4^n$ 个待估计元素.一般而言,估计 4^n 个参数,需要 $4^n - 1$ 次完备的测量次数,才能估计出一个固定不变的量子态,这就是一般需要离线估计一个量子态的基本原理.

从式(9.60)中可以看出,每一时刻仅可获得一个与当前量子状态 ρ_k 相关的测量值 y_k,而仅仅根据一个测量值,是根本不能重构出来量子密度矩阵 ρ_k 的.我们实现在线算法的思路是,基于连续弱测量,可以在连续不断的每一个时间序列里,都能获得一个测量值,我们可以利用前面已经获得的测量值,结合当前获得的输出值,一起构成对当前时刻量子态估计的数据集,来实现仅通过一次测量,就能够估计出当前时刻的量子状态.虽然当前时刻仅获得一个测量数据,但是加上以前所有获得的数据,可以构造出完备的测量数据值序列,所以,通过一次测量就能实现对一个量子态估计的关键,在于构造出合适的完备测量数据值序列.这个测量子序列用 b_k 表示.具体根据每一时刻获得的测量值 $\{y_i\}_{i=1}^k$,构造测量值序列 b_k 的过程为:在每一个采样时刻获取一个测量值,从第二个时刻起,所获得的测量值序列由当前时刻获得的值与以前所有时刻获得的值构成,即 k 时刻的测量值序列 $b_k = [y_1, y_2, \cdots, y_k]$.忽略系统随机噪声和耗散,测量值序列 $b_k = \{y_i\}_{i=1}^k$ 与当前采样时刻量子状态 ρ_i($i = 1, 2, \cdots, k$)的对应关系如表 9.2 所示,其中测量值具体的构造公式为

$$y_i = \mathrm{tr}(M_{k-i+1}^\dagger \rho_k) = \mathrm{vec}(M_{k-i+1})^\dagger \mathrm{vec}(\rho_k), \quad i = 1, \cdots, k \tag{9.61}$$

表 9.2　测量值构造过程

	y_1	y_2	y_3	$\cdots$	y_k
b_1	$\mathrm{tr}(M_1^\dagger \rho_1)$				
b_2	$\mathrm{tr}(M_2^\dagger \rho_2)$	$\mathrm{tr}(M_1^\dagger \rho_2)$			
b_3	$\mathrm{tr}(M_3^\dagger \rho_3)$	$\mathrm{tr}(M_2^\dagger \rho_3)$	$\mathrm{tr}(M_1^\dagger \rho_3)$		
$\vdots$	$\vdots$	$\vdots$	$\vdots$	$\ddots$	
b_k	$\mathrm{tr}(M_k^\dagger \rho_k)$	$\mathrm{tr}(M_{k-1}^\dagger \rho_k)$	$\mathrm{tr}(M_{k-2}^\dagger \rho_k)$	$\cdots$	$\mathrm{tr}(M_1^\dagger \rho_k)$

从表 9.2 中可以看出,每个采样时刻的量子状态密度矩阵 ρ_k,与当前时刻 k 以及 k 以前所有时刻的测量值 $[y_1, y_2, \cdots, y_k] = [\mathrm{tr}(M_k^\dagger \rho_k), \mathrm{tr}(M_{k-1}^\dagger \rho_k), \cdots, \mathrm{tr}(M_1^\dagger \rho_k)]$ 都有关,这使我们能够利用测量值序列 b_k 来估计出当前时刻的量子态,换句话说,可以估计出每一个时刻变化的动态量子状态.当然,对于从 $k=1$ 时刻起的量子态估计,由于测量总次数少于完备次数,刚开始的估计值一定是不准确的.不过随着在线测量次数的增加,在一定测量次数后,就可以实现对随时间变化的动态量子态的高精度的估计.

采用本节所提出的测量数据值序列 b_k 的构造方法,可以直接估计出 k 时刻的量子状态 ρ_k,与 Silberfarb 以及 Smith 等人所提出的在线估计方法完全不同(Silberfarb et al.,2005;Smith et al.,2013),他们是在海森伯绘景下,在任何时刻,都只是在线估计出不变的初始状态 ρ_1,然后需要在每一时刻,都再通过把初始状态 ρ_1 代入量子状态演化模型,通过 k 步演化,得到 k 时刻的量子状态 ρ_k.

实际上,测量次数 k 是可以无限增大的,我们不能一味地增加测量值序列的长度,而增加计算机的运算负担.另一方面,在一定的测量次数下,就可以获得较高的估计精度.考虑到估计精度以及在线处理的计算代价,在量子态估计中,我们需要限制并且固定一个测量值序列的长度,从第一次测量获取数据开始,只要达到给定的测量长度之后,每一次新获得测量数据将更新替代掉已有数据序列中的一个数据,从而始终保持估计数据序列限制在给定的长度里,我们称此为滑动窗口.由此可得实际量子态估计中所使用的、带有滑动窗口的测量值序列为

$$b_k = \begin{cases} (y_1, \cdots, y_{k-1}, y_k)^\mathrm{T}, & k < l \\ (y_{k-l+1}, \cdots, y_{k-1}, y_k)^\mathrm{T}, & k \geqslant l \end{cases} \tag{9.62}$$

其中,l 为测量值序列的滑动窗口长度.

当获取测量值的个数小于 l 时,滑动窗口的长度为系统采样次数 k,当获取测量值的个数不小于 l 时,滑动窗口的长度保持为 l,并且每增加一个新的测量值,将舍弃最旧的

测量值,此时 b_k 相当于一个长度大小为 l 的动态滑动窗口,滑动窗口的更新策略为先进先出.同样根据 k 时刻的测量值序列式(9.34),我们构造与式(9.35)对应的采样矩阵为

$$A_k = \begin{cases} (\text{vec}(M_k), \cdots, \text{vec}(M_2), \text{vec}(M_1))^\dagger, & k < l \\ (\text{vec}(M_l), \cdots, \text{vec}(M_2), \text{vec}(M_1))^\dagger, & k \geqslant l \end{cases} \tag{9.63}$$

考虑到弱测量过程中不可避免地存在测量噪声,并结合式(9.62)和式(9.63),我们将测量值序列 b_k 重写为

$$b_k = A_k \text{vec}(\rho_k) + e_k \tag{9.64}$$

其中,$e_k \in \mathbf{R}^k (l < k)$ 或 $e_k \in \mathbf{R}^l (k \geqslant l)$ 为测量噪声,并被假设为均值为 0、协方差矩阵为 $\mathbf{R}$ 的高斯噪声.

综上所述,我们完成对连续弱测量过程中的量子系统离散状态演化模型,以及测量值序列 b_k 的构造,它们为

$$\begin{cases} \text{vec}(\rho_{k+1}) = \left(\sum_{i=1}^{2^n} A_i(\Delta t) \bigotimes (A_i(\Delta t)^\dagger)^\mathrm{T} \right) \text{vec}(\rho_k) \\ b_k = A_k \text{vec}(\rho_k) + e_k \end{cases} \tag{9.65}$$

9.3.2 基于卡尔曼滤波的在线量子态估计优化算法的推导

传统的卡尔曼滤波的实时估计过程是根据状态预测模型和测量模型分为两个部分来分别进行预测状态的时间更新以及估计状态的测量更新的.在时间更新阶段,滤波器基于上一时刻估计状态和系统预测模型.对当前时刻状态进行预测,在测量更新阶段,滤波器利用当前状态的观测值对预测状态值进行修正,以获得当前时刻状态的估计值.在对量子态的估计中,由于待估计的量子状态存在半正定、单位迹的厄米矩阵约束,这些约束条件必须加入卡尔曼滤波算法的推导中,否则根据没有此约束信息获得算法时是不能保证估计出状态的有效性的,加入量子状态半正定和单位迹厄米矩阵的约束条件后,基于卡尔曼滤波算法的在线量子态估计优化算法就变成一个带有量子态约束条件的在线卡尔曼滤波算法的求解问题.

本小节将通过两步分别从时间更新和测量更新两部分来进行基于卡尔曼滤波的在线量子态估计优化算法的设计及其求解过程的推导:① 量子预测状态的时间更新.在此过程中,量子态滤波器基于上一时刻估计状态和系统预测模型,对当前时刻状态进行预测.② 量子估计状态的测量修正和投影.在此过程中,量子态滤波器利用对当前状态的观

测值对预测状态值进行修正,以获得当前时刻状态的估计值.

1. 量子预测状态的时间更新

根据系统模型(9.54),我们建立了耦合系统随机噪声的离散演化模型(9.57),当令系统随机噪声 $dW = 0$ 时,以获得关于量子态系统的状态预测方程为

$$\text{vec}(\rho_{k+1}) = \left(\sum_{i=1}^{2^n} M_i(\Delta t) \bigotimes (M_i(\Delta t)^\dagger)^{\mathrm{T}}\right)\text{vec}(\rho_k) = F_k \cdot \text{vec}(\rho_k) \quad (9.66)$$

其中,$F_k = \left(\sum\limits_{i=1}^{2^n} M_i(\Delta t) \bigotimes (M_i(\Delta t)^\dagger)^{\mathrm{T}}\right)$ 为状态转移矩阵.

因此,对于 k 采样时刻,基于前一时刻的估计状态 $\hat{\rho}_{k-1}$,在线量子态卡尔曼滤波中量子预测状态的时间更新为

$$\text{vec}(\widetilde{\rho}_{\text{pre}}) = F_k \text{vec}(\hat{\rho}_{k-1}) \quad (9.67)$$

其中,$\widetilde{\rho}_{\text{pre}}$ 是对当前采样时刻状态的预测.

2. 量子估计状态的测量修正与投影

测量更新可以转化为一个凸优化问题,因此我们首先定义二次伪范数为 $\| x \|_P^2 = x^\dagger P x$,其中 $x \in \mathbf{C}^{m \times 1}$ 为列向量变量,$P \in \mathbf{R}^{m \times m}$ 为正定矩阵. 此时的量子状态估计测量更新可以转化为如下的凸优化问题:

$$\min_{\hat{\rho}} \| A_k \text{vec}(\hat{\rho}) - b_k \|_{R^{-1}}^2 + \| \text{vec}(\hat{\rho} - \widetilde{\rho}_{\text{pre}}) \|_{W_k^{-1}}^2$$
$$\text{s. t. } \hat{\rho} \geq 0, \text{tr}(\hat{\rho}) = 1, \hat{\rho}^\dagger = \hat{\rho} \quad (9.68)$$

其中,$\hat{\rho} \in \mathbf{C}^{d \times d}$ 为待估计密度矩阵变量;$\| A_k \text{vec}(\hat{\rho}) - b_k \|_{R^{-1}}^2$ 表示对当前估计状态的测量误差;$\| \text{vec}(\hat{\rho} - \widetilde{\rho}_{\text{pre}}) \|_{W_k^{-1}}^2$ 表示当前时刻估计状态与预测状态之间的加权距离,其反映了当前估计状态能够利用预测模型的信息;R 为系统测量噪声先验统计特征;W_k 为状态预测误差的协方差矩阵;$C := \{\hat{\rho} \geq 0, \text{tr}(\hat{\rho}) = 1, \hat{\rho}^\dagger = \hat{\rho}\}$ 为量子约束.

由于存在量子约束,对于式(9.68),直接求解带有量子态约束条件的量子状态估计测量更新的凸优化问题,以及推导满足约束下的卡尔曼增益矩阵是十分困难的.

为了能够保证所估计出的量子状态满足量子约束条件,我们通过引入忽略约束下的中间状态 $\widetilde{\rho}_k$,将测量更新拆分为"修正"和"投影"两个凸优化子问题,并分别进行求解. 具体的实现是将式(9.68)的求解过程分解为两步:首先求解忽略量子约束下的中间状态估计值 $\widetilde{\rho}_k$,然后将 $\widetilde{\rho}_k$ 投影至约束域内,获得对当前采样时刻的状态估计 $\hat{\rho}_k$.

步骤 1:当忽略状态约束 C 时,优化问题(9.68)退化为一个较容易求解的无约束二

次凸优化问题：

$$\widetilde{\rho}_k = \arg\min_{\hat{\rho}} \| A_k \mathrm{vec}(\hat{\rho}) - b_k \|_{R^{-1}}^2 + \| \mathrm{vec}(\hat{\rho} - \widetilde{\rho}_{\mathrm{pre}}) \|_{W_k^{-1}}^2 \qquad (9.69)$$

其中，$\widetilde{\rho}_k$ 表示忽略量子约束的状态估计值.

因为式(9.69)中的目标函数是可微的，因此可以直接通过它的一阶最优条件：$A_k^{\dagger} R^{-1}(A_k \mathrm{vec}(\hat{\rho}) - b_k) + W_k^{-1} \mathrm{vec}(\hat{\rho} - \widetilde{\rho}_{\mathrm{pre}}) = 0$，所求最优解为

$$\mathrm{vec}(\widetilde{\rho}_k) = (W_k^{-1} + A_k^{\dagger} R^{-1} A_k)^{-1}(A_k^{\dagger} R^{-1} b_k + W_k^{-1} \mathrm{vec}(\widetilde{\rho}_{\mathrm{pre}})) \qquad (9.70)$$

其中，$W_k^{-1} + A_k^{\dagger} R^{-1} A_k$ 为非奇异矩阵.

基于矩阵求逆公式（Mattingel，Boyd，2010）

$$\begin{cases} (W_k^{-1} + A_k^{\dagger} R^{-1} A_k)^{-1} = W_k - W_k A_k^{\dagger}(R + A_k W_k)^{-1} A_k W_k \\ (W_k^{-1} + A_k^{\dagger} R^{-1} A_k)^{-1} A_k^{\dagger} R^{-1} = W_k A_k^{\dagger}(R + A_k W_k A_k^{\dagger})^{-1} \end{cases} \qquad (9.71)$$

式(9.70)可以具体推导为

$$\begin{aligned} \mathrm{vec}(\widetilde{\rho}_k) &= W_k A_k^{\dagger}(R + A_k W_k A_k^{\dagger})^{-1} b_k + (I - W_k A_k^{\dagger}(R + A_k W_k A_k^{\dagger})^{-1} A_k) \mathrm{vec}(\widetilde{\rho}_{\mathrm{pre}}) \\ &= \mathrm{vec}(\widetilde{\rho}_{\mathrm{pre}}) + W_k A_k^{\dagger}(R + A_k W_k A_k^{\dagger})^{-1}(b_k - A_k \mathrm{vec}(\widetilde{\rho}_{\mathrm{pre}})) \end{aligned} \qquad (9.72)$$

同时通过定义增益矩阵为

$$K_k = W_k A_k^{\dagger}(R + A_k W_k A_k^{\dagger})^{-1} \qquad (9.73)$$

则式(9.72)可以重写为

$$\mathrm{vec}(\widetilde{\rho}_k) = \mathrm{vec}(\widetilde{\rho}_{\mathrm{pre}}) + K_k(b_k - A_k^{\dagger} \mathrm{vec}(\widetilde{\rho}_{\mathrm{pre}})) \qquad (9.74)$$

值得注意的是，通过式(9.73)的卡尔曼增益矩阵 K_k 得到的是无约束下的最小方差估计值，结合式(9.67)和式(9.74)，可以推导出

$$W_{k+1} = F_k(I - K_k A_k) W_k F_k^{\dagger} + Q \qquad (9.75)$$

其中，Q 为系统随机噪声先验统计特征，并且根据采样矩阵的定义式(9.63)，当采样次数大于等于 l 时，采样矩阵 A_k 保持不变，因此增益矩阵 K_k 的计算仅需要 l 次.

步骤 2：考虑状态约束 C 时，则满足量子状态约束的估计密度矩阵 $\hat{\rho}_k$ 可以通过求解如下凸优化问题获得：

$$\hat{\rho}_k = \arg\min_{\hat{\rho}} \| \hat{\rho} - \widetilde{\rho}_k \|_{\mathrm{F}}^2$$
$$\mathrm{s.t.}\ \hat{\rho} \geq 0, \mathrm{tr}(\hat{\rho}) = 1, \hat{\rho}^{\dagger} = \hat{\rho} \qquad (9.76)$$

或利用厄米投影$(\widetilde{\rho}_k + \widetilde{\rho}_k^{\dagger})/2$,满足厄米矩阵约束 $\hat{\rho}^{\dagger} = \hat{\rho}$ 的优化问题:

$$\hat{\rho}_k = \arg\min_{\hat{\rho}} \| \hat{\rho} - (\widetilde{\rho}_k + \widetilde{\rho}_k^{\dagger})/2 \|_F^2 \tag{9.77}$$

$$\text{s.t.} \hat{\rho} \geqslant 0, \operatorname{tr}(\hat{\rho}) = 1$$

其中, $\| \cdot \|_F$ 为 Frobenius 范数,定义为 $X \in \mathbf{C}^{m \times n} = x_{ij}$, $\| X \|_F = \sqrt{\sum_{i=1}^{m} \sum_{j=1}^{n} (x_{ij})^2}$.

本质上式(9.77)为半定规划问题,可以通过内点法求解,我们在此采用谱分解设计一种直接求解方法,利用$(\widetilde{\rho}_k + \widetilde{\rho}_k^{\dagger})/2$ 为厄米矩阵的特性,我们一定可以对估计出的$(\widetilde{\rho}_k + \widetilde{\rho}_k^{\dagger})/2$ 进行特征值分解: $U\operatorname{diag}\{a_i\}U^{\dagger}$,其中,$\operatorname{diag}\{a_1, \cdots, a_d\}$ 为对角矩阵,并且特征值按非增顺序排列; $U \in \mathbf{C}^{d \times d}$ 为酉矩阵.此时,式(9.77)的最优解可以写为

$$\hat{\rho}_k = U\operatorname{diag}\{\sigma_i\}U^{\dagger} \tag{9.78}$$

其中,$\operatorname{diag}\{\sigma_1, \cdots, \sigma_d\}$ 为满足量子约束条件下的密度矩阵 $\hat{\rho}_k$ 的特征值,$\{\sigma_i\}_{i=1}^{d}$ 可以通过如下优化问题求解:

$$\min_{\{\sigma_i\}} \frac{1}{2} \sum_{i=1}^{d} (\sigma_i - a_i)^2 \tag{9.79}$$

$$\text{s.t.} \sum_{i=1}^{d} \sigma_i = 1, \sigma_i \geqslant 0$$

式(9.79)的拉格朗日函数为

$$L\{\sigma_i, \kappa_i, \beta\} = \frac{1}{2} \sum_{i=1}^{d} (\sigma_i - a_i)^2 - \kappa_i \sigma_i + \beta(\sum_{i=1}^{d} \sigma_i - 1) \tag{9.80}$$

其中,$\{\kappa_i\}_{i=1}^{d}$ 和 β 为拉格朗日乘子.

对于凸优化问题(9.79),根据凸优化理论,可以获得其最优解 σ_i^* 和最优拉格朗日乘子 κ_i^*, β^* 满足 KKT 条件(Goncalves et al.,2016): $\sigma_i^* \geqslant 0$, $\sum_{i=1}^{d} \sigma_i^* = 1$, $\kappa_i^* \geqslant 0$, $\kappa_i^* \sigma_i^* = 0$, $\sigma_i^* - a_i - \kappa_i^* + \beta^* = 0 (i = 1, \cdots, d)$,因此可以直接求解最优的 $\operatorname{diag}\{\sigma_1, \cdots, \sigma_d\}$.通过化简抵消 κ_i^*,我们可以获得方程组

$$\begin{cases} \sigma_i^* \geqslant 0 & \text{(9.81a)} \\ \sigma_i^* \geqslant a_i - \beta^* & \text{(9.81b)} \\ \sigma_i^*(\sigma_i^* - (a_i - \beta^*)) = 0 & \text{(9.81c)} \\ \sum_{i=1}^{d} \sigma_i^* = 1 & \text{(9.81d)} \end{cases}$$

根据式(9.81b),最优解的求解可以分为两种情况:

(1) 当 $\sigma_i^* > a_i - \beta^*$ 时,基于式(9.81c),可知此时 $\sigma_i^* = 0$,并且有 $a_i < \beta^*$ 成立;

(2) 当 $\sigma_i^* = a_i - \beta^*$ 时,有 $\sigma_i^* = a_i - \beta^*$,此时结合式(9.81a),可知有 $a_i \geqslant \beta^*$ 成立.

因此,我们可以获得

$$\sigma_i^* = \begin{cases} a_i - \beta^*, & a_i \geqslant \beta^* \\ 0, & a_i < \beta^* \end{cases} \tag{9.82}$$

其中,最优拉格朗日乘子 β^* 可以利用式 $\sum_{i=1}^{d} \max\{a_i - \beta^*, 0\} = 1$ 求解.

具体地,我们分别令 $\beta^* = a_i$,来判断最优乘子 β^* 的所属区间,假设在区间 $[a_q, a_{q+1}]$ 内有 $a_q - \beta^* \geqslant 0$ 和 $a_{q+1} - \beta^* < 0$ 成立,因此最优的 β^* 可以根据 $\sum_{i=1}^{q}(a_i - \beta^*) = 1$ 计算为

$$\beta^* = \left(\sum_{i=1}^{q} a_i - 1\right)/q \tag{9.83}$$

本小节所提的基于卡尔曼滤波的在线量子态估计优化算法(KF-OQSE)如表 9.3 所示.

表 9.3   KF-OQSE 算法运行步骤

初始化:$\hat{\rho}_0$ 和 W_0;选取滑动窗口长度 $l \in \mathbf{Z}^+$	
1	for $k = 1, 2, \cdots$, do
2	获取测量输出 b_k
3	根据式(9.67)计算时间更新预测状态 $\tilde{\rho}_{\text{pre}}$
4	根据式(9.73)计算增益矩阵 K_k
5	根据式(9.74)和式(9.75)分别求中间状态的测量更新 $\tilde{\rho}_k$ 以及矩阵 W_{k+1}
6	对 $(\tilde{\rho}_k + \tilde{\rho}_k^\dagger)/2$ 进行特征值分解得到 $U\text{diag}\{a_i\}U^\dagger$
7	根据式(9.82)和式(9.83)计算 $\text{diag}\{\sigma_1, \cdots, \sigma_d\}$
8	根据式(9.78)获得当前时刻估计状态 $\hat{\rho}_k$
9	end

本小节所提 KF-OQSE 算法,将约束卡尔曼滤波凸优化问题的求解分为两个最优化问题:关于中间状态 $\tilde{\rho}_k$ 的无约束子问题和关于估计状态 $\hat{\rho}_k$ 的矩阵投影子问题,并分别

采用最优条件直接求解两个子问题的解析解,因此相对于一阶梯度下降,KF-OQSE 具有更优的估计效率和精度.所提算法将含有约束卡尔曼滤波凸优化问题分解为多步,且每一步都具有计算量较小的解析解的方法求解,从而简化问题的求解过程.KF-OQSE 采取"预测-修正-投影"的更新策略,同时对测量值序列取滑动窗口,使本小节所提算法更加适合于对动态状态的实时估计.

9.3.3 数值实验及其结果分析

本小节通过在线量子态卡尔曼滤波算法(KF-OQSE)与其他已有的在线量子态估计算法的对比数值实验,来验证所提算法对动态量子态的在线重建性能.在数值实验中,量子系统 S 的真实量子状态 ρ_k 由式(9.66)构造,测量值序列 b_k 和相应的测量矩阵 A_k 分别由式(9.64)和式(9.63)构造.对于 n 比特量子系统模型,状态初始值选取为 $\rho_1^n = \underbrace{\rho \otimes \cdots \otimes \rho}_{n}$,$\rho = [0.5, (1-\mathrm{i})/(\sqrt{8}); (1+\mathrm{i})/(\sqrt{8}), 0.5]$;估计状态的初始值选取为 $\hat{\rho}_1^n = \underbrace{\hat{\rho} \otimes \cdots \otimes \hat{\rho}}_{n}$,$\hat{\rho} = [0,0;0,1]$;初始测量算符 $M_1^n = \underbrace{\sigma_z \otimes \cdots \otimes \sigma_z}_{n}$;二能级量子系统的弱测量算符中 $L = \xi \sigma_z$,$H = \sigma_z + u_x \sigma_x$;仿真实验以 $n = 4$ 量子位系统为研究对象,系统相互作用强度 $\xi = 0.7$;外加控制量强度 $u_x = 2$;系统测量效率 $\eta = 0.5$;系统随机噪声 $\mathrm{d}W$ 的幅值为 0.01;高斯测量噪声信噪比为 40 dB.在线量子态估计过程中,系统采样次数设置为 $N = 500$.

对于估计量子状态的精度衡量标准,本小节选取了两个性能指标,第一个是估计误差的归一化距离 $D(\rho_k, \hat{\rho}_k)$,定义为

$$D(\rho_k, \hat{\rho}_k) := \| \rho_k - \hat{\rho}_k \|_{\mathrm{F}}^2 / \| \rho_k \|_{\mathrm{F}}^2 \tag{9.84}$$

其中,ρ_k 为真实量子状态,$\hat{\rho}_k$ 为相应的估计状态.第二个是保真度 $fidelity(\rho_k, \hat{\rho}_k)$,定义为

$$fidelity(\rho_k, \hat{\rho}_k) := \mathrm{tr}(\sqrt{\sqrt{\hat{\rho}_k} \rho_k \sqrt{\hat{\rho}_k}}) \tag{9.85}$$

保真度的值在 0 和 1 之间,越接近于 1 则认为两个量子状态越相似.

在本小节中我们将所提出的 KF-OQSE 算法分别与基于矩阵指数梯度法(MEG)(Youssry et al.,2019)以及基于在线邻近梯度交替方向乘子法(OPG-ADMM)(Zhang,

Long，Li，2020)的在线量子态估计算法做对比，正如在引言部分所提，基于极大似然估计法(ML)(Smith et al.，2006)和凸优化工具箱(CVX-LS)(Grant et al.，2008)的在线估计算法，在每次状态估计时内部都需要多次迭代，这个过程是相当耗时的，因此在本小节中不做对比．OPG-ADMM算法首先通过引入辅助变量，并利用交替方向乘子法，将量子态在线估计问题分解为两个分别关于量子态和测量噪声的子问题，并通过在线临近梯度法进行交替优化求解．MEG算法本质上仍然是利用一阶梯度信息进行量子态更新，主要区别在于对量子态密度矩阵取对数和指数操作，其通过矩阵的指数和迹归一化操作保证估计状态满足量子约束．在数值实验中，对于KF-OQSE，初始化状态预测误差的协方差矩阵 $W_0 = 10 \cdot I_{d^2}$，OPG-ADMM和MEG算法的参数均调至最优，仿真实验运行环境为Matlab 2016a，2.2 GHz Inter Core i7-8750H CPU，内存16 GB．

9.3.3.1　不同滑动窗口长度下三种算法的行能对比

对于动态量子态的在线估计，在线算法期望能够以较少的采样次数实现稳定的高精度状态跟踪．本实验通过对比三种算法在每一滑动窗口长度 l 下，在线估计状态的估计误差 $D(\rho_k, \hat{\rho}_k)$ 达到稳定小于 0.1 时所需要的最小采样次数 $k_{\min}$，滑动窗口的长度取值为 $l = 1, \cdots, 100$．值得注意的是，$k_{\min}$ 是在线估计算法的状态重构精度和跟踪速度的综合效能体现．$k_{\min}$ 越小，表示在线估计算法越能高效地重构动态量子状态．随着窗口长度的增加，由于存在随机噪声，我们取三种算法在每一窗口长度下分别运行10次的 $k_{\min}$ 均值和其标准差变化范围，实验结果如图9.14所示．

从图9.14中可以看出：

(1) 观察到随着滑动窗口长度的增加，三种在线估计算法的估计误差达到 $D(\rho_k, \hat{\rho}_k)$ <0.1 所需要的最小采样次数 $k_{\min}$ 逐渐递减，并在滑动窗口到达一定长度后趋于稳定．KF-OQSE，OPG-ADMM和MEG算法的稳定最小采样次数 $k_{\min}$ 分别为 48，170 和182，对应的滑动窗口长度 l 分别为33，80 和85，而且在每一窗口长度下，KF-OQSE算法的最小采样次数均小于OPG-ADMM和MEG算法．这表明KF-OQSE算法能够以较少的采样次数实现高精度的量子态在线估计．

(2) 对于每一窗口长度，$k_{\min}$ 的标准差表示随机噪声对算法估计稳定性的影响．根据图9.14，KF-OQSE算法相对于OPG-ADMM和MEG算法有更小的 $k_{\min}$ 标准差变化范围，这表明KF-OQSE算法对于噪声具有更好的鲁棒性．

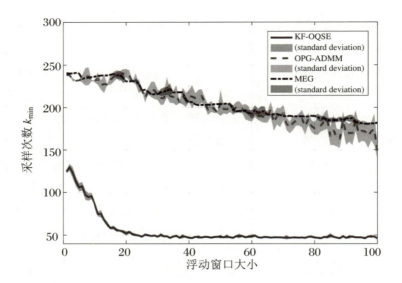

图 9.14　不同滑动窗口长度下三种算法的在线估计效能对比

9.3.3.2　固定滑动窗口长度下三种算法的性能对比

仿真实验固定滑动窗口长度 $l = 40$，分别对比 KF-OQSE，OPG-ADMM 和 MEG 算法对 4 量子位动态量子状态的在线重构精度和估计耗时. 图 9.15 为三种算法在每一采样时刻在线估计状态的归一化估计误差曲线图.

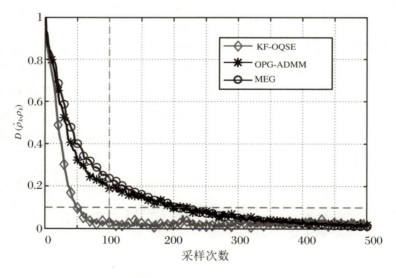

图 9.15　固定滑动窗口长度下三种算法的在线估计性能

量子状态的估计和滤波及其优化算法

从图 9.15 中可以看出,KF-OQSE,OPG-ADMM 和 MEG 三种算法的在线估计误差均能够逐渐降低并保持稳定,这表明三种算法都能够实现在线量子状态估计.同时根据图 9.15 在相同的采样次数下,KF-OQSE 可以实现比 OPG-ADMM 和 MEG 更高的估计精度.

对于采样时刻 $k = 100$ 时的估计状态 $\hat{\rho}_{100}$,在线估计算法 KF-OQSE,OPG-ADMM 和 MEG 的估计误差和保真度分别为:(0.0301,99.22%),(0.1877,81.18%)和(0.2229,90.24%).

当采样时刻 $k = 100$ 时,真实量子状态和三种算法估计状态密度矩阵幅值如图 9.16 所示,其中,真实量子状态密度矩阵幅值 $|\rho_{100}|$ 如图 9.16(a)所示,KF-OQSE,OPG-ADMM 和 MEG 三种算法的估计状态密度矩阵幅值 $|\hat{\rho}_{100}|$ 分别如图 9.16(b)、图 9.16(c)和图 9.16(d)所示.

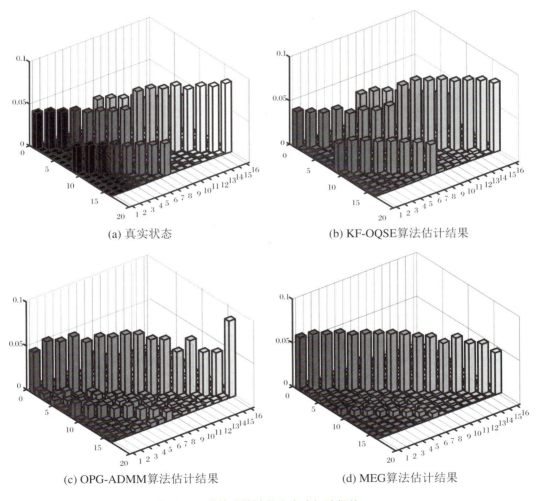

(a) 真实状态

(b) KF-OQSE算法估计结果

(c) OPG-ADMM算法估计结果

(d) MEG算法估计结果

图 9.16 $k = 100$ 时真实量子状态和三种算法估计状态密度矩阵幅值

从图 9.16 中可以看出,对于 4 比特量子系统的在线估计,KF-OQSE,OPG-ADMM 和 MEG 三种算法进行 500 次估计的平均耗时分别为:9.06e－4 s,1.80e－3 s 和 2.60e－3 s. 同时,三种算法状态估计误差首次小于 0.1 时的采样次数分别为 49(保真度为99.22%), 211(保真度为 81.18%)和 209(保真度为 90.24%),具体如表 9.4 所示.由此可得,KF-OQSE 算法能够更加快速高效地跟踪动态量子态,验证了其在量子态在线估计中的优越性.

表 9.4　三种算法估计性能对比

	在线估计算法		
	KF-OQSE	OPG-ADMM	MEG
每次估计平均耗时($N=500$)(s)	9.06e－4	1.80e－3	2.60e－3
$D(\rho_k,\hat{\rho}_k)<0.1$ 所需采样次数	49	211	209
保真度(%)	99.22	81.18	90.24

对于连续弱测量中的动态量子系统状态,本小节提出了一种量子约束卡尔曼滤波的量子态在线估计算法 KF-OQSE.所提算法采取"预测-修正-投影"的更新策略,求解具有量子态约束的卡尔曼优化问题.此外,为了获得较高的估计效率,采用了测量输出序列的滑动窗口,所提算法能够以较少的采样次数和耗时实现高精度的量子态在线估计.在数值实验中,对于 4 量子位系统状态,KF-OQSE 算法在 49 次采样后就可以实现超过 98.12%的保真度估计精度,每次估计的平均耗时为 9.06e－4 s,验证了 KF-OQSE 作为多量子位系统状态在线估计方案的优越性.

区别于传统的卡尔曼滤波算法不能有效利用状态约束信息,本小节将量子态在线估计问题转化为一个约束卡尔曼滤波凸优化问题,能够保证在线估计状态具有实际物理意义.相比目前存在其他量子态在线估计算法 CVX-LS,本质上均为离线算法的在线使用,在每个采样时刻的状态估计中,仍需要多次的迭代处理,实时性较差.而矩阵指数梯度下降法(MEG)和基于在线邻近梯度的交替方向乘子法(OPG-ADMM)本质上都是利用一阶随机梯度信息进行状态的更新,虽然有较好的实时性处理能力,但收敛速度慢,需要多次采样后才能实现对动态状态的精确跟踪.

9.4 小　　结

　　本章主要是进行在线量子态估计的优化算法的研究,提出并进行了单比特量子系统的状态在线估计,带有自适应学习速率的矩阵指数梯度在线量子态估计算法,以及基于卡尔曼滤波的在线量子态估计优化算法,每一种算法都具有各自的特点,重点通过系统仿真实验,分别通过无和有外加恒定值作用下的量子态实时估计实验来考察外加控制对量子态估计的作用;通过对滑动窗口的大小对于算法影响、固定窗口长度下的性能对比,固定与不同滑动窗口长度下三种算法的性能对比等实验,全方位地对所提出的在线量子态估计的优化算法性能的优越性进行了展现.

第 10 章

在线量子态估计优化算法的深入研究

在本章中,我们针对不同情况,提出四种高性能在线量子态估计算法.第一种是针对连续弱测量过程中存在测量噪声的情况,提出一种基于在线交替方向乘子法(OADM)在线量子态层析(QST)优化算法 QST-OADM:通过在优化问题中引入 Bregman 散度,来使得没有解析解的密度矩阵子问题可以被求解,并同时加上采用能够根据实际情况进行自动调节的自适应学习速率来进一步提高量子态重构精度,加快量子系统的在线估计的速度,将计算复杂度降低到 $O(d^3)$.

第二种是针对在线量子态估计问题,在 8.2 节的基础上,提出一种改进的基于在线近似梯度方法的交替方向乘子法(OPG-ADMM):通过将在线量子态估计问题写为一个凸优化问题,并引入辅助变量,将优化问题变为两个子问题,基于在线近似梯度方法的交替方向乘子法,加上采用自适应步长,推导出改进的在线优化 OPG-ADMM 算法.所提算法具有计算效率高、精度高,以及对测量噪声的鲁棒性等特点.

第三种也是针对连续弱测量过程中存在测量噪声的情况,提出一种我们称之为 QSE-OADM 的算法,该算法是将密度矩阵恢复子问题和测量噪声最小化子问题在不迭代运行的情况下分开进行求解,获得了比其他的算法更高的效率.

在这三种在线高性能优化算法的基础上,本章还进一步开发出稀疏干扰与高斯噪声下的在线量子态滤波器,解决了同时存在稀疏干扰和输出噪声的关键性在线量子态的滤波问题,为基于量子态反馈的高精度量子闭环控制器的设计与应用打下了坚实的理论基础.

10.1 一种在线实时量子态层析的优化算法

本节在连续弱测量中考虑噪声的存在情况,针对量子态层析(QST)的优化问题,在相应的量子态约束条件下,根据量子系统的输出数据,将考虑弱测量过程中含有测量噪声的量子态估计问题,转化为带有密度矩阵约束条件的优化问题,通过加上 Bregman 散度项,使优化问题变为在线优化问题,同时避免伪逆和大规模矩阵运算,能够快速实现量子状态在线估计.基于在线交替方向乘子法(Online Alternating Direction Multiplier,简称 OADM),设计并推导出 QST 的 OADM 优化算法(QST-OADM).所提算法将优化问题分解为量子态和量子测量噪声两个子问题,在一定估计次数之后,每次仅通过一次在线估计,就能够精确估计出随时间变化的最新时刻量子态.在所进行的 1,2,3 和 4 量子位系统状态在线估计的数值实验中,对实验结果进行了分析与性能对比研究.本节所提出的研究成果,以题目研究名为 *An online optimization algorithm for the real-time quantum state tomography*,2020 年 10 月发表在 *Quantum Information Processing* 上.

本节所提出的一种在线实时量子态层析的估计过程如图 10.1 所示,它包括连续弱测量过程(CWM proess)和在线估计器(online estimator)设计两部分,其中有关量子系统连续弱测量的过程,包括通过引入辅助的探测系统 P、基于连续弱测量、间接推导出作用在被测系统上的测量算符(measurement operator),以及量子态估计问题的描述等,都与 9.2.1 小节中内容一致,所以在此不再赘述.在线估计器设计是通过迭代算法在计算机程序中实现的,其中包含递归迭代,图 10.1 中的 q^{-1} 为将输出返回到输入的一阶时间延时.在算法设计中还涉及一个测量序列的构造,这是我们研究与开发的成果,我们将首先给出具体的测量序列的构造的相关理论证明,然后进入在线优化算法的推导与设计过程.

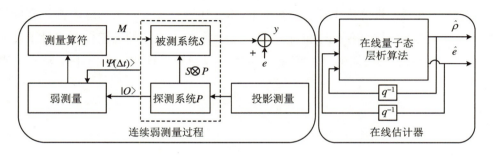

图 10.1　在线实时量子态层析的估计过程

10.1.1　连续弱测量输出序列的构造

在实际量子态估计过程中,人们需要通过实验来获取测量序列 $[y_1,\cdots,y_i,\cdots,y_k]$. 在量子态估计的仿真实验中,由于无法获得实验测量序列,量子态估计所需要的测量值只能通过构造来获得,所构造出的测量值要符合实际测量输出.

为了便于估计,有人在海森伯绘景下构造连续弱测量输出值,在 k 时刻获得的测量值为:随时间变化的测量算符集 $\{\widetilde{M}_i\}_{i=1}^k$ 在每一个测量时刻作用在初始量子状态密度矩阵 ρ_1 上的均值为

$$y_i = \mathrm{tr}(\widetilde{M}_i^\dagger \rho_1) = \mathrm{vec}\,(\widetilde{M}_i)^\dagger \mathrm{vec}(\rho_1), \quad i = 1,2,\cdots,k \tag{10.1}$$

其中,$\mathrm{tr}(X)$ 表示矩阵 X 的主对角线元素之和,$\mathrm{vec}(X)$ 表示将矩阵 X 的所有列组合串联为一个列向量.

从式(10.1)中可看出,每个采样时刻的测量值 $\{y_i\}_{i=1}^k$ 与初始量子状态密度矩阵 ρ_1 相关.此时的在线估计对象始终为不变的系统初始状态 ρ_1,而 k 时刻的量子状态 ρ_k 则需要通过量子系统状态演化模型演化 k 步得到.这种量子态估计比较适合于量子态制备中.我们希望能够直接估计出 k 时刻的系统演化状态,因此,我们的做法是,直接在薛定谔绘景下对量子系统进行连续弱测量,这样在 k 时刻获得的测量值为初始测量算符 $M_1 \in \mathbf{C}^{d\times d}$ 作用在量子系统状态 $\{\rho_i\}_{i=1}^k$ 上的均值:

$$y_i = \mathrm{tr}(M_1^\dagger \rho_i) = \mathrm{vec}\,(M_1)^\dagger \mathrm{vec}(\rho_i), \quad i = 1,2,\cdots,k \tag{10.2}$$

根据薛定谔绘景与海森伯绘景的等价关系,式(10.1)与式(10.2)的测量值构造是一致的.

在此,我们提出另一种与式(10.2)等价的测量值构造方法,测量值具体的构造公

式为

$$y_i = \text{tr}(M_{k-i+1}^\dagger \rho_k) = \text{vec}(M_{k-i+1})^\dagger \text{vec}(\rho_k), \quad i = 1, \cdots, k \tag{10.3}$$

式(10.3)使得每个采样时刻的测量值 $\{y_i\}_{i=1}^k$ 与当前时刻量子状态密度矩阵 ρ_k 相关,能够避免每次估计后仍需要量子系统演化模型进行演化才能得到当前时刻的估计状态,使得每次的估计值就为当前采样时刻的量子状态成为可能.式(10.3)的物理意义可以理解为,因为系统的状态是随时间变化的,测量算符也满足系统演化方程,我们通过测量算符演化方程,获得对系统状态进行间接测量的随时间动态变化的测量算符.

在线测量数据获取的过程为,在每一个采样时刻获取一个测量值,从第二个时刻起,所获得的测量序列由当前时刻获得的值与以前所有时刻获得的测量值构成.根据式(10.3),每一时刻的测量值 $\{y_i\}_{i=1}^k$ 以及每个采样时刻测量序列 b_k 如表 10.1 所示.从表 10.1 中可以看出,k 时刻的 b_k 是由 $[y_1, y_2, \cdots, y_k]$ 组成的,其中,$y_1 = \text{tr}(M_k^\dagger \rho_k)$,$y_2 = \text{tr}(M_{k-1}^\dagger \rho_k)$,$\cdots$,$y_k = \text{tr}(M_1^\dagger \rho_k)$,而且相对于当前时刻 k 的量子状态 ρ_k,测量算符 $\{M_i\}_{i=1}^k$ 由 M_k 倒序排列到 M_1.

表 10.1 测量值构造过程

	y_1	y_2	y_3	$\cdots$	y_k
b_1	$\text{tr}(M_1^\dagger \rho_1)$				
b_2	$\text{tr}(M_2^\dagger \rho_2)$	$\text{tr}(M_1^\dagger \rho_2)$			
b_3	$\text{tr}(M_3^\dagger \rho_3)$	$\text{tr}(M_2^\dagger \rho_3)$	$\text{tr}(M_1^\dagger \rho_3)$		
$\vdots$	$\vdots$	$\vdots$	$\vdots$	$\ddots$	
b_k	$\text{tr}(M_k^\dagger \rho_k)$	$\text{tr}(M_{k-1}^\dagger \rho_k)$	$\text{tr}(M_{k-2}^\dagger \rho_k)$	$\cdots$	$\text{tr}(M_1^\dagger \rho_k)$

定理 10.1 式(10.3)中的测量值构造公式与式(10.2)等价.

证明 为简化证明,我们忽略系统随机扩散和耗散.

假设量子状态的初始态矢量为 $|\phi_1\rangle$,那么密度矩阵 $\rho_1 = |\phi_1\rangle\langle\phi_1|$ 为初始量子状态,初始测量算符为 M_1,$E(t, t_1)$ 为量子系统演化算符,则 t_i 时刻的量子状态矢量为 $|\phi_i\rangle = E(t_i, t_1)|\phi_1\rangle$,其中 $E(t_i, t_1)$ 为由 t_1 时刻初态 $|\phi_1\rangle$ 演化到达 t_i 时刻状态 $|\phi_i\rangle$,同时,初始态矢量可以表示为 $|\phi_1\rangle = E(t_1, t_i)|\phi_i\rangle$.时间演化算符存在以下性质:① $E(t_1, t_2) = E(t_1, t_3)E(t_3, t_2)$;② $E(t_1, t_2) = E(t_2, t_1)^\dagger$;③ $E(t_1, t_1) = 1$;④ $E(t_3, t_2) = E(t_3 - t_2 + t_1, t_1)$.

(1) 对于任一时刻 $t_i (i = 1, \cdots, k)$,薛定谔绘景下得到的测量值(10.2)等价于测量算符在态矢量上的投影:

$$y_i = \text{tr}(M_i^\dagger \rho_i) = \langle\phi_i | M_1 | \phi_i\rangle \tag{10.4}$$

式(10.4)中量子态矢量$|\phi_i\rangle$是随时间变化的,而测量算符为固定的初始值.利用t_i时刻的量子状态矢量$|\phi_i\rangle$与初始态矢量$|\phi_1\rangle$之间的关系式$|\phi_i\rangle = E(t_i, t_1)|\phi_1\rangle$,将其代入式(10.4)中,可以得到

$$y_i = \langle E(t_i, t_1)\phi_1 \mid M_1 \mid E(t_i, t_1)\phi_1 \rangle = \langle \phi_1 \mid E(t_i, t_1)^\dagger M_1 E(t_i, t_1) \mid \phi_1 \rangle$$

$$(10.5)$$

此时所得到的式(10.5)中,测量算符变为随时间变化,而量子态矢量为固定的初始值.

(2) 对于采样时刻t_k,利用初始态矢量$|\phi_1\rangle$与t_i时刻的量子状态矢量$|\phi_i\rangle$之间的关系式$|\phi_1\rangle = E(t_1, t_k)|\phi_k\rangle$,将其代入式(10.5)可得

$$y_i = \langle E(t_1, t_k)\phi_k \mid E(t_i, t_1)^\dagger M_1 E(t_i, t_1) \mid E(t_1, t_k)\phi_k \rangle$$
$$= \langle \phi_k \mid E(t_1, t_k)^\dagger E(t_i, t_1)^\dagger M_1 E(t_i, t_1) E(t_1, t_k) \mid \phi_k \rangle \qquad (10.6)$$

根据演化算符的性质①和②,可以对式(10.6)演化算符进行合并,简化后可得

$$y_i = \langle \phi_k \mid E(t_k, t_i) M_1 E(t_k, t_i)^\dagger \mid \phi_k \rangle \qquad (10.7)$$

根据演化算符的性质③和④,可以将式(10.7)重写为

$$y_i = \langle \phi_k \mid E(t_k, t_i) E(t_1, t_1) M_1 E(t_1, t_1)^\dagger E(t_k, t_i)^\dagger \mid \phi_k \rangle$$
$$= \langle \phi_k \mid E(t_k - t_i + t_1, t_1) M_1 E(t_k - t_i + t_1, t_1)^\dagger \mid \phi_k \rangle \qquad (10.8)$$

式(10.8)中的表达式$E(t_k - t_i + t_1, t_1) M_1 E(t_k - t_i + t_1, t_1)^\dagger$为从$t_1$时刻演化到$t_{k-i+1}$时刻的测量算符$M_{k-i+1}$,即

$$E(t_k - t_i + t_1, t_1) M_1 E(t_k - t_i + t_1, t_1)^\dagger = M_{k-i+1} \qquad (10.9)$$

将式(10.9)代入式(10.8),有

$$y_i = \langle \phi_k \mid M_{k-i+1} \mid \phi_k \rangle = \mathrm{tr}(M_{k-i+1}^\dagger \rho_k) \qquad (10.10)$$

式(10.10)就是我们所提出的测量构造公式(10.3).

证毕.

在此需要说明的是:

(1) 表10.1就是根据式(10.3)所写出的每一个$i = 1, \cdots, k$时刻,量子系统所输出的每一个测量值,以及根据i时刻以前所获得的所有的测量值构成的测量序列,我们是采用每一时刻的测量序列来进行量子态估计的.当$i = k$时,我们已经获得由k个测量值构成的测量序列$[y_1, \cdots, y_i, \cdots, y_k] = [\mathrm{tr}(M_k^\dagger \rho_k), \cdots, \mathrm{tr}(M_{k-i+1}^\dagger \rho_k), \cdots, \mathrm{tr}(M_1^\dagger \rho_k)]$,而不仅仅只是当前的一个测量值.这就是为什么通过一次迭代就能够求解出随时间动态变化的量子态密度矩阵的原因.

（2）不同于海森伯图中测量值的构造方法,在线估计状态总是不变的初始状态 ρ_1,然后利用系统演化模型在采样时间 k 时得到估计状态 ρ_k,表 10.1 中提出的关系构建避免了每次估计后通过系统模型演化的要求,能够实时估计当前量子态.

（3）从证明过程中可以看出,表 10.1 的关系式中没有考虑量子系统的耗散模型,所以当我们使用它来实时带有耗散的开放量子系统中状态估计,以及在本章的数值模拟实验中,与压缩传感理论给出的最低测量次数相比,在线量子态估计达到期望的精度所需要的最少测量次数要更多一些.

10.1.2 量子态在线估计优化问题

为了充分利用测量记录序列,同时减轻测量数据对在线计算处理带来的负担,我们设计了一个滑动窗口长度 l 来限制状态估计中使用的所获取的测量值的长度.因此,根据我们所提出的测量值的构造公式(10.3),k 时刻的测量值序列为

$$b_k = \begin{cases} (y_1,\cdots,y_{k-1},y_k)^{\mathrm{T}}, & k < l \\ (y_{k-l+1},\cdots,y_{k-1},y_k)^{\mathrm{T}}, & k \geqslant l \end{cases} \tag{10.11}$$

其中,l 为测量值序列的长度.

当获取测量值的个数小于 l 时,滑动窗口的长度为系统采样次数 k,当获取测量值的个数大于等于 l 时,滑动窗口的长度保持为 l,并且每增加一个新的测量值,将舍弃最旧的测量值.此时 b_k 相当于一个长度大小为 l 的滑动窗口,采用先进先出的更新策略.采用滑动窗口的目的类似于对历史测量数据添加遗忘机制,同时也可以认为是减轻在线处理过程中的计算量.

根据表 10.1,我们构造与式(10.11)相对应的采样矩阵为

$$A_k = \begin{cases} (\mathrm{vec}(M_k),\cdots,\mathrm{vec}(M_2),\mathrm{vec}(M_1))^{\dagger}, & k < l \\ (\mathrm{vec}(M_l),\cdots,\mathrm{vec}(M_2),\mathrm{vec}(M_1))^{\dagger}, & k \geqslant l \end{cases} \tag{10.12}$$

值得注意的是,当采样次数大于等于 l 时,采样矩阵 A_k 保持不变.同时考虑到实际弱测量过程中不可避免地存在测量噪声,我们可以通过采样矩阵 A_k 和真实密度矩阵 ρ_k,重写 b_k 为 $b_k = A_k \mathrm{vec}(\rho_k) + e_k$,其中,$e_k \in \mathbf{R}^k (l < k)$ 或 $e_k \in \mathbf{R}^l (k \geqslant l)$ 为测量噪声,并被假设为高斯噪声.因此在 k 时刻,在线量子状态估计问题可以表示为带有约束的凸优化问题:

$$\min_{\hat{\rho}} \| \hat{\rho} \|_* + I_C(\hat{\rho}) + (1/\eta_k) B_\theta(\hat{\rho}, \hat{\rho}_{k-1})$$

$$\text{s.t.} \| A_k \text{vec}(\hat{\rho}) - b_k \|_2^2 \leqslant \varepsilon$$

(10.13)

其中，$\hat{\rho} \in C^{d\times d}$ 为待估计密度矩阵变量；$\| \cdot \|_*$ 表示核范数，$\| \hat{\rho} \|_* := \sum s_i$，$s_i$ 为 $\hat{\rho}$ 的奇异值；$\varepsilon > 0$；$C := \{\hat{\rho} \geq 0, \text{tr}(\hat{\rho}) = 1, \hat{\rho}^\dagger = \hat{\rho}\}$ 为量子态约束，当估计值满足约束 C 时，$I_C(\hat{\rho})$ 等于 0，否则 $I_C(\hat{\rho})$ 为 ∞；$\eta_k > 0$ 为步长参数；$\hat{\rho}_{k-1}$ 为上一时刻估计值；$B_\theta(\hat{\rho}, \hat{\rho}_{k-1})$ 为 Bregman 散度，它等于在定义光滑凸函数 θ 下的 k 时刻的估计值 $\hat{\rho}$ 与 $k-1$ 时刻的估计值 $\hat{\rho}_{k-1}$ 之间的距离，定义为

$$B_\theta(\hat{\rho}, \hat{\rho}_{k-1}) := \theta(\text{vec}(\hat{\rho})) - \theta(\text{vec}(\hat{\rho}_{k-1})) - \text{vec}(\hat{\rho} - \hat{\rho}_{k-1})^\dagger \nabla\theta(\text{vec}(\hat{\rho}_{k-1}))$$

(10.14)

式(10.13)可以转化为无约束问题

$$\min_{\hat{\rho}} \| \hat{\rho} \|_* + I_C(\hat{\rho}) + (1/\eta_k) B_\theta(\hat{\rho}, \hat{\rho}_{k-1}) + (1/(2\gamma)) \| A_k \text{vec}(\hat{\rho}) - b_k \|_2^2$$

(10.15)

其中，$\gamma > 0$ 为正则化参数.

10.1.3　量子状态在线估计优化算法

我们借助于在线化变体计算框架（Online Alternating Directions Method，简称 OADM）（Wang，Arindam，2013）来设计所提出的量子态在线层析优化算法，在优化问题中加入了 Bregman 散度项. 对于添加了 Bregman 散度项的具有可分离双目标变量的凸优化问题，OADM 的基本思想是将其分解为两个分别关于原始变量的子问题，并分别依次最小化两个原始变量的相应增广拉格朗日函数，然后通过对偶梯度上升更新拉格朗日乘子，并且在每次采样后对原始变量仅执行一次更新.

为了将问题(10.15)转化为双目标优化问题，我们引入辅助变量 $\hat{e}$，则问题可以重写为

$$\min_{\hat{\rho},\hat{e}} \| \hat{\rho} \|_* + I_C(\hat{\rho}) + (1/\eta_k) B_\theta(\hat{\rho}, \hat{\rho}_{k-1}) + (1/(2\gamma)) \| \hat{e} \|_2^2$$

(10.16)

$$\text{s.t.} A_k \text{vec}(\hat{\rho}) + \hat{e} = b_k$$

在线量子状态估计问题(10.16)的增广拉格朗日函数为

$$L_k(\hat{\rho}, \hat{e}, \lambda) := \parallel \hat{\rho} \parallel_* + I_C(\hat{\rho}) + (1/\eta_k)B_\theta(\hat{\rho}, \hat{\rho}_{k-1}) + (1/(2\gamma)) \parallel \hat{e} \parallel_2^2$$
$$+ (\alpha/2) \parallel A_k \text{vec}(\hat{\rho}) + \hat{e} - b_k - \lambda/\alpha \parallel_2^2 \tag{10.17}$$

其中,$\alpha > 0$ 为惩罚参数,λ 为拉格朗日乘子.

根据 OADM 框架,问题(10.16)被分解为分别关于变量 $\hat{\rho}$ 和 $\hat{e}$ 的两个子问题,而且我们强调在线估计算法在每个采样时刻仅迭代一次.具体而言,在 k 采样时刻,我们首先固定 $\hat{e} \equiv \hat{e}_{k-1}, \lambda \equiv \lambda_{k-1}$,最小化关于变量 $\hat{\rho}$ 的增广拉格朗日函数 $L_k(\hat{\rho}, \hat{e}_{k-1}, \lambda_{k-1})$;之后固定 $\hat{\rho} \equiv \hat{\rho}_k, \lambda \equiv \lambda_{k-1}$,最小化关于变量 $\hat{e}$ 的增广拉格朗日函数 $L_k(\hat{\rho}_k, \hat{e}, \lambda_{k-1})$;最后通过对偶梯度上升法更新拉格朗日乘子 λ.因此,量子状态密度矩阵 $\hat{\rho}$ 估计子问题,高斯噪声 $\hat{e}$ 估计子问题,以及拉格朗日乘子 λ 的更新迭代公式分别为

$$\begin{cases} \hat{\rho}_k = \arg\min_{\hat{\rho}} \{\parallel \hat{\rho} \parallel_* + I_C(\hat{\rho}) + (1/\eta_k)B_\theta(\hat{\rho}, \hat{\rho}_{k-1}) \\ \qquad\quad + (\alpha/2) \parallel A_k \text{vec}(\hat{\rho}) + \hat{e}_{k-1} - b_k - \lambda_{k-1}/\alpha \parallel_2^2 \} \tag{10.18a} \\ \hat{e}_k = \arg\min_{\hat{e}} \{(1/(2\gamma)) \parallel \hat{e} \parallel_2^2 + (\alpha/2) \parallel A_k \text{vec}(\hat{\rho}_k) + \hat{e} \\ \qquad\quad - b_k - \lambda_{k-1}/\alpha \parallel_2^2 \} \tag{10.18b} \\ \lambda_k = \lambda_{k-1} - \alpha(A_k \text{vec}(\hat{\rho}_k) + \hat{e}_k - b_k) \tag{10.18c} \end{cases}$$

式(10.18)中密度矩阵子问题(10.18a)的求解难度最大:它包含一个非光滑核范数 $\parallel \hat{\rho} \parallel_*$,Bregman 散度项和增广拉格朗日函数二次惩罚项,同时存在量子态约束 $I_C(\hat{\rho})$. 密度矩阵子问题没有解析解.不过,我们可以通过定义一个含有权重矩阵 P 的 Bregman 散度项,来使得密度矩阵子问题可以被求解.

下面我们分别详细地给出密度矩阵子问题(10.18a)和高斯噪声子问题(10.18b)的求解过程.式(10.18)中的拉格朗日乘子可以由式(10.18c)直接更新.

1. 密度矩阵子问题的求解

我们定义散度凸函数为二次伪范数:$\theta(z) := (1/2) \parallel z \parallel_P^2 = z^\dagger(P/2)z$,其中 $z \in \mathbf{C}^{p \times 1}$ 为列向量变量,$P \in \mathbf{R}^{p \times p}$ 为任意的正定权重矩阵,将所定义的二次伪范数代入散度凸函数的定义式(10.14),Bregman 散度项的具体表达式可以写为

$$B_\theta(\hat{\rho}, \hat{\rho}_{k-1}) = (1/2) \parallel \text{vec}(\hat{\rho} - \hat{\rho}_{k-1}) \parallel_P^2 \tag{10.19}$$

为了抵消密度矩阵子问题中二次项$(\alpha/2)\,\mathrm{vec}(\hat{\rho})^\dagger A_k^\dagger A_k\,\mathrm{vec}(\hat{\rho})$，我们选取式(10.19)中的权重矩阵为

$$P_k = I - \alpha\eta_k A_k^\dagger A_k > 0 \qquad (10.20)$$

其中，η_k为梯度步长(也称为学习速率).为了保证P_k为正定矩阵，梯度步长η_k的自适应计算公式为

$$\eta_k = 1/(\alpha\lambda_{\max} + c) \qquad (10.21)$$

其中，$\lambda_{\max}$为$A_k^\dagger A_k$的最大特征值，$c>0$为一个很小的常数.由采样矩阵计算公式(10.12)可知，当采样次数k不小于滑动窗口长度l时，采样矩阵A_k维持不变，因此$\lambda_{\max}$仅需要计算l次.

此时，将式(10.19)代入密度矩阵子问题(10.18a)中，可以抵消密度矩阵子问题中二次项$(\alpha/2)\,\mathrm{vec}(\hat{\rho})^\dagger A_k^\dagger A_k\,\mathrm{vec}(\hat{\rho})$，达到对增广拉格朗日函数二次惩罚项在$\hat{\rho}_{k-1}$处进行一阶线性化处理的作用，抵消后的Bregman散度项可以被写为$(1/2)\|\mathrm{vec}(\hat{\rho}-\hat{\rho}_{k-1})\|_f^2$.另一方面，由于密度矩阵的核范数$\|\hat{\rho}\|_*$等于其矩阵的奇异值之和，密度矩阵的迹等于矩阵的特征值之和，满足约束下的密度矩阵是厄米矩阵，所以量子状态密度矩阵的特征值与奇异值相同，因此有$\|\hat{\rho}\|_* = \mathrm{tr}(\hat{\rho}) = 1$成立，密度矩阵的核范数对最小化问题不做贡献.此时，密度矩阵子问题(10.18a)等价为

$$\underset{\hat{\rho}}{\arg\min}\Big\{I_C(\hat{\rho}) + \langle \mathrm{vec}(\hat{\rho}-\hat{\rho}_{k-1}),\, \alpha A_k^\dagger(A_k\,\mathrm{vec}(\hat{\rho}_{k-1})$$
$$+\, \hat{e}_{k-1} - b_k - \lambda_{k-1}/\alpha)\rangle + \frac{1}{2\eta_k}\|\mathrm{vec}(\hat{\rho}-\hat{\rho}_{k-1})\|_f^2\Big\} \qquad (10.22)$$

为了得到一个更加简洁紧凑的密度矩阵子问题，我们令

$$\mathrm{vec}(\tilde{\rho}_k) = \mathrm{vec}(\hat{\rho}_{k-1}) - \alpha\eta_k A_k^\dagger(A_k\,\mathrm{vec}(\hat{\rho}_{k-1}) + \hat{e}_{k-1} - b_k - \lambda_{k-1}/\alpha) \qquad (10.23)$$

此时将式(10.22)中关于$\mathrm{vec}(\hat{\rho}-\hat{\rho}_{k-1})$的一次项和二次项进行合并，可以将式(10.22)重写为

$$\hat{\rho}_k = \arg\min\Big\{I_C(\hat{\rho}) + \frac{1}{2\eta_k}\|\mathrm{vec}(\hat{\rho}-\tilde{\rho}_k)\|_f^2\Big\} \qquad (10.24)$$

式(10.24)中关于量子状态密度矩阵的计算对象为矩阵元素值，为了保证密度矩阵的厄米矩阵特性，可以将式(10.24)中的$\tilde{\rho}_k$，采用具有厄米矩阵特性的$(\tilde{\rho}_k + \tilde{\rho}_k^\dagger)/2$表

示,式(10.24)可以等价为量子状态约束下的密度矩阵投影问题:

$$\hat{\rho}_k = \arg\min \| \hat{\rho} - (\tilde{\rho}_k + \tilde{\rho}_k^\dagger)/2 \|_F^2$$
$$\text{s.t.} \ \hat{\rho} \geq 0, \text{tr}(\hat{\rho}) = 1 \tag{10.25}$$

其中,$\| \cdot \|_F$ 为 Frobenius 范数,定义为 $X \in \mathbf{C}^{m \times n} = x_{ij}$,$\| X \|_F = \sqrt{\sum_{i=1}^{m} \sum_{j=1}^{n} (x_{ij})^2}$.

本质上式(10.25)为一个非线性半定规划问题,通常可以通过内点法求解. 这里,我们采用谱分解设计一种直接求解方法. 利用 $(\tilde{\rho}_k + \tilde{\rho}_k^\dagger)/2$ 为厄米矩阵的特性,我们一定可以对估计出的 $(\tilde{\rho}_k + \tilde{\rho}_k^\dagger)/2$ 进行特征值分解:$U \tilde{\Lambda} U^\dagger$,其中,$U \in \mathbf{C}^{d \times d}$ 为酉矩阵,$\tilde{\Lambda} = \text{diag}\{a_1, \cdots, a_d\}$ 为对角矩阵,并且特征值按非增顺序排列. 此时,式(10.25)的最优解可以写为

$$\hat{\rho}_k = U \hat{\Lambda} U^\dagger \tag{10.26}$$

其中,$\hat{\Lambda} = \text{diag}\{x_1, \cdots, x_d\}$,$\{x_i\}_{i=1}^d$ 为满足量子态约束条件下的密度矩阵特征值,$\hat{\Lambda}$ 可以由概率单纯型(Wang, Carreira-Perpinán, 2013)方法求解:

$$\hat{\Lambda} = \arg\min_{\Lambda} \| \Lambda - \tilde{\Lambda} \|_F^2$$
$$\text{s.t.} \ \text{tr}(\Lambda) = 1, \Lambda \geq 0 \tag{10.27}$$

式(10.27)的解析解为

$$x_i = \max\{a_i - \kappa, 0\}, \quad \forall i, \ i = 1, \cdots, d \tag{10.28}$$

其中,$\kappa > 0$ 为常数,它是 $\sum_{i=1}^{d} \max\{a_i - \kappa, 0\} = 1$ 的解.

对于最优的 κ,我们一定有等式 $\sum_{i=1}^{d} x_i = \sum_{i=1}^{d} \max\{a_i - \kappa, 0\} = 1$ 成立. 因此,为了获得最优 κ 值,我们首先依次令 $\kappa = a_i (i = 1, \cdots, d)$ 来确定 κ 最优值的所属区间. 假设在区间 $[a_q, a_{q+1}](q = 1, \cdots, d)$ 内有关系 $a_q - \kappa \geq 0$ 和 $a_{q+1} - \kappa < 0$ 成立,则 κ 最优值可以通过等式 $\sum_{i=1}^{q} (a_i - \kappa) = 1$ 计算为

$$\kappa = \left(\sum_{i=1}^{q} a_i - 1 \right) / q \tag{10.29}$$

2. 高斯噪声子问题的求解

问题(10.18b)是关于变量 $\hat{e}$ 的无约束二次规划问题,存在解析解. 我们可以通过一

341

阶微分求零点得到子问题的最优解为

$$\hat{e}_k = (\gamma\alpha/(1+\gamma\alpha))(\lambda_{k-1}/\alpha - A_k \mathrm{vec}(\hat{\rho}_k) + b_k) \tag{10.30}$$

本节所提的在线量子状态估计的优化算法 QST-OADM 如表 10.2 所示.

表 10.2　QST-OADM 算法运行步骤

初始化:变量 $\hat{\rho}_0, \hat{e}_0 = 0, \lambda_0 = 0$;选取参数 $\alpha, \gamma > 0$;滑动窗口长度 $l \in \mathbf{Z}^+$

1	for $k = 1, 2, \cdots, $ do
2	获取测量输出 b_k
3	if $k \leqslant l$ then
4	根据式(10.21)计算梯度步长 η_k
5	else
6	$A_k = A_{k-1}, \eta_k = \eta_{k-1}$
7	end if
8	根据式(10.23)计算 $\tilde{\rho}_k$,并对 $(\tilde{\rho}_k + \tilde{\rho}_k^\dagger)/2$ 进行特征值分解得到 $U\tilde{\Lambda}U^\dagger, \tilde{\Lambda} = \mathrm{diag}\{a_1, \cdots, a_d\}$
9	根据式(10.28)和式(10.29)计算 $\hat{\Lambda} = \mathrm{diag}\{x_1, \cdots, x_d\}$
10	根据式(10.26)更新 $\hat{\rho}_k$
11	根据式(10.30)更新 $\hat{e}_k$
12	根据式(10.18c)更新 λ_k
13	end for

本节所提算法每次估计中,密度矩阵特征值分解的计算复杂度为 $O(d^3)$;$l \times d^2$ 矩阵与 d^2 向量乘积的计算复杂度为 $O(ld^2)$,所以总计算复杂度为 $O(d^3 + ld^2)$.值得注意的是,本节算法优化的本质是将没有解析解且计算复杂度高的量子状态密度矩阵子问题,分解为多步且每一步都具有计算量较小的显示解.

本节所提出的在线量子状态估计的优化算法 QST-OADM 与离线量子状态估计算法的区别在于:

(1) 在所解决的问题方面:QST-OADM 的在线量子态估计中被估计状态 ρ_k 是一个随时间变化的量子状态,是一个动态目标估计问题;而在离线量子状态估计中,所要估计的量子状态 ρ 是一个固定状态,这个状态在整个迭代估计过程中始终保持不变.

(2) 在数据获取以及处理方式上,在线估计算法中每个采样时刻仅获取当前估计状态的一个测量值 y_k,测量值序列 b_k 是由连续获取的测量值构成的动态数据流序列.离

线算法的测量值 b 是预先确定且在估计迭代中始终不变的. 在线估计在每次采样后, 仅通过一次迭代便得到当前时刻新状态的估计结果 $\hat{\rho}_k$. 而离线算法需要对同一组数据, 通过多次反复的迭代, 来获得待估计状态的估计值 $\hat{\rho}$.

(3) 在迭代框架方面, 为了能够跟踪状态的在线变化, 在线算法(10.18)中添加了一个计算当前估计值与上一时刻估计值之间距离的 Bregman 散度项, 该项可以被认为是用来进行估计误差补偿的附加动量, 来使得当前估计结果接近于上一次的估计结果, 这也正是在线算法跟踪能力的核心体现.

(4) 在量子状态密度矩阵子问题的优化求解方式方面, 在离线算法中, Li, Cong(Li, Cong, 2014)通过忽略量子态约束, 计算密度矩阵子问题的伪逆进行直接求解; Zheng 等人(Zheng et al., 2016a)提出的基于不动点方程的 ADMM 算法中考虑部分约束 $C' = \{\hat{\rho} \geq 0, \hat{\rho}^{\dagger} = \hat{\rho}\}$, 通过迭代阈值收缩进行求解; Zhang 等人提出的针对不同干扰情况下的三种类型量子状态估计和滤波算法中(Zhang et al., 2017b)考虑了全部约束, 密度矩阵子问题的求解采用临近线性化方法, 求解过程与本节方法类似, 但在梯度步长的选取上, 本节梯度步长的选取能够自适应调整, 如式(10.21), 而离线算法中梯度步长都是定常的.

(5) 结合在线交流方向乘子法同时估计量子态 ρ_k 和测量噪声 e_k 是在线量子态估计的新方法. 与离线的最大似然(Maximum Likelihood, 简称 ML)和最小二乘(Least Squares, 简称 LS)算法相比, QST-OADM 可以显式地解决在线 QST 问题, 而无需每次采样都迭代运行. 而 QST-OADM 和 MEG(Youssry et al., 2019)都使用了量子态密度矩阵的一阶信息问题, 主要区别在于 QST-OADM 在每次估计时都可以自适应地调整学习速率, 并且在 QST-OADM 中考虑了多两个高斯噪声变量和拉格朗日乘子. 对于计算复杂度为 $O(d^6)$ 的量子态子问题, QST-OADM 避免了 LS 解的伪逆运算. ML 的计算复杂度为 $O(d^4)$. 与 MEG 相似, QST-OADM 每次估计的主要计算复杂度为 $O(d^3)$, 这是更新密度矩阵所需奇异值分解的代价.

10.1.4 在线量子态估计仿真实验及其性能对比分析

本小节实验共分 3 部分: 第一个和第二个实验分别利用所提出的 QST-OADM 算法研究了外部控制强度 u_x 和滑动窗口大小 l 对在线 QST 重建性能的影响. 通过与最大似然估计、矩阵指数梯度和最小二乘的比较, 来展现所提出的 QST-OADM 的在线估计性能的优越性.在所有实验中,n 比特量子系统的状态初始值选取为 $\rho_1^n = \underbrace{\rho \otimes \cdots \otimes \rho}_{n}$,$\rho =$ $[0.5,(1-\mathrm{i})/\sqrt{8};(1+\mathrm{i})/\sqrt{8},0.5]$;估计状态的初始值选取为 $\hat{\rho}_1^n = \underbrace{\hat{\rho} \otimes \cdots \otimes \hat{\rho}}_{n}$,$\hat{\rho} = [0,0;$ $0,1]$;初始测量算符 $M_1^n = \underbrace{\sigma_z \otimes \cdots \otimes \sigma_z}_{n}$,$n$ 在实验中分别标明量子位为 1,2,3 或 4.二能级系统演化算符中 $L = \xi\sigma_z$,$H = \sigma_z + u_x\sigma_x$;测量效率 $\eta = 0.5$,相互作用强度 $\xi = 0.07$.系统随机噪声 $\mathrm{d}W = \delta \cdot \mathrm{randn}(2,2)$,其中 δ 为随机噪声幅值,取 0.001;$\mathrm{randn}(2,2)$ 为 Matlab 生成随机矩阵指令;高斯测量噪声强度由信噪比确定,取 30 dB,测量值 b_k 的信噪比公式定义为 $SNR(b_k) = 20\log\left(\dfrac{\parallel b_k - E(b_k) \parallel_2}{\parallel e_k \parallel_2}\right)$,其中 $E(b_k)$ 表示 b_k 的均值.仿真实验运行环境为 Matlab 2016a,2.2 GHz Inter Core i7-8750H CPU,内存 16 GB.

在本小节中,QST-OADM 算法的参数初始值选取方式分别为:$\alpha = 5n$,$\gamma = 0.1$,学习速率步长参数 η_k 由式(10.21)自适应确定.

(1) 外加控制量对在线估计性能影响的实验研究:对 $n = 1$ 量子态,采用所提出的在线估计算法,采用不同保真度计算公式,对有无外加控制量对系统演化情况下的状态估计性能进行研究.不同保真度公式对量子混合态评价性能对比.

(2) 滑动窗口长度对在线估计性能影响的研究:通过实验来确定合适的窗口长度取值.

(3) 不同估计算法的性能对比实验:将本小节所提算法与最小二乘量子态估计算法做性能对比(最小二乘本身为批处理算法,对于每时每刻的无约束量子状态估计问题通过伪逆求解,然后投影得到估计结果),验证本小节算法在在线估计中的实时处理性能.

10.1.4.1　外加控制量对在线估计性能影响的实验研究

在本小节仿真系统实验中,我们主要测试了有或没有外部控制强度 u_x 情况下,采用所提出的 QST-OADM 算法对在线量子态估计的影响.为了直观地反映估计结果,我们选择了在 Bloch 球上作图,可以清晰地画出演化轨迹的 1 量子位系统.采样次数设置为 $N = 100$.选择滑动窗口的大小为 $l = 16$,来研究滑动窗口长度的大小对重构量子位系统的密度矩阵估计精度的影响情况.实验结果如图 10.2 所示,其中,图 10.2(a)和图 10.2(b)的 Bloch 球面上红色圆圈和蓝色星形分别表示真实状态和估计状态的初始值.

从图 10.2 中可以得出,当 $u_x = 0$ 时,从图 10.2(a)中可以看出,不能实现对系统状态的在线估计.这是因为真实状态的轨迹平行于 x-y 平面,与初始测量算子 M_1 重合,导致无法测量系统的足够有效信息.相比之下,当采用非零外部控制强度 $u_x = 2$ 时,从图 10.2

（b）中可以看到，经过 9 次采样，QST-OADM 可以实现稳定状态跟踪，说明 QST 在线需要外部控制强度.

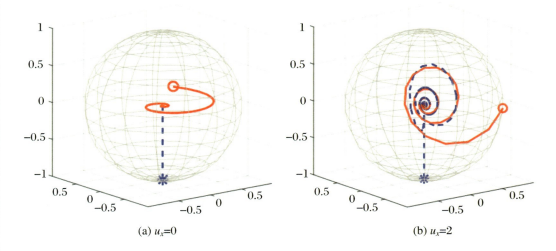

(a) $u_x=0$ (b) $u_x=2$

图 10.2　不同系统参数对在线量子状态估计的影响

10.1.4.2　不同保真度公式对量子混合态评价性能对比

保真度为衡量两个量子状态之间相似程度的核心概念，保真度的值在 0 和 1 之间，越接近于 1 则认为两个量子状态越相似.然而，在文献中对于混合态，保真度并没有明确唯一的定义，并且存在许多不同的方法.纯度（purity）是量子状态混合程度的度量，定义为密度矩阵平方的迹，即 $purity_k = \mathrm{tr}(\rho_k^2)$，量子纯态的纯度为 1，而最大混合态的纯度为 $1/d\,(d = 2^n)$.对于 1 量子位系统，真实量子状态由纯态演化至最大混合态的过程，对应纯度由 1 衰减至 0.5 的过程.

在 k 时刻，衡量真实的量子状态密度矩阵 ρ_k 与相应的估计状态 $\hat{\rho}_k$ 的部分常用保真度包括：

（1）基于 Schatten 2 范数的保真度（norm-fidelity），定义为（Liang et al.，2019）

$$F_1(\rho_k,\hat{\rho}_k) := \frac{\mathrm{tr}(\rho_k\hat{\rho}_k)}{\max\left[\mathrm{tr}(\rho_k^2),\mathrm{tr}(\hat{\rho}_k^2)\right]} \tag{10.31}$$

（2）Uhlmann-Josza 保真度（UJ-fidelity），定义为（Yamamoto，Mikami，2017）

$$F_{2\_1}(\rho_k,\hat{\rho}_k) := \left(\mathrm{tr}\left(\sqrt{\sqrt{\hat{\rho}_k}\,\rho_k\,\sqrt{\hat{\rho}_k}}\right)\right)^2 \tag{10.32}$$

345

（3）值得注意的是在绝大多数文献中，保真度计算公式被定义为 UJ-fidelity 的平方根：

$$F_{2\_2}(\rho_k,\hat{\rho}_k):=\sqrt{F_{2\_1}(\rho_k,\hat{\rho}_k)} \tag{10.33}$$

（4）super-fidelity（Gilchrist et al.，2005）和 sub-fidelity（Ma et al.，2008）分别是对 Uhlmann-Joza 保真度的测量替代，并且分别为 UJ-fidelity 的上界和下界，定义为

$$F_3(\rho_k,\hat{\rho}_k):=\mathrm{tr}(\rho_k\hat{\rho}_k)+\sqrt{1-\mathrm{tr}(\rho_k^2)}\sqrt{1-\mathrm{tr}(\hat{\rho}_k^2)} \tag{10.34}$$

$$F_4(\rho_k,\hat{\rho}_k):=\left(\mathrm{tr}(\sqrt{\rho_k}\sqrt{\hat{\rho}_k})\right)^2 \tag{10.35}$$

（5）几何平均保真度（gm-fidelity）可以被认为是状态 ρ_k 和 $\hat{\rho}_k$ 的纯度归一化 Hilbert-Schmidt 内积，定义为（Wang et al.，2008）

$$F_5(\rho_k,\hat{\rho}_k):=\frac{\mathrm{tr}(\rho_k\hat{\rho}_k)}{\sqrt{\mathrm{tr}(\rho_k^2)\mathrm{tr}(\hat{\rho}_k^2)}} \tag{10.36}$$

图 10.3 分别对应 $u_x=0$ 和 $u_x=2$ 两种情况不同定义下的保真度在对同一初始态下的随时间变化的量子态在线实时估计，在不同纯度下的曲线图，横轴为系统演化过程中真实状态的纯度大小，纵轴为对应估计状态的保真度大小，其中曲线 $F_1\sim F_5$ 分别为式（10.31）～式（10.36）所定义的保真度的计算公式下的性能指标.

在图 10.3(a)中，只有当真实状态达到最大混合状态，也就是纯度 $purity=0.50$ 时，估计的状态轨迹才与真实状态一致.但是，从图 10.3(b)来看，当保真度的准确度超过 90%（图中的虚线）时，纯度 $F_1=0.56$；$F_2=0.81$；$F_3=F_4=0.68$；$F_5=0.62$.实际情况是，此时 F_1 是最接近实际情况的.从图 10.3(b)中可以看出，在 $F_1\sim F_5$ 性能中，F_1 的性能评价更为敏感，只有 F_1 在第 9 次采样中保真度达到 90%以上.因此，可以得出结论，F_1 给出了更准确和合适的评价性能.

结合图 10.2 和图 10.3，我们可以得出：

（1）我们发现学者们采用的对于纯态有良好定义的保真度计算公式并不能十分明确地评价对于开放量子系统混合态的估计性能.通过图 10.2(a)可知，估计状态（蓝色虚线）轨迹仅在最大混合态（$purity=0.50$）时与真实状态一致.但观察图 10.3(a)，我们发现最常使用的 SUJ-fidelity 对于混合态的评价要高于其他指标，其在 $purity=0.80$ 后的保真度就全部大于 90%，因此并不能准确反映图 10.2(a)的实际估计效果.对于达到超过 90%的精度，UJ-fidelity，super-fidelity 和 sub-fidelity 都是在 $purity=0.66$，gm-fidelity 则在 $purity=0.61$，而 norm-fidelity 是在 $purity=0.56$.因此，norm-fidelity 最接近于实

际情况.

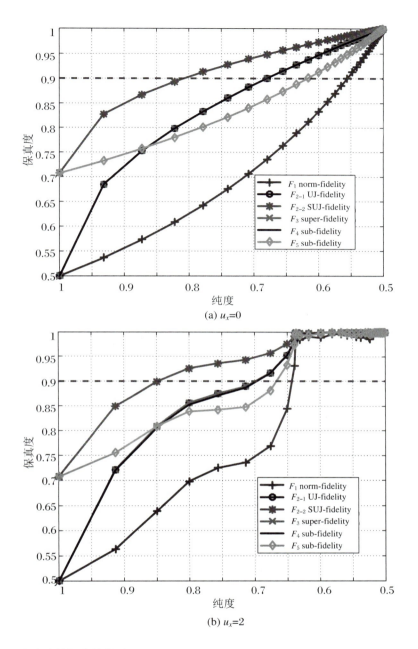

(a) $u_x=0$

(b) $u_x=2$

图 10.3　不同保真度的评价性能对比

(2) 对于估计状态可以跟踪动态系统的情况.根据图 10.2(b),对于不同保真度计算方法达到超过 90% 的估计精度所需要的采样次数,我们可以观察到 SUJ-fidelity,gm-fidelity,UJ-fidelity,super-fidelity,sub-fidelity 和 norm-fidelity 分别为 3,7,6,6,6,8.因此,只有 norm-fidelity 可以给出与实际估计一致的评价效果.

综上所述,我们认为式(10.31)所定义的 F_1(norm-fidelity)更适合于衡量开放量子系统混合态的相似性,并且对混合态的相似性度量更加严格.因此,本节的保真度计算方法选择为 F_1.

10.1.4.3 滑动窗口长度对在线估计性能影响的实验研究

在本实验中,我们分别对比不同的滑动窗口长度对量子态估计性能的影响.系统参数分别被设置为:自由演化次数 $N=500$,外加控制量强度 $u_x=2$,系统相互作用强度 $\xi=0.7$,系统随机噪声幅值 $\delta=0.01$,测量噪声信噪比为 30 dB,滑动窗口的取值为 $l=1,2,\cdots,100$.同时,在每一个窗口长度下,我们以在线估计状态保真度稳定超过 90% 所需要的采样次数为评判标准.对 1,2,3 和 4 量子位系统的实验结果如图 10.4 所示.

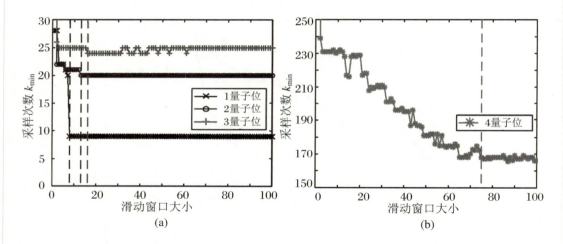

图 10.4　滑动窗口长度对在线估计性能的影响

由图 10.4 我们可以得到如下结论:可以观察到随着滑动窗口长度的增加,在线估计算法达到超过 90% 的稳定估计精度所需要的估计次数逐渐递减,并在滑动窗口到达一定长度后趋于稳定.因此,我们可知当估计所利用信息量达到一定程度后,再增加数据量已经对提高算法在线估计性能贡献不大,因此存在合适的滑动窗口长度.则对于 1,2,3,4 量子位系统,我们可以确定合适的窗口长度分别为 8,13,16,75.

10.1.4.4 不同量子状态在线估计算法的性能对比

为了验证在线处理性能,我们将所提出的 QST-OADM 算法与现有的三种算法(LS、ML 和 MEG)在 1,2,3 和 4 量子位系统的在线 QST 进行了比较.我们在 Matlab 中利用伪逆命令 pinv.m,通过忽略量子态约束得到最小二乘的解,然后得到满足的估计 $\hat{\rho}$ 约束使用投影(10.22).在用于在线量子态估计的 ML 中,ML 估计器被设置为在每次估计时执行单个运行,它不能直接将估计状态的负特征值设为 0,并需要对满足物理约束的跟踪归一化,来保证估计状态满足最优.MEG 通过指数运算保证了密度矩阵的半正定.我们对于 1,2,3 和 4 量子位系统分别设置滑动窗口的大小为 8,13,16 和 75,外部控制强度 $u_x = 2$,采样次数 $N = 500$.

图 10.5 描述了在线估计过程中抽样数量的保真度.图 10.5(a)～图 10.5(d)分别给出了 QST-OADM、LS、ML 和 MEG 算法的在线量子态重构性能.带正方形、圆形、星形、菱形标记的实线分别表示 1,2,3 和 4 量子位系统.红、黑、粉、蓝的虚线分别表示估计状态首次达到 90%保真度时的采样次数.

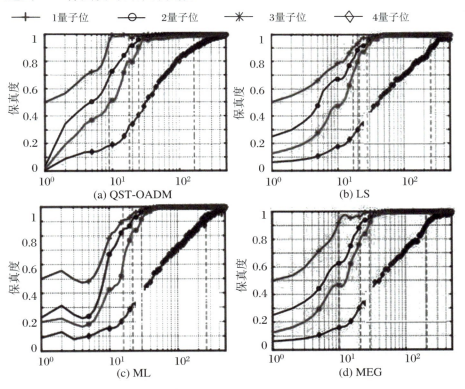

图 10.5　QST-OADM、LS、ML 和 MEG 分别对 1,2,3,4 量子位开放量子系统的在线估计性能对比

从图 10.5 中可以看出,对于 1,2,3 和 4 量子位系统,不同算法达到 90% 保真度所需的采样次数如下:QST-OADM 为 9,19,25,168;LS 为 17,21,28,256;ML 为 16,22,30,262 和 MEG 为 10,21,29,206.这说明本节提出的 QST-OADM 在四种算法中采样次数最少.

对比一下 9.2 节中所提出的带有自适应学习速率的矩阵指数梯度在线量子态估计 ALR-MEG 算法,在那里所提出的算法中,也带有 Bregman 散度,并通过选取 $F(\rho) = \text{tr}(\rho\log\rho - \rho)$ 将 Bregman 散度变成 von Neumann 散度(量子相对熵),同时也是采用自适应学习速率,在所进行的 1,2,3,4 量子位系统估计的实验中,在达到期望性能所需要的最少窗口长度分别为 11,13,16 和 80,对应达到性能指标时所需要最少采样次数分别为 11,20,23 和 101,当 $n < 4$ 时,本节算法的性能要好,不过当 $n \geqslant 4$ 后,ALR-MEG 更有优越性.

对运行 200 次的 4 量子比特系统,不同算法的保真度分别为 92.06%(QST-OADM)、81.86%(LS)、87.01%(ML)和 88.88%(MEG).在相同采样次数下,QST-OADM 的估计精度高于 LS、ML 和 MEG 算法的估计精度.图 10.6 进一步明确显示了四种算法在每个采样时间的平均运行时间.

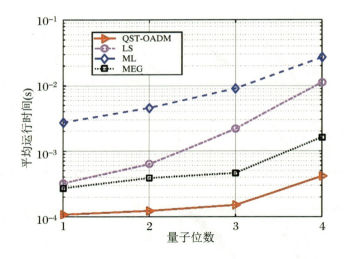

图 10.6　四种算法在每个采样时间的平均运行时间

从图 10.6 中可以看出,本节提出的 QST-OADM 算法是效率最高的算法.当 $n = 1,2,3,4$ 时,估计 QST-OADM 所需时间分别为 0.0540 s,0.0616 s,0.0757 s,0.2061 s.此外,随着量子位数的增加,QST-OADM 的在线处理优势也越来越大.对于 4 量子位系统,QST-OADM,LS,ML 和 MEG 的平均运行时间分别为 4.12×10^{-4} s,1.13×10^{-2} s,2.68×10^{-2} s 和 1.60×10^{-3} s.该算法的优点是能够快速有效地跟踪动态量子态,这体现

了其在在线 QST 方面的优越性. OSEQ 对于 3，4 量子位密度矩阵状态重构的部分效果分别如图 10.7 和图 10.8 所示.

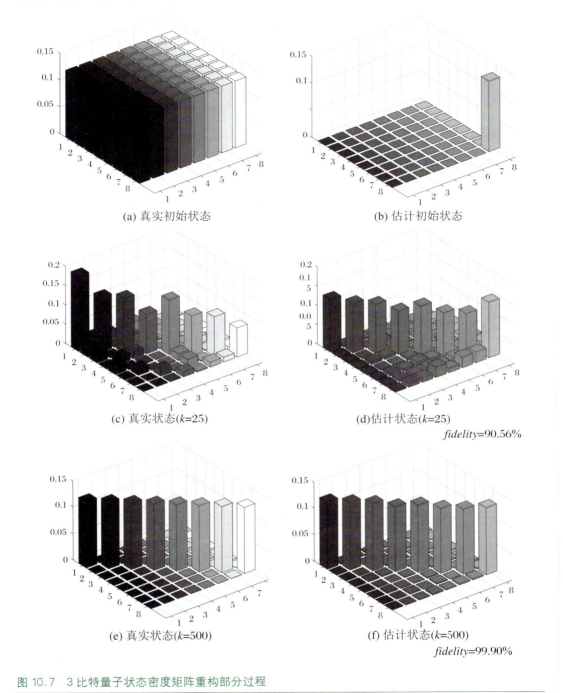

(a) 真实初始状态

(b) 估计初始状态

(c) 真实状态(*k*=25)

(d)估计状态(*k*=25)

fidelity=90.56%

(e) 真实状态(*k*=500)

(f) 估计状态(*k*=500)

fidelity=99.90%

图 10.7 3 比特量子状态密度矩阵重构部分过程

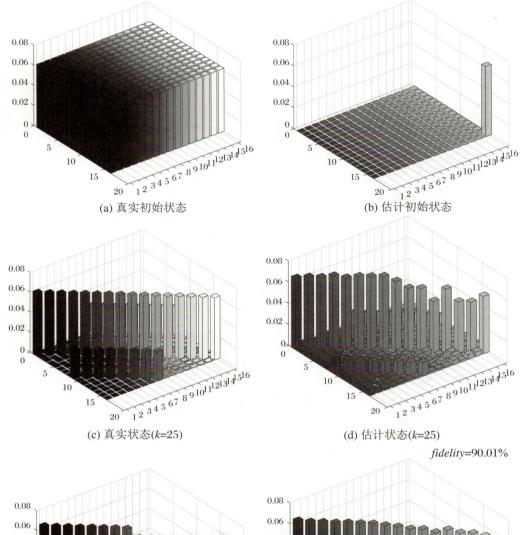

(a) 真实初始状态　　　　　　　　　(b) 估计初始状态

(c) 真实状态($k=25$)　　　　　　　　(d) 估计状态($k=25$)

fidelity=90.01%

(e) 真实状态($k=500$)　　　　　　　(f) 估计状态($k=500$)

fidelity=99.35%

图 10.8　4 比特量子状态密度矩阵重构部分过程

本节提出了一种在线估计随时间变化量子态的优化算法.通过加上一个计算当前与上一时刻估计值之间距离的 Bregman 散度项,将离线的优化问题转化为在线随时间变化的量子态估计的优化问题,并将其分别转化为量子状态密度矩阵和高斯噪声的两个子问题,通过定义合适的二次伪范数简化求解,实现了一种高效快速的自适应量子状态在线跟踪算法.通过所设计测量值构造方法,采用滑动窗口的方式,对 1~4 量子位进行了量子态在线估计仿真实验,以及与不同算法的性能对比实验,验证了所提方法的优越性.

10.2 改进的基于在线近似梯度的估计算法

本节提出了一种基于在线近似梯度方法(Online Proximal Gradient,简称 OPG)的交替方向乘子法(Alternating Direction Method of Multipliers,简称 ADMM),我们称之为 OPG-ADMM 算法,本节所提出的 OPG-ADMM 算法是在 8.2 节的基础上作了进一步改进的算法.所提算法计算效率高、精度高等特点对测量噪声具有鲁棒性.本节的内容为 2020 年以题目为 *An efficient online estimation algorithm for evolving quantum states* 在 the 28th European Signal Processing Conference(EUSIPCO 2020)会议上所作的报告.

10.2.1 改进的 OPG-ADMM 算法的推导

交替方向乘子法是一种结合对偶上升法可分离特性和增广拉格朗日法松弛收敛特性,能够有效解决可分离目标函数凸优化问题的计算框架,由 Gabay 和 Mercier 在 20 世纪 70 年代提出,并在大规模分布式机器学习和大数据优化等方面有广泛应用.带有线性等式约束的可分离双目标函数凸优化问题为

$$\min f(x) + g(z)$$
$$\text{s.t.} \ Ax + Bz = c \tag{10.37}$$

其中,$x \in \mathbf{R}^n$,$z \in \mathbf{R}^m$ 为优化变量;$A \in \mathbf{R}^{p \times n}$,$B \in \mathbf{R}^{p \times m}$,$c \in \mathbf{R}^p$,$f(x)$ 和 $g(z)$ 均为凸函数.

增广拉格朗日函数为

$$L(x,z,\lambda) = f(x) + g(z) + \alpha/2 \parallel Ax + Bz - c - \lambda^{\mathrm{T}}/\alpha \parallel_2^2 \qquad (10.38)$$

其中,λ 为对偶项或拉格朗日乘子,$\alpha > 0$ 为惩罚参数,惩罚项可以松弛收敛条件. 此时,式 (10.37)的求解等价于一个无约束最小化问题的求解.

ADMM 算法利用目标函数 $f(x)$ 和 $g(z)$ 的可分离特性,依次优化两个子问题更新原变量,最后通过梯度上升法更新拉格朗日乘子,进而获得式(10.37)的最优解,此时优化求解问题变为

$$
\begin{cases}
x_k = \arg\min_x \left\{ f_{k-1}^{\mathrm{T}} x + \dfrac{\alpha}{2} \parallel Ax + Bz_{k-1} - c - \lambda_{k-1}/\alpha \parallel_2^2 \right. \\
\qquad \left. + \dfrac{1}{2\eta_k} \parallel x - x_{k-1} \parallel_{P_k}^2 \right\} & (10.39\mathrm{a}) \\[2mm]
z_k = \arg\min_z \left\{ g(z) + \dfrac{\alpha}{2} \left\| Ax_k + Bz - c - \dfrac{\lambda_{k-1}}{\alpha} \right\|_2^2 \right\} & (10.39\mathrm{b}) \\[2mm]
\lambda_k = \lambda_{k-1} - \alpha(Ax_k + Bz_k - c) & (10.39\mathrm{c})
\end{cases}
$$

其中,$f_{k-1} \in \partial f(x)|_{x=x_{k-1}}$,它是 $f(x)$ 在 $x = x_{k-1}$ 的子梯度;η_k 为临近梯度步长;$\parallel \cdot \parallel_P^2$ 定义为矩阵二次型计算:$\parallel X \parallel_P^2 = X^{\mathrm{T}} P X$,其中 P 为一个正定矩阵,$\dfrac{1}{2\eta_k} \parallel x - x_{k-1} \parallel_{P_k}^2$ 为临近项.

式(10.39)就是本节中的 OPG-ADMM 求解问题. 另一方面,在线量子态估计问题可以被写为一个凸优化问题:

$$
\begin{aligned}
& \min \parallel \hat{\rho} \parallel_* + I_C(\hat{\rho}) \\
& \mathrm{s.t.} \parallel A_k \mathrm{vec}(\hat{\rho}) - b_k \parallel \leqslant \varepsilon
\end{aligned}
\qquad (10.40)
$$

其中,$\hat{\rho} \in \mathbf{C}^{d \times d}$ 为待估计的量子态密度矩阵;$\parallel \cdot \parallel_*$ 为核范数,$\parallel \hat{\rho} \parallel_* := \sum s_i$,$s_i$ 为 $\hat{\rho}$ 的奇异值,用来对低秩矩阵进行求解;$\varepsilon > 0$,代表噪声程度;$I_C(\hat{\rho})$ 为量子态约束的示性函数,凸集 $C := \{\rho \geqslant 0, \mathrm{tr}(\rho) = 1, \rho^{\dagger} = \rho\}$ 为量子态约束集,$I_C(\hat{\rho}) = \begin{cases} 0, & \text{若 } \hat{\rho} \geqslant 0, \mathrm{tr}(\hat{\rho}) = 1 \\ \infty, & \text{其他} \end{cases}$.

注意,因为量子密度矩阵满足约束 $\mathrm{tr}(\hat{\rho}) = 1$,使得 $\parallel \hat{\rho} \parallel_* = 1$,所以可以在目标中先不考虑此项,式(10.40)可以写为 $\min_{\hat{\rho}} I_C(\hat{\rho}) + \dfrac{1}{2\gamma} \parallel A_k \mathrm{vec}(\hat{\rho}) - b(k) \parallel_2^2$,其中,$\gamma > 0$ 为一个调节参数.

通过引入一个辅助变量 $e = A_k \text{vec}(\hat{\rho}) - b(k)$，式(10.40)可以重写为

$$\min_{\hat{\rho} \in C, \hat{e}} 0 + \frac{1}{2\gamma} \parallel \hat{e} \parallel_2^2$$

$$\text{s.t. } A_k \text{vec}(\hat{\rho}) + \hat{e} = b(k)$$

(10.41)

由此可得 OPG-ADMM 在线量子态估计问题为

$$
\begin{cases}
\hat{\rho}_k = \arg\min_{\hat{\rho}} \left\{ \frac{\alpha}{2} \parallel A_k \text{vec}(\hat{\rho}) + \hat{e}_k - b_k - \lambda_{k-1}/\alpha \parallel_2^2 \right. \\
\qquad \left. + \frac{1}{2\eta_k} \parallel \text{vec}(\hat{\rho} - \hat{\rho}_{k-1}) \parallel_{P_k}^2 \right\} \\
\hat{e}_k = \arg\min_{\hat{e}} \left\{ \frac{1}{2\gamma} \parallel \hat{e} \parallel_2^2 + \frac{\alpha}{2} \parallel A_k \text{vec}(\hat{\rho}) + \hat{e}_{k-1} \right. \\
\qquad \left. - b_k - \lambda_{k-1}/\alpha \parallel_2^2 \right\} \\
\lambda_k = \lambda_{k-1} - \alpha(A_k \text{vec}(\hat{\rho}) + \hat{e}_k - b_k)
\end{cases}
$$

(10.42a)

(10.42b)

(10.42c)

其中，$\eta_k > 0$ 是步长参数，$P_k > 0$ 是临近参数.

下面我们将求解式(10.42)中量子状态密度矩阵子问题的最优解.

1. 子问题 $\hat{\rho}$ 的求解

在求解子问题 $\hat{\rho}$ 中，我们固定 $\hat{e} \equiv \hat{e}_{k-1}, \lambda = \lambda_{k-1}$. 该子问题由三部分组成：$\hat{\rho}$ 的约束集、增广拉格朗日的二次惩罚项和临近项. 二次惩罚项中的测量矩阵 A_k 使 $\hat{\rho}_k$ 的解析解变得繁琐. 为了解决这个问题，我们选择了一个合适的参数作为临近项：$P_k = \tau I - \alpha \eta_k A_k^{\dagger} A_k$，其中，$\tau > 0$ 为一个常数，η_k 为梯度步长. 通过在式(10.42a)中加上和减去一个 $A_k \hat{\rho}_{k-1}$，可以将 $(\alpha/2) \parallel \text{vec}(\hat{\rho} - \hat{\rho}_{k-1}) \parallel_{A_k^{\dagger} A_k}$ 项消除. 为了保证 P_k 为正定矩阵，我们选择梯度步长 η_k 为

$$\eta_k = \tau / (\alpha \lambda_{\max} + c)$$

(10.43)

其中，$\lambda_{\max}$ 为 $A_k^{\dagger} A_k$ 的最大特征值，$c > 0$ 为一个很小的常数，实验中我们取 $c = 0.1$.

根据采样矩阵计算公式(10.12)可知

$$
A_k =
\begin{cases}
(\text{vec}(M_k), \cdots, \text{vec}(M_2), \text{vec}(M_1))^{\dagger}, & k < l \\
(\text{vec}(M_l), \cdots, \text{vec}(M_2), \text{vec}(M_1))^{\dagger}, & k \geqslant l
\end{cases}
$$

当采样次数 k 不小于滑动窗口长度 l 时，采样矩阵 A_k 维持不变，因此 $\lambda_{\max}$ 仅需要计算

l 次.

消掉了临近项后,子问题 $\hat{\rho}$ 中仅剩下 $(1/(2\eta_k))\|\operatorname{vec}(\hat{\rho}-\hat{\rho}_{k-1})\|^2$,此项对状态的跟踪能力相当重要,因为需要做比上一次的估计更加接近真值的一个估计,也就是增加一个自适应的滤波器.此时,密度矩阵子问题(10.18a)等价为

$$\arg\min_{\hat{\rho}}\Big\{\langle\operatorname{vec}(\hat{\rho}-\hat{\rho}_{k-1}),\alpha A_k^{\dagger}(A_k\operatorname{vec}(\hat{\rho}_{k-1})$$
$$+\hat{e}_{k-1}-b_k-\lambda_{k-1}/\alpha)\rangle+\frac{\tau}{2\eta_k}\|\operatorname{vec}(\hat{\rho}-\hat{\rho}_{k-1})\|^2\Big\} \tag{10.44}$$

为了得到一个更加简洁紧凑的密度矩阵子问题,我们令

$$\operatorname{vec}(\tilde{\rho}_k)=\operatorname{vec}(\hat{\rho}_{k-1})-\frac{\alpha\eta_k}{\tau}A_k^{\dagger}(A_k\operatorname{vec}(\hat{\rho}_{k-1})+\hat{e}_{k-1}-b_k-\lambda_{k-1}/\alpha) \tag{10.45}$$

将式(10.44)中关于 $\operatorname{vec}(\hat{\rho}-\hat{\rho}_{k-1})$ 的一次项和二次项进行合并,可以将式(10.44)重写为

$$\hat{\rho}_k=\arg\min_{\hat{\rho}\in C}\|\hat{\rho}-\tilde{\rho}_k\|_{\mathrm{F}}^2 \tag{10.46}$$

其中,$\|\cdot\|_{\mathrm{F}}$ 为 Frobenius 范数,定义为 $X\in\mathbf{C}^{m\times n}=x_{ij}$,$\|X\|_{\mathrm{F}}=\sqrt{\sum_{i=1}^{m}\sum_{j=1}^{n}(x_{ij})^2}$.

式(10.46)中关于量子状态密度矩阵的计算对象为矩阵元素值,为了保证密度矩阵的厄米矩阵特性,可以将式(10.46)中的 $\tilde{\rho}_k$,采用具有厄米矩阵特性的 $(\tilde{\rho}_k+\tilde{\rho}_k^{\dagger})/2$ 表示,式(10.46)可以等价为量子状态约束下的密度矩阵投影问题:

$$\hat{\rho}_k=\arg\min\|\hat{\rho}-(\tilde{\rho}_k+\tilde{\rho}_k^{\dagger})/2\|_{\mathrm{F}}^2$$
$$\mathrm{s.\,t.}\,\hat{\rho}\geq0,\operatorname{tr}(\hat{\rho})=1 \tag{10.47}$$

本质上式(10.47)为一个非线性半定规划问题,通常可以通过内点法求解.这里,我们采用谱分解设计一种直接求解方法.利用 $(\tilde{\rho}_k+\tilde{\rho}_k^{\dagger})/2$ 为厄米矩阵的特性,因此我们一定可以对估计出的 $(\tilde{\rho}_k+\tilde{\rho}_k^{\dagger})/2$ 进行特征值分解: $U\tilde{\Lambda}U^{\dagger}$,其中,$U\in\mathbf{C}^{d\times d}$ 为酉矩阵,$\tilde{\Lambda}=\operatorname{diag}\{a_1,\cdots,a_d\}$ 为对角矩阵,并且特征值按非增顺序排列.此时,式(10.47)的最优解可以写为 $\hat{\rho}_k=U\hat{\Lambda}U^{\dagger}$,其中,$\hat{\Lambda}=\operatorname{diag}\{x_1,\cdots,x_d\}$,$\{x_i\}_{i=1}^{d}$ 为满足量子态约束条件下的密度矩阵特征值,$\hat{\Lambda}$ 可以由概率单纯型(Wang,Carreira-Perpinán,2013)方法求解:

$$\hat{\Lambda}=\arg\min_{\Lambda}\|\Lambda-\tilde{\Lambda}\|_{\mathrm{F}}^2$$
$$\mathrm{s.\,t.}\operatorname{tr}(\Lambda)=1,\Lambda\geq0 \tag{10.48}$$

由于最优解是对角的，子问题 $\hat{\rho}$ 归结为概率单纯形上的投影，它可以在有限个步骤（最多 d 步）内有效地计算.

2. 子问题 $\hat{e}_k$ 的求解

式(10.42b)是关于辅助变量 $\hat{e}_k$ 的无约束二次规划问题，存在解析解. 我们可以通过一阶微分求零点得到子问题的最优解为

$$\hat{e}_k = (\gamma\alpha/(1 + \gamma\alpha))(\lambda_{k-1}/\alpha - A_k \text{vec}(\hat{\rho}_k) + b_k) \tag{10.49}$$

本节所提的在线量子态估计的改进优化算法 OPG-ADMM 如表 10.3 所示.

表 10.3　改进 OPG-ADMM 算法运行步骤

初始化：变量 $\hat{\rho}_0, \hat{e}_0 = 0, \lambda_0 = 0$；选取参数 $\alpha, \tau, \gamma > 0$；滑动窗口长度 $l \in \mathbf{Z}^+$	
1	for $k = 1, 2, \cdots, $ do
2	获取测量输出 b_k
3	if $k \leqslant l$ then
4	根据式(10.43)计算梯度步长 η_k；$\eta_k = \tau/(\alpha\lambda_{\max} + c)$
5	else
6	$A_k = A_{k-1}, \eta_k = \eta_{k-1}$
7	end if
8	根据式(10.47)计算 $\tilde{\rho}_k$，并对 $(\tilde{\rho}_k + \tilde{\rho}_k^\dagger)/2$ 进行特征值分解得到 $U\tilde{\Lambda}U^\dagger$，$\tilde{\Lambda} = \text{diag}\{a_1, \cdots, a_d\}$
9	计算 $\hat{\Lambda} = \text{diag}\{x_1, \cdots, x_d\}$
10	更新 $\hat{\rho}_k = U\hat{\Lambda}U^\dagger$
11	根据式(10.49)更新 $\hat{e}_k$
12	根据式(10.42c)更新 λ_k
13	end for

本节所提出的算法 OPG-ADMM 的关键在对于密度矩阵子问题中 $\frac{1}{2\eta_k} \| \text{vec}(\hat{\rho} - \hat{\rho}_{k-1}) \|_{P_k}^2$ 项的处理上，体现出对状态的在线跟踪和加速融合，另外在固定窗口长度的计算复杂度上，所提算法 OPG-ADMM 的计算复杂度为 $O(d^6)$ 的量子态子问题，OPG-ADMM 避免了 LS 解的伪逆运算. ML 的计算复杂度为 $O(d^3 + ld^2)$，其中 $O(d^3)$ 为更新密度矩阵的迭代过程中，奇异值分解所需要的计算复杂度，$O(ld^2)$ 是矩阵向量乘法 $A_k \text{vec}(\hat{\rho}_k)$ 所需要的计算复杂度.

10.2.2 数值仿真实验及其结果分析

本小节对随机开放量子系统状态在线估计进行数值仿真实验.考虑一个二能级量子系统随时间进行自由演化,我们将采用所提出的 OPG-ADMM 算法,对系统状态进行所对应的在线估计的实验.数值仿真实验中,选择处于 z 方向恒定外加磁场 B_z 与 x 方向控制磁场 $B_x = A\cos\phi$ 中的 1/2 自旋粒子系统 S 的状态作为被估计对象,系统初始状态为 $\rho(0)$,随时间演化的状态为 $\rho(k)$.对系统 S 施加连续的弱测量,且外加恒定控制,初始观测算符为 $\sigma_z = [1,0;0,-1]$,系统相互作用强度 $\xi_0 = 0.25$,以及 L 算符 $L_z = \xi\sigma_z$,控制场初始相位 $\phi = 0$,测量效率选取 $\eta = 0.5$,连续弱测量时间间隔取 $\Delta t = 0.4 \times \frac{\hbar}{2}\omega_0 = 1 \times 10^{-18}$ s ≈ 4 a.u..实验中连续弱测量的总次数 $N = 100$,系统随机噪声 $dW = \delta \cdot \mathrm{randn}(2,2)$,$\delta$ 为随机噪声幅值,取值为 0.02.仿真实验运行环境为 Matlab 2016a,2.2 GHz Inter Core i7-8750H CPU,内存 16 GB.

估计出的密度矩阵 $\hat{\rho}(k)$ 的性能通过与真实密度矩阵 $\rho(k)$ 之间的保真度 $fidelity(k)$ 衡量:

$$fidelity(k) = \mathrm{tr}\left(\sqrt{\sqrt{\hat{\rho}(k)}\rho(k)\sqrt{\hat{\rho}(k)}}\right) \tag{10.50}$$

10.2.2.1 系统参数对算法性能的影响

在这个实验中,我们测试了所提出的算法在不同系统参数下的估计性能.我们关注 1 量子位系统的演化轨迹可以画在 Bloch 球体上.对于单量子比特密度矩阵 $\rho_k = [a_{11}, a_{12}; a_{21}, a_{22}]$,其三维坐标变换公式为 $x_k = 2 \times \mathrm{real}(a_{21})$,$y_k = 2 \times \mathrm{imag}(a_{21})$,$z_k = \mathrm{real}(2 \times a_{11} - 1)$,其中 $\mathrm{real}(\cdot)$ 和 $\mathrm{imag}(\cdot)$ 表示实部和虚数.对于在线估计,自由进化的轮数为 $N = 100$,测量噪声信噪比为 60 dB.参数设置为 $\alpha = 2$,$\gamma = 0.1$,$\tau = 10$,$c = 0.1$.选择滑动窗口的大小,当 $l = 13$ 时,这被证明足以重建单量子位系统的密度矩阵.

开放量子系统的参数包括:

(1) 算符 L;

(2) 系统相互作用强度 ξ 值;

(3) 外部控制输入 u_x.

图 10.9 为不同参数下轨迹进化的量子态与估计状态的实验结果.我们的研究分为

三种情况：

（1）当 $L=0,\xi=0,u_x=0$ 时：实验结果如图 10.9（a）所示．S 是一个没有能量耗散的理想封闭量子系统．在这种情况下，系统 S 的轨迹演化为 Bloch 球体表面的一个圆，表示量子态始终保持纯净，所改进的 OPG-ADMM 算法只需 3 步就能达到 95% 以上的估计精度．

（2）当 $L\neq0$ 时，此时量子态的自由演化逐渐消散到最大混合态，也称为 Bloch 球中心（密度矩阵 = $[0.5,0;0,0.5]$）．

（3）当 $\xi=0.5$ 和 $L=\xi_{\sigma_z}$ 时，在有或没有外部控制强度时，状态演化和在线估计结果分别如图 10.9（b）、图 10.9（c）和图 10.9（d）所示．和我们所预料的一样，当 $u_x=0$ 时，如图 10.9（d）所示，即使 $L\neq0$，但由于 $L=\xi_{\sigma_z}$ 与自由哈密顿平行，所以从图中可以看出，无法实现在线估算．当 $u_x\neq0$ 时，不论 L 有还是无，我们都能够在线估计出量子状态．

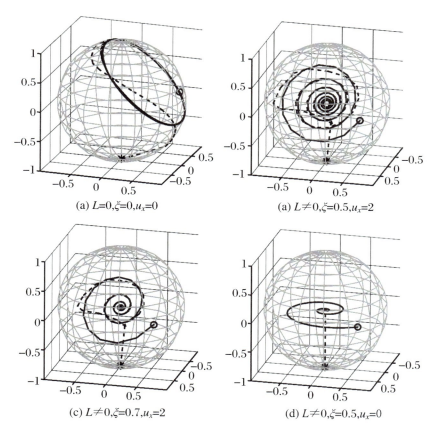

(a) $L=0,\xi=0,u_x=0$

(a) $L\neq0,\xi=0.5,u_x=2$

(c) $L\neq0,\xi=0.7,u_x=2$

(d) $L\neq0,\xi=0.5,u_x=0$

图 10.9　不同系统参数下的实验结果

10.2.2.2　多量子位演化系统中的在线状态估计

在实验中,我们通过在线估计量子态的精度和速度来验证 OPG-ADMM 算法的性能.我们将提出的算法与 Yang 等人 2018 年提出的采用 CVX-OQSE 得到一个优化问题 (10.41)的估计性能进行比较,分别应用于 1,2,3 和 4 量子位系统.系统参数设置为 $\xi = 0.7, u_x = 1, N = 500, SNR = 30 \text{ dB}$. OSEQ 的参数选择为 $\gamma = 0.1, \tau = 10, c = 0.1$. $n = 1,2,3,4$,我们分别选择 $\alpha = 2, 10, 12, 15$,并设置滑动窗口的大小是 $l = 13, 16, 30$ 和 100.

图 10.10 显示了 OPG-ADMM 算法和 CVX-OQSE 算法在不同量子位系统中保真度的演化,注意,CVX-OQSE 无法估计测量噪声下的 4 量子位系统的密度矩阵,因此在图 10.10(b)中没有 CVX-OQSE 保真度曲线.

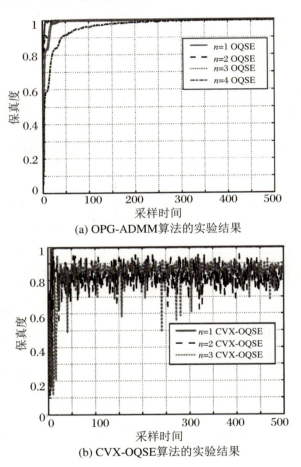

(a) OPG-ADMM算法的实验结果

(b) CVX-OQSE算法的实验结果

图 10.10　两种不同算法下不同量子位估计的实验结果

表 10.4 给出 OPG-ADMM 算法和 CVX-OQSE 算法所需的精度和时间,其中精度指的是最终保真值.

表 10.4　两种算法下的估计精度与时间

		量子位			
		1	2	3	4
OPG-ADMM	精度(%)	100	100	99.99	99.84
	时间(s)	0.145	0.191	0.473	1.841
CVX-OQSE	精度(%)	100	60.95	50.95	无解
	时间(s)	142.4	169.5	213.3	无解

由图 10.10 和表 10.4 可知,OPG-ADMM 算法可以在线有效地鲁棒估计量子态.在 1,2,3 和 4 量子位系统中,OPG-ADMM 的估计精度逐渐提高并趋于稳定,稳定的估计精度分别为 100%,100%,99.99% 和 99.84%.CVX-OQSE 仅在 1 量子位系统中实现稳定的估计精度,不过是以三个数量级的运行时间成本为代价的.我们所提出的算法在每个采样时间只应用一次变量更新,而 CVX-OQSE 通过需要大量迭代的内点法寻求解决优化问题(10.41).所以 OPG-ADMM 是一种很有前途的实时量子态估计方法.

表 10.5 分别记录了在 1,2,3 和 4 量子位系统的在线估计过程中,OPG-ADMM 要达到 95% 以上的估计精度所需要的采样次数和运行时间.从表 10.5 中可以明显看出,随着量子位数的增加,达到 95% 以上的估计精度所需的采样次数也增加了.这是意料之中的,因为要估计的变量的数量以 4^n 的指数增长,因此需要更多的信息来准确估计密度矩阵.

表 10.5　OPG-ADMM 达到 95% 以上准确度所需的样本数量和估计时间

	量子位			
	1	2	3	4
采样次数	5	16	17	80
时间(s)	0.0425	0.0510	0.0605	0.5913

最后,我们绘制了由 OPG-ADMM 得到的 3 和 4 量子位系统的密度矩阵的在线重建图,分别如图 10.11 和图 10.12 所示.

我们设计了一种新的在线估计量子态的方法,该方法由与量子态演化相一致的带噪声线性测量结果进行在线估计.为了获得准确跟踪的自适应滤波器的状态演化:① 采用了滑动窗口重叠的方法来处理数据流的方式;② 将状态估计转为半定规划问题;③ 设计了一个有效的迭代解决方案基于 OPG-ADMM 可调跟踪能力.实验证明了该方法作为多量子位量子系统状态估计的实时解的潜在优点.

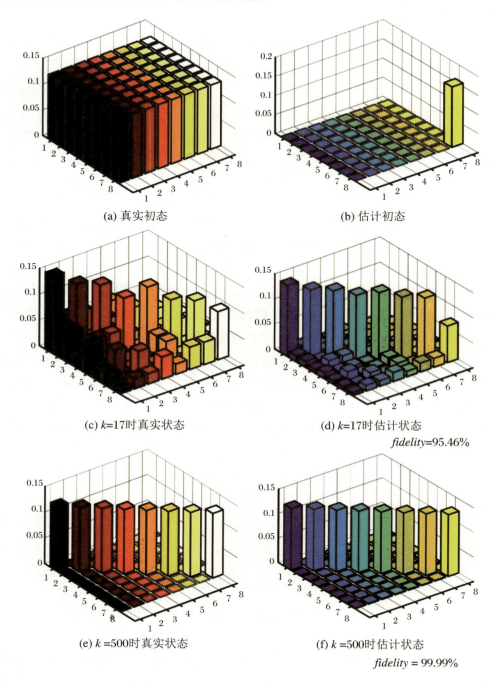

(a) 真实初态

(b) 估计初态

(c) $k=17$时真实状态

(d) $k=17$时估计状态
fidelity=95.46%

(e) $k=500$时真实状态

(f) $k=500$时估计状态
fidelity = 99.99%

图 10.11　3量子位密度矩阵的在线重建图

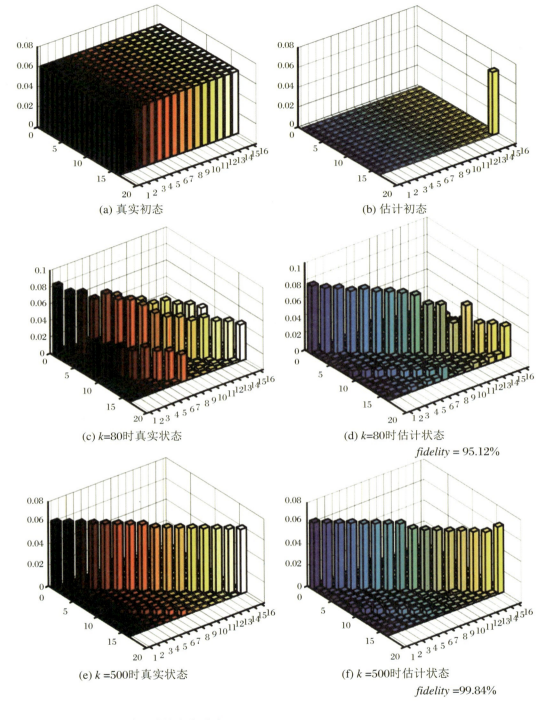

(a) 真实初态

(b) 估计初态

(c) $k=80$时真实状态

(d) $k=80$时估计状态
fidelity = 95.12%

(e) $k=500$时真实状态

(f) $k=500$时估计状态
fidelity =99.84%

图 10.12　4量子位密度矩阵的在线重建图

10.3　时变量子态的测量噪声在线估计算法

受在线交替方向乘子法(OADM)的启发,本节我们提出一种恢复时变量子态在线量子态估计(QSE)算法 QSE-OADM.具体而言,在 QSE-OADM 中,密度矩阵恢复子问题和测量噪声最小化子问题是分开求解的,无需迭代运行算法,这使得所提出的方法比以往的工作效率更高.本节中所叙述的研究成果,于 2021 年以题目为 *An efficient online estimation algorithm with measurement noise for time-varying quantum states* 发表在 *Signal Processing* 上.

我们首先定义一个二次型虚范数 $\| x \|_P^2 = x^\dagger P x$,其中,$x \in \mathbf{C}^{m \times 1}$ 是一个向量;$P \in \mathbf{C}^{m \times m}$ 为一个对称正定权值矩阵,所以,在采样时刻 k,在线 QSE 算法可以被写成一个带有约束的凸优化问题:

$$\min_{\hat{\rho}, \hat{e}} \| \mathrm{vec}(\hat{\rho} - \hat{\rho}_{k-1}) \|_{\omega I_1}^2 + I_C(\hat{\rho}) + \| \hat{e} \|_{\gamma I_2}^2$$

$$\mathrm{s.t.}\ A_k(\hat{\rho}) + \hat{e} = b_k \tag{10.51}$$

其中,$\hat{\rho}$ 为待估计的量子态密度矩阵;$\hat{e}$ 为测量噪声;$\| \mathrm{vec}(\hat{\rho} - \hat{\rho}_{k-1}) \|_{\omega I_1}^2$ 代表在采样时刻 k,被估计状态 $\hat{\rho}$ 与上一时刻估计值 $\hat{\rho}_{k-1}$ 之间的距离.$\| \hat{e} \|_{\gamma I_2}^2$ 意味着减小当前估计状态的测量误差,也是常用的去噪方法;二次伪范数的权矩阵分别取为 ωI_1 和 γI_2,其中,$\omega > 0, \gamma > 0$,分别为权重参数.I_1 和 I_2 的维数分别为 d^2 和 $\min(k, I)$;凸集 $C := \{\rho \geq 0, \mathrm{tr}(\rho) = 1, \rho^\dagger = \rho\}$ 代表量子态约束,当量子态满足 C 时,示性函数 $I_C(\hat{\rho}) = 0$,否则,示性函数 $I_C(\hat{\rho})$ 为无穷大.

10.3.1　带测量噪声的在线 QSE 算法推导

我们引入在线交替方向乘子法来开发在线 QSE 算法.对于具有可分离双目标变量 $\hat{\rho}$ 和 $\hat{e}$ 的约束在线凸优化问题(10.51),OADM 的基本思想是将其分解为两个子问题并交替求解.OADM 的框架是依次最小化两个原变量对应的增广拉格朗日函数,最后通过双梯度上升更新拉格朗日乘子.因此,在每个采样时间 k 之后,只需要一次更新就可以计算原始变量和拉格朗日乘数 k.

式(10.51)的拉格朗日函数为

$$L_k(\hat{\rho}, \hat{e}, \lambda) = I_C(\hat{\rho}) + \|\mathrm{vec}(\hat{\rho} - \hat{\rho}_{k-1})\|_{\omega I_1}^2 + \|\hat{e}\|_{\gamma I_2}^2 - \langle \lambda, A_k \mathrm{vec}(\hat{\rho}) + \hat{e} - b_k \rangle$$

$$+ (\alpha/2)\|A_k(\hat{\rho}) + \hat{e} - b_k\|_2^2 \tag{10.52}$$

其中,λ 是拉格朗日乘子,$\alpha > 0$ 为惩罚参数.

当采样时间为 k 时,基于 OADM 的在线 QSE 算法中,估计的密度矩阵 $\hat{\rho}_k$、高斯噪声 $\hat{e}_k$ 和拉格朗日乘数 λ_k 分别为

$$
\begin{cases}
\hat{\rho}_k = \arg\min\limits_{\hat{\rho}}\left\{\dfrac{\alpha}{2}\|A_k \mathrm{vec}(\hat{\rho}) + \hat{e}_k - b_k - \lambda_{k-1}/\alpha\|_2^2 + I_C(\hat{\rho})\right. \\
\qquad\qquad \left. + \|\mathrm{vec}(\hat{\rho} - \hat{\rho}_{k-1})\|_{WI_1}^2\right\} \tag{10.53a} \\[2mm]
\hat{e}_k = \arg\min\limits_{\hat{e}}\left\{\|e\|_{\gamma I_2}^2 + \dfrac{\alpha}{2}\|A_k \mathrm{vec}(\hat{\rho}) + \hat{e}_{k-1} - b_k - \lambda_{k-1}/\alpha\|_2^2\right\} \tag{10.53b} \\[2mm]
\lambda_k = \lambda_{k-1} - \alpha(A_k \mathrm{vec}(\hat{\rho}) + \hat{e}_k - b_k) \tag{10.53c}
\end{cases}
$$

注意,k 表示采样时间,在其中我们应用连续测量和估计修正,只对式(10.53)执行一次迭代,以便设计一种适用于实时实现的计算的方法.我们将显式地提出一种求解式(10.53)中的两个最优问题的有效方法,通过在式(10.53a)、式(10.53b)中更新原始变量 $\hat{\rho}, \hat{e}$ 来求解这两个优化问题.拉格朗日乘子 λ 可以直接通过式(10.53c)获得.

更新 $\hat{\rho}_k$:对于量子态密度矩阵的子问题,它包含一个关于量子态密度和两个二次项的不可微示性函数,其中包括最小二乘惩罚项和二次伪范数项.

既然示性函数可以通过投影来求解,因此,$\hat{\rho}$ 的求解过程可以分为两个步骤:我们首先解决一个在不考虑指标函数的情况下,相对简单的无约束问题,得到满足约束条件的估计状态 $\hat{\rho}_k$,然后再通过求解投影问题来得到满足量子态的约束条件的估计状态 $\hat{\rho}$.

步骤 1:忽略示性函数 $I_C(\hat{\rho})$,并令 u 表示常数 $u = b_k + \lambda_{k-1}/\alpha - \hat{e}_{k-1}$,子问题(10.53a)可以写成无约束凸问题:

$$\tilde{\rho}_k = \arg\min\limits_{\tilde{\rho}}\left\{\dfrac{\alpha}{2}\|A_k \mathrm{vec}(\hat{\rho}) + u\|_2^2 + \|\mathrm{vec}(\hat{\rho} - \hat{\rho}_{k-1})\|_{WI_1}^2\right\} \tag{10.54}$$

其中,$\tilde{\rho}_k$ 为不考虑量子约束的估计状态.

因为式(10.54)中的所有项都是可微的,所以最优解 $\hat{\rho}_k$ 可直接用一阶最优性条件 $\alpha A_k^\dagger(A_k \mathrm{vec}(\tilde{\rho}) - u) + 2W \mathrm{vec}(\tilde{\rho} - \hat{\rho}_{k-1}) = 0$ 来求解,得到最优解为

$$\mathrm{vec}(\tilde{\rho}_k) = (W^{-1} + A_k^* V^{-1} A_k)^{-1}(W^{-1} + \mathrm{vec}(\hat{\rho}_{k-1}) + A_k^* V^{-1} u) \quad (10.55)$$

其中,$W^{-1} + A_k^* V^{-1} A_k$ 是一个非奇异矩阵,$A_k^* = A_k^\dagger$;$W = \dfrac{1}{2W} I_1 > 0$,$V = \dfrac{1}{\alpha} I_3 > 0$,$A_k^\dagger A_k$ 是半正定矩阵,I_3 为具有动态维数 $\min(k, I)$ 的单位矩阵.

根据矩阵逆定理,可得

$$\begin{cases} (W^{-1} + V^{-1} A_k)^{-1} = W - WA_k^*(V + A_k W)^{-1} A_k W \\ (W^{-1} + V^{-1} A_k)^{-1} = WA_k^*(V + A_k W)^{-1} \end{cases} \quad (10.56)$$

式(10.55)的最优解为

$$\mathrm{vec}(\tilde{\rho}_k) = \mathrm{vec}(\hat{\rho}_{k-1}) + A_k^\dagger \left\{ \left(\frac{2W}{\alpha} I_3 + A_k A_k^\dagger \right)^{-1} [u - A_k \mathrm{vec}(\hat{\rho}_{k-1})] \right\} \quad (10.57)$$

步骤2:考虑示性函数 $I_C(\hat{\rho})$ 的影响,求解同时满足量子态约束的 $\hat{\rho}_k$,可以通过求解以下凸优化问题:

$$\hat{\rho}_k = \arg\min_{\hat{\rho}} \{ \| \mathrm{vec}(\hat{\rho} - \tilde{\rho}_k) \|_{I_1}^2 \}$$
$$\mathrm{s.t.}\, \rho \geq 0, \mathrm{tr}(\rho) = 1, \rho^\dagger = \rho \quad (10.58)$$

也可以利用 $(\tilde{\rho}_k + \tilde{\rho}_k^\dagger)/2$ 厄米的特性,采用 $(\tilde{\rho}_k + \tilde{\rho}_k^\dagger)/2$ 代替式(10.58)中的 $\tilde{\rho}_k$ 来确保被估计出的状态满足厄米矩阵的约束条件:$\hat{\rho}^\dagger = \hat{\rho}$.既然需要计算出密度矩阵的元素,将式(10.58)简化为密度矩阵的投影问题:

$$\hat{\rho}_k = \arg\min_{\hat{\rho}} \| \hat{\rho} - (\tilde{\rho}_k + \tilde{\rho}_k^\dagger)/2 \|_F^2$$
$$\mathrm{s.t.}\, \hat{\rho} \geq 0, \mathrm{tr}(\hat{\rho}) = 1 \quad (10.59)$$

其中,$\| \cdot \|_F$ 为 Frobenius 范数.

本质上式(10.59)是一个半定规划问题,可以通过内点法来求解.我们在此通过采用奇异值分解,设计一种直接求解方法,利用 $(\tilde{\rho}_k + \tilde{\rho}_k^\dagger)/2$ 的幺正相似性,对 $(\tilde{\rho}_k + \tilde{\rho}_k^\dagger)/2$ 进行特征值分解 $U\mathrm{diag}\{a_i\} U^\dagger$,其中,$\mathrm{diag}\{a_1, \cdots, a_d\}$ 为对角矩阵,其特征值按非增顺序

排列;$U \in \mathbf{C}^{d \times d}$ 为酉矩阵. 此时,式(10.59)的最优解可以写为

$$\hat{\rho}_k = U \mathrm{diag}\{\sigma_i\} U^{\dagger} \tag{10.60}$$

其中,$\mathrm{diag}\{\sigma_1, \cdots, \sigma_d\}$ 为满足量子约束条件下的密度矩阵 $\hat{\rho}_k$ 的奇异值,$\{\sigma_i\}_{i=1}^{d}$ 可以通过优化问题求解出:

$$\min_{\{\sigma_i\}} \frac{1}{2} \sum_{i=1}^{d} (\sigma_i - a_i)^2$$
$$\mathrm{s.t.} \sum_{i=1}^{d} \sigma_i = 1, \sigma_i \geqslant 0 \tag{10.61}$$

式(10.61)的拉格朗日函数为

$$L\{\sigma_i, \kappa_i, \beta\} = \frac{1}{2} \sum_{i=1}^{d} (\sigma_i - a_i)^2 - \kappa_i \sigma_i + \beta \Big(\sum_{i=1}^{d} \sigma_i - 1 \Big) \tag{10.62}$$

其中,$\{\kappa_i\}_{i=1}^{d}$ 和 β 为拉格朗日乘子.

对于凸优化问题(10.61),我们可以满足 KKT 条件找到最优值 σ_i^*, κ_i^* 和 β_i^* 为:$\sigma_i^* \geqslant 0, \sum_{i=1}^{d} \sigma_i^* = 1, \kappa_i^* \geqslant 0, \kappa_i^* \sigma_i^* = 0$,以及 $\sigma_i^* - a_i - \kappa_i^* + \beta^* = 0 (i = 1, \cdots, d)$,通过化简抵消 κ_i^*,我们可以获得方程组

$$\begin{cases} \sigma_i^* \geqslant 0 & (10.63\mathrm{a}) \\ \sigma_i^* \geqslant a_i - \beta^* & (10.63\mathrm{b}) \\ \sigma_i^* (\sigma_i^* - (a_i - \beta^*)) = 0 & (10.63\mathrm{c}) \\ \sum_{i=1}^{d} \sigma_i^* = 1 & (10.63\mathrm{d}) \end{cases}$$

根据式(10.63b),最优解的求解可以分为两种情况:① 当 $\sigma_i^* > a_i - \beta^*$ 时,根据式(10.63c),可知此时 $\sigma_i^* = 0$,并同时存在 $a_i < \beta^*$;② 当 $\sigma_i^* = a_i - \beta^*$ 时,有 $\sigma_i^* = a_i - \beta^*$,此时结合式(10.63a),可知有 $a_i \geqslant \beta^*$ 成立. 因此,我们可以获得

$$\sigma_i^* = \max(a_i - \beta^*, 0) \tag{10.64}$$

其中,最优拉格朗日乘子 β^* 可以利用(10.63d)的条件 $\sum_{i=1}^{d} \max\{a_i - \beta^*, 0\} = 1$ 求出.

具体地,我们通过令 $\beta^* = a_i$ 来判断最优乘子 β^* 的所属区间,假设在区间 $[a_q, a_{q+1}]$ 内有 $a_q - \beta^* \geqslant 0$ 和 $a_{q+1} - \beta^* < 0$ 成立,因此最优的 β^* 可以根据 $\sum_{i=1}^{q} (a_i - \beta^*) = 1$ 计

算为

$$\beta^* = \Big(\sum_{i=1}^{q} a_i - 1\Big)/q \tag{10.65}$$

更新 $\hat{e}_k$：式(10.53b)是一个无约束二次规划，我们可以直接根据一阶最优条件，得到一个解析解. 因此，$\hat{e}_k$ 的更新公式为

$$\hat{e}_k = (\alpha/(2\gamma + \alpha))(b_k + \lambda_{k-1}/\alpha - A_k \text{vec}(\hat{\rho}_k))$$

本节提出的在线 QSE 算法(QSE-OADM)的总结见表 10.6.

表 10.6　QSE-OADM 算法运行步骤

初始化：$\hat{\rho}_0, e_0 = 0, \lambda_0 = 0$；取 $W, \gamma, \alpha > 0$；滑动窗口长度 $l \in \mathbf{Z}^+$	
1	for $k = 1, 2, \cdots$, do
2	获取测量输出 b_k
3	根据式(10.57)计算状态 $\widetilde{\rho}_k$
4	通过对 $(\widetilde{\rho}_k + \widetilde{\rho}_k^\dagger)/2$ 进行奇异值分解得到 $U\text{diag}\{a_i\}U^\dagger$
5	根据式(10.65)求出 β^*
6	根据式(10.64)计算 $\sigma_i^* = \max(a_i - \beta^*, 0)$
7	根据式(10.60)获得 $\hat{\rho}_k = U\text{diag}\{\sigma_i\}U^\dagger$
8	求出 $\hat{e}_k = (\alpha/(2\gamma + \alpha))(b_k + \lambda_{k-1}/\alpha - A_k \text{vec}(\hat{\rho}_k))$
9	根据式(10.53c)求出 λ_k
10	end

与离线 QSE 算法的估计目标态为固定状态相比，基于 CWM 的在线 QSE 算法的估计目标 ρ_k 随时间变化，是一个动态目标估计问题. 此外，在一些离线算法中，假设估计的状态是稀疏的、低秩的，而在线估计的量子态是一种更一般的态. 此外，在线算法仅得到估计状态 $\hat{\rho}_k$ 一个迭代. 离线算法对同一组数据通过多次迭代，最终得到状态估计.

本节提出的 QSE-OADM 算法与基于 CVX 的优化算法以及 10.2 节中提出的 OPG-ADMM(Zhang, Cong, Ling et al., 2020)、MEG(Youssry et al., 2019)算法比较，主要区别在于求解密度矩阵子问题的方法. 基于 CVX 的优化算法实际上是采用 LS 算法，不考虑测量噪声，采用离线 Matlab 环境下的凸优化工具箱作为求解器，这是不实际的在线处理. OPG-ADMM 和 MEG 分别利用在线近梯度下降法和矩阵指数梯度法并利用一阶信息近似求解密度矩阵的子问题. 与基于梯度的近似方法不同，本节提出的 QSE-OADM 算法对求解步骤进行了分解，并在每次估计中精确求解了时变量子态的估

计密度矩阵,使得所提出的方法更加高效.

三种算法计算复杂度分析:

(1) 本节所提出的 QSE-OADM 算法,密度矩阵更新规则为式(10.57),其中 $\frac{2W}{\alpha}I_3 + A_kA_k^\dagger$ 计算复杂度为 $O(l^2d^2)$,它的求逆的计算复杂度为 $O(d^3)$,小于 $O(l^2d^2)$.此外,由式(10.12)定义的采样矩阵 A_k 当采样次数 $k \geqslant l$ 后保持不变,所以 $\frac{2W}{\alpha}I_3 + A_kA_k^\dagger$ 只需要计算 l 次.因此,总计算复杂度是 $l \times O(l^2d^2)$.式(10.60)中密度矩阵奇异值分解的复杂性是 $O(d^3)$.由于每种估计都有严格的量子态约束,因此总计算复杂度为 $N \times O(d^3)$.所以,QSE-OADM 算法的总的计算复杂度是 $l \times O(l^2d^2) + N \times O(d^3)$.

(2) OPG-ADMM 的整体计算复杂度是 $l \times O(l^6) + N \times O(d^3)$,其中 $l \times O(l^6)$ 是 $A_k^\dagger A_k$ 奇异值分解的计算复杂度,$N \times O(d^3)$ 是求解带有状态限制半定规划问题的复杂度.

(3) MEG 的总计算复杂度是 $2N \times O(d^3)$,这是在进行奇异值分解时,密度矩阵的对数运算和指数运算复杂度.

所以,当固定滑动窗相比尺寸 l 时,在实际在线估计中,N 可以无限增加,也就是 $l \leqslant N$,所以,$l \times O(l^2d^2) < l \times O(l^6) < N \times O(d^3)$.因此,QSE-OADM 算法的总体计算复杂度小于 OPG-ADMM 和 MEG 算法.

10.3.2　数值对比实验及其结果分析

本小节进行数值实验,以在线评估所提出的 QSE-OADM 算法在时变状态重构性能方面的特性.在实验中,测量记录序列由 $b_k = A_k \mathrm{vec}(\rho_k) + e_k$ 构成.估计系统的真量子态 ρ_k 由式(9.57)生成,相应的采样矩阵 A_k 由式(10.12)定义.二能级量子系统的弱测量算符中 $L = \xi\sigma_z, H = \sigma_z + u_x\sigma_x$;仿真实验以 $n = 4$ 量子位系统为研究对象,系统相互作用强度 $\xi = 0.7$;外加控制量强度 $u_x = 2$;系统测量效率 $\eta = 0.5$;系统随机噪声 $\mathrm{d}W = 0.001$;高斯测量噪声 e_x 信噪比为 40 dB.在线量子态估计过程中,系统采样次数设置为 $N = 500$.对于 n 比特量子系统模型,状态初始值选取为 $\rho_1^n = \underbrace{\rho \otimes \cdots \otimes \rho}_{n}, \rho = [0.5, (1-\mathrm{i})/\sqrt{8};$ $(1+\mathrm{i})/\sqrt{8}, 0.5]$;估计状态的初始值选取为 $\hat{\rho}_1^n = \underbrace{\hat{\rho} \otimes \cdots \otimes \hat{\rho}}_{n}, \hat{\rho} = [0, 0; 0, 1]$;初始测量算符 $M_1^n = \underbrace{\sigma_z \otimes \cdots \otimes \sigma_z}_{n}$.

对于估计量子状态的精度衡量标准,本节选取了两种性能指标,第一种是估计误差的归一化距离 $D(\rho_k,\hat{\rho}_k)$,定义为

$$D(\rho_k,\hat{\rho}_k) := \|\rho_k - \hat{\rho}_k\|_F^2 / \|\rho_k\|_F^2 \tag{10.66}$$

其中,ρ_k 为真实量子状态,$\hat{\rho}_k$ 为相应的估计状态.第二种是保真度 $fidelity(\rho_k,\hat{\rho}_k)$,定义为

$$fidelity(\rho_k,\hat{\rho}_k) := \mathrm{tr}\left(\sqrt{\sqrt{\hat{\rho}_k}\rho_k\sqrt{\hat{\rho}_k}}\right) \tag{10.67}$$

保真度的值在 0 和 1 之间,越接近于 1 则认为两个量子状态越相似.

本小节我们将所提优化算法 QSE-OADM 分别与矩阵指数梯度(MEG),以及 OPG-ADMM 的估计性能进行对比研究.OPG-ADMM 采用在线近端梯度差分下降法近似求解 $\hat{\rho}$ 子问题,在其上增加一个近端项来执行近端梯度,然后通过求解一个半定规划问题. MEG 的目标函数由两项组成,第一项是估计状态 $\hat{\rho}$ 和前一次估计 $\hat{\rho}_{k-1}$ 之间的 Umegaki's 量子相对熵,第二项是被估计状态的测量误差的平方.在没有投影操作的情况下,通过密度的指数和轨迹归一化矩阵,MEG 保证所估计的状态满足量子态约束.然而,密度矩阵的指数涉及奇异值分解,其计算复杂度与 $\hat{\rho}$ 子问题中的投影运算相一致.

10.3.2.1 估计初始状态对三种算法性能的影响实验

对于状态实时跟踪算法来说,不同的估计初始状态会影响算法性能.当初始状态与实际初始状态偏差较大时,可能会导致估计误差积累,无法及时准确地进行状态估计.此外,为了直观地反映估计结果,我们选择了在 Bloch 球上清晰地画出演化轨迹的 1 量子位系统.因此,我们将所提出的 QSE-OADM 与 OPG-ADMM 和 MEG 算法在 $[0.75,\sqrt{3}/4;\sqrt{3}/4,0.25]$ 和 $[0.5,(1+i)/\sqrt{8};(1-i)/\sqrt{8},0.5]$ 两种不同的初始估计状态下进行比较.选择滑动窗口的大小为 $l=16$,证明了滑动窗口的大小足以重构 1 量子位系统的密度矩阵.QSE-OADM 中涉及三个参数:权重参数 w 和 γ 以及 QSE-OADM 算法中的惩罚参数 α.在实验中,我们选择 $w=0.1$,$\gamma=\sqrt{d}/k$,惩罚参数 $\alpha=2$.OPG-ADMM 和 MEG 是手工调到最好的.所有的实验都是在 Matlab R2016a,Inter Core i7-8750M CPU,2.2 GHz 环境下运行的,内存 16 GB.

三种算法在两种不同估计初始状态下的在线状态估计轨迹如图 10.13 所示,其中,红色圆圈和蓝色星星分别表示真实状态和估计状态的初值.Bloch 球中的红色实线和蓝色虚线是真实的量子态轨迹和估计的态轨迹.真实的量子态演化是随时间变化的自由演

化轨迹,从 Bloch 球表面到球中心自由演化.

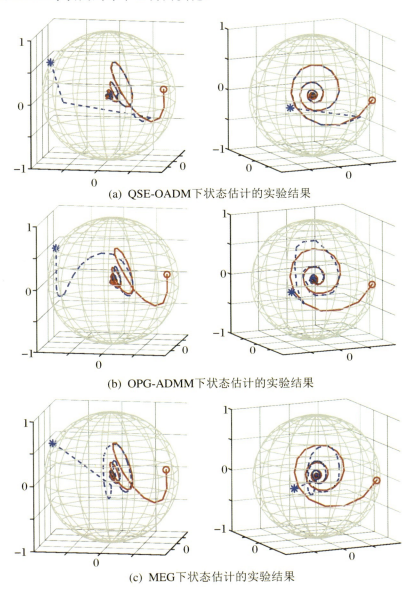

(a) QSE-OADM下状态估计的实验结果

(b) OPG-ADMM下状态估计的实验结果

(c) MEG下状态估计的实验结果

图 10.13　三种算法在两种不同估计初始状态下的在线状态估计轨迹

对于两种不同估计初始状态下,估计状态保真度达到大于 99% 所需要的采样次数如表 10.7 所示.

表 10.7　不同估计初始状态下达到估计性能的采样次数

算法	初态 1 采样次数、保真度	初态 2 采样次数、保真度
QSE-OADM	3,99.71%	3,99.48%
OPG-ADMM	11,99.12%	13,99.63%
MEG	10,99.67%	14,99.87%

从图 10.13 和表 10.7 中可以看出,与 OPG-ADMM 和 MEG 相比,QSE-OADM 对不同初始状态的估计只需 3 步即可精确地实现实时状态估计.从图 10.13 中的估计状态的跟踪轨迹路线中也可以清楚看出,QSE-OADM 能够以最快的速度,在最少的采样次数下跟踪上变化的真实状态.因此,QSE-OADM 对估计的初始状态具有更强的鲁棒性和快速高精度的在线估计量子状态的能力.

10.3.2.2　三种算法最少采样性能对比实验

为了验证在线 QSE 算法的有效性,我们比较了 QSE-OADM、OPG-ADMM 和 MEG 算法在不同滑动窗口大小下的在线估计性能.滑动窗口的大小可以看做估计精度和计算工作量之间的权衡.在每个窗口大小 l 处,比较标准是归一化距离 $D(\rho_k, \hat{\rho}_k)$ 小于基线 0.1 所需的最小采样次数 $k_{\min}$.值得注意的是,$k_{\min}$ 是在线状态估计算法的精度和跟踪速度的综合体现.$k_{\min}$ 的数目预计会更小,说明动态状态可以有效地重建.在本实验中,对于 4 量子位系统,滑动窗口的大小取 $l = 1,\cdots,100$.图 10.14 为三种算法分别运行 10 次后每个窗口大小的 $k_{\min}$ 平均值和标准差范围.

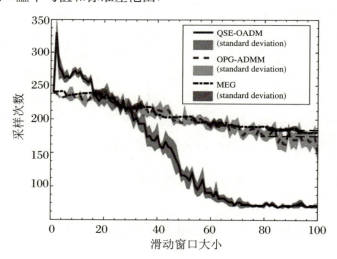

图 10.14　不同窗口下三种不同算法的估计性能实验结果

从图 10.14 中可以看出：

（1）随着滑动窗口大小的增加，最小采样次数 $k_{\min}$ 逐渐减小并趋于稳定．如图 10.14 中黑色虚线所示，达到性能的 QSE-OADM 算法的最小采样次数 $k_{\min}$ 为 71，OPG-ADMM 和 MEG 的最小采样次数 $k_{\min}$ 为 170．结果表明，QSE-OADM 算法能够以最小采样次数实现高精度的在线量子态估计．

（2）最小滑动窗口大小 QSE-OADM、OPG-ADMM 和 MEG 实现期望估计性能的采样次数分别为 68，80 和 85，与 OPG-ADMM 和 MEG 相比，QSE-OADM 算法达到期望性能所需要的采样次数最少，该性能为三种算法中最优的．

10.3.2.3 三种算法在线估计性能的对比实验

为验证在线处理性能，在相同滑动窗口大小 $l = 70$ 下，我们采样所提出的 QSE-OADM、OPG-ADMM 和 MEG 算法，分别对 4 量子位状态进行在线估计精度的性能对比实验．图 10.15 描述了标准化距离 $D(\rho_k, \hat{\rho}_k)$ 关于采样数量的在线估计过程．

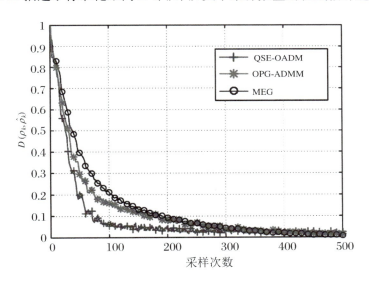

图 10.15　三种算法在线处理性能对比实验结果

我们比较了 QSE-OADM、OPG-ADMM 和 MEG 算法在第 100 次在线估计时的归一化距离分别是 0.0541，0.1589，0.2118，QSE-OADM 的归一化估计误差是三种算法中最小的，此时 QSE-OADM、OPG-ADMM 和 MEG 算法的保真度分别为 98.77%，83.24% 和 76.39%．在相同的采样次数下，QSE-OADM 的估计精度是三种算法中最高的．QSE-OADM、OPG-ADMM 和 MEG 的平均运行时间分别为 $(4.19 \pm 0.41) \times 10^{-4}\,\mathrm{s}$，

$(9.75\pm0.12)\times10^{-4}$ s 和 $(1.21\pm0.06)\times10^{-3}$ s. 同时, QSE-OADM, OPG-ADMM 和 MEG 算法分别需要 71, 161 和 191 次采样到达归一化距离小于 0.1(或保真度大于 97.57%). 可以看到 QSE-OADM 以最短的平均运行时间和最少的采样次数实现高精度的在线状态跟踪. 因此, 该算法进行跟踪动态量子态具有快速高效的优越性.

本节提出了一种新的在线 QSE-OADM 算法, 根据每一时刻获取的测量值, 构造出序列测量矩阵, 并精确地解决了每一次实时估计中的两个子问题. 为了实现高估计精度和提高效率, 采用了滑动窗口. 我们提出的算法能够高效且快速地估计动态量子态, 为多量子位量子系统中状态估计的在线解决方案提供了一种可实现的方案.

10.4 稀疏干扰与高斯噪声下的在线量子态滤波器

我们已经知道, 量子状态估计(QSE)的目标是通过实验测量值, 重构出量子系统的状态, 一个 n 比特量子系统中的状态可以采用希尔伯特空间中的一个密度矩阵 $\rho\in\mathbf{C}^{d\times d}$ 来描述, 其中, $d=2^n$, 同时满足半正定、单位迹的厄米矩阵约束要求. 2006 年压缩感知理论的提出, 使得人们可以通过较少的测量次数, 高精度地重构出量子状态密度矩阵. 不过, 这些技术都基于强测量, 在测量过程中对于样本有不可逆的破坏性, 观测者不仅需要制备全同副本, 在每次测量时, 还需对测量设备进行重新配置. 此外, 这些技术是基于离线的数据处理方式, 对一个固定的量子态进行估计的. 在实际应用中, 尤其是量子系统的状态反馈控制中, 需要人们实时在线地对动态变化的量子状态进行估计. 因此, 基于强测量的技术并不适用于在线量子态估计问题. 连续弱测量(Continuous Weak Measurement, 简称 CWM), 可以在对量子系统影响较小的情况下, 通过计算系综均值来重构出量子状态. 这种非破坏性的测量方式, 为在线量子态估计提供了理论基础. 与经典测量相同, 量子系统的测量, 也需要考虑干扰对量子系统的影响. 干扰既可能出现在测量过程中, 也可能出现在量子状态本身. 对于前者, 测量干扰通常被假设为均值为零的高斯噪声, 而后者通常被看做在密度矩阵 ρ 某些位置上, 引入的稀疏干扰, 一些研究致力于消除其中一种或两种干扰, 从而高精度地重构出量子状态 ρ. 离线量子态估计领域中, Hang 等人引入 Proximal Jacobian ADMM(PJ-ADMM), 同时考虑稀疏干扰与高斯噪声, 设计出离线量子态滤波器, 实现了离线条件下的量子状态估计和滤波.

在线量子态估计问题中, 其估计的状态是更为一般的动态演化状态. 不过, 人们在 2011 年使用绘景变换, 将估计动态状态的在线问题, 转换为估计初始状态的静态问题, 这些方法在整个在线问题中始终对量子态初值进行估计,然后通过系统模型的演化,获得动态密度矩阵.Yang 等人提出一种直接估计当前时刻量子态的方法:将每个时刻的状态估计问题转换为一个含有约束最小二乘问题,并采用 Matlab 环境下的 CVX 凸优化工具箱对其进行求解,他们所采用的方法实际上是将离线算法应用到在线求解过程中,在每一次在线估计过程中,进行一个双循环:在外部循环中在线估计量子状态,而在内部循环的每一次状态估计中,执行多次迭代,计算量较大.我们在 10.1 节至 10.3 节中也提出了三种不同的在线量子态估计的在线优化算法.不过现有的在线量子态估计算法,都仅对测量过程中的高斯噪声进行处理,而在实际的测量实验中,不可避免地存在着两种噪声与干扰,如果忽略其中任何一种,所产生的偏差都可能导致估计值偏离真实结果.

本节将基于在线交替方向乘子框架,同时考虑测量过程中的高斯噪声与稀疏干扰,提出一种在线量子态滤波器(Online Quantum State Filter,简称 OQSF)算法,从被高斯噪声与稀疏干扰耦合的测量值中,实时重构出随时间动态变化的量子状态,这是一项具有挑战的任务.我们将目标等价看做最小化高斯噪声的 ℓ_2 范数与稀疏干扰的 ℓ_1 范数,并保证估计的状态满足半正定、单位迹的厄米矩阵约束.通过 OADM 框架,将原始问题分解为两个独立的子问题,利用迭代阈值收缩法求解稀疏干扰,利用一阶最优条件求解高斯噪声,并将量子态约束与子问题分离,先求解无约束的子问题,再通过投影更新约束下的估计值.所提算法每个采样时刻都能精确地求解子问题,从含有噪声与干扰的测量值中重构量子状态.将所提滤波器的性能与现有的三种在线量子态估计算法进行对比,通过数值实验证明了在线量子态滤波器的优越性.

10.4.1 连续弱测量下的开放量子系统

重写式(9.27)所描述的一个 n 比特量子系统,它可以由薛定谔绘景下的连续随机开放量子系统主方程:

$$
\begin{aligned}
\rho(t + \Delta t) - \rho(t) = & -\frac{\mathrm{i}}{\hbar}[H(t), \rho(t)]\Delta t \\
& + \sum \left[L\rho(t)L^\dagger - \frac{1}{2}(L^\dagger L\rho(t) + \rho(t)L^\dagger L) \right]\Delta t \\
& + \sqrt{\eta} \sum [L\rho(t) + \rho(t)L^\dagger]\mathrm{d}W
\end{aligned}
\tag{10.68}
$$

其中,$\rho(t)$ 为量子密度矩阵;H 为系统总哈密顿量;$L^\dagger$ 为 L 的共轭转置;Δt 为相互作用时间;$\hbar$ 为普朗克常量,通常设置为 1;η 为测量效率;$\mathrm{d}W$ 是零差测量时产生的随机噪声,

满足 $E(\mathrm{d}W)=0$ 的 Wiener 过程.

基于连续弱测量对含有扰动和噪声的在线量子状态的估计过程如图 10.16 所示,它由连续弱测量过程和在线量子态滤波器两部分组成.在单量子位系统的弱测量过程中,通过引入一个二能级探测系统 P,并将其与被测系统 Q 组成联合系统,由于弱测量(weak measurement)中的相互作用强度很小,联合系统可被看做封闭系统.此时,联合系统状态演化方程为 $|\Psi(\Delta t)\rangle = U(\Delta t)|\Psi\rangle = U(\Delta t)(|\phi\rangle \otimes |\psi\rangle)$,其中,$|\phi\rangle$ 和 $|\psi\rangle$ 分别为系统 P 和 S 的初始状态,$\otimes$ 表示 Kronecker 积,$U(\Delta t) = \exp(-\mathrm{i}\xi \Delta t H/\hbar)$ 为联合演化算符,$\xi > 0$ 为系统相互作用强度.$H = H_P + H_Q$ 为联合系统的哈密顿量,H_P 与 H_Q 分别为系统 P 和 Q 的哈密顿量.在 Δt 时间内对探测系统 P 进行投影测量(project measurement),可以得到探测系统 P 的本征态 $|O\rangle$.联立弱测量前后联合系统状态 $|\Psi(\Delta t)\rangle$ 变化关系式,探测系统 P 的本征态 $|O\rangle$,以及联合演化算符 $U(\Delta t)$ 的二阶泰勒展开式,可得出间接作用在被测系统 Q 上的弱测量算符 $m_0(\Delta t)$ 和 $m_1(\Delta t)$.基于二能级量子系统的弱测量算符,我们可以利用张量积计算多能级量子系统的弱测量算符 M,并且获得含有噪声与干扰的测量值 y.由连续弱测量过程可知,在每个采样时刻,我们可以获得一个含有测量噪声 e 与稀疏干扰 S 的测量值.

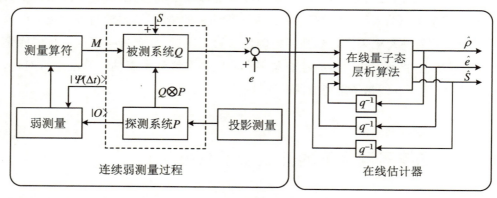

图 10.16　基于连续弱测量对含有扰动和噪声的在线量子状态的估计过程

在线滤波器期望能够实时在线精确重构出当前采样时刻的量子状态密度矩阵 $\hat{\rho}$,同时滤除高斯噪声与稀疏干扰,以达到高效的在线估计随时间变化的量子系统的状态,这是本小节的研究重点.

10.4.1.1　n 比特开放量子系统离散演化模型

二能级量子系统的弱测量算符为 $m_0(\Delta t) = I - (L^\dagger L/2 + \mathrm{i}H(t))\Delta t$ 和 $m_1(\Delta t) = L \cdot \sqrt{\Delta t}$,其中,$H(t)$ 为总哈密顿量:$H(t) = H_0 + u_x H_x$,H_0 为系统自由哈密顿量,H_x

为外加控制哈密顿量，u_x 是外加在 x 方向上的控制强度，$L = \xi \sigma$，σ 为泡利算符：$\sigma_x = \begin{bmatrix} 0 & 1 \\ 1 & 0 \end{bmatrix}$，$\sigma_y = \begin{bmatrix} 0 & -i \\ i & 0 \end{bmatrix}$，$\sigma_z = \begin{bmatrix} 1 & 0 \\ 0 & -1 \end{bmatrix}$ 和 $I = \begin{bmatrix} 1 & 0 \\ 0 & 1 \end{bmatrix}$. n 比特量子系统的弱测量算符 M 可以通过 $m_0(\Delta t)$ 和 $m_1(\Delta t)$ 的张量积计算获得：

$$\begin{cases} M_1(\Delta t) = \underbrace{m_0(\Delta t) \otimes \cdots \otimes m_0(\Delta t) \otimes m_0(\Delta t)}_{n} \\ M_2(\Delta t) = \underbrace{m_0(\Delta t) \otimes \cdots \otimes m_0(\Delta t) \otimes m_1(\Delta t)}_{n} \\ \qquad\qquad\qquad\qquad \vdots \\ M_{2^n}(\Delta t) = \underbrace{m_1(\Delta t) \otimes \cdots \otimes m_1(\Delta t) \otimes m_1(\Delta t)}_{n} \end{cases} \tag{10.69}$$

当考虑随机开放量子系统(10.68)中的随机噪声和弱测量效率时，二能级量子系统的演化算符可以定义为 $a_0(\Delta t) = m_0(\Delta t) + \sqrt{\eta}L \cdot dW$ 和 $a_1(\Delta t) = m_1(\Delta t) + \sqrt{\eta}L \cdot dW$. n 比特量子系统的演化算符可以通过 $a_0(\Delta t)$ 和 $a_1(\Delta t)$ 的张量积计算获得：

$$\begin{cases} A_1(\Delta t) = \underbrace{a_0(\Delta t) \otimes \cdots \otimes a_0(\Delta t) \otimes a_0(\Delta t)}_{n} \\ A_2(\Delta t) = \underbrace{a_0(\Delta t) \otimes \cdots \otimes a_0(\Delta t) \otimes a_1(\Delta t)}_{n} \\ \qquad\qquad\qquad\qquad \vdots \\ A_{2^n}(\Delta t) = \underbrace{a_1(\Delta t) \otimes \cdots \otimes a_1(\Delta t) \otimes a_1(\Delta t)}_{n} \end{cases} \tag{10.70}$$

根据式(10.68)的随机开放量子系统主方程以及式(10.70)的演化算符，通过令 $t = \Delta t \cdot k$，被测量子系统 S 的动态离散演化模型为

$$\rho_{k+1} = \sum_{i=1}^{2^n} A_i(\Delta t) \rho_k A_i(\Delta t)^{\dagger} \tag{10.71}$$

其中，$k = 1, 2, \cdots, N$ 表示采样时间.

通过线性变换可以将式(10.71)写为

$$\mathrm{vec}(\rho_{k+1}) = \Big(\sum_{i=1}^{2^n} A_i(\Delta t) \otimes (A_i(\Delta t)^{\dagger})^{\mathrm{T}} \Big) \mathrm{vec}(\rho_k) \tag{10.72}$$

其中，$\mathrm{vec}(X)$ 表示将矩阵 X 的所有列组合串联为一个列向量，X^{T} 表示矩阵 X 的转置.

连续弱测量过程中作用在被测系统状态上的测量算符的动态离散演化模型为

$$M_{k+1} = \sum_{i=1}^{2^n} M_i(\Delta t)^{\dagger} M_k M_i(\Delta t) \tag{10.73}$$

10.4.1.2 连续弱测量输出序列的构造

在薛定谔绘景下,每一采样时刻人们在系统 S 输出端获得的测量输出为 y_i,设初始测量算符为 M_1,离散化的量子系统状态为 $\{\rho_i\}_{i=1}^k$,那么,每一采样时刻测量输出的计算公式为

$$y_i = \operatorname{tr}(M_1^\dagger \rho_i) = \operatorname{vec}(M_1)^\dagger \operatorname{vec}(\rho_i) \tag{10.74}$$

其中,$\operatorname{tr}(X)$ 表示矩阵 X 的主对角线元素之和.

实现在线算法的思路是,基于连续弱测量,在连续不断的每一个时间序列里,获得一个测量值 y_i,通过利用前面已经获得的测量值,结合当前获得的输出值,构造出一组对当前时刻量子态估计的数据集和相应的采样矩阵,然后再结合测量值与密度矩阵之间的关系,重构出密度矩阵.所以,通过在线测量实现对一个量子态估计的关键,在于构造出合适的测量值数据序列,将测量值序列用 b_k 表示,在每一个采样时刻获取一个测量值,从第二个时刻起,所获得的测量值序列由当前时刻获得的值与以前所有时刻获得的测量值构成,即 k 时刻的测量值序列 $b_k = [y_1, y_2, \cdots, y_k]$,其中

$$y_i = \operatorname{tr}(M_{k-i+1}^\dagger \rho_k) = \operatorname{vec}(M_{k-i+1})^\dagger \operatorname{vec}(\rho_k), \quad i = 1, \cdots, k \tag{10.75}$$

根据式(10.75)测量数据序列的构造方法,测量值序列的长度会随着采样次数 ρ_k 的增加而增大,我们不能一味地增加测量值序列的长度,来增加计算机的运算负担.考虑到估计精度以及在线处理的计算代价,在量子态估计中,我们需要限制并且固定一个测量值序列的长度,从第一次测量获取数据开始,直到达到给定的测量长度之后,每一次新获得测量数据,将更新替代掉已有数据序列中的一个数据,从而始终保持估计数据序列在给定的长度里,我们称此为滑动窗口.由此可得实际量子态估计中所使用的、带有滑动窗口的测量值序列为

$$b_k = \begin{cases} (y_1, \cdots, y_{k-1}, y_k)^\mathrm{T}, & k < l \\ (y_{k-l+1}, \cdots, y_{k-1}, y_k)^\mathrm{T}, & k \geqslant l \end{cases} \tag{10.76}$$

其中,l 为测量值序列的滑动窗口长度.

此时,b_k 为一个具有长度 l 的动态滑动窗口的数据集,滑动窗口的更新策略为先进先出.根据式(10.75),可以构造与式(10.76)对应的采样矩阵为

$$A_k = \begin{cases} (\operatorname{vec}(M_k), \cdots, \operatorname{vec}(M_2), \operatorname{vec}(M_1))^\dagger, & k < l \\ (\operatorname{vec}(M_l), \cdots, \operatorname{vec}(M_2), \operatorname{vec}(M_1))^\dagger, & k \geqslant l \end{cases} \tag{10.77}$$

实际实验和测量过程中,不可避免地会受到各种干扰.在本小节中,我们同时考虑了

测量值序列 b_k 中的两种扰动,即量子状态 ρ 的稀疏干扰和测量过程的高斯噪声.结合式(10.76)和式(10.77),我们将测量值序列 b_k 重写为

$$b_k = A_k \mathrm{vec}(\rho_k + S_k) + e_k \tag{10.78}$$

其中,$S_k \in \mathbf{R}^{d \times d}$,表示量子状态 ρ 受到的稀疏干扰且 S_k 中非零元素远小于 d^2;$e_k \in \mathbf{R}^k$($l < k$)或 $e_k \in \mathbf{R}^l$($k \geqslant l$)为测量噪声,并被假设是均值为 0、协方差矩阵为 R 的高斯噪声.

到此,我们完成对连续弱测量过程中的量子系统离散状态演化模型式(10.72)的建立,以及测量值序列式(10.78)的构造.

10.4.2　量子态滤波问题的描述

考虑一个 n 比特的开放量子系统,给定时刻 k 下的测量算符 A_k 和测量值序列 b_k,其中 b_k 同时被稀疏干扰 S 和高斯噪声 e 影响,在线量子态滤波器的目标是在当前时刻 k,获得密度矩阵的估计值 $\hat{\rho}_k$.我们首先定义矩阵的椭圆范数为 $\|x\|_Q^2 = x^\dagger Q x$,其中 $x \in \mathbf{C}^{m \times 1}$ 为一个 m 维列向量,$P \in \mathbf{C}^{m \times m}$ 表示对称半正定的权值矩阵.根据已知的先验信息,$\hat{\rho}_k$ 是满足迹为 1、半正定的厄米矩阵,e 服从高斯分布,S 是稀疏的.我们将在线量子态滤波问题转换为如下的优化问题:

$$\min_{\hat{\rho}, \hat{S}, \hat{e}} \| \mathrm{vec}(\hat{\rho}, \hat{\rho}_{k-1}) \|_{\omega I_1} + I_C(\hat{\rho}) + \theta \| \hat{S} \|_1 + \| \hat{e} \|_{\gamma I_2} \tag{10.79}$$

$$\mathrm{s.\,t.}\ A(\hat{\rho} + \hat{S}) + \hat{e} = b_k$$

其中,$\omega > 0$,$\theta > 0$,$\gamma > 0$ 为正则化参数,$\| \mathrm{vec}(\hat{\rho}, \hat{\rho}_{k-1}) \|_{\omega I_1}$ 和 $\| \hat{e} \|_{\gamma I_2}$ 为椭圆范数,最小化 $\| \mathrm{vec}(\hat{\rho}, \hat{\rho}_{k-1}) \|_{\omega I_1}$ 的作用是保留历史估计值的影响,避免估计值出现不合实际的剧烈变化,最小化 $\| \hat{e} \|_{\gamma I_2}$ 的作用是降低当前时刻的测量误差,并且这也是滤除高斯噪声的常见方法,ωI_1 与 γI_2 为椭圆范数的权值矩阵,且 I_1 与 I_2 表示维数为 $\min(k, l)$ 的单位矩阵,最小化 $\| S \|_1$ 使得 S 满足稀疏性.此外,$I_C(\hat{\rho})$ 为示性函数,$C := \{\rho \geqslant 0, \mathrm{tr}(\rho) = 1, \rho^\dagger = \rho\}$ 为凸集,代表量子状态约束.若 $\hat{\rho} \in C$,$I_C = 0$,否则 $I_C = \infty$.

如果不考虑稀疏干扰 S,问题(10.79)退化为仅考虑高斯噪声的在线量子态估计问题,如果不考虑高斯噪声 e,问题(10.79)退化为仅考虑稀疏干扰的在线量子态估计问题.

求解问题(10.79)是具有挑战性的,因为密度矩阵 ρ、稀疏干扰 S 和高斯噪声 e 三个变量耦合在目标函数 $\|\operatorname{vec}(\hat{\rho},\hat{\rho}_{k-1})\|_{\omega I_1} + I_C(\hat{\rho}) + \theta\|S\|_1 + \|e\|_{\gamma I_2}$ 和约束条件 $A(\hat{\rho}+\hat{S})+\hat{e}=b_k$ 中. 此外,密度矩阵还需满足迹为1、半正定厄米性的物理约束,这使得所求问题更加复杂. 我们将提出一种高效的在线量子态滤波器算法,该滤波算法能够实时地估计当前时刻的密度矩阵 ρ,同时滤除高斯噪声 e 和稀疏干扰 S.

10.4.3 在线量子态滤波器设计与推导

我们引入在线交替方向乘子法来推导在线量子态滤波器算法,OADM 的计算框架是先将一个双变量的优化问题,分解为两个单变量优化的子问题,再依次最小化两个原始变量对应的增强拉格朗日函数,并在最后通过双重梯度上升更新拉格朗日乘子,以此实现对全局优化问题的求解. 我们面对的问题(10.79)虽然含有三个优化变量,但仍可以借助 OADM 的计算框架对问题进行初步分解. 问题(10.79)的部分增广拉格朗日函数为

$$L_a = \|\operatorname{vec}(\hat{\rho},\hat{\rho}_{k-1})\|_{\omega I_1} + \theta\|\hat{S}\|_1 + \|e\|_{\gamma I_2} - \langle \lambda, A_k \operatorname{vec}(\rho+S) + e - b_k\rangle$$
$$+ \frac{\alpha}{2}\|A_k(\rho+S)+e-b_k\| \tag{10.80}$$

其中,$\alpha>0$ 为正的惩罚系数,λ 为拉格朗日乘子,且为实数向量.

在优化过程中,我们在每个时刻都保证估计结果属于量子态约束集 C,此时使满足 $A_k\operatorname{vec}(\rho)$ 为实数向量,进而得到 $A_k\operatorname{vec}(\rho+S)-b_k$ 为实数向量. 此时,在 OADM 框架下,我们将问题(10.79)分解为

$$\begin{cases}
(\hat{\rho}_k,\hat{S}_k) = \underset{\hat{\rho},\hat{S}}{\arg\min}\Big\{\theta\|\hat{S}\|_1 + I_C(\hat{\rho}) + \|\operatorname{vec}(\hat{\rho}-\hat{\rho}_{k-1})\|_{\omega I_1}^2 \\
\qquad\qquad + \frac{\alpha}{2}\Big\|A_k(\hat{\rho}+\hat{S})+\hat{e}_{k-1}-b_k-\frac{\lambda_{k-1}}{\alpha}\Big\|_2^2\Big\} \tag{10.81a}\\[2mm]
\hat{e}_k = \underset{\hat{e}}{\arg\min}\Big\{\|e\|_{\gamma I_2}^2 + \frac{\alpha}{2}\Big\|A_k(\hat{\rho}+\hat{S})+\hat{e}_{k-1}-b_k-\frac{\lambda_{k-1}}{\alpha}\Big\|_2^2\Big\} \tag{10.81b}\\[2mm]
\lambda_k = \lambda_{k-1} - \alpha(A_k(\hat{\rho}+\hat{S})+\hat{e}_k-b_k) \tag{10.81c}
\end{cases}$$

子问题1:对于含有 $\hat{\rho}$ 与 $\hat{S}$ 两个优化变量的子问题(10.81a),我们先忽略示性函数 $I_C(\hat{\rho})$,并用 u 代替子问题(10.81a)中的常量 $b_k+\frac{\lambda_{k-1}}{\alpha}-\hat{e}_{k-1}$,可以获得子问题

(10.81a)的无约束的表达式

$$(\widetilde{\rho}_k, \hat{S}_k) = \arg\min_{\hat{\rho}, \hat{S}}\{\theta \parallel \hat{S} \parallel_1 + \parallel \text{vec}(\hat{\rho} - \hat{\rho}_{k-1}) \parallel^2_{\omega I_1} + \frac{\alpha}{2} \parallel A_k(\hat{\rho} + \hat{S}) + u \parallel^2_2 \}$$

$$(10.82)$$

其中,$\widetilde{\rho}_k$ 表示无约束下的量子态密度矩阵估计值.

式(10.82)中,关于 $\hat{\rho}$ 的所有项均可微,因此可将式(10.82)中的目标函数对 $\hat{\rho}$ 求偏导,通过一阶最优条件可得

$$\text{vec}(\widetilde{\rho}_k) = (\omega I_1 + \alpha A_k^\dagger A_k)^{-1}(2\omega \text{vec}(\hat{\rho}_{k-1}) + \alpha A_k^\dagger u - \alpha A_k^\dagger A_k \text{vec}(\hat{S})) \quad (10.83)$$

其中,$(\alpha A_k^\dagger A_k)^{-1}$ 是一个非奇异矩阵.

利用分块矩阵逆引理,可得

$$\begin{cases} (2\omega + \alpha A_k^\dagger A_k)^{-1} = \left(\frac{1}{2\omega} I_1 - \frac{1}{4\omega^2} A_k\right)\left(\frac{1}{\alpha} I_3 + \frac{1}{2\omega} A_k^\dagger A_k\right)^{-1} A_k \\ \alpha(2\omega + \alpha A_k^\dagger A_k)^{-1} A_k^\dagger = \frac{1}{2\omega} A_k^\dagger \left(\frac{1}{\alpha} I_3 + \frac{1}{2\omega} A_k^\dagger A_k\right)^{-1} \end{cases} \quad (10.84)$$

其中,I_3 代表位数为 $\min(k, l)$ 的单位矩阵.

式(10.83)可以简化为

$$\text{vec}(\widetilde{\rho}_k) = \text{vec}(\widetilde{\rho}_{k-1}) + K(z - A_k \text{vec}(\hat{S})) \quad (10.85)$$

其中,$K = A_k^\dagger \left(\frac{2\omega}{\alpha} + A_k^\dagger A_k\right)^{-1}$,$z = u - A_k \text{vec}(\hat{\rho}_{k-1})$.

将式(10.85)代入式(10.82)中,可以获得仅含有 S 的最优问题为

$$\min_{\hat{S}}\left\{\frac{\alpha}{2} \parallel (I_3 - A_k K)(z - A_k\hat{S}) \parallel^2_{\alpha I_3} + \parallel K(z - A_k\hat{S}) \parallel^2_{\omega I_1} + \theta \parallel \hat{S} \parallel_1 \right\}$$

$$(10.86)$$

一个更加有效的与式(10.86)等价问题为

$$\min_{\hat{S}}\{\parallel z - A_k \text{vec}(\hat{S}) \parallel^2_Q + \theta \parallel \hat{S} \parallel_1\} \quad (10.87)$$

其中,$Q = \alpha(I_3 - A_k K)^\dagger(I_3 - A_k) + \omega K^\dagger K$.

在式(10.87)描述的优化问题中,椭圆范数 $\parallel \cdot \parallel_Q$ 连续可微,但 ℓ_1 范数 $\parallel \cdot \parallel_1$ 不连续可微.我们令 $f(\hat{S}) = \parallel z - A_k \text{vec}(\hat{S}) \parallel^2_Q$,$g(\hat{S}) = \theta \parallel \hat{S} \parallel_1$.很显然此问题是可以通

过迭代阈值收缩算法（Iterative Soft Thresholding Algorithm，简称 ISTA）来求解的优化问题形式，对其中的平滑项 $f(\hat{S})$ 求梯度 d，可得梯度计算公式为

$$d_k = \hat{S}_{k-1} - \beta_{k-1}(- A_k^{\ddagger}(Q^{\dagger} - Q)z + A_k^{\ddagger}(Q^{\dagger} + Q)A_k \mathrm{vec}(\hat{S}_{k-1})) \quad (10.88)$$

其中，β_{k-1} 是迭代步长.

进一步，我们可以得到 k 时刻下，稀疏干扰 S 的计算公式为

$$\hat{S}_k = M_{\beta_{k-1}}(d_k) \quad (10.89)$$

根据式（10.89）计算出 k 时刻稀疏干扰的估计值 $\hat{S}_k$，将其代入式（10.85）中，可得到无约束下密度矩阵的估计值 $\tilde{\rho}_k$ 为

$$\mathrm{vec}(\tilde{\rho}_k) = \mathrm{vec}(\hat{\rho}_{k-1}) + K(z - A_k \mathrm{vec}(\hat{S}_k)) \quad (10.90)$$

现在考虑到之前忽略的示性函数 $I_C(\hat{\rho})$，同时考虑到密度矩阵估计值 $\hat{\rho}_k$ 满足量子态物理约束，可以通过求解如下的半正定规划问题（SDP）获得：

$$\hat{\rho}_k = \arg\min_{\hat{\rho}} \| \mathrm{vec}(\hat{\rho} - \tilde{\rho}_k) \|_{\mathrm{F}}$$
$$\mathrm{s.\,t.}\, \hat{\rho} \geq 0, \mathrm{tr}(\hat{\rho}) = 1, \hat{\rho}^{\dagger} = \hat{\rho} \quad (10.91)$$

或等价求解问题

$$\hat{\rho}_k = \arg\min_{\hat{\rho}} \| \hat{\rho} - (\tilde{\rho}_k + \tilde{\rho}_k^{\dagger})/2 \|_{\mathrm{F}}$$
$$\mathrm{s.\,t.}\, \hat{\rho} \geq 0, \mathrm{tr}(\hat{\rho}) = 1 \quad (10.92)$$

其中，F 为 Frobenius 范数.

注意到半定规划问题（10.92）具有最优解，将 $(\tilde{\rho}_k + \tilde{\rho}_k^{\dagger})/2$ 相似对角化为 $V\mathrm{diag}\{a_i\}V^{\dagger}$，其中，$V \in \mathbf{C}^{d \times d}$ 为酉矩阵，$\mathrm{diag}\{a_1, \cdots, a_d\}$ 是一个将奇异值按 $a_1 \geq a_2 \geq \cdots \geq a_d$ 排列的对角矩阵，可以获得问题（10.92）的最优解为

$$\hat{\rho}_k = V\mathrm{diag}\{\sigma_i\}\,V^{\dagger} \quad (10.93)$$

其中，对角元素 $\mathrm{diag}\{a_1, \cdots, a_d\}$ 为密度矩阵估计值 $\hat{\rho}_k$ 的奇异值，且 $\{\sigma_i\}_{i=1}^{d} = 1$ 可以通过下式求解：

$$\min_{\{\sigma_i\}} \frac{1}{2} \sum_{i=1}^{d} (\sigma_i - a_i)^2$$

$$\text{s.t.} \sum_{i=1}^{d} \sigma_i = 1, \sigma_i \geqslant 0 \tag{10.94}$$

对于凸优化问题(10.94)定义拉格朗日函数为

$$L(\{\sigma_i, \kappa_i, \zeta\}) = \frac{1}{2} \sum_{i=1}^{d} (\sigma_i - a_i)^2 + \sigma_i \kappa_i + \zeta\left(\sum_{i=1}^{d} \sigma_i - 1\right) \tag{10.95}$$

其中,$\{\kappa_i\}_{i=1}^{d}$,ζ 为拉格朗日乘子.

很明显式(10.94)是一个凸优化问题,可以通过 KKT(Karush-Kuhn-Tucker)条件求解出最优解为

$$\begin{cases} \sigma_i^* \geqslant 0 \\ \sum_{i=1}^{d} \sigma_i^* = 1 \\ \kappa_i^* \geqslant 0 \\ \kappa_i^* \sigma_i^* = 0 \\ \sigma_i^* - a_i - \kappa_i^* + \zeta^* = 0, \quad i = 1, 2, \cdots, d \end{cases} \tag{10.96}$$

消掉式(10.96)中的 κ_i^*,可得

$$\begin{cases} \sigma_i^* \geqslant 0 & (10.97a) \\ \sigma_i^* \geqslant a_i - \zeta^* & (10.97b) \\ \sigma_i^* (\sigma_i^* - (a_i - \zeta^*)) = 0 & (10.97c) \\ \sum_{i=1}^{d} \sigma_i^* = 1 & (10.97d) \end{cases}$$

对于式(10.97b),我们可以讨论以下两种情况:

(1) 如果 $\sigma_i^* > a_i - \zeta^*$,根据式(10.97c)可得 $\sigma_i^* = 0$,并且 $\sigma_i^* < \zeta^*$;

(2) 如果 $\sigma_i^* = a_i - \zeta^*$,根据式(10.97a)可得 $\sigma_i^* > \zeta^*$.

所以,最优值 σ_i^* 可以直接写为

$$\sigma_i^* = \max\{a_i - \zeta^*, 0\} \tag{10.98}$$

其中,最优拉格朗日乘子 ζ^* 可以通过满足式(10.97d)来求出;该等式表明,我们可以依次令 $\zeta^* = a_i (i = 1, \cdots, d)$ 来确定 ζ^* 所属区间.不妨假设 ζ^* 在区间 $[a_{t+1}, a_t]$ 内,可以得到 $\begin{cases} \sigma_i^* = a_i - \zeta^*, & \forall i \leqslant t \\ \sigma_i^* = 0, & \forall i \geqslant t+1 \end{cases}$, $\sigma_i^* = a_i - \zeta^*$,所以,最优拉格朗日乘子 ζ^* 的计算公

式为

$$\zeta^* = \left(\sum_{i=1}^{t} a_i - 1\right)/t \tag{10.99}$$

根据最优的 ζ^*，我们先通过式(10.98)求解出 σ_i^*，再通过式(10.93)计算出 $\hat{\rho}_k$。

子问题 2：式(10.81b)是一个无约束的二次型问题。对高斯噪声 e_k 的修正公式可以直接通过一阶最优条件获得：

$$\hat{e}_k = \frac{\alpha}{2\gamma + \alpha}\left(b_k + \frac{\lambda_{k-1}}{\alpha} - A_k \text{vec}(\hat{\rho}_k) + \hat{S}_k\right) \tag{10.100}$$

图 10.16 中所显示的 OQSF 算法的执行过程总结在表 10.8 中。

表 10.8　OQSF 算法运行步骤

初始化：$\hat{\rho}_0 = 0, e_0 = 0, S_0 = 0$；取 $\omega, \theta, \gamma, \alpha > 0$；滑动窗口长度 $l \in \mathbf{Z}^+$	
1	for $k = 1, 2, \cdots,$ do
2	获取测量输出序列 b_k
3	根据式(10.89)计算 $\hat{S}_k$
4	根据式(10.90)计算状态 $\tilde{\rho}_k$
5	通过对 $(\tilde{\rho}_k + \tilde{\rho}_k^\dagger)/2$ 进行奇异值分解得到 $V\text{diag}\{a_i\}V^\dagger$
6	根据式(10.99)计算 $\zeta^* = \left(\sum_{i=1}^{t} a_i - 1\right)/t$
7	根据式(10.98)计算 $\sigma_i^* = \max\{a_i - \zeta^*, 0\}$
8	根据式(10.89)计算 $\hat{S}_k = M_{\beta_{k-1}}(d_k)$
9	根据式(10.93)计算 $\hat{\rho}_k = V\text{diag}\{\sigma_i\}V^\dagger$
10	根据式(10.100)计算 $\hat{e}_k = \frac{\alpha}{2\gamma + \alpha}\left(b_k + \frac{\lambda_{k-1}}{\alpha} - A_k \text{vec}(\hat{\rho}_k) + \hat{S}_k\right)$
11	根据式(10.81c)计算 $\lambda_k = \lambda_{k-1} - \alpha(A_k(\hat{\rho} + \hat{S}) + \hat{e}_k - b_k)$
12	end

通过与估计目标为固定状态的离线量子态估计(QSE)算法相比，基于 CWM 的在线量子态滤波器(OQSF)，其估计目标是动态演化的量子状态 ρ_k，并且离线估计算法是针对特殊的封闭量子系统的，密度矩阵被假定为稀疏低秩。所提在线量子态滤波器估计目标，则是开放量子系统下更为一般的状态。此外，离线算法是在相同的数据集下多次迭代，获得固定状态的估计结果，而在线量子态滤波器是在每个采样周期，仅测量一次，估计一次，便实现了对演化量子系统的状态估计与跟踪。将所提 OQSF 算法与现有的

CVX-LS、ALR-MEG（Youssry et al.，2019）、OPG-ADMM（张坤，丛爽，2019）、QSE-OADM（Zhang，Cong，Li et al.，2020）算法进行对比：CVX-LS 没有考虑噪声的影响，且通过离线 Matlab 工具箱进行求解，这显然不适用于在线应用，而 ALR-MEG、OPG-ADMM、QSE-OADM 三种算法仅考虑了测量过程中的高斯噪声，存在一定的局限性.

本小节所提的在线量子态滤波器算法（OQSF）全面地考虑了测量过程中的噪声与干扰，在复杂环境中能更高精度地重构量子状态，我们将在下一小节通过数值实验验证其优越性.

10.4.4 数值对比实验及其结果分析

本小节中我们将进行数值对比实验，检验在高斯噪声和稀疏干扰同时存在的情况下，在线量子态滤波器的性能.实验中量子系统的真实状态 ρ_k 由式（10.72）产生，测量矩阵 A_k 和测量值序列 b_k 分别由式（10.77）和式（10.78）构造.

对于 n 比特量子系统模型，密度矩阵的初始值设为 $\rho_1^n = \underbrace{\rho \otimes \cdots \otimes \rho}_{n}$，其中，$\rho =$ $[0.5,(1-\mathrm{i})/\sqrt{8};(1+\mathrm{i})/\sqrt{8},0.5]$，初始测量矩阵取值为 $M_1^n = \underbrace{\sigma_z \otimes \cdots \otimes \sigma_z}_{n}$.实验中设置系统相互作用强度为 $\xi = 0.5$；外加控制量强度为 $u_x = 2$；系统测量效率为 $\eta = 0.5$；随机噪声为 $\mathrm{d}W$，幅值为 0.01；高斯噪声的信噪比为 40 dB.稀疏扰动矩阵 $S \in \mathbf{R}^{d \times d}$，含有 $d^2/10$ 个非零元素，且非零元素的位置是随机的，幅值满足高斯分布 $N(0, \| \rho \|_{\mathrm{F}}/20)$，对于估计值精度的衡量，本小节采用了两种评价标准：第一种是在纯态研究中常用的保真度 $fidelity(\rho_k, \hat{\rho}_k)$ 其定义为

$$fidelity(\rho_k, \hat{\rho}_k) = \mathrm{tr}\left(\sqrt{\sqrt{\hat{\rho}_k}\rho_k\sqrt{\hat{\rho}_k}}\right) \tag{10.101}$$

其中，$\hat{\rho}_k$ 表示 k 时刻密度矩阵的估计值，ρ_k 表示 k 时刻密度矩阵的真实值.第二种性能指标为误差的归一化距离 $D(\rho_k, \hat{\rho}_k)$：

$$D(\rho_k, \hat{\rho}_k) := \| \rho_k - \hat{\rho}_k \|_{\mathrm{F}}^2 / \| \rho_k \|_{\mathrm{F}}^2 \tag{10.102}$$

误差的归一化距离 $D(\rho_k, \hat{\rho}_k)$ 体现了密度矩阵估计值与真实值之间所有元素的保真程度，其值也在 0 和 1 之间，$D(\rho_k, \hat{\rho}_k)$ 的值越接近于 0，代表估计值与真实值之间相似程

度越高.

本小节将所提在线量子态滤波器(OQSF)与现有的三种在线量子态估计算法 ALR-MEG,OPG-ADMM,OADM 进行性能对比.实验中四种算法的参数均已调至最优,运行环境为 Matlab 2016b,2.20 GHz Inter Core i7-8750H CPU,内存 16 GB.

10.4.4.1　单量子位下四种算法的滤波效果

本小节实验,我们将在含有高斯噪声 e 与稀疏干扰 S 的系统中,检验滤波器算法在密度矩阵重构上的高效性.为了更直观地反映算法的估计效果,我们选择单量子位系统,以便用 Bloch 图显示算法的跟踪轨迹.同时将四种算法应用到 $[0.75, \sqrt{3}/4; \sqrt{3}/4, 0.25]$ 和 $\rho = [0.5, (1-i)/\sqrt{8}; (1+i)/\sqrt{8}]$ 两个不同的初始估计值上,检验不同初值对于算法估计性能的影响.实验中选择窗口长度 $l = 16$,让四种算法都能达到最佳的估计效果.

从图 10.17 中我们可以看到,在单比特开放量子系统中,真实的量子状态随时间不断演化,并表现为从 Bloch 球表面逐步演化到球心,如图 10.17 中蓝色曲线所示.四种算法的跟踪滤波效果如图 10.17 中红线所示,从中可以看出,相比于 ALR-MEG 与 OPG-ADMM,QSE-OADM 算法与所提 OQSF 均表现出更快的跟踪滤波效果,从图 10.17(c)中明显看出,QSE-OADM 算法的跟踪轨迹由于稀疏干扰 S 产生少量尖刺,而 OQSF 算法则表现出对稀疏干扰 S 更好的滤波效果.

在两种不同的初始值下,四种优化算法在保真度达 $fidelity(\rho_k, \hat{\rho}_k) > 0.99$ 所需要最小采样次数如表 10.9 所示,从中可以看出,本小节所提出的 OQSF 算法具有最少的采样次数,估计性能最佳.

表 10.9　不同估计初始状态下达到估计性能的采样次数

算法	初态 1 采样次数、保真度	初态 2 采样次数、保真度
ALR-MEG	11,99.82%	10,99.13%
OPG-ADMM	14,99.19%	15,99.09%
QSE-OADM	4,99.99%	2,99.17%
OQSF	3,99.17%	4,99.99%

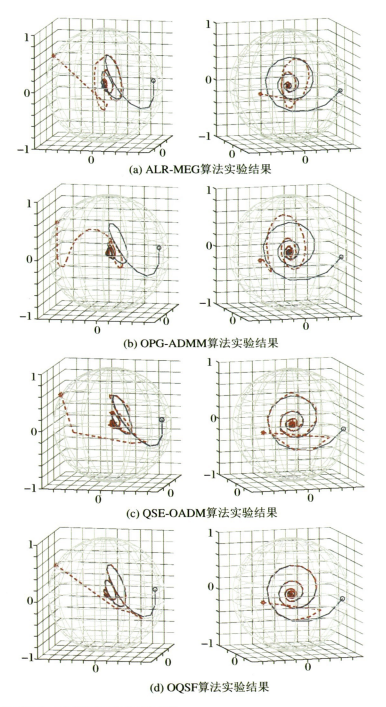

(a) ALR-MEG算法实验结果

(b) OPG-ADMM算法实验结果

(c) QSE-OADM算法实验结果

(d) OQSF算法实验结果

图 10.17　单量子位下四种算法的滤波实验结果

10.4.4.2 滑动窗口的大小对算法影响的实验

滑动窗口大小 l 是影响算法计算的一个重要因素.一个长的滑动窗口意味着每次估计都需要更多的计算和内存.但是,滑动窗口的大小 l 越小,就越难以精确地恢复密度矩阵.为了验证滑动窗口大小的影响,我们选择了归一化距离 $D(\rho_k,\hat{\rho}_k)\leqslant 0.10$ 作为性能指标,总采样次数设置为 $N=500$,滑动窗口的长度取值 $l=1,2,\cdots,100$,我们对 4 量子位在每一种窗口长度下,重复 10 次实验,记录不同量子位,达到性能指标所需要的最小采样次数 $k_{\min}$.实验结果如图 10.18 所示.

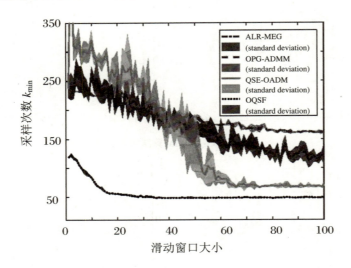

图 10.18　滑动窗口大小对在线估计的影响

从图 10.18 的实验结果中可以得到如下结论:

(1) 4 量子位下,随着窗口长度的增加,四种算法达到性能指标所需的采样次数 $k_{\min}$ 逐渐递减,并在窗口长度达到一定值后,趋于稳定.ALR-MEG,OPG-ADMM,QSE-OADM 和 OQSF 四种算法达到性能指标所需最小采样次数 $k_{\min}$ 分别为 118,161,68 和 49.这表明 OQSF 能用最小的采样次数达到高精度的量子态估计滤波效果.

(2) 四种算法趋于稳定时,所需的窗口长度为 88(ALR-MEG)、80(OPG-ADMM)、67(QSE-OADM)、35(OQSF),从中可以看出,相比于其他三种算法,OQSF 算法能以最小的窗口长度达到性能指标,这表明 OQSF 能更加有效地利用测量信息.

(3) 对于每一个窗口长度,标准差表示高斯噪声 e 与稀疏干扰 S 对于算法稳定性的影响.从图 10.18 中可以看出,窗口长度的增加对于四种算法而言,都有助于降低标准差,增强抗干扰能力.当窗口长度在 $[80,100]$ 时,ALR-MEG 算法的标准差范围为

$[5.64,17.44]$，标准差均值为 10.99；OPG-ADMM 算法的标准差范围为 $[0.63,2.65]$，标准差均值为 1.58；QSE-OADM 算法的标准差范围为 $[1.02,5.98]$，标准差均值为 2.76；而 OQSF 算法的标准差范围为 $[0.40,1.49]$，标准差均值为 0.81.这表明当 k_{min} 趋于稳定时，相比于其他三种算法，OQSF 表现出更优异的鲁棒性.

10.4.4.3 四种算法的收敛性对比实验

本小节中我们采用归一化距离 $D(\rho_k,\hat{\rho_k})$ 为性能指标,设置窗口长度 $l=80$,使四种算法均能达到最快的收敛速度.在 4 量子位下,记录四种算法的归一化距离 $D(\rho_k,\hat{\rho_k})$ 随采样次数的变化,实验结果如图 10.19 所示.

从图 10.19 的实验结果中可以看出,当采样次数达到 100 时,ALR-MEG,OPG-ADMM,QSE-OADM 和 OQSF 四种算法的归一化距离 $D(\rho_k,\hat{\rho_k})$ 分别为 $0.16,0.17,$ 5.3×10^{-2} 和 6.2×10^{-3}.在同样的采样次数内,OQSF 算法的归一化误差最小,精度在其他算法的 8 倍与 29 倍之间,同时,达到性能指标 $D(\rho_k,\hat{\rho_k})\leqslant0.10$,ALR-MEG,OPG-ADMM,QSE-OADM 和 OQSF 四种算法所需的最小采样次数 k_{min} 分别为 $123,164,66$ 和 50,这表明所提的 OQSF 算法有最快的收敛速度.

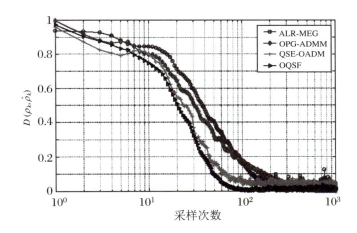

图 10.19 固定窗口长度的性能对比

此外,我们记录四种算法每次计算所需的运行时间,分别为 5.2×10^{-4} s(ALR-MEG)、1.9×10^{-3} s(OPG-ADMM)、1.1×10^{-3} s(QSE-OADM)和 8.6×10^{-4} s(OQSF). OPG-ADMM 与 QSE-OADM 算法的计算复杂度要明显高于 ALR-MEG 与 OQSF 算法. 综合四种算法达到性能指标 $D(\rho_k,\hat{\rho_k})\leqslant0.10$ 的采样次数和每次采样后的计算时间,可

以得到四种算法达到性能指标所需的运行时间分别为：0.063 s（ALR-MEG）、0.3116 s（OPG-ADMM）、0.073 s（QSE-OADM）和0.043 s（OQSF）.本小节所提出的 OQSF 算法能以最少的运行时间,获得目标精度的估计滤波结果,不仅实现了量子状态的快速跟踪,并且有效滤除了高斯噪声和稀疏干扰,体现了所提 OQSF 的优越性.

10.5　小　　结

　　本章中我们对在线量子态估计的优化算法进行了更加深入的研究,包括提出一种基于在线交替方向乘子法在线量子态层析优化算法:QST-OADM 算法;一种改进的基于在线近似梯度方法的交替方向乘子法算法:QSE-OADM 算法,并进一步开发出稀疏干扰与高斯噪声下的在线量子态滤波器,解决了同时存在稀疏干扰和输出噪声的关键性的在线量子态的滤波问题,为基于量子态反馈的量子闭环控制器的设计与应用打好了坚实的理论基础.在此基础上,我们将进行基于在线估计状态反馈的高精度量子闭环控制系统的设计与实现.

参考文献

Aharonov Y，Albert D Z，Vaidman L，1988. How the result of a measurement of a component of the spin of a spin-1/2 particle can turn out to be 100[J]. Physical Review Letters，60(14)：1351.

Banaszek K，Cramer M，Gross D，2013. Focus on quantum tomography[J]. New Journal of Physics，15(12)：125020.

Banaszek K，D'Ariano G M，Paris M G A，et al.，2000. Maximum-likelihood estimation of the density matrix[J]. Physical Review：A，61：010304.

Baraniuk R. 2007. Compressive sensing[J]. IEEE Signal Processing Magazine，24(4)：118-121.

Bardroff P J，Mayr E，Schleich W P，et al.，1996. Simulation of quantum state endoscopy[J]. Physical Review：A，53：2736-2741.

Baumgratz T，Gross D，Cramer M，et al.，2013. Scalable reconstruction of density matrices[J]. Physical Review Letters，111(2)：020401.

Beck A，Teboulle M A，2009. Fast iterative shrinkage-thresholding algorithm for linear inverse problems[J]. SIAM Journal on Imaging Sciences，2(1)：183-202.

Bertsekas D P，1999. Nonlinear programming[M].2nd ed. Belmont：Athena Scientific.

Boyd S，Parikh N，Chu E，et al.，2011. Distributed optimization and statistical learning via the alternating direction method of multipliers[J]. Foundations and Trends in Machine Learning，3(1)：

1-122.

Braginsky V B, Vorontsov Y I, 1975. Quantum-mechanical limitations in macroscopic experiments and modern experimental technique[J]. Soviet Physics Uspekhi, 17(5): 644.

Brue M, Haroche S, Lefevre V, et al., 1990. Quantum nondemolition measurements of small photon numbers by rydberg-atom phase-sensitive detection[J]. Physical Review Letters, 65: 976.

Buzek V, Drobny G, Adam G, et al., 1997. Reconstruction of quantum states of spin systems via the Jaynes principle of maximum entropy[J]. Journal of Modern Optics, 44: 2607-2627.

Cahill K E, Glauber R J, 1969. Density operators and quasiprobability distributions[J]. Physical Review, 177(5): 1882-1902.

Candès E J, 2008. The restricted isometry property and its implications for compressed sensing[J]. Comptes Rendus Mathematique, 346(9): 589-592.

Candès E J, Li X, Ma Y, et al., 2011. Robust principal component analysis? [J]. Journal of the ACM, 58(3): 11.

Candès E J, Plan Y, 2011. Tight oracle inequalities for low-rank matrix recovery from a minimal number of noisy random measurements[J]. IEEE Transactions on Information Theory, 57(4): 2342-2359.

Candès E J, Romberg J, Tao T, 2006. Robust uncertainty principles: Exact signal reconstruction from highly incomplete frequency information[J]. IEEE Transactions on Information Theory, 52: 489-509.

Candès E J, Tao T, 2005. Decoding by linear programming[J]. IEEE Transactions on Information Theory, 51(12): 4203-4215.

Candès E J, Tao T, 2006. Near optimal signal recovery from random projections: Universal encoding strategies[J]. IEEE Transactions on Information Theory, 52: 5406-5425.

Chen J, Dawkins H, Ji Z, 2013. Uniqueness of quantum states compatible with given measurement results[J]. Physical Review: A, 88(1): 012109.

Chiu M H, Chen C D, Su D C, 1996. Method for determining the fast axis and phase retardation of a wave plate[J]. Journal of the Optical Society of America: A, 13(9): 1924-1929.

Combettes P L, Wajs V R, 2005. Signal recovery by proximal forward-backward splitting[J]. Multiscale Modeling & Simulation, 4(4): 1168-1200.

Cong S, Liu J X, 2012. Trajectory tracking control of quantum systems[J]. Chinese Science Bulletin, 57(18): 2252-2258.

Cong S, Tang Y, Harrz S, et al., 2021. On-line quantum state estimation using continuous weak measurement and compressed sensing[J]. Science China Information Sciences, 64(8): 238-240.

Cong S, Zhang H, Li K Z, 2014. An improved quantum state estimation algorithm via compressive sensing[C]. 2014 IEEE International Conference on Robio and Biomimetics, Dec. 5-10, Bali, Indonesia: 2238-2343.

D'Alessandro D, 2003. On quantum stateobservability and measurement[J]. Journal of Physics A: Mathematical and General, 36(37): 9721-9735.

D'Ariano G M, de Laurentis M, Paris M G A, et al., 2002. Quantum tomography as a tool for the characterization of optical devices[J]. Journal of Optics: B, 4(3): S127.

D'Ariano G M, Macchiavello C, Paris M G A, 1994. Detection of the density matrix through optical homodyne tomography without filtered back projection[J]. Physical Review: A, 50: 4298-4302.

D'Ariano G M, Maccone L, Paris M G A, 2001. Quorum of observables for universal quantum estimation[J]. Physical Review: A, 34: 93-103.

D'Ariano G M, Paris M G A, 1999. Adaptive quantum homodyne tomography[J]. Physical Review: A, 60: 518.

D'Ariano G M, Paris M G A, Sacchi M F, 2004. Quantum tomographic methods[J]. Lecture Notes in Physics, 649: 7-58.

Daubechies I, Defrise M, de Mol C, 2004. An iterative thresholding algorithm for linear inverse problems with a sparsity constraint[J]. Communications on Pure and Applied Mathematics, 57(11): 1413-1457.

de Burgh M D, Langford N K, Doherty A C, et al., 2008. Choice of measurement sets in qubit tomography[J]. Physical Review: A, 78(5): 052122.

de Domenico M, Nicosia V, Arenas A, et al., 2015. Structural reducibility of multilayer networks [J]. Nature Communications, 6: 6864.

Deng W, Lai M J, Peng Z, et al., 2017. Parallel multi-block ADMM with $O(1/k)$ convergence[J]. Journal of Scientific Computing, 71(2): 712-736.

Donoho D L, 2006. Compressed sensing, information theory[J]. IEEE Transactions on Information Theory, 52(4): 1289-1306.

Fano U, 1957. Description of states in quantum mechanics by density matrix and operator techniques [J]. Reviews of Modern Physics, 29: 74-93.

Fazel M, Candès E, Recht B, et al., 2008. Compressed sensing and robust recovery of low rank matrices [C]. Signals Systems and Computers, 2008 42nd Asilomar Conference on IEEE: 1043-1047.

Fick E, Sauermann G, 2012. The quantum statistics of dynamics processes[M]. Berlin: Springer-Verlag.

Finkelstein J, 2004. Pure-state informationally complete and "really" complete measurements[J]. Physical Review: A, 70(5): 052107.

Flammia S T, Gross D, Liu Y K, et al., 2012. Quantum tomography via compressed sensing: error bounds, sample complexity and efficient estimators[J]. New Journal of Physics, 14(9): 095022.

Gabay D, Mercier B, 1976. A dual algorithm for the solution of nonlinear variational problems via finite element approximation[J]. Computers & Mathematics with Applications, 2(1): 17-40.

Gambetta J，Wiseman H M，2001. State and dynamical parameter estimation for open quantumsystems[J]. Physical Review：A, 64：042105.

Gilchrist A，Langford N K，Nielsen M A，2005. Distance measures to compare real and ideal quantum processes[J]. Physical Review：A, 062310.

Goncalves D S，Gomes-Ruggiero M A，Lavor C，2016. A projected gradient method for optimization over density matrices[J]. Optimization Methods and Software, 31(2)：328-341.

Grant M，Boyd S，2014. CVX：matlab software for disciplined convex programming [CP/DK]. version 2.1.

Grant M，Boyd S，Ye Y，2008. CVX：matlab software for disciplined convex programming [EB/OL].[2020-10-13]. http://stanford.edu/~boyd/ cvx.

Gross D，2011. Recovering low-rank matrices from few coefficients in any basis [J]. IEEE Transactions on Information Theory, 57(3)：1548-1566.

Gross D，Liu Y K，Flammia S T，et al.，2010. Quantum state tomography via compressed sensing[J]. Physical Review Letters, 105(15)：150401.

Harrz S，Cong S，2019. State Transfer via on-line state estimation and Lyapunov-based feedback control for an n-qubit system[J]. Entropy, 21(8)：751.

Heisenberg W，1927. Über den anschaulichen inhalt der quantentheoretischen Kinematik und Mechanik[J]. Zeitschrift für Physik, 43：172-198.

Helstrom C W，1976. Quantum detection and estimation theory[M]. New York：Academic Press.

Hou Z B，Zhong H S，Tian Y，et al.，2016. Full reconstruction of a 14-qubit state within four hours [J]. New Journal of Physics, 18, 083036.

Hradil Z，1997. Quantum-state estimation[J]. Physical Review：A, 55(3)：1561-1564.

Hradil Z，Rehacek J，Fiurasek J，et al.，2004. Maximum-likelihood methods in quantum mechanics [J]. Lecture Notes in Physics, 649：59-112.

Hu Z L，Li K Z，Cong S，et al.，2019. Reconstructing pure 14-bit quantum states in three hours using compressive sensing[C]. The 5th IFAC Conference on Intelligent Control and Automation Sciences, 21-23 August，Belfast，Northern Ireland, 52(11)：188-193.

James D F V，Kwiat P G，Munro W J，et al.，2001. Measurement of qubits[J]. Physical Review：A, 64(5)：052312.

Jones K R W，1991. Principles of quantum inference[J]. Annals of Physics, 207：140-170.

Khanna S，Murthy C R，2018. Sparse recovery from multiple measurement vectors using exponentiated gradient updates[J]. IEEE Signal Processing Letters, 25(10)：1485-1489.

Klose G，Smith G，Jessen P S，2001. Measuring the quantum state of a large angular momentum[J]. Physical Review Letters, 86(21)：4721-4724.

Koh K，Kim S J，Boyd S，2007. An interior-point method for large-scale ℓ_1-regularized logistic regression[J]. Journal of Machine Learning Research, 8(7)：1519-1555.

Kuzmich A, Mandel L, Janis J, et al., 1999. Quantum nondemolition measurements of collective atomic spin[J]. Physical Review: A, 60(3): 2346.

Leibfried D, Meekhof D M, King B E, et al., 1996. Experimental determination of the motional quantum state of a trapped atom[J]. Physical Review Letters, 77(21): 4281-4285.

Leonhardt U, 1995. Quantum state tomography and discrete wigner function[J]. Physical Review Letters, 74(21): 4101-4105.

Li K Z, Cong S, 2014. A robust compressive quantum state tomography algorithm using ADMM[C]. Preprint of the 19th World Congress of the International Federation of Automation Control, Cape Town, South Africa: 6878-6883.

Li K Z, Cong S, 2015. State of the art and prospects of structured sensing matrices in compressed sensing[J]. Frontiers of Computer Science, 9(5): 665-677.

Li K Z, Cong S, 2018. A review of image processing algorithms in electrical capacitance tomography [C]. 2018 Tenth International Conference on Advanced Computational Intelligence, March 29-31, Xiamen, China: 128-133.

Li K Z, Rojas C R, Yang T, et al., 2016. Piecewise sparse signal recovery via piecewise orthogonal matching pursuit[C]. The 41st IEEE International Conference on Acoustics, Speech and Signal Processing, 20-25 March, 2016, Shanghai, China: 4608-4612.

Li K Z, Yung M H, Chen H W, et al., 2011. Solving quantum ground-state problems with nuclear magnetic resonance[J]. Scientific Reports, 1(1): 1-7.

Li K Z, Zhang H, Kuang S, et al., 2016. An improved robust ADMM algorithm for quantum state tomography[J]. Quantum Information Processing, 15(6): 2343-2358.

Li K Z, Zhang J, Cong S, 2017. Fast Reconstruction of high-qubit quantum states via low rate measurements[J]. Physical Review: A, 96: 012334.

Li K Z, Zheng K, Yang J B, et al., 2017. Hybrid reconstruction of quantum density matrix: When low-rank meets sparsity[J]. Quantum Information Processing, 16(12): 299.

Liang Y C, Yeh Y H, Mendona P E, et al., 2019. Quantum fidelity measures for mixed states[J]. Reports on Progress in Physics, 82: 076001.

Lin Z, Chen M, Ma Y, 2010. The augmented Lagrange multiplier method for exact recovery of corrupted low-rank matrices[J]. arXiv preprint arXiv:1009. 5055.

Liu Y K, 2011. Universal low-rank matrix recovery from Pauli measurements[C]. Advances in Neural Information Processing Systems: 1638-1646.

Lvovsky A I, 2004. Iterative maximum-likelihood reconstruction in quantum homodyne tomography [J]. Journal of Optics B-quantum and Semiclassical Optics, 6: S556-S559.

Ma S Q, 2016. Alternating proximal gradient method for convex minimization[J]. Journal of Scientific Computing, 68(2): 546-572.

Ma Z H, Zhang F L, Chen J L, 2008. Geometric interpretation for the a fidelity and its relation with the bures fidelity[J]. Physical Review：A, 78：064305.

Mattingel Y J, Boyd S, 2010. Real-time convex optimization in signal processing[J]. Signal Processing Magazine, 27(3)：50-61.

Murch K W, Weber S J, Macklin C, et al., 2013. Observing single quantum trajectories of a superconducting quantum bit[J]. Nature, 502(7470)：211-214.

Neumark M, 1940. Spectral functions of a symmetric operator[J]. Izvestiya Rossiiskoi Akademii Nauk Seriya Matematicheskaya, 4(3)：277-318.

Nowak R D, Figueiredo M, 2001. Fast wavelet-based image deconvolution using the EM algorithm [C]. Proceedings of the 35th Asilomar Conference on Signals, Systems and Computers, Vol. 1, IEEE, Washington, D. C.：371-375.

Nowak R D, Wright S J, 2007. Gradient projection for sparse reconstruction：Application to compressed sensing and other inverseproblems[J]. IEEE Journal of Selected Topics in Signal Processing, 1(4)：586-597.

Opatrny P T, Welsch D G, Vogel W, 1997. Least-squares inversion for density-matrix reconstruction [J]. Physical Review：A, 56, 1788.

Oreshkov O, Brun T A, 2005. Weak measurements are universal[J]. Physical Review Letters, 95 (11)：110409.

Ouyang H, He N, Tran L, et al., 2013. Stochastic alternating direction method of multipliers[C]. International Conference on Machine Learning：80-88.

Picot T, Schouten R, Harmansetal C, et al., 2010. Quantum nondemolition measurement of a super conducting qubit in the weakly projective regime[J]. Physical Review Letters, 105(4)：040506.

Qi B, Hou Z, Li L, et al., 2013. Quantum state tomography via linear regression estimation[J]. Scientific Reports, 3：3496.

Ralph J F, Jacobs K, Hill C D, 2011. Frequency tracking and parameter estimation for robust quantum state estimation[J]. Physical Review：A, 84(5)：052119.

Recht B, Fazel M, Parrilo P A, 2010. Guaranteed minimum-rank solutions of linear matrix equations via nuclear norm minimization[J]. SIAM Review, 52(3)：471-501.

Robson R E, Li B, White R D, 2000. Spatially periodic structures in electron swarms and the Franck-Hertz experiment[J]. Journal of Physics B：Atomic, Molecular and Optical Physics, 33(3)：507.

Schack R, Brun T A, Caves C M, 2001. Quantum Bayes rule[J]. Physical Review：A, 64：014305.

Silberfarb A, Jessen P S, Deutsch I H, 2005. Quantum state reconstruction via continuous measurement[J]. Physical Review Letters, 95：030402.

Smith G A, Riofrío C A, Anderson B E, et al., 2013. Quantum state tomography by continuous measurement and compressed sensing [J]. Physical Review：A, 87(3)：030102.

Smith G A, Silberfarb A, Deutsch I H, et al., 2006. Efficient quantum-state estimation by continuous weak measurement and dynamical control[J]. Physical Review Letters, 97：180403.

Smithy D T, Beck M, Raymer M G, et al., 1993. Measurement of the wigner distribution and the density matrix of a light mode using optical homodyne tomography: Application to squeezed states and the vacuum[J]. Physical Review Letters, 70(9): 1244-1247.

Stokes G G, 1851. On the composition and resolution of streams of polarized light from different sources[J]. Transactions of the Cambridge Philosophical Society, 9: 399.

Suzuki T, 2013. Dual averaging and proximal gradient descent for online alternating direction multiplier method[C]. International Conference on Machine Learning: 392-400.

Tang Y R, Cong S, 2019a. On-line state estimation of 2-qubit quantum systems [C]. 27th Mediterranean Conference on Control and Automation, 1-4 July in Akko, Israe: 250-255.

Tang Y R, Cong S, 2019b. Quantum state feedback control based on the on-line state estimation[C]. 8th International Conference on Software and Information Engineering Proceedings, April 9-12, Cairo, Egypt: 141-144.

Wang H, Arindam B, 2013. Online alternating direction method (longer version) [J]. arXiv: 1306. 3721.

Wang W, Carreira-Perpinán M A, 2013. Projection onto the probability simplex: An efficient algorithm with a simple proof, and an application [J]. arXiv: 1309.1541.

Wang X, Yu C, Yi X, 2008. An alternative quantum fidelity for mixed states of qubits[J]. Physical Review: A, 373: 58-60.

White A G, James D F V, Eberhard P H, et al., 1999. Nonmaximally entangled states: Production, characterization, and utilization[J]. Physical Review Letters, 83(16): 3103-3107.

Wiseman H M, Miburn G J, 2010. Quantum measurement and control[M]. Cambridge: Cambridge University Press.

Yamamoto N, Mikami T, 2017. Entanglement-assisted quantum feedback control [J]. Quantum Information Processing, 16(7): 179.

Yang J B, Cong S, 2017. A Study of the optimal measurement scheme for high-precision reconstruction of some quantum pure states[C]. the 25th Mediterranean Conference on Control and Automation, 3-6 July, Valletta, Malta: 1137-1142.

Yang J B, Cong S, Kuang S, 2018. Real-time quantum state estimation based on continuous weak measurement and compressed sensing[C]. Proceedings of the International Multi Conference of Engineers and Computer Scientists: 499-504.

Yang J B, Cong S, Liu X, et al., 2017. Effective quantum state reconstruction using compressed sensing in NMR quantum computing[J]. Physical Review: A, 96: 052101.

Yang J B, Cong S, Shuang F, 2018. On-line state estimation of open quantum systems[C]. 2018 International Conference on Engineering, Science and Applications, Aug. , Tokyo, Japan: 63-76.

Yang J F, Zhang Y, 2011. Alternating direction algorithms for l_1-problems in compressive sensing [J]. SIAM Journal on Scientific Computing, 33(1): 250-278.

Youssry A，Ferrie C，Tomamichel M，2019. Efficient online quantum state estimation using a matrix exponentiated gradient method[J]. New Journal of Physics，21(3)：033006.

Yuan X，Yang J，2013. Sparse and low-rank matrix decomposition via alternating direction methods [J]. Pacific Journal of Optimization，9(1)：167-180.

Zhang J J，Cong S，Ling Q，et al.，2019. An efficient and fast quantum state estimator with sparse disturbance[J]. IEEE Transaction on Cybernetics，49(7)：2546-2555.

Zhang J J，Cong S，Ling Q，et al.，2020. Quantum state filter with disturbance and noise[J]. IEEE Transactions on Automatic Control，65(7)：2856-2866.

Zhang J J，Li K Z，Cong S，et al.，2017a. Efficient reconstruction of density matrices for high dimensional quantum state tomography[J]. Signal Processing，139：136-142.

Zhang J J，Li K Z，Cong S，et al.，2017b. Fast algorithm of high-qubit quantum state estimation via low measurement rates[C]. Asian Control Conference，Gold Coast，Australia，Dec.：2558-2562.

Zhang K，Cong S，Ding J，et al.，2019. Efficient and fast optimization algorithms for quantum state filtering and estimation[C]. 10th International Conference of Intelligent Control and Information Process，Marrakesh，Morocco，Dec. 14-19：7-13.

Zhang K，Cong S，Li K Z，2021. An efficient online estimation algorithm with measurement noise for time-varying quantum states[J]. Signal Processing，180：107887.

Zhang K，Cong S，Li K Z，et al.，2020. An online optimization algorithm for the real-time quantum state tomography[J]. Quantum Information Processing，19(10)：1-17.

Zhang K，Cong S，Tang Y R，et al.，2021. An efficient online estimation algorithm for evolving quantum states[C]. The 28th European Signal Processing Conference，18-22，Jan. Amsterdam，Netherlands：2249-2253.

Zheng K，Li K Z，Cong S，2016a. A reconstruction algorithm for compressive quantum tomography using various measurement sets[J]. Scientific Reports，6：38497.

Zheng K，Li K Z，Cong S，2016b. Characteristics optimization via compressed sensing in quantum state estimation［C］. 2016 IEEE Multi-Conference on Systems and Control，Buenos Aires，September 19-22：948-953.

Zibetti M V W，Helou E S，Pipa D R，2017. Accelerating overrelaxed and monotone fast iterative shrinkage thresholding algorithms with line search for sparse reconstructions[J]. IEEE Transactions Image Processing，26(7)：3569-3578.

Życzkowski K，Penson K A，Nechita I，et al.，2011. Generating random density matrices[J]. Journal of Mathematical Physics，52(6)：062201.

丛爽，2014. 量子系统控制做什么？[C]. 第 15 届中国系统仿真年会，福州：26-35.

丛爽，2017a. 从量子计算机和量子通信到量子控制:量子态控制的奥秘[C]. 2017 中国自动化大会暨国际智能制造创新大会，济南.

丛爽，2017b. 量子态控制的奥秘[J]. 系统与控制纵横，2：27-33.

丛爽,丁娇,张坤,2020. 改进的迭代收缩阈值算法及其在量子状态估计中的应用[J]. 控制理论与应用,37(7):1667-1671.

丛爽,丁娇,张坤,等,2019. 三种高效快速的量子态滤波和估计优化算法[J]. 模式识别与人工智能,32(7):615-623.

丛爽,李克之,2015. 压缩传感理论及其在量子态估计中的应用[C]. 第16届中国系统仿真年会,厦门:307-311.

丛爽,汪涛,张坤,2021. 带有自适应学习速率的矩阵指数梯度在线量子态估计算法[J/OL]. 控制理论与应用. [2021-01-13]. https://ns.cnki.net/kcms/etail/4.1240.tp.20210112.1248.016.html.

丛爽,张慧,李克之,2016. 基于压缩传感的量子状态估计算法的性能对比[J]. 模式识别与人工智能,29(2):116-121.

丛爽,张娇娇,2017. 压缩传感理论、优化算法及其在系统状态重构中应用[J]. 信息与控制,46(3):267-274.

丛爽,张坤,2021. 基于卡尔曼滤波的在线量子态估计优化算法[J]. 系统工程与电子技术,43(6):1636-1643.

李树涛,魏丹,2009. 压缩传感综述[J]. 自动化学报,25(11):1369-1377.

唐雅茹,丛爽,杨靖北,2020. 单量子比特系统状态的在线估计[J]. 自动化学报,46(8):1592-1599.

杨海蓉,张成,丁大为,等,2011. 压缩传感理论与重构算法[J]. 电子学报,39(1):142-148.

杨靖北,丛爽,2014. 量子层析中的几种量子状态估计方法的研究[J]. 系统科学与数学,34(12):1532-1546.

杨靖北,丛爽,2016. 量子反馈控制中的测量理论与技术[C]. 第35届中国控制会议,成都:9099-9104.

杨靖北,丛爽,陈鼎,2017. 基于两步测量方法及其最少观测次数的任意量子纯态估计[J]. 控制理论与应用,34(11):1514-1521.

张娇娇,2018. 基于压缩感知的量子状态估计与滤波算法及其收敛性研究[D]. 合肥:中国科学技术大学.

张娇娇,丛爽,郑凯,等,2016. 进一步改进的交替方向乘子法及其在量子态估计的应用[C]. 第17届中国系统仿真年会,西安:82-87.

张坤,丛爽,2019. 基于交替方向乘子法的在线量子态估计算法[C]. 第20届中国系统仿真年会,乌鲁木齐:87-91.

郑凯,杨靖北,丛爽,2017. 基于泡利测量的量子本征态估计最优测量配置集的构造方法[C]. 第18届中国系统仿真年会,兰州:216-219.